도전계획표

국가기술자격검정 기술직공무원 **부민문화사**

04304 서울시 용산구 청파로73길 89 (서계동 33~33)
TEL: (02)714-0521~3 FAX: (02)715-0521
Home: www.bumin33.co.kr
E-mail: bumin1@bumin33.co.kr

부민 홈페이지에서 도서를 주문하시면 가장 빠르게 받아보실 수 있습니다

다음 은행에 무통장 입금하시면 택배를 통하여 다음날
●시로 발송됩니다.
●민문화사

유기농업

유기농업기능사
512쪽 25,000원

실기 필답형
올컬러 완벽대비
기출문제수록

유기농업기능사 실기 필답형
올컬러 334쪽 20,000원

종목	등급	회별	필기원서접수 (인터넷)	필기시험	필기시험 합격자발표	실기 원서접수 (인터넷)	실기시험	최종 합격자발표
유기 농업	기능사	제1회	1.06 ~ 1.09	1.21 ~ 1.25	2.06	2.10 ~ 2.13	3.15 ~ 4.02	4.11, 4.18
		제2회	3.17 ~ 3.21	4.05 ~ 4.10	4.16	4.21 ~ 4.24	5.31 ~ 6.15	6.27, 7.04
		제3회	6.09 ~ 6.12	6.28 ~ 7.03	7.16	7.28 ~ 7.31	8.30 ~ 9.17	9.26, 9.30
		제4회	8.25 ~ 8.28	9.20 ~ 9.25	10.15	10.20 ~ 10.23	11.22 ~ 12.10	12.19, 12.24

조경

컬러판
조경식물재료
화보 수록

조경기능사
756쪽 26,000원

수목감별
표준 120수종
화보 수록

조경기능사 실기
480쪽 25,000원

종목	등급	회별	필기원서접수 (인터넷)	필기시험	필기시험 합격자발표	실기 원서접수 (인터넷)	실기시험	최종 합격자발표
조경	기능사	제1회	1.06 ~ 1.09	1.21 ~ 1.25	2.06	2.10 ~ 2.13	3.15 ~ 4.02	4.11, 4.18
		제2회	3.17 ~ 3.21	4.05 ~ 4.10	4.16	4.21 ~ 4.24	5.31 ~ 6.15	6.27, 7.04
		제3회	6.09 ~ 6.12	6.28 ~ 7.03	7.16	7.28 ~ 7.31	8.30 ~ 9.17	9.26, 9.30
		제4회	8.25 ~ 8.28	9.20 ~ 9.25	10.15	10.20 ~ 10.23	11.22 ~ 12.10	12.19, 12.24

식물보호

식물보호기사·산업기사 필기
1214쪽 36,000원

식물보호기사·산업기사 실기 필답형
450쪽 22,000원

e-book
식물보호기사 11년간 산업기사 3년간 기출문제해설
590쪽 20,000원

식물보호

종목	등급	회별	필기원서접수 (인터넷)	필기시험	필기시험 합격자발표	실기 원서접수 (인터넷)	실기시험	최종 합격자발표
식물보호	기사 산업기사	제1회	1.13 ~ 1.16	2.07 ~ 3.04	3.12	3.24 ~ 3.27	4.19 ~ 5.09	6.05, 6.13
		제2회	4.14 ~ 4.17	5.10 ~ 5.30	6.11	6.23 ~ 6.26	7.19 ~ 8.06	9.05, 9.12
		제3회	7.21 ~ 7.24	8.09 ~ 9.01	9.10	9.22 ~ 9.25	11.01 ~ 11.21	12.05, 12.24

축산

축산 기사·산업기사
1072쪽 34,000원

축산 기능사
456쪽 24,000원

축산기능사 가축인공수정사 대비 올컬러 실기용 교재

가축 관리 실무
272쪽 9,500원

축산

종목	등급	회별	필기원서접수 (인터넷)	필기시험	필기시험 합격자발표	실기 원서접수 (인터넷)	실기시험	최종 합격자발표
축산	기사 산업기사	제1회	1.13 ~ 1.16	2.07 ~ 3.04	3.12	3.24 ~ 3.27	4.19 ~ 5.09	6.05, 6.13
	기사	제2회	4.14 ~ 4.17	5.10 ~ 5.30	6.11	6.23 ~ 6.26	7.19 ~ 8.06	9.05, 9.12
	기사 산업기사	제3회	7.21 ~ 7.24	8.09 ~ 9.01	9.10	9.22 ~ 9.25	11.01 ~ 11.21	12.05, 12.24
	기능사	제2회	3.17 ~ 3.21	4.05 ~ 4.10	4.16	4.21 ~ 4.24	5.31 ~ 6.15	6.27, 7.04
		제3회	6.09 ~ 6.12	6.28 ~ 7.03	7.16	7.28 ~ 7.31	8.30 ~ 9.17	9.26, 9.30
		제4회	8.25 ~ 8.28	9.20 ~ 9.25	10.15	10.20 ~ 10.23	11.22 ~ 12.10	12.19, 12.24

화훼장식

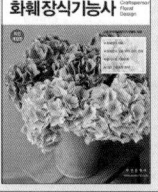  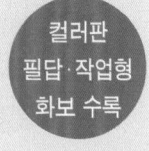

화훼장식기능사 올컬러
480쪽 25,000원

화훼장식기사 부분컬러
804쪽 32,000원

컬러판 필답·작업형 화보 수록

화훼장식

종목	등급	회별	필기원서접수 (인터넷)	필기시험	필기시험 합격자발표	실기 원서접수 (인터넷)	실기시험	최종 합격자발표
화훼장식	기사	제3회	7.21 ~ 7.24	8.09 ~ 9.01	9.10	9.22 ~ 9.25	11.01 ~ 11.21	12.05, 12.24
	기능사	제1회	1.06 ~ 1.09	1.21 ~ 1.25	2.06	2.10 ~ 2.13	3.15 ~ 4.02	4.11, 4.18
		제2회	3.17 ~ 3.21	4.05 ~ 4.10	4.16	4.21 ~ 4.24	5.31 ~ 6.15	6.27, 7.04
		제3회	6.09 ~ 6.12	6.28 ~ 7.03	7.16	7.28 ~ 7.31	8.30 ~ 9.17	9.26, 9.30
		제4회	8.25 ~ 8.28	9.20 ~ 9.25	10.15	10.20 ~ 10.23	11.22 ~ 12.10	12.19, 12.24

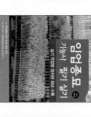

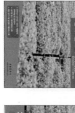

치유농업 / 생활원예

부민 홈페이지에서 도서를 주문하시면 가장 빠르게 받아보실 수 있습니다

복지원예사 시리즈

원예치료와 복지원예
올컬러 302쪽
22,000원

원예학
올컬러 336쪽
26,000원

관련의학, 상담심리,
사회복지 올컬러 256쪽
22,000원

복지원예사 자격시험
핵심문제집 2색도
268쪽 15,000원

산림치유지도사 시리즈

산림치유지도사 1급
Express
848쪽 34,000원

산림치유지도사 2급
Express
768쪽 34,000원

생활원예 시리즈

귀산촌 안내서

임(林)과 함께하는
귀농·귀산촌 올컬러
448쪽 29,000원

도시농업관리사 시리즈

도시농업 길라잡이 I
올컬러 352쪽
26,000원

도시농업 길라잡이 II
올컬러 322쪽
24,000원

생활원예 시리즈

원예와 함께하는 생활
올컬러 272쪽
20,000원

플로리스트를 위한
화훼장식학 올컬러
256쪽 20,000원

DIY 프리저브드 플라워
올컬러 192쪽
18,000원

올 댓 웨딩플라워
올컬러 248쪽
24,000원

한눈에 반한 다육아트
올컬러 168쪽
18,000원

풀이 숨쉬는 책 시리즈

실내식물

절화

분화 및

꽃나무

꽃나무
올컬러 206쪽
12,000원

분화 및 화단식물
올컬러 224쪽
12,000원

절화(호해)장식용 꽃, 잎,
가지) 올컬러
144쪽 10,000원

600가지 꽃도감
올컬러 224쪽
12,000원

실내식물
올컬러 168쪽
10,000원

식물사 부민숙의
식물관리 care-solutions
올컬러 80쪽
10,000원

압화디자인연로
올컬러 352쪽
30,000원

문맥으로 익히는 어휘
55일 완성 토피II어휘
2색도 256쪽
16,000원

토픽(TOPIK) / 사회통합
프로그램(KIIP) 대비
55 한국어 문법
2색도 184쪽
15,000원

꽃이 숨쉬는 책 시리즈

신화훼(새롭게 들어주는
꽃식물) 올컬러
232쪽 14,000원

농업토목제도설계
올컬러 280쪽
7,800원

농업토목시공측량
올컬러 264쪽
7,300원

애완동물사육
올컬러 320쪽
13,500원

가축관리실무
올컬러 272쪽
9,500원

한약자원식물
올컬러 240쪽
9,800원

농업영어
올컬러 224쪽
8,000원

화훼장식식물
올컬러 224쪽
9,000원

화훼장식기능사 필기
올컬러 480쪽 25,000원

화훼장식기사 필기/실기
부문컬러 804쪽
32,000원

조경

조경기능사 필기
부문컬러 756쪽
26,000원

조경기능사 실기
부문컬러 448쪽
25,000원

임업경영학
임업직 공무원
임업경영학
864쪽 26,000원

재배학
이기구 풀어보는
재배학(개론)
750쪽 27,000원

버섯

축산기사/산업기사 필기
1072쪽 34,000원

축산기능사 필기
456쪽 24,000원

버섯종균 기능사
버섯종균기능사 필기/실기
부문컬러 384쪽
23,000원

버섯산업기사
버섯산업기사 필기/실기
부문컬러 436쪽
23,000원

이기구 풀어보는
식용식물(학) 기출문제
554쪽 23,000원

축산기능사 실기
(축산기능사 실기)
올컬러 272쪽 9,500원

기축관리실무

원예

원예 기능사
원예기능사 필기
실기 필답형 728쪽
26,000원

토양학
토양학
내용설명 · 문제풀이 · 기출예상문제
신 토양학입문(비료 포함)
474쪽 22,000원

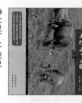
식품기능사 필기
584쪽 25,000원

식품기사 실무
식품기공기능사 실기
올컬러 392쪽 30,000원

작물생리학
작물생리학
내용설명 · 문제풀이 · 기출예상문제
신 작물생리학
418쪽 22,000원

농촌지도론
농촌지도론
내용설명 · 문제풀이 · 기출예상문제
신 농촌지도론
320쪽 20,000원

기술직 공무원

축산학개론
축산학개론
488쪽 24,000원

조림학
임업직 공무원
조림학
816쪽 26,000원

버섯 / 버섯종균

버섯산업기사 필기 실기
436쪽 23,000원

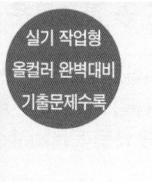
실기 작업형
올컬러 완벽대비
기출문제수록

버섯종균 기능사 필기·실기

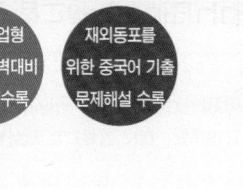
실기 작업형
올컬러 완벽대비
기출문제수록

재외동포를
위한 중국어 기출
문제해설 수록

버섯종균기능사 필기 실기
384쪽 23,000원

종목	등급	회별	필기원서접수 (인터넷)	필기시험	필기시험 합격자발표	실기 원서접수 (인터넷)	실기시험	최종 합격자발표
버섯	산업기사	제1회	1.13 ~ 1.16	2.07 ~ 3.04	3.12	3.24 ~ 3.27	4.19 ~ 5.09	6.05, 6.13
버섯종균	기능사	제2회	3.17 ~ 3.21	4.05 ~ 4.10	4.16	4.21 ~ 4.24	5.31 ~ 6.15	6.27, 7.04
		제3회	6.09 ~ 6.12	6.28 ~ 7.03	7.16	7.28 ~ 7.31	8.30 ~ 9.17	9.26, 9.30
		제4회	8.25 ~ 8.28	9.20 ~ 9.25	10.15	10.20 ~ 10.23	11.22 ~ 12.10	12.19, 12.24

식품가공 / 원예

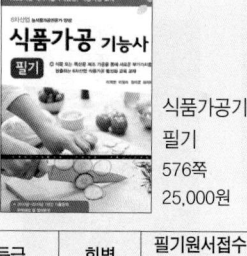
식품가공기능사 필기
576쪽
25,000원

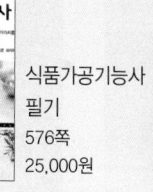
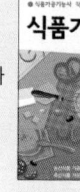

식품가공기능사 실기(식품가공실무)
올컬러 392쪽
30,000원

원예 기능사 필기 실기 필답형
728쪽
26,000원

종목	등급	회별	필기원서접수 (인터넷)	필기시험	필기시험 합격자발표	실기 원서접수 (인터넷)	실기시험	최종 합격자발표
식품 가공	기능사	제1회	1.06 ~ 1.09	1.21 ~ 1.25	2.06	2.10 ~ 2.13	3.15 ~ 4.02	4.11, 4.18
		제2회	3.17 ~ 3.21	4.05 ~ 4.10	4.16	4.21 ~ 4.24	5.31 ~ 6.15	6.27, 7.04
		제3회	6.09 ~ 6.12	6.28 ~ 7.03	7.16	7.28 ~ 7.31	8.30 ~ 9.17	9.26, 9.30
원예	기능사	제2회	3.17 ~ 3.21	4.05 ~ 4.10	4.16	4.21 ~ 4.24	5.31 ~ 6.15	6.27, 7.04

종자

제2차 필답형 기출문제 수록

종자 기사·산업기사
1184쪽
36,000원

종자기능사 필기 실기
590쪽
25,000원

실기 필답형
올컬러 완벽대비
기출문제수록

종목	등급	회별	필기원서접수 (인터넷)	필기시험	필기시험 합격자발표	실기 원서접수 (인터넷)	실기시험	최종 합격자발표
종자	기사 산업기사	제1회	1.13 ~ 1.16	2.07 ~ 3.04	3.12	3.24 ~ 3.27	4.19 ~ 5.09	6.05, 6.13
	기사	제2회	4.14 ~ 4.17	5.10 ~ 5.30	6.11	6.23 ~ 6.26	7.19 ~ 8.06	9.05, 9.12
	기사 산업기사	제3회	7.21 ~ 7.24	8.09 ~ 9.01	9.10	9.22 ~ 9.25	11.01 ~ 11.21	12.05, 12.24
	기능사	제1회	1.06 ~ 1.09	1.21 ~ 1.25	2.06	2.10 ~ 2.13	3.15 ~ 4.02	4.11, 4.18
		제2회	3.17 ~ 3.21	4.05 ~ 4.10	4.16	4.21 ~ 4.24	5.31 ~ 6.15	6.27, 7.04
		제3회	6.09 ~ 6.12	6.28 ~ 7.03	7.16	7.28 ~ 7.31	8.30 ~ 9.17	9.26, 9.30

이 안내문은 모든 분이 공람하실 수 있도록 게시해 주시고 1년간 참고하시기 바랍니다. 기

2025 국가기술자격검정

부민문화사 홈페이지(http://www.bumin33.co.kr)에서 도서를 주문하시고 도서 대금을
받으실 수 있습니다. 도서 주문 시에 기록하신 E~mail을 통하여 시험에 대한 각종 자료가

농 협: 021 - 01 - 017900   우리은행: 1005 - 002 - 538856   예금주

● 2025년 최신 개정 교재

산림기사 · 산업기사 Ⅰ
(조림학 · 임업경영학)
784쪽 25,000원

산림기사 · 산업기사 Ⅱ
(산림보호 · 임도 · 사방)
808쪽 25,000원

산림기사 12년간 · 산업기사
3년간 기출문제 해설
688쪽 24,000원

산림기사 · 산업기사 실기
(필답형 · 작업형)
640쪽 25,000원

산림기능사 필기 실기
640쪽 26,000원

임업종묘기능사 필기 실기
e-book 278쪽 20,000원

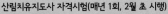

산림치유지도사 자격시험(매년 1회, 2월 초 시행)

산림치유지도사 1급
848쪽 34,000원

산림치유지도사 2급
768쪽 34,000원

종목	등급	회별	필기원서접수 (인터넷)	필기시험	필기시험 합격자발표	실기 원서접수 (인터넷)	실기시험	최종 합격자발표
산림	기사 산업기사	제1회	1.13 ~ 1.16	2.07 ~ 3.04	3.12	3.24 ~ 3.27	4.19 ~ 5.09	6.05, 6.13
		제2회	4.14 ~ 4.17	5.10 ~ 5.30	6.11	6.23 ~ 6.26	7.19 ~ 8.06	9.05, 9.12
		제3회	7.21 ~ 7.24	8.09 ~ 9.01	9.10	9.22 ~ 9.25	11.01 ~ 11.21	12.05, 12.24
	기능사	제1회	1.06 ~ 1.09	1.21 ~ 1.25	2.06	2.10 ~ 2.13	3.15 ~ 4.02	4.11, 4.18
		제2회	3.17 ~ 3.21	4.05 ~ 4.10	4.16	4.21 ~ 4.24	5.31 ~ 6.15	6.27, 7.04
		제3회	6.09 ~ 6.12	6.28 ~ 7.03	7.16	7.28 ~ 7.31	8.30 ~ 9.17	9.26, 9.30
임업종묘	기사	제3회	7.21 ~ 7.24	8.09 ~ 9.01	9.10	9.22 ~ 9.25	11.01 ~ 11.21	12.05, 12.24
	기능사	제1회	1.06 ~ 1.09	1.21 ~ 1.25	2.06	2.10 ~ 2.13	3.15 ~ 4.02	4.11, 4.18
산림치유	산림치유지도사는 치유의 숲, 자연휴양림, 숲길 등 산림을 활용하여 대상별 맞춤형 산림치유프로그램을 기획 · 개발하고 산림치유활동을 효율적으로 할 수 있도록 지원하는 전문가입니다. 2013년부터 연 1회 시행하는 산림치유 평가시험은 산림청이 주최하고 한국산림복지진흥원이 주관하여 실시하며, 2025년에 13회째를 맞습니다.							

이 안내문은 모든 분이 공람하실 수 있도록 게시해 주시고 1년간 참고하시기 바랍니다.

NCS 기반 국가기술자격검정, 축산 관련 공무원 시험

축산 기능사
축산직 7·9급

완전개정판

(사)한국농업인력개발포럼
축산기술사 안 제 국

CRAFTSMAN LIVESTOCK   CRAFTSMAN LIVESTOCK

- NCS 기반 출제기준 완전 분석
- 축산개론 / 사료작물 / 축산경영 수록
- 필기시험 기출문제 해설 및 분석

부 민 문 화 사
www.bumin33.co.kr

머리말

그간 축산기능사 자격증 취득과 축산직 공무원 시험을 준비하는 분들의 대부분은 어떤 책으로 어떻게 공부할 것인가? 그리고 2015년부터 시행하는 NCS기반 출제기준에 대하여 어떤 방향으로 어떻게 출제되는가? 많은 궁금증을 가지고 있었을 것이다.

이 책은 2015년 제정된 NCS에 따른 한국산업인력공단의 출제기준에 의거 축산개론, 사료작물, 축산경영에 대한 새로운 내용과 체제로 구성하여 최고의 수험서가 되도록 다음과 같이 역점을 두고 편성되었다.

첫째: NSC 기반 축산기능사 자격검정 수험서이다.
☞ 2015년 NCS 기반 축산기능사 출제기준에 의거 완전개정 편찬되었다.
☞ 각 과목별 핵심 학습내용을 추출하여 개조식으로 요약하여 학습이 수월하다.
☞ 방대한 예상문제를 제시하고 해설과 풀이를 하여 학습역량을 제고하였다.
☞ 최근 6년간의 기출문제를 모두 수록하여 자격검정에 대비하도록 하였다.

둘째: 축산직 공무원 시험 합격 지침서이다.
☞ 축산연구직, 지도사 등 공무원 시험에 대비하여 심도있는 내용으로 구성하였다.
☞ 자기 주도적으로 시험공부를 하도록 사진, 도면, 삽화 등을 첨부하여 이해도를 높였다.
☞ 예상문제, 기출문제를 수록하고 해설을 첨부하여 학습 효과를 증진케 하였다.

셋째: 현장에서 직무를 수행하고 문제를 해결하는 핸드북이다.
☞ 현장에서 직무수행을 위한 전문적인 지식과 기술 습득을 위한 전문서이다.
☞ 학습과 일이 연결되도록 구성하여 직무 수행능력을 증진시키도록 편찬되었다.
☞ 작업능력, 관리능력, 돌발 상황에 대처할 수 있는 실무내용으로 구성하였다.

짐승은 아무나 키우는 것이 아니다. 농업은 과학이다. 아무쪼록 이 책이 축산을 공부하는 모든 분, 그리고 축산 관련 자격증 취득과 축산직 공무원 시험을 준비하시는 분, 전문 축산경영인이 되고자 하는 분들의 나침판이 되어 기필코 꿈을 이루시길 간절히 기원한다.

2023년 4월

저자 축산기술사 안 제 국

| 축산기능사 검정 안내 |

1. 시행목적

육류 사용의 증가에 따른 축산업 규모의 확대와 아울러 가축 사육의 고도기술이 필요함에 따라 가축을 합리적으로 사육할 수 있는 전문인력을 양성함으로써 품질 좋고 안전한 축산물을 생산 공급하고, 국제경쟁에 대처할 수 있는 축산기술을 발전시키기 위하여 제정되었다.

2. 수행직무

축산에 관한 숙련기능을 가지고 가축의 생산과 작업관리 및 이에 관련되는 업무를 수행한다. 구체적으로 우유, 육류, 난류와 같은 축산물을 생산하기 위하여 소, 돼지, 닭, 토끼, 양, 벌과 같은 가축을 사육, 번식, 관리하는 직무를 수행한다.

3. 진로 및 전망

① 축산관련 협동조합, 축산물유통회사, 유가공회사, 사료회사, 질병방역, 축산 관련 공무원 등으로 진출할 수 있다. 농장을 경영하거나 농장근무, 자영업 등에 종사할 수 있다.
② 동물자원은 인류에게 귀중한 식품, 의류, 약품의 원료를 제공하고, 애완동물로서 현대인에게 매우 중요한 위치를 차지한다. 또한 동물산업의 대상이 소, 돼지, 닭 등의 주요 축종으로부터 모든 동물로 확대되고 있으며, 시설자동화 및 유전공학적인 기법에 의한 생산성의 증대와 새로운 기능성 물질의 창출을 탐색하는 등 축산 관련 산업도 전문화되고 있다. 국민소득이 증대됨에 따라 축산물소비량도 점차 증가하고 있다.

4. 취득방법

① 시행처 : 한국산업인력공단
② 관련학과 : 실업계 고등학교 농업경영과, 축산과 등
③ 시험과목
  - 필기 : 1.축산개론 2.사료작물 3.축산경영
  - 실기 : 가축관리 및 사양
④ 검정방법
  - 필기 : 객관식 4지 택일형, 60문항(60분)
  - 실기 : 작업형(3시간 정도)
⑤ 합격기준
  - 필기 : 100점 만점에 60점 이상 득점자
  - 실기 : 100점 만점에 60점 이상 득점자

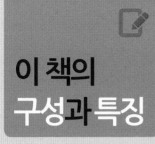

이 책의
구성과 특징

단원별 내용

출제기준의 주요항목, 세부항목, 세세항목의 내용을 다양한
그림과 함께 제시하였다.

단원별 기출문제

축산기능사 기출문제를 출제기준의 주요항목에 맞게 선별한 다음
자세한 해설을 첨부하여 제시하였다.

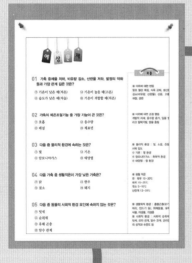

최근 기출문제

2011년부터 2016년까지의 최근 기출문제를 제시하였다.

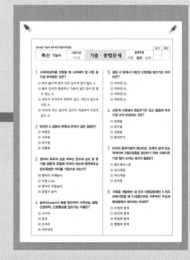

Ⅱ 사료작물

III 축산경영

01 축산경영계획 및 경영형태

02 경영관리

03 경영분석 및 평가

필기시험 기출·종합문제

I 축산개론

I 가축의 사육환경과 개량

1 가축의 사육환경

① 축산 일반

(1) 축산(animal husbandry)
- 농업의 한 부분으로 가축이나 가금을 길러 축산물을 생산하는 일

연구 축산물의 정의(축산법 2조 3항)

> 가축에서 생산된 고기, 젖, 알, 꿀과 이들의 가공품, 원피(원모피 포함), 원모, 뼈, 뿔, 내장 등 가축의 부산물, 로얄제리, 화분, 봉독, 프로폴리스, 밀랍 및 수벌의 번데기

(2) 축산업(livestock farming, animal industry)
- 토지를 기반으로 각종 가축을 사육, 가공, 유통, 판매를 목적으로 하는 산업
- 1차 생산업 : 육우생산업, 낙농업, 양돈업, 가금생산업, 특수가축생산업 등
- 2차 생산업 : 육가공업, 유가공업, 부산물가공업, 사료생산업, 동물약품업, 축산시설업 등

연구 축산업의 정의(축산법 2조 4항)

> 종축업, 부화업, 정액 등 처리업, 가축사육업

(3) 동물의 가축화
- 개 : BC 12,000년 전(사냥 목적)
- 돼지, 양, 소, 말 : BC 5,000~8,000년 전
- 닭 : BC 4,000년 전

(4) 동물자원의 분류

- 과거 : 야생동물과 가축으로 구분
- 현재 : 야생동물, 농장동물(가축), 실험동물, 반려동물 등으로 세분화

① 야생동물

- 야생에서 태어나서 야생에서 살아가고 있는 동물
- 식량, 의약품 원료, 실험적 연구 및 각종 공업원료의 중요한 자원
- 자연 생태계의 평형 유지를 위해 보호가 필요

② 농장동물(가축)

- 야생동물을 순화시켜 사육과 번식이 가능하도록 개량시킨 동물
- 고기, 젖, 알, 털, 가죽, 뿔, 꿀 등의 축산물 생산을 위해 경제적 목적으로 사육

연구 **가축의 정의(축산법 제2조 1항)**

> 사육하는 소·말·면양·염소(유산양, 乳山羊 : 젖을 생산하기 위해 사육하는 염소)·돼지·사슴·닭·오리·거위·칠면조·메추리·타조·꿩, 그 밖에 대통령령으로 정하는 동물(기러기, 노새·당나귀·토끼 및 개, 꿀벌, 그 밖에 사육이 가능하며 농가의 소득증대에 기여할 수 있는 동물로서 농림축산식품부장관이 정하여 고시하는 동물)

③ 반려동물

- 애완동물(pet animal) : 사람이 가지고 노는 장난감 동물을 칭하는 용어 – 부적절한 용어
- 반려동물(companion animal) : 인간과 동물이 평생을 더불어 살아가는 동반자로 인식
- 개, 고양이뿐만 아니라 말, 파충류, 양서류, 갑각류 등 폭넓게 사용되고 있다.

④ 실험동물

- 의학, 약학, 수의학 등 생물학 연구나 교육의 목적으로 사용되는 동물
- 마우스, 랫트, 기니피그, 햄스터, 토끼, 개, 고양이, 원숭이, 돼지, 염소 등

(5) 축산업의 특징

① 토지 이용 효율이 높다. – 비 농경지 축사 건축 가능, 농산부산물 이용
② 노동력의 연중 분산 – 농한기, 농번기가 없고 노약자 노동력 이용
③ 농업 생산성 증대 – 퇴구비, 농경지 활용으로 지력 증진
④ 농업경영 효율화 – 연중 현금 수입, 자본 회전율이 빠르다.

(6) 가축 사육두수

연구 가축 사육두수의 변화 (단위: 천 두, 출처: 통계청)

구분 연도별	한 · 육우	젖소	돼지	닭
1960	1,011	0.9	1,397	12,030
1970	1,286	24	1,126	23,633
1980	1,361	180	1,784	40,130
1990	1,622	504	4,528	74,463
2000	1,590	544	8,214	102,547
2005	1,819	479	8,962	109,628
2011	2,940	404	8,851	149,586
2015	2,676	411	10,186	164,130
2020	3,395	410	11,078	178,528

① 가장 많이 사육되는 가축은 닭이고 젖소가 가장 적다.

② 한육우의 사육두수는 2002년 감소하였다가 이후 꾸준히 증가하고 있다.

③ 젖소는 2000년 이후 우유 소비량 둔화로 감소 추세에 있다.

(7) 축산물 소비량

연구 국민 1인당 축산물 소비량 (단위: kg, 출처: 통계청)

구분 연도별	고기					달걀(개)	우유
	쇠고기	돼지고기	닭고기	합계	자급율		
1960	0.5	2.3	0.7	3.5	100.0	33	0.15
1970	1.2	2.6	1.4	5.2	100.0	77	1.6
1980	2.6	6.3	2.4	9.7	97.8	119	10.8
1990	4.1	11.8	4.0	19.9	90.0	167	42.8
2000	8.5	16.2	6.9	31.6	78.8	184	59.7
2010	8.8	19.2	10.7	38.8	71.5	236	62.3
2015	10.7	22.8	12.8	46.3	70.8	254	73.6
2020	12.9	27.1	12.5	52.5	68.9	281	83.9

① 육류 소비량 : 약 53kg으로 매년 증가, 돼지고기 소비량이 약 27%로 가장 많다.

② 쇠고기 소비량 : 2000년 8.5kg까지 증가 추세였으나 2003년말 미국에서 광우병 발생으로 2005년 6.7kg으로 급감하였으나, 회복되어 매년 증가 추세이다.

③ 달걀 소비량 : 약 281개로 꾸준히 증가하고 있다.

④ 우유 소비량 : 2000년대 이전까지는 급등하다가 2000년대 이후 완만한 증가세이다.

(8) 축산업의 과제

① 수입 곡물가격의 상승 – 사료비 상승으로 조수입 감소

② 수입 자율화로 값싼 축산물 수입 증가 – 국내 축산물 가격 하락

③ 가축질병 – 다두화로 인한 질병 만연과 해외 전염병 유입

④ 공장식 축산과 동물복지 – 친환경적 사육환경에 따른 시설비 부담

⑤ 축산분뇨 대량 발생 – 환경오염 문제 발생

② 가축의 사육환경

(1) 가축의 사육환경 요인

- 환경요인 : 생존, 건강, 성장, 번식, 생산 등에 영향을 주는 외부적 요인
- 환경요인의 종류 : 물리적 요인, 자연적 요인
- 가축의 품종, 성장 단계, 연령, 사료의 영양수준, 관리 방식에 따라 다르다.
- 생산성의 영향 : 열 환경 〉 물리적 환경 〉 지리적 환경 〉 토양 환경

(2) 가축의 환경 분류

① 열 환경 : 기온, 습도, 기류(풍속), 태양열 및 기타 열의 방사

② 물리적 환경 : 빛, 소음, 진동, 사육 밀도

③ 화학적 환경 : 산소, 탄산가스(CO_2), 일산화탄소(CO), 암모니아(NH_3), 먼지, 물, 사료

④ 생물학적 환경 : 흡혈 곤충(모기, 파리, 진드기 등), 위해 동물, 유독 식물, 미생물, 기생충

⑤ 지리 토양적 환경 : 위도, 고도, 지세, 경사도, 토성, 토질

⑥ 사회적 환경 : 사회적 순위제, 텃세, 모자 관계, 암수 관계, 관리인의 성격과 숙련 도 등

⑦ 시설 환경 : 축사의 구조, 보온 및 환기 시설, 급이 및 급수 시설, 위생 시설

(3) 자연적 환경

① 열 환경과 기후

- 열 환경은 기온, 습도(강수량), 바람, 일사량 등 기후에 영향을 받는다.
- 생산성은 열사병(더위), 일사병(햇빛), 동상 등과 관련이 있다.
- 닭은 땀샘이 없고, 돼지는 땀샘이 기능을 못하며, 소는 기능이 약하다.

● 생활 적온 : 한 · 육우 10~20℃, 돼지 15~25℃, 젖소 5~15℃, 산란계 13~24℃
● 임계 온도 : 닭 1℃~32℃, 돼지 0℃~27℃, 젖소 −13℃~30℃, 한우 −10~30℃

연구 동물의 생활적온과 임계온도

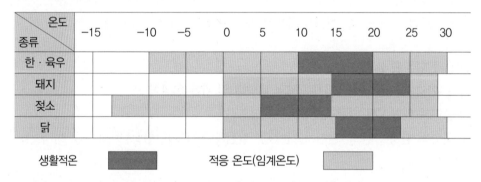

종류＼온도	−15	−10	−5	0	5	10	15	20	25	30
한 · 육우										
돼지										
젖소										
닭										

생활적온 ▮▮▮   적응 온도(임계온도) ▯▯▯

● 열 환경관리: 축사의 단열과 환기, 그늘막 설치, 방풍림 조성

① 빛과 가축

● 햇빛은 피부에 직접적으로 작용하여 비타민 D를 합성한다. – 골격 형성
● 자외선은 강력한 살균 작용을 한다.
● 내분비기관을 자극하여 성 성숙을 촉진한다.– 대사 촉진
● 장일성 동물의 번식과 산란을 촉진시킨다.
● 닭은 산란 촉진과 유지를 위해 인공조명(점등)을 한다.

③ 고도

- 일반적으로는, 해발 3000m 이상을 고해발 환경이라 한다.
- 고도가 100m 높아짐에 따라 기온이 0.6℃, 기압은 10hpa씩 낮아진다.
- 고지대는 기압이 낮고 산소량이 부족하여 호흡수와 심장 박동수 증가, 생산성 저하
- 고지대에서 적응성이 강한 동물은 양과 염소, 고기소이다.

④ 습도

- 높은 습도는 몸의 수분 증발을 방해한다.
- 적당한 습도는 40~70%이며 80% 이상이면 생산량의 감소 초래
- 특히 고온 다습일 경우에 심하게 나타난다.
- 습도가 높으면 병원균과 곰팡이 발생으로 호흡기병, 소화기병, 유방염, 피부병, 부제병 발생
- 습도가 낮으면 먼지로 인하여 호흡기 장애, 결막염 등이 발생

⑤ 유해 생물

- 유해 생물에는 병원 미생물, 병해충, 유해 동물(곤충), 유독식물 등이 있다.
- 흡혈 곤충 : 쇠파리, 등애, 이, 모기, 진드기 – 채식량 감소, 전염병 전파
- 축사 내 포충망 설치, 웅덩이의 배수, 분뇨처리장 주변의 소독 실시
- 축체에 기피제, 살충제 살포
- 방목 가축의 유독식물 : 독미나리, 고사리, 천남성, 미국자리공, 독말풀, 미나리아재비 등

(2) 사회적 환경

① 관리인의 성격과 숙련도

- 관리인의 동물사랑 정신과 세밀한 보살핌, 관리의 숙련도(착유 등)
- 동물의 건강 상태와 행동 습성을 파악하여 조기 발견 및 적절한 조치를 취하는 능력

② 모자관계, 암수관계

- 조기에 어미와 새끼를 분리하게 되면 심한 스트레스를 받는다.
- 한배새끼끼리 경쟁을 통하여 우위성, 복종성 등 위계질서를 배운다.
- 번식기의 수컷은 암컷을 차지하기 위한 경쟁과 다툼 – 적당한 암수의 비율로 사육한다.

③ 동물의 사회적 순위

- 동물은 군거성과 힘의 세기에 의한 서열을 형성한다.

● 서열의 스트레스는 부신피질에서 아드레날린이 분비되어 생산 능력이 떨어지게
   된다.

동물의 사회적 순위

> ● 직선형 (linear type) : 제 1위의 것이 다른 전부를, 2위의 것이 제 1위를 제외한 전부를 지배
>   하는 직선적 우열관계이며 원숭이, 토끼, 닭 등이 이에 속한다.
> ● 군주형 (despot type) : 한 마리가 다른 모든 개체를 지배하며 그 밖의 개체들간에는 투쟁이
>   없는 형식이며 mouse, rat, 고양이 등이 이에 속한다.

④ 텃세
   ● 텃세는 자기만의 일정한 세력권을 구축하려는 동물의 본능이다.
   ● 동물을 합사할 때는 2개체를 새로운 장소에 동시에 이전하여 합사하면 텃세를
      줄일 수 있다.
⑤ 사육밀도
   ● 밀집사육은 사육환경이 악화되고 육성률 저하와 전염병 발생이 증가되고 있다.
   ● 환기 부족, 과도한 먼지의 발생, 병원 미생물 수나 유해 가스 농도의 증가
   ● 다두 사육 시에는 질병을 예방할 수 있는 '올 인-올 아웃(all in-all out)'식 채
      택

(5) 시설적 환경
① 축사의 구조
   ● 활동에 필요한 사육 공간의 확보, 햇빛을 받을 수 있는 채광 시설
   ● 미끄럽지 않은 바닥, 적절한 사육시설, 병든 동물 치료 · 격리, 사육장 구비
② 보온 및 환기 시설
   ● 더위와 추위를 극복할 수 있는 사육 환경을 갖추어야 한다.
   ● 지붕, 천장, 벽과 바닥에 단열 처리
   ● 신선한 공기 유입과 온도와 습도를 알맞게 조절하기 위해서도 필요하다.
   ● 여름철은 환기량을 최대로 하고, 겨울은 보온을 유지하면서 최소로 해야 한다.
③ 급이 및 급수 시설
   ● 동물체의 수분량이 10% 감소하면 고통과 보행 지장, 15% 이상 감소 시 생명
      위험
   ● 급수량은 환경, 온도, 사료의 종류와 양, 동물의 체중과 생리 조건 등에 따라 다
      르다.
   ● 축사, 운동장, 방목장에 급수 시설을 마련해 주어야 한다.

④ 위생 시설

- 각종 오염원을 차단하고 소독을 철저히 해야 한다.
- 일령과 월령이 다른 동물, 사육목적이 다른 동물, 구입동물은 분리 사육해야 한다.
- 축사 입구에는 소독판 설치, 출입 시 신발을 소독하도록 한다.

2 가축의 선발 교배법

1 가축의 유전

(1) 유전자와 염색체

① 생물체는 서로 다른 유전자 조성으로 형태적, 생리적 독특한 형질을 나타낸다.

- 양적형질(연속변이) : 비유량, 증체량, 산란수 등의 계량적 표현형, 환경 영향
- 질적형질(불연속 변이) : 뿔의 유무, 털 색깔, 형태 등 유전 영향이 크다.

연구 질적 형질과 양적 형질 비교

구분	질적 형질	양적형질
형질 구분	종류(털색, 뿔, 저항성 등)	키, 체중, 비유량, 증체량, 산란수
관여 유전자수	소수(1~3)	다수, 폴리진(polygene)
환경 영향	없거나 적음	크다
변이 양상	불연속 변이	연속 변이(정규 분포)

② 유전자

- 부모로부터 자식으로 전해지는 유전물질, 즉 형질의 유전 정보의 기본 단위이다.
- 디옥시리보핵산(DNA)으로 이루어져 있으며 염색체에 존재한다.
- DNA 분자는 2개의 뉴클레오타이드 가닥이 오른쪽으로 서로 꼬인 2중 나선형 구조이다.
- DNA 가닥을 따라 늘어선 염기(A, T, G, C)의 배열 순서가 유전정보이다.
- 뉴클레오타이드는 인산, 5탄당, 염기로 이루어져 있다.
- DNA 염기는 아데닌(A), 구아닌(G), 시토신(C), 티민(T)의 4종류가 있다.

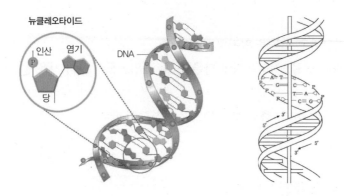

③ 염색체

● 염색체는 세포분열 시 나타나는 실 모양의 염색사가 꼬여 짧게 응축된 형태이다.

● 동물의 종류에 따라 수가 일정하며, 유전물질의 운반체이다.

● 염색사는 우리가 유전물질이라고 부르는 DNA와 히스톤 단백질로 이루어져 있다.

● 상염색체와 성염색체가 있으며 상염색체는 암수 모두 가지고 있는 염색체이다.

● 성염색체의 구조에서 큰 것이 X 염색체이고 작은 것이 Y 염색체이다.

● 사람은 22쌍의 상염색체(44개)와 1쌍의 성염색체(XY 또는 XX)를 가지고 있다.

● 체세포의 염색체 수는 2n으로 표시하며, 생식세포는 감수분열로 n이 된다.

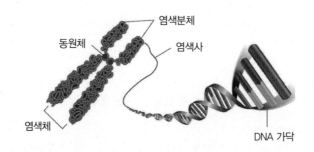

연구 동물의 염색체 수

소 60개(58 + X + Y), 말 64개, 산양 60개, 면양 54개, 돼지 38개, 개 78개, 집토끼 44개
닭 78개(76 + Z + Z), 오리 80개, 칠면조 82개, 사람 46개

● 포유류의 염색체는 수컷 XY, 암컷 XX형, 조류의 염색체는 수컷 ZZ, 암컷 ZW형으로 표기한다.

④ 유전자의 발현과 단백질 합성과정

- DNA의 복제 : 한 쌍의 DNA가 세포분열로 두 쌍의 DNA로 합성
- DNA의 전사 : 핵에서 DNA를 주형으로 mRNA가 합성되는 과정
- RNA의 번역 : 세포질에서 mRNA를 주형으로 단백질을 합성하는 과정
- 즉, DNA의 정보는 RNA로 전해지고, RNA의 정보에 따라 단백질이 만들어지게 된다.

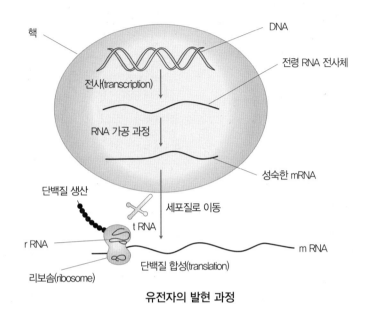

유전자의 발현 과정

(2) 세포분열

① 체세포 분열(유사분열)

- 간기 : 세포질이 분리되며, 염색체와 중심체가 복제되는 시기
- 전기 : 염색체가 응축되어 나타나고 핵막과 인이 소실, 중심소체가 이동, 방추체 형성
- 중기 : 방추체가 중앙에 배열되고 핵막이 완전히 소실된다.
- 후기 : 동원체가 분리되고, 염색체가 양극체쪽으로 이동하기 시작한다.
- 말기 : 핵막과 인이 다시 나타나면서 2개의 딸핵이 형성된다.(2n → 2n)

② 생식세포 분열(감수분열)

- 감수 제1분열(이형분열) : 간기에 DNA가 복제된 후 상동염색체가 분리되어 염색체 수 와 DNA 상대량이 모두 반감한다.
- 감수 1분열 전기에 2가 염색체가 형성되었을 때 상동염색체 사이에서 염색분체의 일부 가 교차된다. 핵상이 2n에서 n으로 변하므로 이형분열이라고 한다.(2n → n)
- 감수 제2분열(동형분열) : 1분열 후 간기를 거치지 않고 바로 일어나며, 염색분체가 분 리되므로 DNA 양은 반으로 줄지만 염색체 수는 일정하게 유지된다.(n → n)

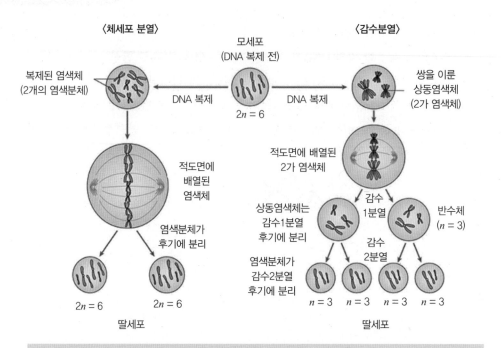

〈체세포 분열〉

모세포
(DNA 복제 전)

〈감수분열〉

복제된 염색체
(2개의 염색분체)

DNA 복제

$2n = 6$

DNA 복제

쌍을 이룬
상동염색체
(2가 염색체)

적도면에
배열된
염색체

적도면에 배열된
2가 염색체

상동염색체는
감수1분열
후기에 분리

감수
1분열

반수체
($n = 3$)

염색분체가
후기에 분리

염색분체가
감수2분열
후기에 분리

감수
2분열

$2n = 6$ $2n = 6$

딸세포

$n = 3$ $n = 3$ $n = 3$ $n = 3$

딸세포

- 체세포 분열에서는 염색분체만 분리되는 반면, 생식세포 분열에서는 감수 1분열에서 상동염색체가 분리된 후 감수 2분열에서 염색분체가 분리된다.
- 체세포 분열 : 1번의 DNA 복제와 1번의 분열로 염색체 수가 변함없는 2개의 딸세포가 만들어진다.
- 생식세포 분열 : 1번의 DNA 복제와 2번의 연속적인 분열로 염색체 수가 반감된 4개의 딸세포가 만들어진다.

② 가축의 유전 현상

(1) 멘델의 유전 법칙

① 우열의 법칙(우성의 법칙)
- 잡종 1대의 표현형은 우성(W)만 나타나고 열성(w)은 나타나지 않는다.
- 돼지의 흰색 요크셔종과 검은색 버크셔종을 교배하면 종 제1대(F_1)는 모두 흰색이 된다

② 분리의 법칙
- 한 쌍의 대립형질은 F_2에서 표현형은 흰색(우성)과 검은색(열성)이 3 : 1이다.
- 유전자형은 WW : Ww : ww은 1 : 2 : 1이다.
- F_1에서 나타나지 않았던 검은색 돼지가 F_2에서 4 : 1마리 비율로 나타난다.
- 흰색 우성유전자를 대문자 W로, 검은색의 열성유전자를 소문자 w로 표기한다.
- 두 유전자가 결합된 상태를 유전자형, 외관상으로 나타난 형질을 표현형이라 한다.

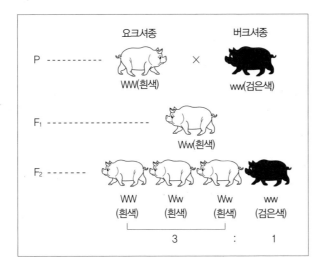

③ 독립의 법칙

- 2쌍 이상의 대립 형질이 동시에 유전될 때 각각의 형질을 나타내는 유전자는 다른 유전자에 영향을 주지 않고 독립적으로 분리의 법칙에 따라 유전된다.
- F_2의 표현형은 4종류이며 분리비는 9 : 3 : 3 : 1로 나타난다.

연구 앵거스(무각 PP, 흑색 BB) × 쇼트혼(유각 pp, 적색 bb) – 2쌍의 대립형질

F_1 : PpBb(무각, 흑색)× PpBb(무각, 흑색)
F_2 : 유전자형 : 9종
　　PPBB(1/16) PPBb(2/16) PpBB(2/16) PpBb(2/16) PPbb(1/16) Ppbb(2/16) ppBB(1/16)
　　ppBb(2/16) ppbb(1/16)
　　표현자형 : 4종　　P_B_(무각 흑색), P_bb(무각 적색), PPB_(유각 흑색) PPbb(유각 적색)
　　분리비　　　　　9　　:　　3　　:　　3　　:　　1

(2) 대립유전자의 상호작용(interaction)

① 불완전 우성

- 완전 우성 : 잡종 1대(F_1)에 양친 형질 중 우성만 나타나는 것
- 불완전 우성 : 잡종 1대(F_1)이 양친의 중간 형질을 나타내는 현상
- 닭의 모관과 비모관, 갈색란과 백색란, 각모와 무각모는 불완전 우성이라 한다.

연구 초우성

대립유전자의 이형접합(헤테로) 개체(Aa)가 동형접합(호모) 개체(AA와 aa)보다도 뛰어난 표현형을 나타내는 것을 말한다.

② 부분 우성
- 대립형질에 있어서 부분적으로 서로 우성으로 작용하는 모자이크 잡종이다.
- 안달루시안(청색) × 안달루시안(청색) → 백색 1 : 청색 2 : 흑색 1
  → 백색 × 청색 = 청색
- 흑색과 백색이 서로 깃털에 대해 부분적으로 우성 작용하기 때문이다.

③ 억제 유전자
- 2쌍의 유전자가 한 형질에 관여하는 경우 한 쪽 유전자가 다른 쪽 유전자 작용을 억제
- 백색 레그혼 × 갈색 미노르카 → F_1 모두 백색, F_2 흰색 : 갈색 = 13 : 3

④ 동의 유전자
- 한 형질에 2쌍 이상의 독립 유전자가 관여하여 형질을 나타내는 유전자
- 산유량, 증체량, 산란능력 등은 동의 유전자 작용이다.
- 세브라이트(작은 닭) × 햄버그(육용종) → F_1 모두 중간, F_2 다양하게 나타난다.

⑤ 치사 유전자
- 개체발생이나 출생 초기에 형태적 이상이나 생리적 결함을 일으켜 죽게 하는 유전자
- 비교적 장기간 생존하는 것은 반치사유전자라고 한다.
- 우성치사 유전자는 개체를 죽게 하므로 열성치사 유전자만 관찰된다.
- 치사 유전자에는 불독형의 연골발육부전, 장기재태, 태아미이라변성, 선천성수종, 하악부전, 포복성 피부전, 무모, 사지 단소, 말단 결손 등이 있다.
- 반치사 유전자에는 선천적 백내장, 반무모, 선천적 곡계 등이 있다.

(3) 비대립유전자의 작용

① 보족 유전자 작용
- 유전자 좌위를 달리하는 2종의 유전자가 하나의 형질에 관여하여 양친에 없는 다른 형질을 발현시키는 것
- 닭의 장미관 × 완두관 → 호도관, 쥐(아구티)의 모색
- F_2의 분리비는 9 : 3 : 3 : 1, 9 : 3 : 4, 9 : 7 등으로 나타난다.

② 상위성 유전자 작용
- 상위성 유전자 : 한 쪽 유전자가 다른 쪽 유전자를 피복하여 형질이 나타나지 않게 하는 유전자, 즉 억제 유전자이다.
- 하위성 유전자 : 발현이 억제되어 나타나지 않는 유전자는 하위성 유전자이다.
- 소의 털, 피부, 비경 발굽의 흑색은 상위 유전자 작용이다.

(4) 돌연변이

① 염색체 구조의 이상

- 구조에 이상이 생기면 염색체 상의 유전자에 변화를 초래하므로 돌연변이가 나타난다.
- 결실 : 유전자의 소실로 인해 유전자 양이 감소하여 정상적인 생존이 불가능하다.
- 역위, 전좌 : 비정상적인 유전자 발현으로 심한 경우에는 사망에 이르게 된다.

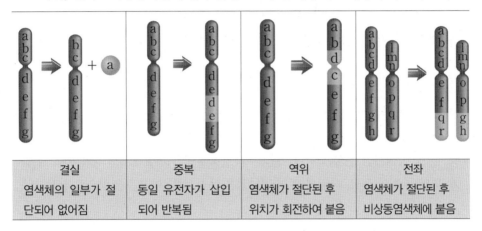

결실	중복	역위	전좌
염색체의 일부가 절단되어 없어짐	동일 유전자가 삽입되어 반복됨	염색체가 절단된 후 위치가 회전하여 붙음	염색체가 절단된 후 비상동염색체에 붙음

② 염색체 수의 이상

- 생식 세포를 형성하는 감수분열 과정에서 염색체가 분리되지 않는 염색체 비분리 현상에 의해 나타난다.

③ 이수성 돌연변이

- 염색체 수가 $2n + 1$, $2n - 1$과 같이 $2n$보다 한두 개 많거나 모자라는 경우로, 감수분열 과정에서 한두 개의 염색체가 비분리되어 발생한다. 다운증후군, 터너증후군

(5) 성의 유전

① 성의 결정과 성비

- Y 염색체의 유무가 성별을 결정하며, X 염색체는 암수가 공통으로 가지고 있다.
- 수컷의 성염색체는 XY를 갖고, 암컷은 XX를 갖는다.
- 포유류의 정자는 2종류(X, Y형), 난자는 1종류(X형)이다.
- 소의 생식세포 조합 : 정자는 29＋X, 29＋Y 난자는 29＋X, 29＋X
- 암수의 성비 산출공식은 ♂/(♂＋♀)×100이며 1차 성비는 50%, 즉 1 : 1이다.
- 1차 성비 : 수정 시, 2차 성비 : 출생 시, 3차 성비 : 이유 시 성비

② 반성 유전
- X염색체로 인해 유전되는 것
- 성 염색체에 성 이외의 형질을 지배하는 유전자가 있을 때 성과 관련된 유전
- 십자 유전 : 횡반종(♀) × 갈색종(♂) = 횡반종은 모두 ♂, 갈색종은 모두 ♀이 된다.
- 사람의 혈우병, 색맹의 유전과 같이 성에 따라 발현 비율이 달라진다.

③ 한성 유전
- Y염색체로 인해 유전되므로 수컷에게만 유전병이 나타난다.
- 젖소의 비유성, 닭의 산란성, 물갈퀴 발가락, 백만어(♂) 등지느러미의 흑반점 등

④ 종성 유전
- 성염색체가 아닌 보통 염색체상에 있는 유전자이면서 성에 따라 표현이 다르게 나타난다.
- 한 쪽 성에서는 우성으로 나타나고 다른 쪽 성에서는 열성으로 작용한다.
- 면양의 뿔의 유전, 사람의 대머리(남성은 우성으로, 여성은 열성으로 잠재한다.)

③ 가축의 선발

(1) 가축 개량의 목표
① 가축 1두당 생산량 증가
② 효율적 생산(생산성 증진)
③ 축산물의 품질 향상
④ 신품종 육성(품종 고정, 체형의 개량, 불량 형질 제거)

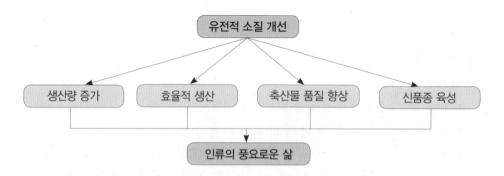

※ 개량의 목표는 시대적 요구, 가축 축종 및 품종의 특성에 따라 달라진다.

(2) 가축 개량 방법

- 선발 : 우수한 가축을 선발하여 종축으로 이용하고 불량가축은 도태한다.
- 교배 : 동계교배와 이계교배가 있다.

동계교배	근친교배, 계통교배, 순종교배
이계교배	이품종교배, 누진교배, 이종교배

(3) 선발의 의의와 목적

① 유전적으로 우수한 개체를 골라 씨가축으로 이용하여 유전적 개량을 도모하는 것
② 우수한 수가축의 선발은 품종개량에 매우 중요하다.
③ 경제적으로 중요한 형질을 개량하는 데 있다.(가장 중요한 목표)
④ 인간의 요구에 따라 변화될 수 있어야 한다.(예 소고기 등심 마블링)
⑤ 시대와 시장의 여건에 의해 변할 수 있다.

(4) 선발의 기능

① 유전적 빈도를 변화시키는 데 있다.
② 선발에 의해서 유전자 빈도가 변화되면 유전자형 빈도도 동시에 변한다.
③ 유전적으로 우수한 종축을 선발하여 이용하면 다음 자손이 우수하게 된다.

(5) 선발 효과를 크게 하는 방법

① 선발차가 커야 한다.
- 개량 형질 변이가 크고, 증식률이 높으며, 경제적인 형질에 대해 선발한다.
② 형질의 유전력이 높아야 한다.
- 환경변이를 최소화하고 새로운 유전자 도입과 잡종강세를 이용한다.
③ 세대간격이 짧아야 한다.
- 어린 가축을 이용하고 늙은 가축은 쓰지 않는다.

(6) 선발과 유전력

① 선발의 효과는 축군의 평균이 얼마나 변화하였는가를 측정함으로써 알 수 있다.
② 집단의 평균이 유전적으로 개량된 양을 유전적 개량량이라고 한다.
③ 선발된 종축의 자손의 평균과 종축이 속한 원래의 축군 차이로 계산한다.

유전적 개량량 = $h^2 S$ h^2 : 유전력, S : 선발차

- 선발차: 씨가축으로 선발된 개체의 평균과 모집단의 평균 간의 차이

  선발차 $S = \bar{Xs} - \bar{Xp}$ 선발된 개체의 평균 : $\bar{Xs}$, 모집단의 평균 : $\bar{Xp}$

- 선발강도: 산발차를 표현형 표준편차로 나눈 값을 의미한다.

  선발강도 $i = \dfrac{S(선발차)}{\sigma_p(표현형\ 표준편차)}$

④ 유전력의 값은 0~1.0인데, 이것은 %로 나타내면 0~100%가 된다.

⑤ 유전력 20% 이하 : 저도의 유전력, 20~40% : 중도의 유전력, 40~50% 이상 : 고도의 유전력이라고 한다.

연구 가축의 경제적 형질 유전력

가축	형질	유전력	가축	형질	유전력
닭	난중	0.55	육우	증체량	0.60
	8주령 체중	0.35		사료효율	0.48
	초산일령	0.26		생시체중	0.34
	산란수	0.20		이유시 체중	0.30
	부화율	0.16		도체등급	0.14
돼지	등지방 두께	0.55	유우	유지율	0.60
	체장	0.50		유지방량	0.30
	사료효율	0.29		산유량	0.20
	산자수	0.15		체중	0.14
	이유시 체중	0.09		수태율	0.01

※ 고도 : 난중, 등지방 두께 및 체장, 증체량 및 사료효율, 유지율
※ 저도 : 부화율 및 산란수, 산자수, 도체등급, 체중과 수태율

(7) 선발 방법

- 외모에 의한 선발 : 가축품평회를 통한 외모 심사
- 혈통에 의한 선발 : 선조의 능력 기록을 보고 선발
- 능력에 의한 선발 : 개체선발, 가계선발, 후대검정, 간접선발

① 개체선발
- 개체의 능력만을 근거로 해서 그 개체의 씨가축으로써 가치를 추정하는 방법
- 유전력이 높은 형질의 개량에 효과적으로 이용할 수 있다.
- 개체선발은 비교적 실시하기가 쉽다는 장점이 있다.

- 비유능력, 산란능력과 같은 암컷에 발현되는 형질 개량을 위한 방법으로 수컷의 선발에 이용할 수 없다.
- 능력검정소를 설치하여 동일한 사양조건에서 비교하여 선발해야 한다.

② 혈통선발
- 부모, 조부모 등 선조의 능력을 근거로 씨가축의 가치를 판단하여 선발하는 방법
- 대상 선조와 혈연관계가 가까운 선조의 능력에 더 큰 비중을 둔다.
- 선조에 대한 능력이 이미 조사되어 있는 경우 혈통선발이 유리하다.
- 유전력이 높은 형질에는 크게 도움이 되지 않는다.
- 선조의 능력에 대한 기록이 부정확하거나 환경의 영향을 많이 받은 경우에는 혈통선발의 효율성이 떨어진다.

연구 혈통선발의 장점

- 한 쪽 성에만 발현되는 형질(산란, 비유 등)의 선발
- 도살해야만 측정할 수 있는 형질(정육량, 육질 등)의 선발
- 가축의 수명과 같이 측정에 오랜 시일이 소요되는 형질의 개량에 이용
- 개체가 어려서 능력에 대한 자료가 없을 때 활용

③ 가계선발
- 가계능력이 평균을 토대로 가계 내의 개체를 전부 선발하거나 도태하는 방법
- 가계 내 개체 간의 차이는 선발에서 완전히 무시한다.
- 가계는 전형제, 반형제 가계와 같이 혈연관계가 있는 개체의 무리이다.

연구 가계선발의 이용

- 개량하려는 형질의 유전력이 낮을 때
- 가계구성원의 수가 많을 때
- 개량하려는 형질이 한쪽 성에만 발현될 때
- 가축의 수명과 같이 형질의 측정에 오랜 시일이 소요될 때

④ 가계 내 선발
- 가계 내 평균 능력과 개체의 능력을 비교하여 선발하는 방법이다.
- 가계 내 선발은 근친교배의 위험성을 적게 할 수 있는 장점이 있다.
- 개체와 가계의 결합선발 시 더 큰 효과를 얻을 수 있다.

⑤ 방계 친척의 능력에 근거한 선발
- 전자매, 반자매, 전형제, 반형제, 숙모, 숙부 등
- 선발법으로는 자매검정 또는 형매검정을 들 수 있다.
- 검정하려는 개체의 자매나 형제 또는 숙모나 숙부의 수가 많아야 한다.
- 개체선발이나 선조의 능력에 의한 선발을 실시할 수 없을 때 사용한다.

⑥ 후대검정
- 자손의 능력 평균을 근거로 종축으로 이용할 것인가를 결정하는 선발 방법
- 주로 암가축보다 수가축의 선발에 많이 쓰인다.
- 많은 수의 자손을 생산하여 조사하고 선발하면 정확도가 높아진다.

연구 **후대검정의 장단점**

- 비유, 산란능력과 같이 한쪽 성에만 발현되는 형질을 개량할 때
- 개량하려는 형질의 유전력이 낮은 형질의 개량
- 도살하여야만 측정할 수 있는 형질을 개량할 때
- 단점 : 검정에 오랜 시일이 소요되고 시설과 경비가 소요된다.

⑦ 간접선발
- 어느 형질에 대하여 선발을 하면 이 형질과 유전적으로 관계가 있는 다른 형질도 변한다.
- 간접선발은 X 라는 형질을 개량할 때 X 대신 Y 라는 형질에 대해 선발하여 X 형질에 상관반응이 나타나게 함으로써 X 형질을 개량하는 방법이다.

(8) 외모와 체형에 의한 선발

① 한우의 심사
- 가축의 심사표준에 의거 외모와 체형을 측정하여 우열을 판별하는 기술을 말한다.
- 가축 심사에 의한 체형상의 장단점을 파악하여 우수 개체를 조기에 선발할 수 있다.
- 예비 심사 : 세부 심사 전 성별, 연령, 모색, 특징 등을 조사한다.
- 일반 심사 : 일반 외모의 장단점, 즉 체적, 균형, 자질, 품위, 품종의 특징을 심사한다.
- 세부 심사 : 심사 표준에 의거하여 신체의 각 부위를 세밀하게 관찰한다.
- 비교 심사 : 2두 이상의 각 개체를 동시에 비교하여 우열의 등급을 정하는 방법이다.

② 한우의 실격 조건

- 전신 이모색 (전신 혼합모 포함)
- 부분 이모색

  가. 암소 유방부, 수소 치골부의 심한 백반

  나. "가"항 이외의 백반과 부분 호반모 및 부분 흑갈색모

  다. 흑만선(검정색의 줄무늬가 뱀장어 형상으로 나 있는 것)
- 눈꺼풀과 눈언저리의 흑색 및 비경의 흑색
- 선천적 불량 형질 및 이성 쌍태아 중 불임우
- 감점 50점 이상인 부위가 있는 것
- 부정한 행위로 실격조건을 은폐시킨 것

연구 **젖소의 실격 조건**

① 모색

  가. 흑색 또는 전신 단일 모색

  나. 미방 또는 복부 흑색인 것

  다. 한 다리라도 제관부까지 검은 털로 둘러 싼 것

  라. 혼합모

② 유방 : 선천적으로 1유구 이상 결여

③ 이성 쌍태의 불임축

④ 부정행위를 한 가축

⑤ 유전적인 불량형질

③ 체형 측정 방법

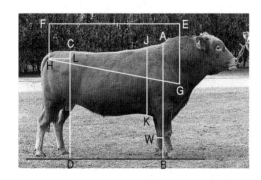 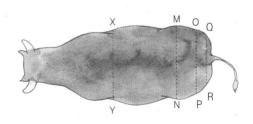

체형 측정 부위

AB : 체고, LH : 고장, CD : 십자부고, EF : 수평체장, XY : 흉폭, MN : 요각폭, OP : 곤폭,
QR : 좌골폭, GH : 사체장, JK : 흉심, W : 전관위

| 체　고 | 체 척 계 | 기갑부의 최고봉에서 지면까지의 수직 거리를 잰다. |

↓

| 십자부고 | 체 척 계 | 십자부에서 지면까지의 수직 거리를 잰다. |

↓

| 체　장 | 체 척 계 | 수평체장 : 어깨 끝에서 좌골 끝까지를 수평으로 잰다.
사체장 : 견단에서 좌골단까지의 사선 거리를 잰다. |

↓

| 흉　심 | 체 척 계 | 대경부에서 등과 가슴 바닥과의 수직 거리를 잰다. |

↓

| 흉　폭 | 체 척 계 | 대경부에서 가장 넓은 수평폭을 잰다. |

↓

| 고　장 | 골 반 계 | 요각의 앞 끝과 좌골 끝 사이의 직선 거리를 잰다. |

↓

| 요 각 폭 | 골 반 계 | 좌우 요각 바깥쪽의 가장 돌출한 부위의 수평폭을 잰다. |

↓

| 좌 골 폭 | 골 반 계 | 한우에서는 좌우 좌골 외돌기의 가장 넓은 폭을 잰다. |

↓

| 곤　폭 | 골 반 계 | 좌우 고관절 사이의 가장 넓은 너비를 잰다. |

↓

| 흉　위 | 줄　자 | 가슴둘레를 잰다.(대경부의 둘레를 잰다.) |

↓

| 전 관 위 | 줄　자 | 오른쪽 전관의 가장 가는 부위의 둘레를 잰다. |

※ 대경부: 견갑골 뒤(어깨 뒤)

체형 측정 심사

연구 가축의 주요 경제적 형질

구분		주요 경제적 형질
닭	산란계	산란수, 난중, 생존율, 사료 요구율, 난질
	육용계	성장률, 우모발생속도, 생존율, 체형, 사료 요구율, 우모색, 도체율
돼지		산자수, 이유 시 체중, 이유 후 성장률, 사료효율, 도체품질
젖소		번식능률, 비유량, 유지율, 생산수명, 유방형질, 체형과 외모
한우		이유 시 체중, 산육능력(체중, 사료효율, 증체율), 번식능력, 도체품질(등지방 두께, 근내지방도, 육색, 지방색, 조직감, 성숙도), 체형

④ 가축의 교배

동계교배	근친교배, 계통교배, 순종교배
이계교배(잡종교배)	이품종 교배, 이종교배, 이속교배, 누진교배

(1) 근친교배

① 근친교배의 뜻

- 혈연 관계가 가까운 개체간의 교배
- 고도의 근친교배 : 부모와 자식(모자간, 부랑간), 형제자매(형매간)간의 교배
- 중도의 근친교배 : 조부모와 손자(조손간), 사촌 형제자매(종형매간)간의 교배
- 저도의 근친교배 : 삼촌과 조카(숙질간) 또는 그 이상의 교배

② 근교계수

- 근친도 측정에는 주로 라이트(WRIGHT)의 근친계수가 이용된다.
- 두 개체가 속해 있는 집단의 전 개체간의 평균 혈연관계를 기준으로 판정한다.
- 근교계수 범위는 0~1.0(0~100%)이다.

$$F_x = \Sigma [(\frac{1}{2})^{n+n'+1}(1+F_A)]$$

F_x : X 라는 개체의 근교계수

n : X 의 부친으로부터 공통선조까지의 세대수

n' : X 의 모친으로부터 공통선조까지의 세대수

F_A : 공통선조의 근교계수

Σ : 각 공통선조에 대해 계산된 값을 합계한다는 뜻

③ 근친교배의 유전적 효과

- 동형접합체(homo)의 비율을 증진시키고, 이형접합체(hetero)의 비율 감소
- 유전자의 호모성을 증진, 헤테로성을 감소시킨다.
- 유전자를 고정시키고 동형화된 유전자(호모)는 자손에게 강력 유전을 한다.

연구 근교약세 (근교퇴화: inbreeding depression)

- 유전자의 이형성(Aa)이 감소되고 열성 불량 유전자가 동형화(aa)된다.
- 치사유전자, 기형이 나타나는 빈도가 높아진다.
- 번식능력, 성장률, 산란능력, 생존율, 생산성 등이 저하된다.

④ 근친교배의 이용

- 유전자의 고정
- 불량한 열성유전자나 치사유전자의 제거
- 계통교배법을 이용할 때
- 가계선발을 이용할 때
- 근교계통을 만들어 잡종강세를 이용할 때

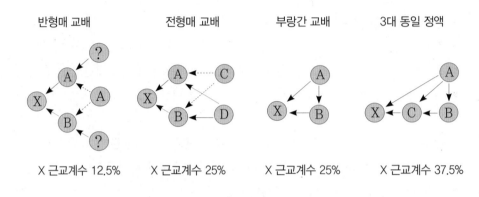

근친교배의 예

(2) 계통교배

- 동일 품종 중 동일 계통 내 교배지만 혈연관계가 약간 먼 것 사이의 교배
- 유전적으로 능력이 우수한 개체와 혈연관계가 높은 자손을 만들기 위한 교배법
- 어느 특정 개체의 형질을 고정시키는 데 유효한 방법이다.
- 근친교배의 능력 저하 피해를 줄이기 위해 고안된 방법이다.

(3) 순종교배

- 같은 품종간 교배로 품종 특성을 유지하면서 능력을 향상시키는 목적이 있다.
- 이계교배 : 같은 품종 내 다른 계통의 교배로 근친교배의 피해를 줄일 수 있다.
- 무작위 교배 : 동일 집단 내에서 암수가 서로 교배될 수 있는 확률을 완전 임의로 한다.

(4) 잡종교배

① 잡종강세의 뜻

- 품종간 교배에서 잡종 제1대의 능력이 부모의 능력 평균보다 우수하게 나타나는 현상
- 일반적으로 잡종강세 현상은 F_1에서만 나타나고 F_2에서는 나타나지 않는다.

$$잡종강세(\%) = \frac{F_1의\ 평균 - 양친\ 품종의\ 평균}{양친\ 품종의\ 평균} \times 100$$

② 잡종교배의 목적

- 다른 품종이나 계통의 새로운 유전자를 도입할 때
- 새로운 계통이나 품종을 육성하려고 할 때
- 잡종강세를 이용하고자 할 때

③ 잡종강세의 이용

- 잡종교배는 품종간 교배, 계통간 교배, 종간 및 속간 교배, 누진교배가 있다.
- 잡종교배는 2원 교배(F_1 이용)를 가장 많이 이용한다. - 우수한 잡종강세 현상
- 잡종끼리의 지속적인 교배는 불량 형질이 발현된다.
- 돼지는 대요크셔와 렌드레이스, 햄프셔나 듀록종에 의한 3원 교배를 주로 이용한다.
- 닭은 3원, 4원 교배방법이 널리 이용된다.

잡종교배의 이용

④ 품종간 교배

- 품종이 다른 암수의 교배
- 교잡종은 번식능력, 성장률, 생존율이 양호하다.

⑤ 계통간 교배

- 동일 품종 내 계통을 달리하는 것끼리의 교배(닭 레그혼 종의 A계통×B계통)

⑥ 종간교배 · 속간교배

● 종간교배 : 동속이면서 종(species)이 다른 두 개체간의 교잡

암말 × 수나귀 = 노새, 수말 × 암나귀 = 버새

● 속간교배 : 속(genus)을 달리하는 개체간의 교배

염소 × 양, 닭 × 꿩, 수공작 × 암탉, 말 × 얼룩말

● 종간잡종과 속간잡종을 간생이라고 하며 암컷은 번식력이 없다.

⑦ 누진교배

● 능력이 불량한 재래종을 개량하는 데 이용되는 방법

● 재래종 암컷에 개량종 순종 종모축을 계속 교배시키는 방법

● 2~3대 잡종까지는 개량속도가 빠르나 그 후에는 느려 시일이 오래 걸린다.

● 소와 말에서 가장 유익하게 쓰이며 돼지, 산양, 면양 등에서도 이용된다.

재래종($♀$) × 개량종($♂$)
↓
F_1($♀$) × 개량종($♂$)
↓
F_2($♀$) × 개량종($♂$)
↓
F_2($♀$) × 개량종($♂$)
↓

누진교배

01 가축 증체율 저하, 비유량 감소, 산란율 저하, 발정의 약화 등과 가장 관계 깊은 것은?

① 기온이 낮은 때(저온)　　② 기온이 높을 때(고온)

③ 습도가 낮은 때(저습)　　④ 기온이 적합할 때(적온)

02 가축의 체온조절기능 중 가장 기능이 큰 것은?

① 호흡　　　　　　　　　② 음수량

③ 배설　　　　　　　　　④ 체표면

03 다음 중 물리적 환경에 속하는 것은?

① 빛　　　　　　　　　　② 기온

③ 암모니아가스　　　　　④ 태양열

04 다음 가축 중 생활적온이 가장 낮은 가축은?

① 닭　　　　　　　　　　② 한우

③ 젖소　　　　　　　　　④ 돼지

05 다음 중 동물의 사회적 환경 요인에 속하지 않는 것은?

① 텃세

② 순위제

③ 유해 곤충

④ 암수 관계

보충

■ 더위에 대한 반응
말초 혈관 확장, 식욕 감퇴, 생산량 감소(비유량, 산란율), 신음, 고통, 허탈, 경련

■ 더위에 대한 조절 행동
개방적 자세, 음수량 증가, 입을 벌리고 헐떡거림, 땀을 흘림

■ 물리적 환경 : 빛, 소음, 진동, 사육 밀도
② 기온 : 열 환경
③ 암모니아가스 : 화학적 환경
④ 태양열 : 열 환경

■ 생활 적온
한·육우 10~20℃
돼지 15~25℃
젖소 5~15℃
산란계 13~24℃

■ 생물학적 환경 : 흡혈곤충(모기, 파리, 진드기 등), 위해동물, 유독식물, 미생물, 기생충
■ 사회적 환경 : 사회적 순위제, 텃세, 모자 관계, 암수 관계. 관리인의 성격과 숙련도 등

01 ②　02 ①　03 ①　04 ③　05 ③

06 다음 중 동물과 빛에 관한 설명으로 바르지 않은 것은?

① 성장을 촉진시키고 육질을 좋게 한다.

② 자외선은 강력한 살균 작용을 가지고 있다.

③ 내분비 기관을 자극하여 성 성숙을 촉진한다.

④ 햇빛은 피부에 작용하여 비타민 D의 합성을 돕는다.

07 가축개량 시 F_2 이하에서 우성과 열성형질이 분리되는 현상은?

① 우열의 법칙　　　　② 분리의 법칙

③ 독립의 법칙　　　　④ 멘델의 법칙

08 2쌍 이상의 대립 형질이 동시에 유전될 때 각각의 형질을 나타내는 유전자는 다른 유전자에 영향을 주지 않고 독립적으로 분리의 법칙에 따라 유전된다는 법칙은?

① 우열의 법칙　　　　② 분리의 법칙

③ 독립의 법칙　　　　④ 멘델의 법칙

09 치사유전자에 의해 나타나는 질병은?

① 거위 걸음　　　　② 항문폐쇄

③ 헤르니아　　　　④ 탈모증

10 면양의 유전력 중 가장 낮은 것은?

① 출생된 새끼양의 수　　　　② 한 살때의 체중

③ 이유 후 증체중　　　　④ 피부주름

11 다음 중 높은 유전력을 나타내는 것은?

① 유우의 수태율　　　　② 돼지의 사료효율

③ 돼지의 도체장　　　　④ 소의 산유량

06 ①　07 ②　08 ③　09 ②　10 ①　11 ③

12 다음에서 설명하는 것은 무엇인가?

> ● 형질의 유전 정보의 기본 단위이다.
> ● 디옥시리보핵산으로 되어 있고 염색체에 존재한다.
> ● 뉴클레오타이드 가닥이 오른쪽으로 꼬인 2중 나선형 구조이다.

① DNA
② RNA
③ 미토콘드리아
④ 리보솜

13 다음 중 우성 동형접합체(homo)는?

① Aa Bb
② AA bb
③ AA bB
④ AA BB

14 포유류의 성염색체 표기 방법은?

① XX XY
② ZW ZZ
③ XO YZ
④ XZ YW

15 다음 중 높은 후대 검정에 대한 설명으로 틀린 것은?

① 한쪽 성에만 발현되는 형질, 암가축보다 수가축의 선발에 많이 쓰인다.
② 자손의 능력 평균을 근거로 종축으로 선발하는 방법이다.
③ 많은 수의 자손을 생산 및 조사하여 선발하면 정확도가 높아진다.
④ 개량하려는 형질의 유전력이 높은 형질의 개량에 이용된다.

16 같은 품종에 속하는 개체간의 교배로 품종의 특징을 유지하면서 축군의 능력을 향상시키기 위해 이용하는 교배 방법은?

① 계통교배법
② 누진교배법
③ 순종교배법
④ 잡종교배법

12 ① 13 ④ 14 ① 15 ④ 16 ③

17 근친교배에 의한 근교약세(근교퇴화) 현상에 대한 설명으로 바르지 않은 것은?

① 번식능력 저하 ② 기형 출현

③ 성장률 저하 ④ 산란능력 향상

■ 유전자의 이형성(Aa)이 감소되고 열성 불량 유전자가 동형화(aa)되면 성장 및 발육 부진, 각종 치사나 기형 출현, 생산성 저하 등이 나타난다.

18 집단 내 동형접합체(호모)의 비율을 높게 하고 이형접합체(헤테로)의 비율을 낮게 하는 교배법은?

① 잡종교배 ② 누진교배

③ 종간교배 ④ 근친교배

19 다음과 같은 방식의 잡종교배 방법은?

■ F_2에서 종료하면 3원 종료 교배이다. 돼지에서 많이 이용한다.

Landrace(♀) × Yorkshire(♂)

↓

F_1(♀) × Duroc(♂)

↓

F_2(비육돈)

① 2원 종료 교배

② 3원 교배

③ 윤환 교배

④ 상호 역교배

20 개량되지 않은 재래종의 능력을 높이기 위하여 계속해서 개량종과 교배하여 개량종의 혈액비율을 높이는 교배법은?

① 근친교배 ② 무작위 교배

③ 누진교배 ④ 톱크로스

■ 누진교배는 능력이 불량한 재래종을 개량하는 데 이용되는 방법이다.

21 다음은 어떤 교배법을 나타낸 것인가?

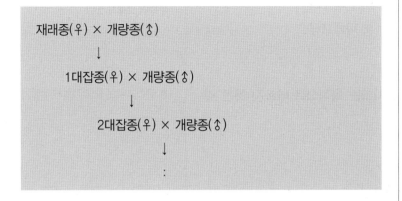

재래종(♀) × 개량종(♂)
↓
1대잡종(♀) × 개량종(♂)
↓
2대잡종(♀) × 개량종(♂)
↓
⋮

① 누진교배   ② 2품종교배
③ 계통교배   ④ 복교배

■ 누진교배는 2~3대 잡종까지는 개량속도가 빠르나 그 후에는 느려 시일이 오래 걸린다.

22 돼지 3원 교잡종 생산 시 육질 개선을 위하여 가장 많이 이용되는 품종은?

① 랜드레이스   ② 라지화이트
③ 라콤   ④ 듀록

■ F_1(모돈)×듀록이나 햄프셔를 교배한다.

23 근친교배가 유용하게 이용될 수 있는 경우가 아닌 것은?

① 품종 고유의 특징을 유지하면서 축군의 능력을 아주 크게 개량하기 위한 경우
② 축군 내에 우수한 개체가 발견되어 이 개체와의 혈연관계가 높은 자손을 생산하려는 경우
③ 여러 가계를 만들어 가계 선발을 통한 가축의 유전적 개량을 도모하기 위한 경우
④ 근교계통을 만들어 계통간 교배를 통한 잡종강세를 이용하기 위한 경우

24 순종교배에 해당하지 않는 것은?

① 무작위교배   ② 근친교배

③ 윤환교배   ④ 이계교배

■ 순종교배는 근친, 계통, 이계, 무작위 교배가 있다.

25 일반적으로 근친교배를 실시하는 목적으로 바르지 못한 것은?

① 특정 유전자의 고정

② 불량한 열성 유전자의 제거

③ 근친 계통간의 잡종강세 이용

④ 이형 접합체의 증가

■ 근친교배는 동형 접합체가 증가한다.

26 다음과 같은 교배 방법은?

$$A \times B$$
$$\downarrow$$
$$F_1(♀) \times A(B)$$

① F_1 이용

② 근친교배

③ 퇴교배(역교배)

④ 3원교배

■ 퇴교배는 F_1과 양친 중 하나를 교배하는 방법이다.

27 잡종강세의 효과가 최대로 나타날 수 있는 경우는?

① 동일 품종 간의 교배에 의한 F_1

② 타품종 간의 교배에 의한 F_1

③ 타품종 간의 교배에 의한 F_1의 동계교배에 의한 F_2

④ 동일 품종 간의 교배에 의한 F_1의 동계교배에 의한 F_2

■ 잡종강세는 F_1에서 나타나고 F_2 이후에는 약해진다.

24 ③   25 ④   26 ③   27 ②

28 다음 중 개체 선발에 대한 설명으로 바르지 못한 것은?

① 개체의 능력만을 근거로 선발하는 방법이다.

② 유전력이 높은 형질의 개량에 효과적이다.

③ 비교적 실시하기가 쉽다는 장점이 있다.

④ 주로 수컷의 선발에 이용한다.

■ 비유능력, 산란능력과 같은 암컷에 발현되는 형질 개량을 위한 방법으로 수컷의 선발에 이용할 수 없다.
● 능력검정소를 설치하여 동일한 사양조건에서 비교하여 선발해야 한다.

29 다음과 같이 여러 품종의 순수 순종 수퇘지를 매세대 마다 교대로 이용하는 교배방법은?

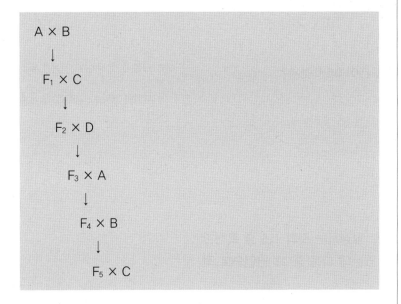

A × B
↓
F₁ × C
↓
F₂ × D
↓
F₃ × A
↓
F₄ × B
↓
F₅ × C

① 퇴교배법   ② 잡종교배법

③ 윤환교배법   ④ 상호순환교배법

■ 윤환교배는 3~4개 품종의 수컷을 번갈아가며 교배에 계속 이용하는 것이고 3품종 종료교배는 3품종까지만 교배 후 종료하는 것이다.

30 돼지 모색 중 가장 우성인 색은?

① 흑색   ② 백색

③ 적갈색   ④ 멧돼지색

■ 흑색과 적색 → 흑색이 우성
백색과 기타색 → 백색이 우성

31 체형 측정 시 요각의 앞쪽으로부터 좌골끝까지의 직선 거리를 무엇이라고 하는가?

① 좌골폭   ② 고장

③ 요각폭   ④ 수평 체장

32 가축 체형 측정에서 기갑부의 가장 높은 곳에서 지면까지 수직 높이를 잰 것을 무엇이라고 하는가?

① 체장   ② 체고

③ 흉심   ④ 고장

33 한우의 외모심사에서 실격 조건이 아닌 것은?

① 전신 이모색

② 백반과 부분 호반

③ 흑만선

④ 감점 40점 이상 부위가 있는 것

■ 감점 50점 이상인 부위가 있는 것
● 부정한 행위로 실격조건을 은폐시킨 것

34 가축에 따라 연중 주기적으로 발정하는 것과 1년 중 특정한 계절에만 발정을 하는 경우가 있는데 다음 중 그 원인으로 적당한 것은?

① 일조시간   ② 영양의 상태

③ 발정연령   ④ 기온 및 습도

35 −10~24℃ 사이 온도의 범주 내에서는 생리적으로 별다른 영향을 받지 않는 가축은?

① 산란계   ② 육계

③ 비육돈   ④ 젖소(홀스타인종)

31 ②   32 ②   33 ④   34 ①   35 ④

Ⅱ 소

1 소의 품종과 선택

1 소의 기원과 분류

(1) 소의 기원

- 소의 기원은 야생 원우로 기원전 6,000~8,000년 신석기 시대에 가축화 되었다.
- 서아시아 메소포타미아 지방에서 가축화 되었다.
- 세계적으로 소의 품종은 251종이며 재래종을 합하면 무려 449개 품종에 이른다.

(2) 동물학적 분류

척추동물문, 포유강, 우제목, 반추아목, 우과, 우속

(3) 용도별 분류

용도별	영명	특징	주요품종
육용종	beef type	고기 양과 질에 중점	앵거스, 헤어포드, 쇼트혼, 겔로웨이, 데본, 케리 서섹스, 한우(개량 중)
유용종	dairy type	우유 생산, 쐐기 모양	홀스타인, 저지, 건지, 브라운 스위스, 에어셔
역용종	draft type	전구 발달	한우, 인도우, 중국우
겸용종	dual type	우유, 고기의 겸용	심멘탈, 웰시 블랙, 데스터

2 젖소의 품종

(1) 젖소의 특성

① 몸은 전구에 비해 중구, 후구가 발달된 쐐기 모양이다.
② 소화기와 유방이 잘 발달되어 있다.

③ 방사 시 무리를 형성하는 군집성과 서열이 생긴다.

④ 사료 섭취, 착유시간 등 기억력이 뛰어나며 경계심이 강하다.

(2) 젖소의 소화 생리

① 위의 구조와 소화

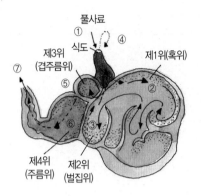

풀사료
①
④
식도
제3위
(겹주름위)
⑦
제1위(혹위)
⑤
②
⑥
③
제4위
(주름위)
제2위
(벌집위)

반추위 소화 과정

- 초식동물이며 4개의 위를 가지고 있는 반추 동물이다.
- 제1위(혹위) : 위 용적의 80%를 차지하며 융털로 되어 있고 미생물이 소화작용을 한다.
- 제2위(벌집위) : 위 용적의 5%를 차지하며 벌집모양의 주름이 있다.
- 제3위(겹주름위) : 위 용적의 7~8%를 차지하며 겹겹의 주름으로 되어 있다.
- 제4위(주름위) : 위 용적의 7~8%를 차지하며 단위동물과 같이 소화액을 분비한다.

② 되새김(반추)

- 위턱에는 앞니가 없어 긴 혀로 풀을 끌어당겨 위턱과 아랫니로 잘라 먹는다.
- 사료 섭취 1시간 후 위 내용물을 다시 꺼내 먹는 되새김을 한다.
- 1일 평균 4~9시간 되새김을 한다.
- 침에는 알칼리성의 중탄산나트륨과 요소가 있어 위의 산성을 중화시킨다.

③ 제1위 소화와 미생물

- 제1위 내용물 1g에는 세균 100억 마리, 원생동물 50~100만 마리 서식
- 미생물은 섬유소. 녹말을 분해하여 아세트산(초산), 프로피온산, 부티르산(낙산) 생성
- 휘발성 지방산은 제1위에서 흡수하여 에너지원, 유지방, 체지방을 합성한다.
- 단백질은 아미노산과 암모니아로 분해하여 미생물의 체단백질로 되고 제4위에서 흡수된다.
- 요소 등 비단백태질소화합물을 이용하여 단백질을 합성한다.
- 반추가축의 미생물은 비타민 B군을 합성한다.

(3) 젖소의 선택

① 산유량이 가장 많은 품종 : 홀스타인종, 유지율이 가장 높은 품종 : 저지

② 유 · 육 겸용 품종 : 홀스타인종, 브라운 스위스

③ 방목에 적합한 품종 : 에어셔, 브라운 스위스종

④ 홀스타인종은 체구가 커서 경사가 심하거나 넓은 방목지 사육에는 부적합한 품종
이다.

⑤ 우리나라에서는 시유로 판매되기 때문에 유량이 많은 홀스타인종을 사육한다.

(4) 젖소의 주요 품종

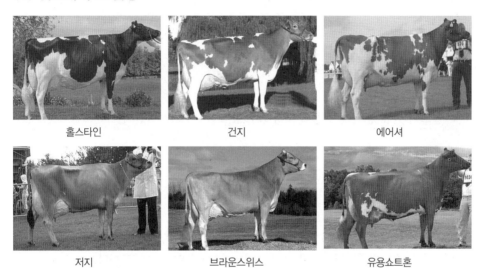

홀스타인   건지   에어셔

저지   브라운스위스   유용쇼트혼

연구 **젖소의 품종별 특징**

품종명	원산지	체중(kg)	산유량(kg)	유지율(%)	모 색	특 징
홀스타인	네덜란드	♀650 ♂1,100	8,000	3.6	흑 · 백반 적 · 백반	성질 온순 산유량 많음
브라운 스위스	스위스	♀500~650 ♂700~1,000	5,500~ 6,000	4.0	은회색, 갈색	유 · 육 겸용종 체질 강건
에어셔	영국	♀550 ♂800	4,000~ 5,000	3.5~4.4	백색에 갈색 반점	적응력 강함 치즈 제조용
건지	영국	♀500 ♂750	4,000~ 4,500	5.0~5.5	갈색 · 흰색 반점	추위에 강함
저지	영국	♀450 ♂650	4,500	5.0	갈색(담황)	유지율이 가장 높음
유용 쇼트혼	영국	♀500~700 ♂900~1,100	4,400~ 4,800	4.0	백색, 적색, 적백반 등	대형종으로 육 질이 우수

(5) 종축의 선택

① 혈통에 의한 선발 – 혈통증명서 활용

② 산유능력 검정에 의한 선발
- 선발 기준 항목 : 유지율, 산유량, 초산월령, 산차, 유사비(구입사료비/ 우유대)
- 305일(10개월) 산유량, 성년형, 1일 2회 착유를 기준으로 4% FCM으로 평가
- 4% FCM(4% 유지보정 유량) = 0.4M+15F, M은 유량, F는 유량×유지율

③ 외모에 의한 선발
- 젖소의 품종 심사표준표 이용

④ 종모우의 후대 검정
- 딸소의 산유 능력을 검정하여 종모우(종자 수소)를 선발한다.

③ 육우의 품종

(1) 비육우의 형태

① 육용종은 풍만한 전구, 중구, 후구가 균형 있게 발달한 장방형이다.

② 역용종은 전구가 묵중하고 네 다리가 크고 근육의 발달이 양호하다.

③ 한우는 역용이었으나 육용으로 개량하고 있다.

(2) 육우(고기소)의 선택

고기소는 우량한 암소와 성장성과 육질이 우수한 수소 사이에서 생산된 송아지를 선발한다. 즉, 건강하고 체형이 좋으며 육생산량이 많고 좋은 육질을 생산할 수 있는 자질에 관점을 두고 선발한다.

① 식욕이 좋으며 활력이 있고 눈이 맑고 콧등에 습기가 촉촉할 것

② 피부는 탄력이 있고 털은 윤기가 있고 가늘며 부드럽고 밀생할 것

③ 콧등이 짧고 입 턱이 넓으며 복부가 넓고 크되 늘어지지 않을 것

④ 몸의 균형이 잡혀있고 머리가 너무 크지 않으며 앞다리와 가슴이 넓고 충실할 것

⑤ 체고는 크고 늑골사이가 넓으며 등은 평평하고 넓으면서 길며 발굽이 튼튼할 것

⑥ 귀가 작으며 뿔은 둥글고 가늘면서 매끈하게 보일 것

⑦ 후구가 돼지 엉덩이처럼 둥글게 생긴 것은 육질이 불량하다.

연구 **고기소 품종의 선택**

- 육량과 육질이 우수한 품종 : 앵거스, 헤리퍼드, 쇼트혼, 샤롤레
- 방목에 적합한 품종 : 헤리퍼드
- 환경 적응성 강한 방목용 : 브라만종, 앵거스종
- 만숙종으로 대형 품종 : 샤롤레
- 더위와 진드기에 강한 품종 : 브라만, 헤리퍼드

(3) 한우의 특성

① 한우의 기원

- 인도 원우와 유럽 원우의 교잡종이 만주를 거쳐 기원전 2,000년 정착되었다는 학설
- 몽골, 중앙아시아의 야생 원우들이 가축화되어 약 5,000년 전 정착되었다는 학설

② 한우의 특성

- 한우의 털색은 황갈색이며 기타 칡소, 흑우(흑소) 등이 있다.
- 체고에 비해 다리가 길고 체장이 길다.
- 앞가슴(전구)이 발달되고 발굽이 튼튼하여 역용에 적합하다.
- 현재는 후구를 발달시켜 육용종으로 개량하고 있다.

③ 한우의 우수성과 장점

- 성질이 온순하고 영리하여 명령에 잘 복종하며 일을 잘한다.
- 체질이 강건하여 질병에 강하다.
- 볏짚이나 거친 사료로도 사육이 가능하다.
- 육질이 매우 우수하다.

연구 **한우의 단점**

- 후구가 빈약하여 육량이 적다.
- 체폭이 너무 좁다.
- 성장이 너무 늦다.
- 산유량이 적다.

(4) 육우의 주요 품종

| 일반 한우 (황우) | 샤롤레 | 심멘탈 | 쇼트혼 |
| 앵거스 | 헤리퍼드 | 브라만 | 리무쟁 |

연구 비육우의 품종별 특징

품종명	원산지	체중(kg)	모 색	특 징
한우	한국	♀ 450 ♂ 550	황갈색	● 육질 양호, 사지 강건 ● 후구 빈약, 도체율 50~55%
샤롤레	프랑스	♀ 700 ♂ 1200	크림색(흰색, 은백색)	● 성질 온순, 비육성 양호, 대형종 ● 체폭이 넓고 후구 발달 ● 육질 보통, 도체율 65~67%
심멘탈	스위스	♀ 800 ♂ 1200	적색, 적황색에 흰색 무늬	● 조숙성이고 정육률 높음 ● 도체율 60% 내외
쇼트혼	영국	♀ 750 ♂ 1000	적갈색에 회색 얼룩	● 미국에서 개량된 대형종 ● 도체율 60%, 육질이 연함
앵거스	영국	♀ 650 ♂ 950	검은색	● 방목 적합, 도체율 65~70% ● 장방형의 고기형, 육질 양호 ● 다리가 짧고 뿔이 없음
헤리퍼드	영국	♀ 650 ♂ 950	적갈색에 흰색 얼룩(머리, 가슴, 배, 꼬리)	● 방목형, 비육성 양호 ● 온순함, 유각종, 무각종 ● 도체율 55~58%
브라만	인 도 (미국 개량)	♀ 450~640 ♂ 700~1,000	회백색, 회색, 암적색, 검은색	● 더위에 강함. 경봉 있음 ● 진드기, 쇠파리 피해가 적음 ● 귀, 흉수가 늘어짐, 도체율 60%
리무쟁	프랑스	♀ 700 ♂ 1100	황금색	● 뼈가 가늘고 후구 발달 ● 도체율 69~71%, 정육률 높음

2 번식과 육성

① 수컷의 생식기관

수소의 생식기관은 음낭, 정소, 정소상체, 정관, 요도, 부생식선(정낭선, 전립선, 요도구선), 음경으로 되어 있다.

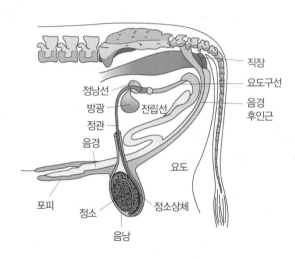

수컷의 생식기

(1) 음낭(scrotum)
① 음낭은 정소를 싸고 있는 주머니로 체온보다 4~7℃가 낮아야 정자의 생산이 잘 이루어진다.
② 더우면 늘어지고 추우면 주름이 생기면서 몸 쪽으로 당겨진다.

(2) 정소(Testis)
① 정소의 세정관에서 정자가 생산되고 간질세포에서 수컷 호르몬(테스토스테론)이 생성된다.
② 수컷 호르몬은 부생식기 발육과 2차 성징 및 성욕을 발현시킨다.

안드로젠(androgen)	수컷 호르몬의 총칭, 정소 이외에 부신피질, 난소 등에서 생성된다.
테스토스테론 (Testosterone)	뇌하수체의 LH 영향을 받아 정소의 간질세포에서 생성되는 수컷 호르몬
2차 성징	투쟁심이 생기고 뼈대, 뿔이 굵어짐

(3) 정소상체(Epididymis)

① 정소상체는 두부, 체부, 미부로 구성되며 정자의 운반, 농축, 저장, 성숙하는 기능을 한다.

② 정자는 정소상체 미부에서 성숙이 완료되어 운동성 및 수정 능력을 획득하게 된다.

(4) 정관(Ductus deferens)

① 정관은 한쌍으로 정소상체 미부에서 요도까지의 관으로 정자를 운반하는 통로이다.

② 정관 끝의 굵게 확장된 선단부를 정관 팽대부라고 하며, 교미 시 사출기 역할을 한다.

(5) 부생식선

① 정낭선(seminal vesicle)
- 방광 입구의 포도송이처럼 된 1쌍의 선체로 알칼리성 분비물을 배출한다.
- 소는 정액의 32~40%를 차지한다.
- 정자의 에너지원으로 이용되며 인산 완충액이 들어 있다.

② 전립선(Prostate gland)
- 정액의 특유한 냄새를 내는 알칼리성 액체로 정자의 운동과 대사에 필요한 성분을 공급한다.

③ 요도구선(cowper's gland, bulbourethral gland)
- 사정 시 분비하는 알칼리성 물질로 요도를 중화하고 세척하는 역할을 한다.

- 돼지는 정낭선과 요도구선(쿠퍼선)이 매우 발달되어 있다.
- 정장이란 정액 중 정자(전체 용량의 1% 내외)를 제외한 액체성분(정낭액, 전립선액, 요도구선액)을 말한다.

(6) 요도(urethra)
- 오줌과 정액의 통로로 요도구부와 음경부로 구분된다.

(7) 음경(Penis)

① 수컷의 교미기관으로 해면체로 되어있어 교미 시 충혈되고 발기된다.

② 1쌍의 음경 해면체, 1개의 요도 해면체, 요도구, 음경 귀두로 구성된다.

③ S형으로 만곡된 음경이 일직선으로 신장되면서 음경이 포피 밖으로 나오게 된다.

연구 **정자의 사출 경로**

곡세정관 → 직세정관 → 정소망 → 정소 수출소관 → 정소상체 두부 → 체부 → 미부 → 정관 → 정관팽대부 → 요도 → 음경

② 암컷의 생식기관

암컷의 생식기관은 난소, 난관, 자궁, 질, 외음부로 되어 있다.

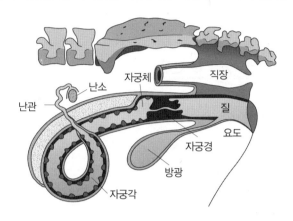

암소의 생식기

(1) 난소(Ovary)

① 난소는 신장 뒤쪽의 복강 내에 좌우 한
  쌍이 있으며 엄지손톱 모양의 타원형이다.

② 내부는 신경과 혈관이 있는 수질로, 외부
  는 피질로 되어 있다.

③ 피질에서 난자가 형성되고 난포호르몬
  (에스트로젠)과 황체호르몬(프로제스테론)
  을 분비한다.

④ 피질의 미성숙 난포가 성숙하여 터져 난
  자와 난포액이 배출되는 것을 배란이라고
  한다.

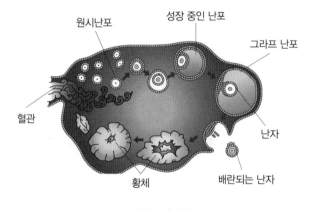

난소의 구조

⑤ 배란된 난자는 난관채에 의해 난관으로
  이송되고 황체가 형성되고 황체호르몬이 분비된다.

⑥ 난포의 성숙과 배란은 성선자극호르몬(GTH)에 의하여 지배된다.

⑦ 황체에서 분비되는 프로제스테론(progesterone)은 임신을 유지시키는 역할을 한다.

연구 발정 주기에 따른 그라프 난포(성숙된 난포) 수

소·말 : 1~2개, 돼지 : 18~25개, 면양·염소 1~4개, 개 7~8개

⑧ 수정이 되지 않으면 황체는 퇴행되며 다시 난포가 발달하게 된다.

(2) 난관(Fallopian tube, Oviduct)

① 난관은 난자와 정자의 운반 통로이며 누두부, 팽대부, 협부로 구성된다.

② 난관 팽대부 하단에서 수정되어 자궁각으로 이동하면서 난할이 이루어진다.

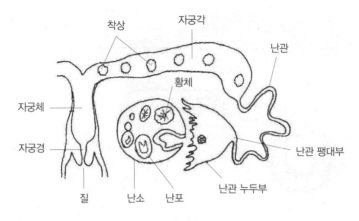

배란 과정

(3) 자궁(Uterus)

① 수정란이 착상하여 발육하는 곳으로 자궁각, 자궁경, 자궁체로 구성된다.

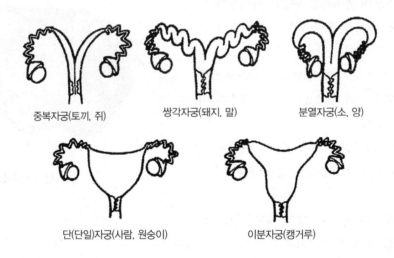

중복자궁(토끼, 쥐)　　쌍각자궁(돼지, 말)　　분열자궁(소, 양)

단(단일)자궁(사람, 원숭이)　　이분자궁(캥거루)

연구 **자궁의 종류**

- 중복자궁 : 자궁 2개가 질에 연결된 자궁(토끼, 쥐)
- 쌍각자궁 : 1쌍의 자궁각이 길고 자궁체 전방에 격벽이 없는 자궁(돼지)
- 분열자궁 : 쌍각자궁과 같으나 자궁체에 중격이 존재하며, 자궁체가 짧다.(소)
- 단자궁 : 자궁각이 없고 자궁체만 있다.(사람, 영장류)

② 자궁은 교미 시 수축운동으로 정자의 상행을 돕고 배반포의 영양이 되는 자궁액을
   분비한다.

③ 자궁각은 수정란이 착상하여 발육하는 곳으로 태아를 보유하고 영양을 공급한다.

④ 자궁경은 질과의 경계부분으로 발정기와 분만 시에만 열리고 평소에는 밀폐되어
   이물의 침입을 방지한다.

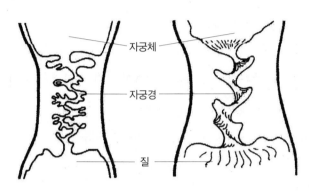

자궁경 형태(좌 : 소, 우 : 돼지)

(4) 질과 외음부(Vagina & Vulva)

① 질은 자궁경에서 외음부까지 연결된 탄력있는 원통관으로 암컷의 교미 기관이다.

② 질의 수축은 교미 시 수컷의 성적자극을 주고 정자의 상행을 돕는다.

③ 질의 분비물은 특유한 냄새를 발산한다.

④ 외음부는 질전정, 대음순, 소음순, 음핵, 전정선 등으로 구성된다.

⑤ 외음부는 발정 시 대음순과 음핵이 충혈하여 팽팽해지며 붓고 윤택이 난다.

연구 난자의 이동 경로

난소 → 난관채 → 난관팽대부 → 난관협부 → 난관자궁접속부 → 자궁(착상)

③ 생식 세포

(1) 정자

① 정자는 정소에서 만들어져 정소상체 미부에 저장된다.

② 정자의 형태는 두부, 경부, 미부로 나누고 미부는
   중편부, 주부, 종부로 구분한다.

미부 경부
중편부 두부
주부
중심소체 핵 첨체
종부
미토콘드리아

정자의 형태

- 두부 : 앞쪽에는 첨체가 있으며 유전정보를 내재한 핵에는 DNA가 위치한다.
- 경부 : 두부에 이어진 부위로 수정 후 잘려 나간다.
- 미부 : 정자의 운동기관으로 중편부, 주부, 종부로 구분되며 정자를 추진하는 역할을 한다.
- 중편부에는 미토콘드리아가 있어 운동에 필요한 에너지를 생산한다.
- 주부는 파동에 의하여 정자를 추진하는 역할을 한다.

③ 정자는 37~38℃에서 가장 활발한 운동을 한다.

④ 정자의 생존에 미치는 영향 : 온도, pH, 전해질, 유기물, 햇빛, X선, 가스

⑤ 냉동 정액의 보존 온도는 질소가스 정액 보관고에서 −196℃로 한다.

(2) 난자

① 출생 시 좌우 난소에 존재하는 난모세모는 약 60,000~100,000개 정도 존재한다.

② 난자는 구형 또는 타원형으로 정자보다 크다. (소 : 150㎛, 돼지 120~140㎛)

③ 배란수는 한 발정기에 소 1개, 양과 염소 1~3개, 돼지 10~20개 배란한다.

④ 정자의 두부 첨체의 '아크로신'이라는 단백질 분해 효소가 투명대를 용해한 후 난자 내로 침입한다.

⑤ 한 개의 정자가 투명대를 통과하면 다른 정자의 침입이 차단되는 '투명대 반응'이 일어난다.

⑥ 난황은 대부분 영양물질로 핵, 미토콘드리아, 내형질 세포, 골지체, 리보좀, 리소좀 등이 있다.

⑦ 핵은 DNA와 단백질로 된 염색체가 함유되어 있다.

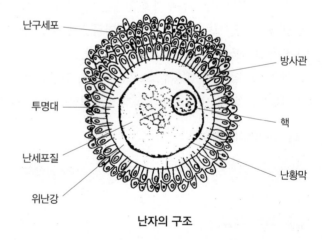

난자의 구조

- 단태 동물의 1란성 쌍태 : 1개의 수정란이 2개로 분리, 2란성 쌍태: 한 발정기에 2개 난자 배란
- 자연배란 : 교미 자극 없이 주기적으로 배란(소, 돼지, 양, 염소 등)
- 교미배란 : 교미와 같은 자극이 있어야 배란(토끼, 고양이 등)

④ 발정과 교배

(1) 번식에 관련된 호르몬

● 분비 장소 : 시상하부, 뇌하수체, 정소와 난소, 태반 등
● 시상하부 방출호르몬 → 뇌하수체 전엽의 성선자극호르몬 분비 또는 억제 → 정소와 난소의 발육

연구 번식 관련 호르몬

분비장소	호르몬명(약호)	주요 생리작용
시상하부	Gn–RH(생식선자극호르몬방출호르몬)	● FSH 및 LH의 분비 촉진
	PIF(프로락틴 분비억제인자)	● Prolactin의 분비 억제
뇌하수체 전 엽	난포자극호르몬(FSH)	● 난포발육, 배란, 에스트로젠 분비 촉진
	황체형성호르몬(LH)	● 배란 후 황체 형성 ● 프로제스테론 분비 ● 정소에서 테스토스테론 분비 촉진
	프로락틴(LTH)	● 유선 세포 발육, 분만 후 비유 개시 ● 모성 행동 유기
뇌하수체 후 엽	옥시토신(Oxytocin)	● 분만 시 자궁 수축 – 태아 태반 만출 ● 착유 시 유즙 분비 촉진
정 소	안드로젠(테스토스테론; testosteron)	● 정자 형성, 웅성 부생식기 발육 ● 웅성 성 행동(교미 욕) 발현 ● 수컷의 제 2차 성징 발현
난 소	에스트로젠(Estrogens)	● 난포 발육, 부생식기 발육 ● 발정 및 교미행동, 제2차 성징의 발현 ● 유선관계의 발달
	프로제스테론(Progesterone)	● 배란 촉진, 수정 후에는 배란 억제 ● 수정란의 착상과 임신유지 ● 유선 발육
태 반 및 자궁내막	임마혈청성 성선자극 호르몬(PMSG)	● 임신한 말의 혈청에서 검출 ● 난포 발육, 배란, 황체형성
	태반융모성 성선자극 호르몬(HCG) (임부뇨 성선 자극 호르몬)	● 임신초기 임산부의 오줌에서 다량 검출 ● 난포 발육, 배란
	태반성 락토젠(Placental lactogen)	● GH와 유사한 작용 ● 태아 성장, 유즙분비 촉진

(2) 성 성숙과 번식 적령

① 성 성숙기
- 소의 성 성숙기 : 8~10개월(암소 6~12개월, 수소 8~18개월)

② 번식 적령기
- 한우 : 암소 14~15개월 이상(체중 250kg 이상) → 6~10살
- 젖소 : 암소 15~17개월령(체중 350kg 이상) → 6~10살, 수소 16~18개월령 이후 → 7~8살

(3) 발정과 교배

① 발정 징후
- 눈이 충혈되고 배회하며 흥분하여 소리를 지른다.
- 배뇨 횟수가 증가하고 식욕과 비유량이 줄어든다.
- 꼬리를 쳐들고 초기에는 승가, 후기에는 승가를 허용한다.
- 외음부가 충혈하여 붓고 점액을 분비한다.(엉덩이에 묻음)
- 기타 반추운동의 감소 및 중단, 턱 비비기

② 발정 주기와 지속 시간
- 발정 주기(평균) : 18~24일(21일)
- 발정 지속기간(평균) : 10~26시간(20시간), 18~24일(21일)

③ 교배적기
- 발정개시 후 12~18시간(배란 전 7~18시간) 또는 발정종료 전후 3~4시간 사이
- 인공수정 : 자궁경(심부)에 주입

연구 **교배 적기 결정 요인**

① 배란시기 : 발정개시 후 32시간, 발정종료 후 약 10~15시간
② 난자가 수정 능력 유지하는 시간 : 배란 후 20~24시간
③ 정자가 수정부위(난관 팽대부)까지 상행하는 데 요하는 시간 : 4~8시간
④ 정자가 수정 능력을 획득하는 데 요하는 시간 : 12~16시간
⑤ 정자의 수정 능력 보유 시간 : 30~40시간

(4) 임신

① 임신기간
- 젖소 : 평균 279일, 한우 : 285일
- 착유우는 분만 50~60일 전부터 착유를 중지(건유)한다.

연구 소의 임신기간에 영향을 주는 요인

● 품종, 연령과 산차, 분만 계절, 모체의 상태, 태아의 성과 수, 쌍태 등
● 쌍태의 경우 임신기간이 짧아진다.
● 수송아지는 암송아지보다 임신기간이 1~2일 정도 길다.
● 태아의 크기가 클수록 임신기간은 다소 짧아진다.
● 어미의 연령과 산차가 많을수록 임신기간이 길어진다.
● 겨울에 분만하는 것이 가을에 분만하는 것보다 길어진다.

② 외관에 의한 임신 진단(외진법)
  ● 재 발정이 오지 않는다.(NR : non return)
  ● 영양 상태가 좋아지고 피모가 윤택해진다.
  ● 성질이 온순해지고, 거동이 침착하다.
  ● 착유량이 차차 줄고, 수정 후 4~5개월부터는 심하게 줄어든다.
  ● 질에서 분비물이 나와 불결하고 음모에 덩어리진 똥이 붙기도 한다.
  ● 수정 후 4~5개월부터 젖통이 커지고 오른쪽 배도 커지기 시작한다.
  ● 수정하고 6~7개월이 되면 태동이 느껴진다.
③ 직장 검사에 의한 임신 진단 (직장질법)
  ● 직장검사법은 가장 간편한 임신진단법이다.
  ● 자궁의 크기, 태동감, 위치, 태막, 황체, 태아, 태반, 자궁동맥의 비대 등 직접
    촉진
  ● 임신 30~40일 이후부터 진단이 가능하다.
④ 질 검사에 의한 임신 진단법
  ● 질경의 표면에 글리세린을 바른 후 질경을 질내에 넣고 벌린다.
  ● 말은 34개월이 되면 자궁경 외구가 폐쇄되어 꽃봉오리 같은 상태가 된다.
  ● 소는 찰떡 모양의 점액에 쌓인 상태가 된다.
⑤ 혈액 속의 프로제스테론 검출(진단키트에 의한 임신 진단)
  ● 임신된 젖소의 혈액 또는 우유 중에 있는 황체호르몬인 프로제스테론의 농도가
    높다.
  ● 비임신진단 키트는 면역크로마토그래피법을 이용하여 발색되도록 된 진단키트
    이다.
⑥ 초음파 검사법(소)
  ● 초음파 기기의 화상을 통하여 직접 태수와 태아를 확인할 수가 있다.
  ● 정확한 진단방법이나 기계가 고가이고 전문적인 기술이 필요하다.

(5) 분만

① 분만 징후

- 미근부 양쪽이 함몰되어 골반 인대가 이완된다.
- 외음부가 붓고 충혈되고 점조성 점액이 유출된다.
- 분만 2~3일 전부터 유방이 팽팽하게 커지고 짜보면 유즙이 나온다.
- 분만이 가까워지면 불안해하며 오줌을 자주 눈다.
- 분만 6~12시간 전 체온이 0.5~1℃ 내리고 젖꼭지의 잔주름이 없어지고 젖이 흐른다.
- 분만 직전에는 식욕이 감퇴되고 불안해하며 끈끈하던 점액이 액체 같아진다.

② 분만 과정

연구 분만 과정과 증상

구 분	소요 시간	과정 및 증상
준비기 (진통기)	2~6시간	● 자궁 경관이 확장되고 진통이 시작된다. ● 태막이 자궁벽으로부터 유리되고, 태아가 회전하기 시작한다. ● 요막이 파열되어 요수(1파수)가 배출된다.
태아 만출기	소 : 0.5~1시간	● 자궁경관이 완전이 확장되고 강력한 진통이 온다. ● 양막이 파열되고 양수(2파수)가 나오며 송아지의 앞다리가 노출되면서 태아가 만출된다.
태반 만출기 (후산기)	소 : 4~5시간	● 융모막 융모가 모체의 태반조직으로부터 탈락됨 ● 강력한 수축과 융모막성 요막이 반전되고 모체는 긴장 ● 태막과 태반(후산)이 배출된다. ● 태아와 후산의 만출 후 자궁은 정상상태로 복귀됨

③ 분만 유기

- 프로스타그란딘 투여 : $PGF_2\alpha$ 25mg을 근육주사 후 42시간 내 분만 유기된다.
- 부신피질 호르몬에 의한 방법
- 장점 : 노동력의 효율성, 휴일 야간분만 회피, 태아의 생존율 향상, 장기 재태 예방

분만 유기의 장단점

- 분만에 소요되는 노동력의 효율성 제고
- 휴일이나 야간 특근시간 절약
- 집중 조산으로 신생자 생존율 향상
- 임신기간 단축에 따른 번식 회전율 향상
- 장기 재태의 예방 및 분만 시기 동기화

장기 재태(분만 지연)

소는 300일 이상, 말은 350일 이상 분만이 지연되는 경우

④ 분만 전 준비

- 분만 예정일 7~10일 전 분만실을 청소, 소독(3% 크레졸액)하여 건조시킨다.
- 겨울철은 난방을, 여름은 통풍이 잘 되게 한다.
- 분만할 소는 안정을 시키며, 조산용 용품을 준비한다.
- 분만 1~2일 전 사료량을 1/2~1/4로 줄이고, 외음부를 깨끗이 소독한다.

⑤ 분만 관리

- 분만된 송아지의 점액은 입, 코, 눈, 귀, 몸의 순서로 닦고 보온등을 켜서 말려준다.
- 탯줄을 5~7㎝ 부위에서 가위로 자르고 요오드팅크로 소독한다.
- 분만 후 2~6시간 사이에 태반과 태막이 배출되는데 이것을 모아 땅에 묻는다.
- 외음부를 소독하고 질정을 삽입하여 준 후 분만실을 청소 · 소독한다.

⑥ 난산의 조치

- 진통이 미약하여 출산이 늦어지면 진통 촉진제(옥시토신)를 주사한다.
- 앞다리가 보이기는 하나 산도가 좁아 만출이 안될 경우 다리를 묶어 당긴다.

연구 후산정체란 무엇인가?

분만 후 10시간(12~24시간) 이내에 태반이 모체태반에서 분리되지 않는 경우를 말한다. 젖소에서 많이 발생하며 이로 인해 자궁내막염이 발생한다.

간접적 원인

- 영양불량 : 비타민A 및 E의 결핍, 요오드 및 세레늄 결핍, 칼슘과 인의 비율 부적절
- 장기간 축사 내에서 사육된 소 등 운동부족인 소
- 건유기간이 짧을 때, 쌍태 임신

직접적 원인

- 자궁근의 무력 : 후진통 미약, 자궁경관 조기폐쇄
- 호르몬 이상
- 태반염 : 만성인 경우(부루셀라, 결핵, 캠필로박터, 곰팡이), 급성인 경우(분만 시의 자궁감염)

5 인공수정과 수정란 이식

(1) 인공수정

① 인공수정의 장점
- 1회 사정된 정액을 다수에 주입할 수 있어 우수한 종모축의 이용범위가 확대된다.
- 후대 검정에 의한 종모우의 유전능력을 조기에 판정할 수 있다.
- 종모축 사양에 필요한 사료비 및 노력비 등을 절감한다.
- 정액의 원거리수송이 가능하다.
- 한 발정기에 2~3회 수정이 가능하여 수태율이 향상된다.
- 자연교미가 불가능한 빈모축(牝牡畜)을 번식에 쓸 수 있다.
- 교미 시 감염되는 전염병이 방지된다.

② 인공수정의 단점
- 숙련된 기술자와 특별한 시설이 필요하다.
- 1회 수정에 많은 시간이 필요하다.
- 위생이 불결하거나 기술 미숙으로 생식기 전염병과 점막의 손상이 올 수 있다.
- 종모축이 불량 유전형질을 가질 경우 확산범위가 확대된다.
- 방목하는 암소는 인공수정이 불편하다.

③ 정액의 채취
- 인공질법을 가장 많이 사용하며 이상적인 정액채취법이다.
- 인공질의 고무 내통에는 43~45℃의 온수를 70% 정도 넣는다.

④ 정액의 검사
- 정액량 : 채취병의 눈금을 읽거나 메스실린더에 넣어 측정한다.
  (소 : 3~10mL[평균 5mL], 돼지 : 100~500mL)
- 색깔 : 유백색 또는 황록색(호박색 : 오줌, 적색 : 혈액, 녹색 : 부패)
- 냄새 : 정액 고유의 냄새(뇨취, 부패취가 없어야 한다.)
- 정액의 농도 : 농도가 짙으면 진한 백색이며 무정자증은 반투명이다.

⑤ 정액의 활력 검사
- 가온 현미경의 온도를 36℃로 조절하여 검사한다.
- 전진 운동, 선회 운동, 진자 운동, 후퇴 운동으로 나눈다.

⑥ 정자수 검사
- 정액을 3% 식염수로 희석하여 혈구 계산판을 이용하여 검사한다.
- 현미경을 400~500배로 조절하여 25개의 중구획 중 구석의 4칸과 중앙 1칸 모두 5칸의 정자를 센다.

⑦ 기형률 검사
- 정자를 카르복실 염색액에 4~5분 염색 후 수세 · 건조한다.
- 기형률이 20~30% 이상이면 인공수정에 쓸 수 없다.

⑧ 정액의 보존
- 액상정액 : 15~20℃
- 동결 정액 : −196℃ 액체 질소

⑨ 정액의 희석액
- 1차 희석 : 같은 온도(30℃)에서 정액 : 희석액(난황완충액 + 우유) = 1 : 1로 희석한다.
- 2차 희석 : 1차 희석액에 글리세롤이 15% 미만 함유된 2차 희석액 첨가
- 글리세롤 평형 : 봉인된 정액은 4~5℃에서 4~8시간 정치
- 동결 : 완만동결(−15℃까지 1~2℃/분, 이하 4~5℃/분)
    반급속동결(−25~−35℃/ 분)

⑩ 냉동 정액의 융해
- 저온 융해 : 4~5℃의 냉수에 4~5분
- 고온 융해 : 35~40℃의 온수에 15~20초

⑪ 소의 정액 주입
- 직장질법을 주로 사용한다.
- 주입 부위 : 자궁경 심부

(2) 수정란 이식

① 다배란 처리

체내 수정란 이식 과정

- FSH 또는 PMSG을 주사하고 발정 당일 LH 또는 HCG를 주사하는 방법
- 프리드나 사이더를 질 내 삽입하였다가 제거한 후 발정 시 수정하는 방법

② 공란우 선발과 수정
- 비유 능력과 번식능력이 우수한 건강한 개체를 선발한다.
- 다배란 처리 후 발정이 오면 발정 개시 18시간(발정 후기)에 인공수정을 실시한다.

③ 수란우 선발

● 정상적인 성주기를 가진 강건성 및 내병성이 있고 임신을 장해하는 질병이 없을 것

④ 수란우 발정동기화

● 프로스타그란딘($PGF_2\alpha$)을 수란우에 투여하면 주사 후 2~4일 이내에 발정이 발현된다.

● 황체호르몬(progesterone)제 프리드(PRID)나 사이더 플러스를 질 내에 12일간 또는 7일간 삽입하였다가 제거함으로서 발정을 유기하는 방법 등이 있다.

⑤ 수정란의 회수

● 수정 후 4일 난관, 5일째 난관과 자궁각, 6일 이후 자궁각에 풍선 카테터를 삽입하여 회수한다.(60~70%의 난회수율)

⑥ 체외 수정

● 체외 수정란은 도축되는 암소의 난소를 채취하여 미성숙 난자를 채취한다.

● 시험관에서 난자를 배양하여 정자를 수정시킨 후 약 8~9일간 배양하여 수정란을 대량으로 생산한다.

● 과정은 도축장 난소 채취 → 미성숙 난자 회수 → 공배양 세포의 분리 및 배양 → 난포란의 체외성숙 배양 → 정자 처리의 체외 수정능 획득 → 체외 수정 → 체외 수정란의 발달과 공동배양 → 체외 수정란의 생산 → 체외 수정란의 동결 및 융해 → 체외 수정란 이식 및 임신 유무 판정 순서로 진행된다.

난소 채취 ⇨ 난자 배양 ⇨ 체외수정 ⇨ 수정란 배양 ⇨ 수정란 이식

체외 수정 과정

⑦ 소 수정란의 동결 보존

● D-PBS에는 적절한 농도의 항생물질, 피루베이트와 포도당을 첨가한다.

● 수정란을 PBS + 10% 혈청 + 5% 글리세롤에 5분간 부유 후, PBS + 10% 혈청 + 10% 글리세롤에 10~20분간 부유한다.

● −6℃와 −30℃까지는 매 분 사이에서 0.5℃씩 냉각한 후 액체질소에 침지한다.

⑧ 수정란의 이식

● 외과적 방법 : 전신마취 정중선 절개술, 국소 마취 상겸부 절개술

- 비외과적 방법 : 자궁경관 경유법, 자궁경관 선회법 – 소, 돼지
- 자궁경관 경유법 : 자궁경관을 경유하여 자궁각을 확장시킨 후 자궁각 심부에 이식한다.

⑨ 이식 부위

- 소 : 자궁각 선단부
- 돼지, 면양, 산양 : 4세포기 이하는 난관, 4세포기 이상은 자궁에 이식

[연구] **수정란 이식의 장단점**

장점

① 고능력우의 우수한 송아지를 단기간에 생산할 수 있다.

② 수정란을 2개 이식하여 쌍태 송아지를 생산할 수 있다.

③ 젖소에게 한우 수정란을 이식하여 한우를 생산할 수 있다.

④ 고능력우를 외국으로부터 도입할 때 수송이 쉽고 가격이 저렴하다.

⑤ 발생공학분야의 범위 확대 : 형질전환동물, 복제동물

단점

① 전문적인 지식과 고도의 기술이 필요하다.

② 무균적, 위생적인 시설이 필요하다.

③ 자연의 섭리를 벗어나 생명의 존엄성이 상실될 우려가 있다.

④ 수태율이 낮다.(현재 50~60%)

⑤ 수정란 공급에 한계가 있다.

3 사양관리 및 사양위생

1 젖소의 사양관리

(1) 초유의 급여

① 초유 급여 시기는 빠를수록 좋으므로 15~30분 이내에 먹이도록 한다.

② 분만 후 4시간 이내에 충분한 양(1.2~1.5L)의 초유를 먹인다.

③ 어미소의 사고로 초유를 급여하지 못할 경우 대용초유 또는 다른 소의 초유를 먹인다.

④ 1회에 1.5L 이상 먹이지 않는다.(송아지 제1위의 용적이 1.5L 이하)

⑤ 초유급여 시 온도는 체온 정도인 37℃로 데워서 급여한다.

⑥ 냉동 초유는 해동시킨 후 초유 3 : 물 1의 비율로 혼합하여 4일령 이후의 송아지에게 급여한다.

⑦ 초유가 없을 때에는 대용초유를 만들어 1일 3회 급여한다.

⑧ 포유기구는 세제를 사용하여 세척하고 열탕 소독한다.

⑨ 포유기간은 3개월 정도이며, 장기간 먹일 경우 소화기관이 늦게 발달된다.

연구 초유(colostrum)의 정의 및 조성

● 분만 후 5일간 생리적으로 분비되는 젖을 말한다.
● 농도가 짙고 황갈색이며 맛이 불쾌하고 혈액이 섞여있는 경우도 있다.
● 정상유보다 지방, 단백질, 비타민, 무기물이 많고 유당(젖당)은 적다.
● 열에 응고되고 강한 산성이므로 납유가 금지되고 있다.

연구 초유의 기능

● 면역 형성 : 어미소의 면역항체(락토글로불린)를 전달하여 질병의 저항성을 준다.
● 영양 공급 : 상유에 비해 단백질 6배, 지방과 무기물 3배, 비타민 A, 철분은 10배에 달한다.
● 태분 배출 : 태어나기 전 뱃속의 똥을 배출해 주는 기능이 있다.

(2) 송아지(분만 후 3개월령까지)의 사양관리

일령	관리 사항
분만 직후 ~ 5일령	초유 급여
5일령 ~ 이유	전유 또는 대용유 급여
7일령 이후	양질의 조사료 급여 시작
7일령 ~ 14일령	제각
14일령 ~ 3개월	이유 사료 급여
1개월령 이후	운동 시작

(3) 젖소 송아지 제각

① 제각연고(화학 약품) 사용

● 제각 적기는 생후 7~10일령이다.
● 뿔의 생장점 주위 털을 전모기나 가위로 깎고 제각 연고를 바른다.

② 소락법(인두로 지지기)

● 생후 1주일 이상된 송아지의 뿔이 솟은 상태에서 사용한다.
● 전기 소락기(인두) 또는 지름 2㎜, 두께 3~4㎜의 철근을 불에 달구어 5~10초간 지진다.

③ 제각기 사용

● 생후 5개월 이상의 큰 소에 실시한다.
● 제각기 밑 부분에 뿔이 끼이도록 하고 손잡이를 조여 자른다.

④ 뼈 톱 사용

- 뿔의 1/2 또는 1/3 지점을 자른다.

⑤ 줄 톱 사용

- 큰 소의 뿔 자르기에 이상적인 방법이다.
- 적당한 위치에 줄 톱을 감아 양손을 사용하여 빠른 속도로 당긴다.

(4) 육성우 사양관리

① 육성우 : 이유 후부터 첫 새끼 분만까지의 젖소

② 골격발달, 수정, 수태, 태아의 발육에 이르기까지 신체적 변화가 큰 시기

③ 양질의 조사료를 자유채식 시킨다.

④ 농후사료는 6개월령까지는 체중의 1.5%, 그 이후에는 1%를 급여한다.

⑤ 운동과 일광욕을 충분히 시키고 3개월령 이후에는 방목을 시작한다.

⑥ 송아지의 스텐천 계류는 12개월령 이후에 실시한다.

(5) 착유우 사양 관리

① 사료 급여

- 조사료는 체중의 2~2.5%, 농후사료는 단백질 함량 15~20%의 사료를 체중의 2.5~3% 정도 급여한다.
- 칼슘(Ca)과 인산(P)을 우유생산에는 10 : 7 비율로 급여한다.
- 체중 변화 : 4~5주부터 급격한 감량, 감소는 8~10주 사이 가장 체중이 적고, 10주 이후 서서히 회복하여 42주에 정상이 된다.
- 우유생산량 : 비유 최고기 4~6주, 6주 이후 서서히 감소, 42주 최하
- 비유기 구분 : 초기(분만 후~10주), 중기(10주~20주), 후기(20주~건유 전)
- 완전혼합사료(TMR 섬유질배합사료)의 급여

② 건유우 사양 관리

- 건유 기간 : 임신 후 305일 착유한 후 50~60일간 건유한다.
- 건유 목적 : 유방 내 우유 분비조직의 재생 기회, 소화기관의 기능 회복, 영양 축적

(6) 영양소의 대사

① 에너지 대사

- 총에너지는 사료 속에 들어 있는 모든 에너지로 사료를 태우면 발생되는 열량을 말한다.

● 총에너지 함량은 각 영양소의 탄소(C), 수소(H), 산소(O)의 비율이 달라 차이가
난다.

● 총에너지(GE) − 분으로 손실된 에너지 = 가소화 에너지(DE)
● 가소화 에너지 − 오줌이나 가스로 손실되는 에너지 = 대사에너지(ME)
● 대사에너지(ME) − 열량 증가 에너지 = 정미 에너지(NE)

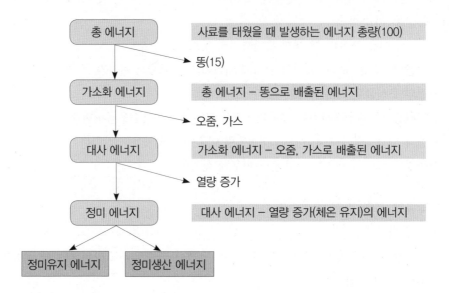

영양소의 대사

가연성 gas의 대부분은 메탄(methane)으로 트림과 방귀로 배출된다. 특히 반추동물의 유지사료
급여 시 총에너지(GE)의 8%는 메탄으로 소실된다.

② 탄수화물 대사
● 탄수화물은 포도당의 형태로 십이지장 및 공장의 상부에서 흡수된다.
● 1mol의 포도당은 686kcal를 발생하며 남는 것은 체지방과 체단백질 합성에 이
용된다.
● 반추동물은 탄수화물을 미생물이 분해하여 휘발성 지방산을 만들어 에너지원으
로 이용된다.

휘발성 지방산 : 아세트산(초산), 부티르산(낙산), 프로피온산

③ 지방 대사
● 지방은 탄수화물보다 2.25배 높은 9kcal의 에너지를 공급한다.

- 필수지방산과 지용성비타민 A, D, E, K 등의 공급원이다.
- 미지성장인자가 포함되어 어린 단위동물의 성장을 촉진시킨다.
- 지방은 체내 중요기관을 보호하고 기호성을 증가시켜 사료섭취량을 증가시킨다.

④ 단백질 대사

- 아미노산은 체조직 및 세포의 주요 구성물질과 젖, 고기, 알 등을 만드는 데 이용된다.
- 아미노산의 분해산물인 암모니아는 요소, 암모니아, 요산의 형태로 배설된다.

연구 필수 아미노산

이소류신(Isoleucine), 페닐알라닌(Phenylalanine), 류신(Leuchine), 트레오닌(Threonine), 리신(Lysine), 트립토판(Tryptophan), 메티오닌(Methionine), 발린(Valine), 히스티딘(Histidine), 아르기닌((Arginine)

⑤ 소화율

- 외관 소화율은 섭취한 사료의 영양소 총량에서 배설되는 분뇨의 영양소 총량을 뺀다.

소화율 = (섭취한 영양소량 − 분으로 배출된 영양소량) / 섭취한 영양소량   ×100

⑥ 가소화 영양소 총량(TDN)

- 사료의 영양소 함량에 소화율을 곱한다. 단, 지방은 2.25를 곱해준다.

TDN(%) = 가소화단백질(%) + 가소화조섬유 + 가소화가용무질소물(%) + 가소화지방 × 2.25

2 한우의 사양관리

(1) 송아지의 육성

① 한우는 3개월 정도 자연 포유를 시킨다.
② 생후 1주일경부터 양질의 건초와 젖먹이 송아지 사료를 급여한다.
③ 거세는 생후 2~3개월령에 실시하고 구입 송아지는 4~5개월령에 실시한다.

(2) 거세하기

① 거세의 장단점

- 근내 지방이 증가하고 근섬유가 가늘어져 육질이 개선된다.
- 소의 성질이 온순해져서 사양관리가 쉽다.

● 출하 시 좋은 등급을 받을 수 있어 높은 가격을 받을 수 있다.

● 증체율이 약 10% 정도 떨어지고 사료 효율도 다소 낮아진다.(단점)

② 거세의 방법

● 무혈거세 : 무혈거세기로 정계의 혈관을 5초 정도 압박하여 부순 다음 혈액을 차단한다. 상처가 없고 스트레스가 적으며 화농의 위험이 없으나 확실치 않다.

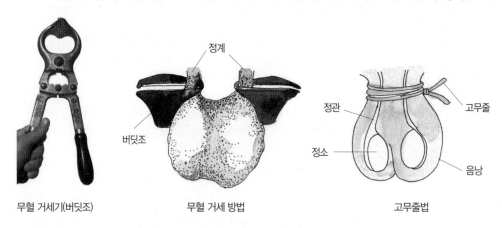

무혈 거세기(버딧조)　　　　무혈 거세 방법　　　　고무줄법

거세기와 거세 방법

● 고무줄링 법 : 고무줄로 정관을 동여매는 방법, 장기간 스트레스가 지속된다.

● 외과적 방법 : 음낭을 절개하여 정소를 적출하는 외과적 수술방법이다.

(3) 암소 육성우 사양관리

① 육성우 관리 : 이유에서 발정에 이르기까지의 사양관리

② 육성기 : 충분한 운동, 영양공급하여 번식우의 기틀을 마련하는 시기

③ 일당 증체량은 생후 6개월까지 0.8kg 이하, 7~12개월령 0.5~0.7kg, 13~24개월 령 0.4~0.6kg을 목표로 한다.

(4) 번식우 사양관리

① 중소(생후 4~6개월), 큰소(7~12개월), 임신(13~25개월), 포유기의 4단계로 구분 한다.

② 번식능력 향상을 위해 적당한 운동을 통해 과비를 예방하는 것이 중요하다.

③ 일광욕을 통한 비타민 D 합성 및 반추위 발달을 위해서는 충분한 조사료 급여가 필요하다.

④ 분만 2~3개월 전에는 태아가 급격히 성장하므로 급여량을 20~30% 정도 증량 급 여한다.

(5) 비육우 사양관리

① 육성 비육

- 가장 좋은 비육 방법으로 양질의 고기를 생산할 수 있다.
- 한우는 생후 4~5개월령의 거세 수송아지를 20개월령 정도 비육하여 450kg 이상에서 출하
- 비육 전기 : 농후사료 체중의 1.7~1.8% 급여, 조사료로 건초는 1~1.2% 급여한다.
- 비육 후기 : 농후사료 체중의 약 1.8~2.0% 유지, 건초는 0.5~0.8% 정도로 감량 급여한다.
- ※ 보리의 급여는 기호성이 좋아 섭취량을 증가시키고 지방의 색과 경도를 좋게 한다.
- 운동은 초기에는 1일 1~2시간, 말기에는 매일 또는 격일로 30분 정도로 제한한다.
- 자유 채식시키는 것이 보통이나 육성기에 제한급여는 보상성장 효과가 있다.

② 큰소 비육

- 체중이 200kg 소는 7개월간, 250kg 소는 5개월간, 300kg 소는 3개월간 비육
- 보상성장의 효과가 크고 살코기 생산비율이 높으나 양질의 쇠고기 생산은 어렵다.

③ 젖소 비육

- 젖소 수송아지 비육은 성장률이 높아 22~24개월이면 800kg 정도 되나 판매 가격이 싸다.
- 젖소의 노폐우 비육은 번식을 끝낸 8~9세 이상의 암소를 2~5개월간 비육시킨 후 출하

연구 비육 밑소의 선발

- 우수한 수소와 교배시켜 생산된 송아지일 것
- 건강하고 식욕이 좋으며 원기와 활력이 좋은 송아지일 것
- 털은 가늘고 윤기가 있고 눈은 활력이 있을 것
- 눈곱이 없고 비경(콧등)에 습기가 촉촉하며 분은 정상일 것
- 콧등이 짧고 입, 턱이 넓고 크며 복부가 넓고 크되 늘어지지 않은 것
- 머리가 너무 크지 않으며 앞다리와 가슴이 넓고 충실할 것
- 체고는 크고 늑골과 늑골사이가 넓고, 등은 평평하고 넓을 것
- 요각 폭이 넓고 십자부가 평평하며 발굽이 건강하게 발달한 것
- 귀 안의 털이 부드럽고 귀가 작으며 뿔은 둥글고 가늘면서 매끈할 것

(6) 우사의 위치와 조건

① 채광과 통풍이 잘 되는 남향 또는 동남향이 좋다.

② 북서쪽이 막혀 겨울에 찬바람을 막아주는 곳

③ 배수가 잘 되는 높고 건조한 곳

④ 확장 가능성이 있고 분뇨 처리가 용이한 곳

⑤ 교통이 편리하면서도 민원의 소지가 없는 곳

⑥ 오염되지 않은 지하수가 풍부하게 솟는 곳

(7) 우사의 종류와 특징

① 계류식 우사(stall barn, stanchion stall)

- 소규모 농가에서 스텐천을 설치하여 한 마리씩 묶어 사육하는 우사이다.
- 개체관리에 편리하나 장기간 계류하면 유방의 손상, 발굽의 이상, 다리 변형, 번식장애 발생
- 우상의 배열은 단열식과 복열식이 있으며 복열식은 대미식과 대두식이 있다.

> 대미식은 착유우사에, 대두식은 비육우사에 적용되며 사육규모가 클 때는 복열식이 동선이 짧아 관리 노력과 시간이 절약된다.

② 개방식 우사(Free stall barn)

- 60두 이상의 농장에 적합하며 분뇨 수거 방식에 따라 평면 우사, 슬래트 바닥, 스크레이퍼 우사 등으로 구분한다.
- 건축비가 저렴하고 관리 노력이 적게 들며 유방, 발굽의 손상이나 외상이 적다.
- 개체관리 곤란(인공수정, 치료 등), 깔짚과 건초 낭비가 많다.

③ 방사식 우사(loose barn)

- 우사와 다른 구조물을 설치하지 않고 사료조와 급수조만 설치하며, 바닥에 톱밥이나 깔짚을 깔아준다.
- 우군을 착유우, 건유우, 육성우, 송아지, 종모우 등으로 구분하여 사육한다.

③ 사양 위생

(1) 소의 건강 상태 관찰

① 소의 이상 상태는 외모와 거동에 나타나므로 사양관리자는 세심한 관찰로 건강상태를 점검한다.

② 질병을 조기 발견하면 치료가 용이해지고 진료비를 절감할 수 있으며 생산성을 빨리 회복시킬 수 있다.

연구 소의 건강 상태 식별

관찰 부위	건강한 소	건강하지 않은 소
1. 식욕 원기	● 식욕이 왕성하고 침 흘림이 없다. ● 귀의 움직임이 활발하다. ● 채식 30분 후부터 반추를 시작하여 40~50분간 1일 6회 정도 한다. ● 접근하면 경계하는 동작을 취한다.	● 식욕이 부진하고 골라먹는다. ● 반추를 중지하고 침을 흘린다. ● 누운 채 원기가 없고 기립이 곤란하다. ● 흙을 핥거나 나무 조각을 씹는다. ● 행동이 활발하지 못하고 침울하다.
2. 동작	● 꼬리의 움직임이 활발하다. ● 거동이 민첩하고 활발하다. ● 걸음걸이가 활기 있고 자세가 바르다.	● 기운이 쇠퇴하고 활기가 없음 ● 소의 무리와 떨어져 홀로 있음 ● 성질이 난폭해지고, 신경질적임
3. 눈	● 눈이 충혈 되지 않고 총명하다. ● 눈곱이나 눈물이 없다. ● 안구와 눈꺼풀의 운동이 활발하다.	● 눈 점막의 창백(빈혈, 영양결핍) ● 황색이면 황달이 의심된다. ● 충혈은 열성전염병, 심장 질환 의심 ● 안구가 함몰되면 탈수 의심
4. 피부 피모	● 피모가 윤택하고 밀도가 높다. ● 피부의 탄력이 좋다.	● 국소의 붉은색, 급성염증, 열감, 통증을 느낀다. ● 피부에 검붉은 반점은 타박상에 의한 출혈이다. ● 피부염, 소버짐이 있다. ● 가려움증으로 핥거나 벽에 비빈다. ● 털이 빠지고, 피부에 상처가 생긴다. ● 화농, 혈종, 수포가 있다. ● 광택이 없고 털갈이가 늦어진다.
5. 비경 점막	● 비경은 점액이 나와 젖어 있다. ● 콧구멍, 눈꺼풀 점막이 붉지 않다. ● 입안에서 거품이 흐르지 않는다. ● 입안의 점막에 궤양이 없다.	● 짙은 콧물이 코끝에 달려 있다. ● 콧물에 악취가 난다. ● 점막이 붉고 입안에 궤양이 있다.
6. 오줌 분변	● 큰 소의 하루 배뇨량은 19~45L이다. ● 오줌에 피나 점액이 없을 것 ● 외음부 주변과 음모가 깨끗한 것 ● 분변에 악취가 없고 굳기가 적당하다. ● 포유 송아지의 분변은 황금색이다. ● 건초나 볏짚 급여 시 엷은 갈색변이다. ● 대용유를 먹을 때 회색분이 많이 섞인다.	● 오줌의 색깔이 적색, 적갈색이다. ● 배뇨 회수는 증가하나 배뇨량은 적다. ● 포피에 백색 이슬모양의 결석분말이 붙어 있다. ● 신생 송아지 설사병은 수양성, 회백색에서 황회색을 나타낸다. ● 1위 과산증은 엷은 녹회색변이다. ● 상부 소화관의 출혈은 초콜릿색, 직장의 출혈은 적갈색, 적색의 혈액변이 배설된다.
7. 체온 맥박 호흡	● 평균 정상 체온은 38.6℃ 내외이다. ● 정상 맥박은 암소 60~70회, 수소 50~60회이다. (송아지는 80~120회) ● 호흡수는 18~25회/1분 이다. ※ 아침보다 저녁에 0.2~0.5℃가 높다.	● 귀·뿔 등을 촉진하면 뜨겁다. ● 귀·뿔·사지의 말단이 싸늘하다. ● 호흡과 맥박이 증가하거나 떨어진다.

(2) 주요 질병의 예방과 치료

① 식도경색

- 식도 내에 고구마, 감자, 사과 등이 식도를 막아 침을 삼키지 못하고 제1위 내에 가스가 차서 고창증이 발생한다.
- 막힌 것을 꺼내거나 위로 내려가도록 밀어 넣는다.

② 고창증

- 발효하기 쉬운 생초, 두과작물을 많이 먹거나 변질 사료 급여 시 발생한다.
- 발효에 의한 가스가 차서 왼쪽 옆구리가 부풀어 올라 두들이면 북소리가 난다.
- 호흡곤란, 식음 전폐, 되새김질을 중지한다.
- 고창증 치료제 급여, 제1위 마사지, 설사약 급여, 운동 실시, 투관침으로 가스를 배출

③ 창상성 심낭염

- 철사, 못 등을 먹어 제2위벽과 횡격막을 관통하여 심장을 싸고 있는 심낭을 찔러 발생한다.
- 식욕부진과 길을 내려갈 때 통증을 느낀다.

④ 유방염

- 유방염의 원인 : 유두, 유방의 외상, 비위생적인 착유, 착유기 사용의 미숙
- 잠재성 유방염 : 유즙 성분, 염증 증상 없이 세균에 감염된 상태의 유방염
- 준 임상형 유방염: 염증반응을 일으키나 증상이 미약하여 특수 검사로 진단이 가능함
- 임상형 유방염 : 유방의 종창, 열감, 발적, 통증, 비유장애, 유즙이상 등 증상이 뚜렷함
- 예방 치료 : 평소 위생적 관리 철저, 유방염 연고 주입, 소염제 주사

연구 CMT검사법(캘리포니아 유방염 진단법; California Mastitis Test)

① 유두별 우유가 나타내는 색상과 형상을 가지고 검사하는 방법이다.

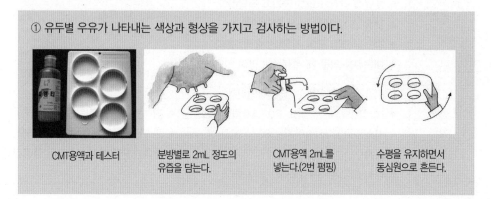

| CMT용액과 테스터 | 분방별로 2mL 정도의 유즙을 담는다. | CMT용액 2mL를 넣는다.(2번 펌핑) | 수평을 유지하면서 동심원으로 흔든다. |

② 판정
  - 액상 상태(체세포수 2만 이하)   ± 미량의 침전물(15만~50만)
  + 전체적 겔 상태(40만~150만)   ++ 겔상태 요철상(80만~500만)
  +++ 겔상태 바닥 부착(500만 이상)

⑤ 유열
  ● 대체로 분만한 지 3일 이내에 발생하며 혈중 칼슘 농도가 낮아 발생하는 대사성 질환이다.
  ● 초기에는 식욕 부진, 점차 거동이 불편하고 뒷다리의 경련 및 마비로 실신한다.
  ● 치료로는 칼슘제 및 포도당을 정맥주사한다.

⑥ 케토시스
  ● 비유초기에 유량생산의 증가에 따른 영양소 공급 부족 시 체지방 분해 산물인 케톤체가 축적되어 발생하는 탄수화물과 지방의 대사장애이다.
  ● 식욕이 없고 산유량이 급격히 감소하며 살이 빠지고 설사를 한다.
  ● 케토시스를 예방하는 가장 좋은 방법은 조사료 섭취량을 충족시키는 것이다.

⑦ 부제병
  ● 발굽의 상처를 통한 세균 감염, 발굽 삭제 불량, 배수 불량으로 생기는 발굽의 염증이다.
  ● 식욕부진, 파행(절뚝거림), 산유량 저하를 나타낸다.
  ● 운동장에 자갈, 그루터기, 쇠붙이 등을 없애고 주기적인 소독을 실시한다.

⑧ 간디스토마
  ● 쇠우렁이가 중간 숙주이며 디스토마 유충이 간과 담낭에 기생하여 염증을 일으킨다.
  ● 식욕과 원기 감소, 부종, 쇠약, 간경변을 일으킨다.
  ● 쇠우렁이가 붙은 건초나 볏짚 급여 방지, 헥사클로르에탄이나 비티오놀을 투여한다.

⑨ 송아지 설사증
  ● 대장균, 로타바이러스 및 코로나바이러스 등에 의한 급성 설사증이다.
  ● 사육실의 과도한 습도와 보온 불량, 불결한 환경으로 설사유발 병원체의 감염
  ● 출생 후 수 시간 내에 초유를 충분히 먹여 면역을 높인다.
  ● 송아지의 환경 적온은 13~25℃이므로 보온등을 켜주고 특히 겨울철에 유의한다.

- 설사 예방 백신(로타바이러스와 코로나바이러스, 대장균)을 접종한다.

대상	접종 시기	접종량	접종방법
어미소	1차 : 분만 6주 전 2차 : 분만 4주 전	2mL	근육주사
신생 송아지	초유 섭취 전	4mL	경구투여

⑩ 난소 낭종

- 난소에 황체형성이 없고 직경 2.5㎝ 이상의 난포가 배란되지 않고 존재한다.
- 증상은 지속성 발정 또는 사모광증(80%), 무발정(20%), 불규칙 발정을 나타낸다.
- 과비된 암소에서 많이 발생하며 오래 지속되면 천추가 위로 치솟아 오른다.
- 사광증은 난포가 정상난포보다 큰 낭종을 형성하며, 발정증세가 광적으로 일어난다.
- 치료 시 $PGF_2\alpha$ 제제를 사용한다.

⑪ 요도결석

- 농후사료를 많이 급여하고 조사료 급여가 부족 시 발생한다.
- 비육하는 수소에 많이 발생하고 음모에 흰 가루가 붙어 있다.
- 건초와 물을 많이 급여하고 비타민 A, 염화암모늄을 급여한다.

4 착유 및 생산물 처리

1 착유 생리

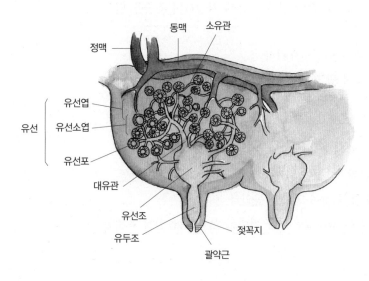

(1) 유방의 구조

① 유방은 4개의 유구와 4개의 유두로 되어있다.

② 젖배출 순서는 유선(유선세포 → 유선포 → 유선소엽 → 유선엽) → 소유관 → 대유관 → 유선조 → 유두조→ 유두관 순이다.

(2) 비유와 호르몬

① 유선 발육 : 난소에서 분비되는 에스트로젠과 프로제스테론에 의해 주도된다.

② 분만 후 비유는 뇌하수체 전엽의 비유호르몬(프로락틴)의 증가와 황체호르몬(프로게스테론)의 감소에 의한다.

③ 우유의 배출은 뇌하수체 후엽에서 분비되는 옥시토신의 작용이며 7~8분간 분비된다.

④ 착유 시 스트레스를 받으면 부신수질 호르몬인 아드레날린(에피네프린)이 분비되어 유즙 분비가 감소한다.

② 착유실과 착유기

(1) 착유실의 형태

착유실의 형태는 헤링본식, 텐덤식, 페러렐식, 로터리식 등이 있다.

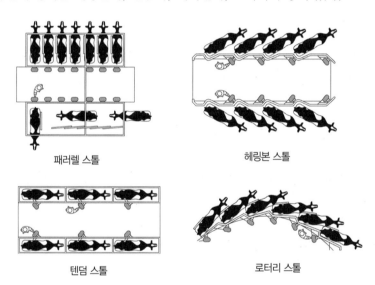

패러렐 스톨   헤링본 스톨

텐덤 스톨   로터리 스톨

착유실의 형태

(2) 착유기의 종류

버킷형, 파이프라인형, 서스펜드형(현수형)이 있다.

③ 착유

(1) 우유 배출 순서

① 유방 유두 세척 및 마사지 → 신경 → 뇌하수체(옥시토신 분비) → 혈액 → 유방(근
 상피세포 수축) → 우유 배출

② 젖소가 우유 1L를 생산하기 위해서는 약 400~500L의 혈액이 유방을 순환해야
 한다.

(2) 기계 착유 순서 및 방법

① 일정한 착유 시간과 착유 간격을 유지하도록 한다.

② 착유기구 및 착유자의 손을 깨끗이 세척한다.

③ 따뜻한 물(38~40℃)로 유방과 유두를 씻고 마른 수건으로 닦으면서 마사지 한다.

④ 전착유 : 별도의 용기에 손으로 2~3회씩 착유하여 CMT액으로 유방염 검사를 한
 다.

⑤ 착유기의 유두컵을 신속하게 부착시킨다.

※ 착유기의 적정 진공압 30~36㎝Hg, 펄세이터(맥동기) 속도 50~60회/1분

⑥ 후착유 : 착유기의 우유가 배출되지 않으며 유방을 3~4회 마사지하여 후착유 한
 다.

⑦ 우유의 배출이 중지되면 진공압을 끄고, 즉시 유두컵을 분리시킨다.

⑧ 유두 소독제(베타딘)로 유두를 침지 소독한다.

⑨ 짠 우유는 냉각기에 넣어 5℃ 정도로 냉각시킨다.

(3) 원유가격 산정

① 농가 원유가격 = 원유기본가격 + 성분별·위생등급별 가격(체세포수 75만/mL
 초과 시 탈지분유가)

② 성분별·위생등급별 가격 = 유지방(기준 3.5%), 유단백(3.0 이하), 체세포수(3등
 급), 세균수

연구 **정상유의 성상**

- 산도 : 0.18% 이하, 0.21 이상은 산패
- pH : 6.6~6.8이며, pH 7.0 이상인 우유는 부패유
- 비중 : 15℃에서 1.027~1.034(1.032)

연구 원유의 위생 등급

구 분		기 준
세균수	1급 A	3만개 미만/mL
	1급 B	3만개 ~ 10만개 미만
	2급	10만개 ~ 25만개 미만
	3급	25만개 ~ 50만개 이하
	4급	50만개 초과
체세포수	1급	20만개 미만/mL
	2급	20만개 ~ 35만개 미만
	3급	35만개 ~ 50만개 미만
	4급	50만개 ~ 75만개 이하
	5급	75만개 초과

5 소의 전염병

1 소의 법정전염병

(1) 소의 제1종 가축전염병(6종)
- 우역, 우폐역, 구제역, 가성우역, 불루텅병, 럼프스킨병, 큐열

(2) 소의 제2종 가축전염병(6종)
- 탄저, 기종저, 브루셀라병, 결핵병, 요네병, 소해면상뇌증

(3) 소의 제3종 가축전염병(2종)
- 소유행열, 소아카바네병

2 소의 주요 전염병

(1) 구제역
① 소, 돼지, 양, 염소 등 발굽이 둘로 갈라진 동물(우제류)에 감염되는 전염병이다.
② 입술, 혀, 잇몸, 코, 발굽 사이 등에 물집(수포)이 생긴다.
③ 체온이 급격히 상승되고 식욕이 저하되어 심하게 앓거나 죽게 된다.
④ 효과적인 치료법은 없으며 예방접종이 최선의 방법이다.

구제역으로 인한 잇몸과
발굽의 수포와 궤양

(2) 우역(흑사병)

① 우역 바이러스에 의하여 발생, 급성 전염병으로 전염률과 폐사율이 매우 높다.

② 고열 증상을 보이며 맑은 콧물과 눈물, 침 흘림이 관찰된다.

③ 효과적인 치료법은 없으며 예방접종이 최선의 방법이다.

(3) 소 유행열

① 모기매개 질병이며 급성, 열성 전염병으로 제3종 법정전염병이다.

② 8~11월에 유행하며 고열(41~42℃)이 있고 호흡촉박, 침 흘림, 관절통 증상을 보인다.

③ 치사율은 1%로 낮으며 불활화 백신으로 예방할 수 있다.

(4) 탄저

① 세균인 탄저균에 의하여 발생되는 급성, 열성, 패혈증성의 인수공통감염병이다.

② 갑자기 체온이 40~42℃로 오르고 24시간이 경과하면 폐사한다.

③ 입, 코, 항문, 질의 천연공에서 혈액이 흐른다.

④ 탄저-기종저 혼합 백신을 주사한다.

(5) 결핵

① 기침, 식욕 부진, 빈혈, 비유량의 저하를 보이는 만성 전염병이다.

② 감염우로부터의 직접 감염과 오염된 우유, 먼지와 공기에 의한 호흡기 감염이 있다.

③ 양성우는 도살 처분한다.

(6) 브루셀라병

① 소, 돼지, 산양, 개 등에 감염되는 인수공통감염병으로 전염성 유산증이라고도 한다.

② 생식기관, 태막의 염증과 유산, 불임증 등을 유발한다.

③ 수소에서는 고환염과 부고환염을 유발하며 매년 정기 검진하여 양성우는 살처분한다.

(7) 소 렙토스피라병

① 혈색소 뇨, 빈혈, 황달, 유산 등의 주요 증상을 보인다.

② 피부, 점막, 감염된 소의 오줌을 통한 감염과 쥐가 전파하기도 한다.

③ 발병 초기에는 항생제를 투여하여 치료한다.

(8) 기종저

① 기종저균은 아포를 형성하는 급성 열성 전염병으로 '토양병'이라고도 불린다.

② 아포는 자연조건에서 저항성이 강하고 토양 속에서도 오랜 기간(약 10년) 생존한다.

③ 갑자기 체온이 41~42℃로 오르고, 근육 부위는 붓고 처음에는 열감과 통증이 있다.

④ 환부를 누르면 기포가 터지거나 밀리면서 '부스럭' 소리가 들린다.

⑤ 대체로 발병 후 12~48시간 내에 죽는다.

(9) 소 해면상뇌증(광우병)

① 원인은 변형 프리온 단백질이며 단백질 분해효소, 열, 자외선, 화학물질에 저항성이 있다.

② 해면상뇌증에 감염된 면양이나 소의 육골분 등이 함유된 사료를 섭취하여 감염된다.

③ 접촉 감염은 일어나지 않으며 보행 장애, 기립불능, 전신마비 등 임상증상을 보인다.

④ 잠복기는 비교적 길어 2~10년(평균 4~5년)으로 알려져 있다.

(10) 아까바네

① 모기 등 흡혈 곤충의 흡혈 시 혈류를 통해 태아로 감염된다.

② 성우는 감염되어도 특별한 임상 증상을 나타내지 않는다.

③ 태아의 미라, 유산 및 사산, 말기에는 태아의 선천성 관절 만곡증이 발생한다.

④ 축사 주변 소독, 모기 방제, 불활화 백신 접종을 실시한다.

(11) 전염성 비기관염(IBR)

① 병원체는 헤르페스 바이러스(Herpes virus)이며 고열과 호흡기 증상을 나타낸다.

② 임상증상에 따라 호흡기형, 결막염형, 생식기형, 유산형 및 뇌염형으로 구분한다.

③ 증상 : 비출혈, 콧물, 침 흘림, 유산, 외음부 질염, 자궁내막염, 피부의 수포와 발적 등

④ 예방 : 전염성비기관염, 소바이러스성설사병, PI 3 (파라인플루엔자-3) 혼합백신을 접종한다.

6 가축분뇨 처리 및 이용

1 가축분뇨

(1) 가축분뇨의 특성
① 오염 부하량이 높다. - 사람보다 10배 높다.
② 오염성분 농도가 높다. - 분뇨의 BOD는 24,000ppm이나 된다.
③ 생물적 처리가 가능하다. - 활성오니법 등
④ 질소 농도가 높다. - C/N비는 소 20 이상, 돼지 14, 닭 10 정도
⑤ 취기와 악취가 강하다. - 암모니아, 황화수소, 휘발성지방산 등

(2) 가축분뇨 발생량
① 가축 1두당 1일 분뇨 발생량은 한우 13.7kg, 젖소 37.7kg, 돼지 5.1kg, 닭·오리 0.12kg으로 젖소가 가장 많다.
② 축종별로는 돼지 38%, 소·말 35%, 젖소 12%, 닭·오리 15%로 돼지가 가장 많다.
③ 가축분뇨 발생량은 오·폐수의 1%에 불과하나 부하량은 37.0%로 특히, 가축분뇨 BOD 부하량은 생활하수의 90배이다.
④ 분뇨 발생량을 줄이기 위해서는 과잉 사료 급여와 영양수준을 피해야 한다.

(3) 가축배설물이 환경에 미치는 영향
① 지력 유지 : 작물 재배에 필요한 영양소를 공급하고 토양의 구조를 개선할 수 있다.
② 악취 : 미생물에 의한 분해과정에서 휘발성 물질이 악취의 원인이 된다.
③ 질병전염 : 기생충과 병원성 미생물이 하천, 지하수를 오염시킨다.
④ 생태계 파괴 : 하천에 유입되어 플랑크톤 및 미생물이 번식하고 용존산소량 급감으로 하천 생물계 변화

- BOD(생물학적 산소요구량) : 1L 폐기물의 유기물을 미생물에 의해 분해하는 데 소모되는 산소의 mg수
- BOD_5 : 5일 동안에 분해하는 데 필요한 BOD
- 하천 방류 가능 BOD_5 : 30mg/L 이하의 폐수만이 하천으로 방류하는 것이 허가된다.

② 가축분뇨 처리

(1) 고액 분리
고체인 분과 액체인 뇨를 분리하여 퇴비화, 액비화를 효율화하기 위함이다.

(2) 퇴비화의 목적
① 유기물 중의 C/N율을 20 정도로 조절하여 작물의 질소 기아를 방지한다.
② 유기물에 함유된 유해 성분을 미리 분해하여 작물의 생육 장해를 방지한다.
③ 처리 과정 중의 고열로 해충 방제, 잡초 종자의 발아 능력을 제거한다.
④ 오물감을 없애므로 취급이 쉬우며 안심하고 사용할 수 있다.

(3) 퇴비화
① 1단계
  ● 가축분과 수분조절재를 혼합하여 중온성인 세균과 사상균이 유기물을 분해한다.
② 2단계
  ● 고온성균에 의해 셀룰로오스, 헤미셀룰로오스, 펙틴 등 난분해성 물질들이 분해된다.
③ 3단계
  ● 난분해성 유기물인 리그닌의 분해시기로 속도가 느리고 암갈색, 흑갈색으로 변한다.

(4) 액비화
① 활성 슬러지법, 살수 여상법, 회전 원판법, 산화지법, 활성 오니법 등이 있다.
② 혐기성 액비화
  ● 액상의 가축분뇨를 그대로 저장 탱크에 단순 밀봉 저장하는 방법이다
③ 호기성 액비화
  ● 액상의 가축분뇨를 교반하면서 공기를 불어넣어 폭기 처리하는 방법이다.

(5) 분뇨 처리 시설
① 퇴비사
  ● 전처리(분뇨 분리) → 저장조 → 퇴비사(혐기성 분해) → 퇴비 이용
  ● 퇴비사에서는 180일 정도 부숙시킨다.

② 통풍식 톱밥발효시설

● 분에 톱밥을 혼합하여 발효조의 바닥송풍(0.2㎥/분 이상)하여 발효

● 전처리(분뇨 분리) → 저장조 → 톱밥 등과 혼합 함수율 조정 → 발효조(호기성 분해) → 퇴적장(퇴비화)

③ 기계교반 발효 퇴비화

● 저장조 → 톱밥 혼합(함수율 조정) → 발효조(교반, 분쇄) → 퇴비화(호기성 발효) → 퇴적장

(6) 가축배설물의 이용

① 비료 : 배설물은 유기물의 자연 순환으로 비료로 사용하는 것이 가장 바람직하다.

② 연료 : 혐기 발효하여 메탄가스를 생산한 후 연료로 사용할 수 있다.

③ 사료 : 계분에는 조섬유 함량이 낮아 사료로서의 효용성이 우분이나 돈분보다 높다.

01 젖소의 이상적인 산유주기에서 산유량이 가장 많은 시기는 분만 후 어느 때인가?

① 분만 직후
② 분만 후 3~4주
③ 분만 후 4~8주
④ 분만 후 8~10주

■ 우유생산량
비유 최고기 4~8주(평균 6주), 8주 이후 서서히 감소, 42주 최하

02 착유한 원유의 저장온도로서 적당한 것은?

① −10℃
② 4~5℃
③ 15~20℃
④ 50℃

■ 착유한 우유는 냉각기에 넣어 5℃ 정도로 냉각시킨다.

03 우유의 품질에 결정적인 영향을 미치는 젖소의 질병은?

① 식체
② 고창증
③ 후산정체
④ 유방염

04 가축의 소화 생리에 대한 설명이다. 다음 중 영양분의 흡수를 가장 많이 하는 곳은?

① 위장
② 식도
③ 대장
④ 소장

05 안드로젠을 분비하는 기관은?

① 정소
② 정낭선
③ 전립선
④ 카우퍼선

■ 안드로젠(테스토스테론)은 정소에서 분비된다.

01 ③ 02 ② 03 ④ 04 ④ 05 ①

06 난소에서 분비되는 호르몬은?

① 에스트로젠, 프로제스테론 　　② 안드로젠, 옥시토신

③ 아드레날린, 프로락틴 　　　　④ 안드로젠, 에스트로젠

■ 난소의 난포에서는 에스트로젠, 황체에서는 프로제스테론을 분비한다.

07 송아지 인공포유 요령에 옳지 못한 것은?

① 포유기구의 소독을 철저히 하고 깨끗이 관리하여야 한다.

② 포유 시 우유의 온도는 38~40℃가 적합하다.

③ 포유는 일정한 시간에 실시하고 신선한 젖을 먹여야 한다.

④ 큰 그릇에 여러 마리가 함께 포유하여 서로 빨도록 한다.

■ 개체별 포유가 바람직하다.

08 소에서 고열과 호흡기 계통의 급성염증 및 괴사를 특징으로 하는 전염병으로, 병원체는 헤르페스 바이러스(Herpes virus)이며 2차 혼합감염의 위험이 높은 질병은?

① 바이러스성 하리증 　　　　② 전염성 비기관염

③ 유행열 　　　　　　　　　　④ 유행성 뇌염

■ 전염성 비기관염(IBR)
비출혈, 콧물, 침 흘림, 유산, 외음부 질염, 자궁내막염, 피부의 수포와 발적 등의 증상

09 사료 등 가축의 입을 통하여 전염되는 방식은?

① 접촉전염 　　　　　　　　② 경구전염

③ 흡입전염 　　　　　　　　④ 매개체에 의한 전염

10 육용종 소 품종에 해당되는 것은?

① 로드 아일랜드 　　　　　　② 오핑턴

③ 앵거스 　　　　　　　　　　④ 오골계

■ ①②④는 닭의 품종이다.

11 젖소 번식장애의 원인 중에 대표적인 것은?

① 태반의 정체 　　　　　　② 자궁의 염좌

③ 난소낭종 　　　　　　　④ 산욕열

■ 난소에 직경 2.5㎝ 이상의 난포가 배란되지 않고 존재한다. 증상은 지속성 발정 또는 사모광증(80%), 무발정(20%), 불규칙 발정을 나타낸다.

06 ①　07 ④　08 ②　09 ②　10 ③　11 ③

12 내부 기생충(유충류)중 흡충류에 속하는 것은?

① 벼룩

② 디스토마

③ 이

④ 모기

보충

■ 디스토마는 쇠우렁이가 중간 숙주이며 디스토마 유충이 간과 담낭에 기생하여 염증을 일으킨다.

13 젖소에 있어서 성우 암소의 정상적인 1분간의 맥박수는?

① 20~30회

② 40~50회

③ 60~70회

④ 80~90회

■ 체온 : 38.6℃
맥박 : 암소 60~70회, 수소 50~60회(송아지는 80~120회)
호흡수 : 18~25회/1분

14 소가 방목 중 또는 사료 급여 시 못이나 예리한 금속성 이물을 먹고 생기는 질병은?

① 급성소화 불량증

② 위궤양

③ 전염성 하리

④ 창상성 심낭염

■ 식욕부진과 길을 내려갈 때 통증을 느낀다.

15 다음 중 물리적 소독법에 속하지 않는 것은?

① 약품소독

② 자비소독

③ 건열멸균

④ 증기소독

■ 약품소독은 화학적 소독방법이다.

16 다음은 한우를 비육하고자 한우의 외모를 조사한 것이다. 비육할 소로 적당하지 않은 소는?

① 늑골과 늑골 사이가 넓고 등이 평평하고 넓은 소

② 전구가 발달하고 머리가 큰 소

③ 요각폭이 넓고 십자부가 평평한 소

④ 가슴이 넓고 깊이가 있는 소

■ 후구 발달이 좋고 머리가 크지 않아야 한다.

17 수정란이 착상하여 발육하는 곳은?

① 난소

② 난관

③ 자궁

④ 자궁경

■ 수정 부위 : 난관
수정란 착상 : 자궁각

12 ② 13 ③ 14 ④ 15 ① 16 ② 17 ③

18 젖소의 사료 급여량을 계산할 때 고려하지 않아도 되는 사항은?

① 생체중　　　　　② 우유 지방률
③ 착유 시간　　　　④ 착유량

19 젖소의 건유기간으로 가장 적합한 것은?

① 30~40일　　　　② 50~60일
③ 70~80일　　　　④ 90~100일

■ 일반적으로 305일 착유 50~60일 건유

20 초유는 일반 우유보다 일반적으로 모든 유성분 함량이 높은 편인데 다음 중 일반 우유보다 함량이 낮은 성분은?

① 유당　　　　　　② 고형분
③ 지방　　　　　　④ 단백질

■ 단백질, 지방, 비타민, 무기물은 많고 탄수화물은 적다.

21 소의 평균 발정주기는?

① 17일　　　　　　② 21일
③ 23일　　　　　　④ 30일

22 원유검사에서 유지율 기준은?

① 1% 이하　　　　② 3.5%
③ 4.0%　　　　　　④ 4.5%

■ 성분별·위생등급별 가격 = 유지방(기준 3.5%), 유단백(3.0 이하), 체세포수(3등급), 세균수

23 낙농경영농가의 우유가격 결정에 영향을 미치는 요인이 아닌 것은?

① 체세포수　　　　② 세균수
③ 우유 풍미　　　　④ 유지방

■ 농가 원유가격 = 원유기본가격 + 성분별·위생등급별 가격

18 ③　19 ②　20 ①　21 ②　22 ②　23 ③

24 착유 중 소가 흥분, 통증 등의 스트레스를 받으면 혈중에 방출되어 유즙의 분비를 방해하는 호르몬은?

① 옥시토신
② 프로락틴
③ 에스트로젠
④ 에피네프린

■ 에피네프린 즉, 아드레날린이 분비되어 유즙 분비를 방해한다.

25 유우 개체 선택상의 주의점이 아닌 것은?

① 품종의 특징을 가진 개체를 선택
② 유우의 이상적인 체형을 가지고 있는 것을 선택
③ 표준 체적은 미달이지만 비유 기관이 발달된 개체를 선택
④ 사료 이용성이 높은 개체를 선택

26 탄저의 특징이 아닌 것은?

① 소규모 발생은 연중 발생되나 대규모 발생은 여름철을 전후하여 많다.
② 별안간 비틀거리고 호흡 곤란 및 경련을 보인다.
③ 폐사한 가축의 천연공에서 출혈을 볼 수 있다.
④ 사람은 감염되지 않는다.

■ 급성, 열성, 패혈증성의 인수공통감염병이다.

27 다음 내용에서 가장 부적절한 내용은?

① 소는 연 2회 이상 구충을 실시한다.
② 송아지를 구입 후 수송 스트레스를 감소시킨다.
③ 분만 직후 송아지는 어미와 격리하여 대용유를 먹인다.
④ 질병관찰은 사료주기 전에 반드시 실시한다.

■ 초유를 5일간 급여해야 한다.

28 수컷의 주생식 기관은?

① 정소(고환)
② 전립샘
③ 정낭샘
④ 난관

■ 부생식기 : 정소상체, 정관 생식샘, 요도 등

29 한우 장기 비육에 관한 설명 중 옳지 못한 것은?

① 거세우 또는 2살 정도의 수소를 이용하여 3년 이내에 비육을 완료한다.

② 수술, 무혈 거세기 등을 이용하여 거세를 실시하는 것이 좋다.

③ 뿔을 제각하고 발굽을 깎아 주는 것은 사양 관리상 필요하다.

④ 운동과 방목은 가급적 피하여 비육 효율을 좋게 할 수 있다.

30 소의 동결정액의 보존방법으로 액체질소를 많이 이용하는데 액체질소의 온도로 가장 적당한 것은?

① -79℃

② -110℃

③ -183℃

④ -196℃

31 젖소의 케토시스 증상을 옳게 설명한 것은?

① 탄수화물 대사에 차질이 생겨 우체 내에 아세톤 등이 축적되어 발생한다.

② 항생 물질이나 설파제를 주입하여 치료가 된다.

③ 두과 청초를 많이 급여하였을 때 발생한다.

④ 외과수술에 의하여 이물질을 제거하는 방법으로 치료된다.

■ 비유 초기에 유량 생산 증가에 따른 영양소 공급 부족 시 체지방 분해 산물인 케톤체가 축적되어 발생하는 탄수화물과 지방의 대사장해이다.

32 젖소의 착유 시 유의사항으로 틀린 것은?

① 착유작업은 하루 중 아무 때나 불규칙하게 시간이 남는 때를 이용해서 실시한다.

② 착유작업은 항상 위생적이고 정성스럽게 실시되어야 한다.

③ 착유가 끝난 기구는 항상 철저히 소독, 건조시켜야 한다.

④ 착유 전에는 전착유를 실시하여야 한다.

■ 착유는 규칙적으로 해야 한다.

29 ④   30 ④   31 ①   32 ①

33 원산지가 영국 해협이고 체형이 젖소 중 가장 작고 유지율이 가장 높은 젖소의 품종은?

① 저지
② 건지
③ 에어셔
④ 홀스타인

■ 저지는 유지율이 5.5 이상으로 가장 높다.

34 산유량이 가장 많고 평균 유지율은 3.4% 정도로 비교적 낮은 젖소의 품종은?

① 저지종
② 건지종
③ 브라운 스위스종
④ 홀스타인종

35 감염 시 고열, 발한, 호흡과 맥박의 증가, 부종, 폐수종 등의 증상이 나타나며 심하면 24시간 이내에 폐사하는 인수공통감염병은?

① 우폐역
② 악성수종
③ 탄저병
④ 출혈성 패혈증

36 분만 후 송아지의 관리 요령으로 틀린 것은?

① 분만 직후 수건이나 마른 걸레로 송아지의 콧구멍 안을 잘 닦아 준다.
② 탯줄이 배꼽에서 끊어지지 않을 때에는 10㎝ 정도 남기고 자른 후 요오드 팅크제로 소독해 준다.
③ 분만 후 송아지는 초유를 먹이지 않아도 되므로 며칠간 건초만 급여하면 된다.
④ 난산으로 가사(假死)한 송아지는 인공 호흡을 시켜서 회생시킨다.

■ 분만 후 초유를 가급적 빨리 충분한 양을 급여해야 한다.

37 섭취한 총에너지에서 똥으로 배설된 에너지를 빼고 남은 부분의 에너지는?

① 대사에너지　　　　　② 가소화에너지
③ 총에너지　　　　　　④ 정미에너

■ 사료에너지 − 똥에너지
= 가소화에너지

38 소의 생식기 중 고환에서 만들어진 정자를 성숙시키고, 정자를 운반, 농축, 저장하는 곳은?

① 정소　　　　　　　　② 정소상체
③ 정낭샘　　　　　　　④ 전립샘

■ 정소 : 정자 생산, 안드로젠 분비

39 한우의 모색으로 가장 적당한 색깔은?

① 황갈색　　　　　　　② 회갈색
③ 연갈색　　　　　　　④ 연백색

40 탄수화물이나 지방의 대사 장애로 일어나는 병은?

① 유열　　　　　　　　② 혈뇨병
③ 케토시스　　　　　　④ 요석증

■ 비유초기에 유량 생산 증가에 따른 탄수화물과 지방의 대사장애이다.

41 난자와 정자가 수정이 이루어지는 부위는?

① 질　　　　　　　　　② 자궁
③ 난관　　　　　　　　④ 난소

■ 난관 팽대부 하단에서 수정되어 자궁각으로 이동하면서 난할이 이루어진다.

42 젖을 짜기 전 따뜻한 물에 적신 헝겊으로 젖꼭지 등 유방을 마찰하고 닦으면 그 자극이 신경을 통하여 뇌하수체 후엽에 전달되어 분비되는 호르몬은?

① 프로락틴　　　　　　② 옥시토신
③ 에스트로겐　　　　　④ 엔드로겐

---

37 ②　38 ②　39 ①　40 ③　41 ③　42 ②

43 가축에 필요한 영양소 중 칼슘(Ca)과 인(P)에 대한 설명으로 맞는 것은?

① 우유의 주성분을 이룬다.

② 가축의 세포조직을 만든다.

③ 체내에서 분해되어 최종적으로 포도당이 되어 에너지원이 된다.

④ 가축에게 가장 중요한 무기물로서 골격의 주성분을 이룬다.

44 호르몬 중 암컷의 자궁수축, 출산촉진, 유즙 배출에 관계하는 것은?

① 프로제스테론　　　　② 옥시토신

③ 릴랙신　　　　　　　④ 부신피질호르몬

45 소에 있어서 임신기간에 영향을 미치는 요인이 될 수 없는 것은?

① 모체의 연령　　　　② 태아의 성별

③ 날씨　　　　　　　④ 품종

■ 임신기간은 소의 품종, 연령, 분만 계절, 모체의 상태, 태아의 성과 수, 쌍태 여부와 관계가 있다.

46 소의 상유에 비하여 초유에 그 함량이 많아지는 대표적인 성분은?

① 글로불린　　　　　② 지방질

③ 유당　　　　　　　④ 무기물

■ 글로불린은 단백질의 성분으로 면역력을 부여한다.

47 비육대상우를 선정할 때 고려해야 할 사항 중 가장 부적합한 것은?

① 몸의 길이가 충분하고 가슴이 넓어 살이 잘 찔 수 있는 소

② 피부가 두터우며 탄력이 있고, 피모가 굵으며 거친 소

③ 목이 짧으며 배가 너무 늘어져 있지 않은 소

④ 머리가 작고 중구의 길이가 적당하며 비경이 넓은 소

■ 피모가 가늘고 밀생되어야 한다.

48 다음 중 비육할 소로 적당하지 않은 것은?

① 늑골과 늑골 사이가 넓고 등이 평평하고 넓은 소

② 요각 폭이 넓고 십자부가 평평한 소

③ 가슴이 넓고 깊이가 있는 소

④ 어깨가 좁고 비경이 건조한 소

■ 비경이 촉촉해야 한다. 비경이 건조하면 열성 질환이 있는 것이다.

49 인공질을 이용하여 소의 정액을 채취할 때 인공질 내 온수의 온도는 몇 ℃로 하는 것이 가장 적당한가?

① 35~38℃   ② 42~45℃

③ 46~49℃   ④ 50~53℃

50 거세한 한우 수소의 최소 출하시기로 알맞은 것은?

① 15개월령   ② 18개월령

③ 24개월령   ④ 36개월령

■ 24개월령 이후에 출하한다.

51 임신을 유지하는 데 반드시 필요한 호르몬은?

① 프로제스테론   ② 옥시토신

③ 프로락틴   ④ 테스토스테론

■ 황체에서 분비되는 프로제스테론은 임신을 유지시키는 기능을 한다.

52 다음 중 수용성 비타민은?

① 비타민 A   ② 비타민 D

③ 비타민 B   ④ 비타민 K

■ 지용성은 비타민 A, D, E, K이다.

53 가축이 섭취하기 이전에 사료에 들어있는 에너지로 열량계에 넣어 연소시켰을 때 발생하는 열량은?

① 총에너지   ② 가소화에너지

③ 대사에너지   ④ 정미에너지

■ 사료 에너지 = 총 에너지

48 ④   49 ②   50 ③   51 ①   52 ③   53 ①

54 섭취한 총에너지에서 똥으로 배설된 에너지를 빼고 남은 부분의 에너지는?

① 대사에너지

② 가소화에너지

③ 총에너지

④ 정미에너지

55 동물체 내에서 분해되어 에너지를 발생할 때 다른 영양소보다 약 2.25배 이상의 열량을 발생하는 영양소는?

① 지방   ② 탄수화물

③ 단백질   ④ 무기질

■ 단백질 4kcal, 탄수화물 4kcal, 지방 9 4kcal
지방은 2.25배(9/4)의 열량이 더 발생한다.

56 가축은 용도에 따라 적합한 체형으로 개량하는 것이 바람직한데 젖소에 적합한 체형은?

① 정방형   ② 장방형

③ 쐐기형   ④ 부정형

■ 젖소 : 쐐기형
고기소 : 장방형

57 원유의 위생적인 착유와 냉각이 원유 품질에 미치는 영향 설명으로 옳은 것은?

① 원유는 위생적으로 착유되고 5℃ 이하로 속히 냉각되어야 품질을 보존할 수 있다.

② 원유는 비위생적으로 착유되어도 5℃ 이하로 속히 냉각만 되면 품질을 보존할 수 있다.

③ 원유는 위생적으로 착유되면 냉각시키지 않아도 품질을 보존할 수 있다.

④ 원유는 비위생적으로 착유되고 냉각시키지 않아도 품질을 보존할 수 있다.

58 젖소의 능력을 평가할 때 고려할 사항들만으로 가장 잘 나열된 것은?

① 유지율, 산유량, 초산월령, 산차

② 유지율, 산유량, 체고, 산차

③ 산유량, 십자부고, 체중, 체폭

④ 산유량, 산차, 체고, 체중

59 바이러스에 의한 소의 전염병으로 입술, 혀, 발굽 부위에 수포가 발생하는 질병은?

① 우역　　　　　　② 구제역

③ 우두　　　　　　④ 유행열

■ 구제역은 소, 돼지, 양, 염소 등 발굽이 둘로 갈라진 동물(우제류)에 감염되는 전염병이다.

60 젖소의 발정 징후가 아닌 것은?

① 다른 암소나 수소가 올라타는 것을 허용치 않는다.

② 정서적으로 불안한 상태를 보인다.

③ 외음부가 붓고 질 점액이 흐른다.

④ 교미 자세를 취한다.

■ 승가하거나 승가를 허용한다.

61 반추 동물의 제1위는?

① 혹위　　　　　　② 겹주름위

③ 벌집위　　　　　④ 주름위(선위)

■ 제1위 혹위, 제2위 벌집위, 제3위 겹주름위, 제4위 주름위

62 젖소의 사육방식에는 계류식과 개방식이 있는데 계류식 우사의 장점으로 옳은 것은?

① 건축비가 적게 든다.

② 개체별 관리가 가능하다.

③ 사료급여, 분뇨처리 작업이 편리하다.

④ 소의 자유로운 운동이 가능하다.

■ 계류식 우사는 소규모 농가에서 스텐천을 설치하여 한 마리씩 묶어 사육하는 우사이다. 개체관리에 편리하나 장기간 계류하면 유방의 손상, 발굽의 이상, 다리 변형, 번식장애 등이 발생한다.

58 ①　59 ②　60 ①　61 ①　62 ②

63 소의 급성 열성 바이러스성 전염병으로 침 흘림, 관절장애, 피하기종, 인후두마비를 일으키는 질병은?

① 유행열   ② 우역
③ 구제역   ④ 우결핵

■ 유행열은 모기 매개 질병이며 급성, 열성 전염병으로 제3종 법정전염병이다.

64 송아지 제각(除角) 시 약품법(수산화칼륨 등)에 의한 제각 적기는?

① 생후 1주일 내외

② 생후 2개월 내외

③ 생후 6개월 내외

④ 생후 1년 내외

■ 제각연고(화학 약품) 사용 제각 적기는 생후 7~10일령이다.

65 신선한 우유의 비중(약 15℃ 전후)과 젖산의 비율이 바르게 된 것은?

① 1.032이고, 0.18% 이하이다.

② 1.035이고, 0.20% 이상이다.

③ 1.003이고, 0.32% 이상이다.

④ 1.040이고, 0.35% 이하이다.

■ 정상유의 성상
산도 : 0.18% 이하, 0.21 이상은 산패
pH : 6.6~6.80이며, pH 7.0 이상인 우유는 부패유
비중 : 15℃에서 1.027~1.034 (1.032)

66 정액 동결 보존 시 가장 적당한 온도는?

① −166℃   ② −176℃
③ −186℃   ④ −196℃

67 젖소 번식장애의 원인 중 가장 대표적인 것은?

① 태반의 정체   ② 자궁의 염좌
③ 난소낭종   ④ 산욕열

■ 난소에 황체형성이 없고 직경 2.5cm 이상의 난포가 배란되지 않고 존재한다.

68 가축 배설물이 생태계를 파괴하는 원인은?

① 지하수의 오염에 의한 식수원 고갈

② 병원성 미생물의 전파에 의한 질병 만연

③ 악취에 의한 축산업에 대한 혐오 분위기 확산

④ 하천 용존산소 감소에 의한 하천 생물체 사멸

■ 하천의 용존산소가 감소하면 하천 생물체의 대부분이 사멸하면서 생태계가 일시에 파괴된다.

69 하천에 방류할 수 있는 폐수의 법적 BOD 한계는?

① 30mg/L 이하

② 50mg/L 이하

③ 30mg/L 이상

④ 50mg/L 이상

■ 하천 방류 BOD는 30mg/L 이하이고, COD는 50mg/L이다.

70 가축 배설물 생산량의 최소화를 위해 가장 좋은 방법은?

① 사육 시설의 기계화

② 가축 사료의 제한급여

③ 적정의 영양 공급

④ 가축의 최소 체중 유지

■ 생산성을 효율화하여 급여하는 사료의 유기물을 가축이 최대한으로 이용할 수 있도록 한다.

71 퇴비화에서 적당한 C/N율은?

① 20

② 30

③ 40

④ 50

■ C/N율, 즉 탄소와 질소의 비율이 20 이하이어야 작물의 질소 기아 현상을 방지할 수 있다. 부숙도가 높을수록 탄질비는 낮아진다.

72 가축분뇨의 효율적인 이용방법은?

① 하천에 방류

② 가축사료로 이용

③ 액비화, 퇴비화

④ 바다에 방류

■ 액비화, 퇴비화하여 경종 농업에 이용하는 것이 자연 순환형 농업이다.

73 다음 중 유지율이 가장 높은 젖소의 품종은?

① 홀스타인

② 저지

③ 건지

④ 브라운 스위스

■ 유지율 순서
저지(5.0~5.5) 〉 건지(4.5~5.0) 〉 브라운 스위스(4.0~4.5) 〉 홀스타인(3.5)

68 ④　69 ①　70 ③　71 ①　72 ③　73 ②

74 비육우 품종 종 영국 원산지로 적색의 털에 얼굴, 가슴 배에 흰 털로 품종은?

① 헤리퍼드　　　　　　② 브라만

③ 샤롤레　　　　　　　④ 쇼트혼

■ 브라만 : 인도, 암회색
샤롤레 : 프랑스, 크림색
쇼트혼 : 영국, 적백 혼합

75 소의 수태율이 가장 높은 교배(인공수정) 적기는?

① 발정 종료 후 10~12시간

② 발정 종료 후 12~18시간

③ 발정개시 후 12~18시간

④ 발정개시 후 18~24시간

■ 발정개시 후 12~18시간(배란 전 7~18시간) 또는 발정종료 전후 3~4시간 사이

76 다음 중 유방염의 원인이 아닌 것은?

① 유방 유두의 상처　　② 착유기의 불량

③ 영양소 결핍　　　　　④ 비위생적인 착유

■ 영양과 관계가 없다.

77 소 아까바네병의 주요 임상 증상은?

① 설사　　　　　　　　② 출혈

③ 기형 송아지 분만　　④ 발굽의 수포

■ 아까바네는 모기가 전파하고 유산 및 사산, 말기에는 태아의 선천성 관절 만곡증이 발생한다.

78 유열의 직접적인 원인은?

① 철분의 부족　　　　② 병원 미생물 감염

③ 혈중 칼슘 농도 저하　④ 유방의 외상

■ 대체로 분만한 지 3일 이내에 발생하며 혈중 칼슘 농도가 낮아 발생하는 대사성 질환이다.

79 소의 질병 중 감염 시 도살 처분하는 질병은?

① 케토시스, 유열　　　② 유방염, 비기관염

③ 아까바네, 고창증　　④ 브루셀라, 결핵

■ 브루셀라, 결핵, 우역, 구제역 등은 살처분한다.

74 ①　75 ③　76 ③　77 ③　78 ③　79 ④

80 소의 제1종 전염병이 아닌 것은?

① 우역, 우폐역

② 브루셀라병, 결핵병

③ 불루텅병, 럼프스킨병

④ 구제역, 가성우역

81 소의 제1위 미생물이 섬유소, 녹말을 분해하여 생성하는 휘발성 지방산이 아닌 것은?

① 아세트산(초산)　　② 프로피온산

③ 아미노산　　④ 부티르산(낙산)

82 착유 시 젖소가 심한 스트레스를 받게 되면 유즙 분비가 감소한다. 이때 분비되는 부신수질 호르몬은?

① 아드레날린　　② 옥시토신

③ 안드로젠　　④ 프로락틴

83 비육 밑소의 선발에 대한 설명 중 바르지 못한 것은?

① 콧등이 길고 입턱이 넓고 크며 복부가 넓고 크고 늘어진 것

② 머리가 너무 크지 않으며 앞다리와 가슴이 넓고 충실할 것

③ 체고는 크고 늑골과 늑골사이가 넓고, 등은 평평하고 넓을 것

④ 요각 폭이 넓고 십자부가 평평하며 발굽이 건강하게 발달한 것

84 한우의 특성에 대한 설명으로 바르지 못한 것은?

① 한우의 털색은 황갈색이며 기타 칡소, 흑소 등이 있다.

② 체고에 비해 다리가 길고 체장이 길다.

③ 후구가 발달하고 고기질이 좋아 육용으로 적합하다.

④ 현재는 후구를 발달시켜 육종종으로 개량하고 있다.

85 가축분뇨의 특성에 대한 설명으로 바르지 못한 것은?

① 오염성분 농도가 낮다.

② 생물적 처리가 가능하다.

③ 질소 농도가 높다.

④ 취기와 악취가 강하다.

■ 분뇨의 BOD는 24,000ppm이나 된다.

86 비육우의 품종 중 영국이 원산지이며 흑색이고 뿔이 없는것은?

① 앵거스   ② 샤롤레

③ 심멘탈   ④ 쇼트혼

■ 앵거스 : 영국, 흑색
샤롤레 : 프랑스, 크림색
심멘탈 : 스위스, 적황색에 흰색 얼룩
쇼트혼 : 영국, 적갈색에 흰색 무늬

87 비육우의 품종 중 더위에 강하고 경봉이 있으며 진드기, 쇠파리 피해가 적은 품종은?

① 헤리퍼드   ② 리무쟁

③ 브라만   ④ 한우

■ 헤리퍼드 : 영국, 적갈색 얼굴, 가슴, 배가 희색
리무쟁 : 프랑스, 황금색
한우 : 한국, 황갈색

III 돼지

1 돼지의 품종과 선택

1 돼지의 특성

(1) 형태 및 해부학적 특징

① 피부와 털

- 피부는 두께가 1~2㎜이며 피지선이 퇴화되어 건조하고 각질이 많이 발생한다.
- 털은 품종에 따라 거친 털, 곱슬 털이 있고 백색, 적색, 흑색, 반점 등이 있다.

② 귀와 얼굴

- 귀는 직립형, 처진형, 접힌형 등 다양하며 정맥 주사 부위이다.
- 얼굴은 길고 좁은 것, 짧고 넓은 것, 곧은 것, 위로 굽은 것 등 다양하다.
- 윗 턱과 연결된 코 연골은 땅을 파기 쉽도록 되어 있다.
- 눈에는 반사판이 없어 야간에 빛을 반사하지 못한다.

③ 체중과 체형

- 품종에 따라 차이가 많이 나며 일반적으로 110㎏에 출하한다.
- 출생 시 체중은 1.4㎏ 정도이다.

라드형(lard type)	체장이 짧고 지방층이 두텁고 조숙 조비형
	버크셔, 중요크셔, 폴란드차이나 등
베이컨형(bacon type)	체장이 길고 베이컨이 많은 품종
	랜드레이스종, 대요크셔종, 팀워스종 등
고기형(meat type)	등지방이 얇고 햄(엉덩이)이 발달된 햄프셔종, 중요크셔종 등

④ 소화기관

- 이빨은 3개월령에 28개의 유치, 18개월령에 44개의 영구치를 갖는다.
- 어금니와 송곳니가 모두 발달한 잡식성 동물로 위가 1개이다.
- 장의 길이는 초식과 육식동물의 중간으로 체장의 14~16배이다.

⑤ 생식기관

- 계절에 관계없이 번식하고 성 성숙이 빨라 5~6개월이면 발정이 온다.
- 암컷은 자궁각이 길고 꼬불 꼬불한 쌍각자궁 형태이다.
- 유두의 수는 보통 12~14개가 있다.

(2) 생리적 특성

① 잡식성

- 동물성 사료, 식물성 사료, 농후사료, 조사료 등 모두 섭취한다.

② 다산성

- 한배에 8~12마리의 새끼를 낳으며, 1년에 2~2.5회 분만이 가능한 다산성 동물이다.

③ 다육성

- 사료 요구율이 3.0~3.5으로 사료 효율이 높고, 성장이 빨라 5~6개월이면 100~110kg이 된다.

연구 사료 이용성

- 사료효율 : 증체량 / 사료 섭취량
- 사료요구율 : 사료 섭취량 / 체중 증가량

④ 후각과 청각 발달

- 후각이 발달되어 자신의 새끼를 구별한다.(위탁 포유 시 어미의 오줌을 발라 준다.)
- 청각이 발달하여 주인 발자국 소리도 기억한다.

(3) 심리적 특성

① 굴토성

- 돼지의 코 등에는 연골판이 있어 땅을 잘 파는 성질이 있다.
- 발달된 후각과 촉각을 이용하여 흙속에 있는 풀뿌리, 벌레, 미량 원소 등을 섭취한다.

② 청결성

- 돼지는 잠자는 곳과 배설하는 장소를 구별하는 청결성이 있다.
- 청결성은 안심하고 쉴 수 있는 장소를 적으로부터 보호하려는 본능에서 시작되었다.

③ 마찰성
- 목이 굵고 꼬리가 짧아 외부 해충이나 가려움증이 있으면 몸을 비비는 마찰성이 있다.

④ 후퇴성
- 돼지는 꼬리를 뒤로 잡아당기면 앞으로 가는 후퇴성이 있다.
- 후퇴성을 이용하여 돼지를 보정하여 예방 주사 등 특수 관리를 하는 데 이용한다.

⑤ 군거성
- 무리를 지어 생활하는 군거성이 있다.

② 돼지의 품종

품 종 명	원산지	모 색	산자수	특 징
대요크셔 (라지화이트)	영국	흰색	10~12	• 얼굴이 곧고 귀가 직립 • 번식 능력과 포유능력 우수 • 3원 교잡 시 모계로 사용
버크셔	영국	흑색 6백 (사지, 이마, 꼬리 등)	7~9	• 얼굴, 네다리 끝, 꼬리는 백색 • 얼굴이 위로 굽음. 산자수 적음 • 체질 강건, 중형종, 사육수 감소 추세
랜드레이스	덴마크	흰색	11~12	• 얼굴이 곧고 귀가 밑으로 늘어짐 • 베이컨형으로 산자수가 가장 많음 • 번식, 비유능력이 우수, 모계용으로 쓰임 • 후구 다리가 약하고 피부가 약함
듀록	미국	담홍색 농적색	10	• 귀는 직립이나 끝이 처짐 • 체질과 적응성이 강하여 부계용으로 쓰임 • 방목에 적합하고 증체량이 많음
햄프셔	미국	흑색, 흰색 어깨 띠	8~10	• 귀가 곧음. 체질 강건, 방목용으로 적합 • 등 지방층 얇음. 부계용으로 쓰임
폴란드차이나	미국	흑색 6백 (사지, 이마, 꼬리 등)	8	• 얼굴이 곧고 귀가 처짐. 조숙 조비 • 산자수가 적음, 라드형
스포티드	미국	흑·백반	8~10	• 몸이 길고 근육 발달 • 흰색과 검은색이 1/2
체스터화이트	미국	흰색	10	• 귀가 약간 늘어짐. 성질 온순. 모계용 • 번식 능력 우수. 증체량 낮음
한국종	한국	흑색	6~8	• 코 주위에 주름이 있고 체구가 작음 • 성장률, 도체율이 낮으나 육질 양호

대요크셔	버크셔	렌드레이스
듀록	햄프셔	한국종
폴란드차이나	스포티드	체스터 화이트

출처 : Hoechst Holland N.V. Agro, Animal Health

돼지의 품종

③ 돼지 품종의 선택

(1) 품종의 선택 기준

① 산자수 : 한배 새끼수가 많을 것

② 포유능력 : 젖 생산량과 새끼를 돌보는 능력이 우수할 것

③ 번식능력 : 수태율이 높을 것

④ 발육과 체형 : 일당 증체량이 높고 고기형의 체형일 것

⑤ 육질 : 도체율, 도체장, 배장근 면적이 우수하고 등지방이 적을 것

(2) 새끼돼지의 선택 기준

① 한배 새끼 전체가 균일한 것

② 체구가 장방형이고 옆구리가 잘 퍼져 있고 네 다리가 바르게 위치할 것

③ 피부는 부드러우며 탄력이 있고 여유가 있을 것

④ 피모는 광택이 있고 밀생된 것

⑤ 젖꼭지가 6쌍 이상으로 간격이 넓고 균일하며 잘 배열된 것

⑥ 귀는 얇으며 두 귀 사이가 넓을 것

⑦ 생리적, 유전적 결함이 있는 것을 피할 것

⑧ 어깨가 넓고 후구가 잘 발달된 것

연구 돼지의 경제적 형질

● 산자수 : 경산돈이 초산돈보다 많다. 9~10두 이상이면 우수
● 이유 시 체중 : 이유 전 성장률을 표시, 모돈의 비유능력에 영향
● 이유 후 증체율 : 이유 후부터 출하전 까지의 증체량으로 표시
● 사료효율 : 증체율을 사료소비량으로 나누어 계산, 높을수록 좋다.
● 도체의 품질 : 도체장, 배장근단면적, 도체율, 등지방 두께 등

2 돼지의 번식과 육성

1 돼지의 번식

(1) 수퇘지의 생식 기관

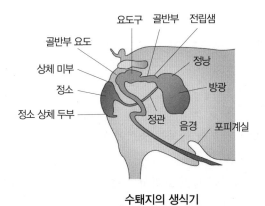

수퇘지의 생식기

① 정소
   ● 정소는 정자 생산과 수컷 호르몬인 안드로젠을 분비한다
   ● 음낭은 정소의 온도를 체온보다 4~7℃가 낮게 유지하기 위해 수축작용을 한다.
② 정소상체
   ● 정소상체는 두부, 체부, 미부로 구성되며 정자의 운반, 농축, 저장, 성숙하는 기능을 한다.
   ● 정소상체 미부에서 성숙이 완료되어 정자는 운동성 및 수정 능력을 획득하게 된다.

③ 정관

- 정관은 정소상체 미부에서 요도까지의 관으로 한 쌍이며, 정자를 운반하는 통로이다.
- 돼지는 정액의 사출기 역할을 하는 정관팽대부가 없다.

④ 정낭선

- 정낭선은 방광 입구의 포도송이처럼 된 1쌍의 선체로 알칼리성 분비물을 배출한다.
- 인산 완충액 성분으로 정자의 손상을 막아주는 역할을 한다.

⑤ 전립선

- 전립선은 방정낭선 가까이에 위치하며 정액의 특유한 냄새를 내는 알칼리성 액체이다.
- 정자의 운동과 대사에 필요한 성분을 공급한다.

⑥ 요도구선(카우퍼선)

- 요도구선은 사정 시 분비하는 알칼리성 물질로 요도를 중화하고 세척하는 역할을 한다.
- 돼지는 정낭선과 요도구선이 매우 발달되어 있다.

⑦ 요도와 음경

- 요도는 오줌과 정액의 통로로 요도구부와 음경부로 구분된다.
- 음경은 수컷의 교미기관으로 해면체로 되어 있어 교미 시 충혈되고 발기된다.

(2) 암퇘지의 생식기

① 난소

- 난소는 난자가 형성되고 암컷 호르몬인 에스트로젠을 분비한다.
- 황체에서는 프로제스테론을 분비하여 임신을 유지시키는 역할을 한다.

② 난관

- 난관은 난자와 정자의 운반 통로이며 수정은 난관 팽대부에서 이루어진다.

③ 자궁

- 자궁은 자궁각, 자궁경, 자궁체로 구성되며 자궁각에서 수정란이 착상 발육한다.
- 돼지의 자궁은 쌍각자궁으로 자궁각은 길며 주름져 많은 새끼를 수용할 수 있다.
- 자궁경은 질과의 경계부분으로 발정기와 분만 시에만 열리고 평소에는 밀폐되어 있다.

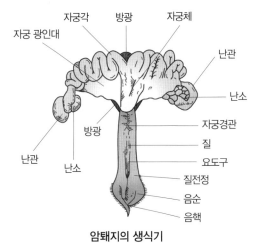

암퇘지의 생식기

④ 질과 외음부

- 질은 암컷의 교미 기관으로 질의 수축은 수컷의 성적자극을 주고 정자의 상행을 돕는다.
- 외음부는 질전정, 대음순, 소음순, 음핵, 전정선 등으로 구성된다.

(2) 성 성숙과 번식 적령

① 성 성숙 일령 : 수컷은 5~6개월, 암컷은 생후 4~5개월경
② 번식 적령기

- 수컷은 8~9개월이 되면 몸무게가 120~130kg
- 암컷은 8개월 이상에서 2회~3회째의 발정기에 교배시키는 것이 이상적이다.
- ※ 체성숙이 완성되는 140kg 이상이고, P2 지점의 등지방 두께가 18mm 이상인 돼지

- 초교배 일령을 결정할 때 고려해야 할 사항은 체중, 일령 및 등지방 두께 등이다.
- P2 지점은 10번째 늑골의 위치에서 좌측 또는 우측으로 5~6cm 지점이다. 즉, 마지막 늑골을 기준으로 앞쪽으로 4~5번째 늑골 등선에서 좌측 또는 우측으로 5~6cm 지점으로 마지막 늑골에 손을 대었을 때 엄지손가락이 위치하는 부분이 대략 10번째 늑골이다.

(3) 발정과 교배

① 발정 징후

- 외음부가 붉게 커지고 유백식의 점액이 나온다.
- 소리를 지르거나 오줌을 자주 누며 식욕이 감퇴하는 징후를 보인다.
- 다른 돼지에 올라타거나 등을 누르면 교미 자세를 취한다.

② 발정 주기와 지속 시간

- 발정주기 20~22일(평균 21일), 발정지속시간 평균 58시간

연구 **발정 동기화**

- 알트레노제스트나 MGA 등을 사료에 14~18일간 급여한 후 하루 경과 후 PMSG 500~1,000IU를 주사하면 95% 이상 발정이 온다.
- 이점 : 분만 시기 조절, 가축관리 용이, 계획 번식, 인공수정 용이

③ 교배 적기

- 교배적기는 발정개시 후 10~26시간이다.

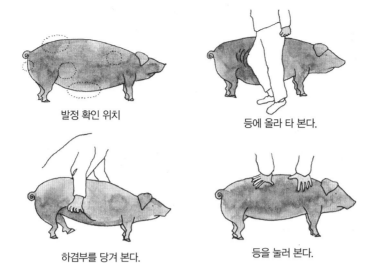

발정 확인 위치

등에 올라 타 본다.

하겸부를 당겨 본다.

등을 눌러 본다.

돼지의 발정 확인 방법

구분 \ 발정일수	1	2	3	4	5	6	7
외음부가 붉게 붓는 정도							
발정기별	발정 전기			발 정 기		발정 후기	
수퇘지 허용 개시 후 시간	평균 2.5일		0시간 10시간 25시간36시간 48시간		72시간		
기별 구분	발정 개시		수퇘지 교미 배란 허용 적기				
수태율			81% 100%	46% 50%	0%		0%
난자의 수정능력 보유기간	총 배란시간 : 약 2시간 소요						
정자의 수정능력 보유기간	1차 수정 시		→				
	2차 수정 시			→			

(4) 임신과 분만

① 착상 : 난관에서 수정된 수정란은 수정 후 12~13일경에 자궁각에 착상한다.

② 임신기간 : 114일(교미 월 +3, 교미일 +20으로 계산)

③ 분만 징후 : 수정 후 12~13일경에 자궁에 착상하게 된다.

● 복부가 갑자기 커지고 미근부가 함몰된다.

● 외음부가 붓고 점액이 분비

- 유방이 팽대하고 충혈되며, 유즙이 분비된다.
- 식욕이 감퇴하고 체온이 분만 1~2일 전부터 0.5~1.0℃ 떨어진다.

④ 분만 준비
- 분만 2주 전부터 임신돈군에서 분만실이나 분만틀에 수용한다.
- 분만실이나 분만틀은 모돈을 수용하기 전에 생석회나 크레졸로 소독한다.
- 모돈은 3% 크레졸 비눗물로 암돼지의 몸을 깨끗이 씻고 소독한다.
- 자돈에 알맞은 온도를 유지하기 위해서 보온시설을 설치한다.

⑤ 돼지의 분만 조력
- 분만 단계는 보통 준비단계, 태아만출, 태반만출의 3단계로 나눌 수 있다.
- 유즙이 분비되면 대부분 12시간 이내에 분만하게 된다.
- 진통에 따라 5~30분 간격으로 1마리씩 낳으며 모두 분만하는 데 2~3시간이 걸린다.
- 새끼는 헝겊으로 코와 입 주위와 몸의 점액을 닦은 후 따뜻하게 보온을 해 준다.
- 탯줄은 5~7㎝를 남기고 자른 뒤 소독하고, 태반은 식자벽 방지를 위해 제거한다.

② 돼지의 육성

(1) 적온의 유지
① 적온 : 생후 1~3일 30~32℃, 4~7일 28~30℃, 8~30일 22~25℃, 31~45일 20~22℃
② 돈방 내 자동 보온 상자 또는 보온등을 설치한다.

(2) 초유 급여
① 초유는 분만 후 3일간 분비되는 것으로 30분 이내에 충분한 양을 먹인다.
② 초유에는 단백질, 지방, 비타민 등 영양분 함량이 높아 영양을 공급한다.
③ 면역글로불린 G(IgG)가 함유되어 항체를 형성하여 질병에 대한 저항성을 갖게 한다.
④ 태변 배출을 촉진하는 기능이 있다.

(3) 포유
① 체중이 무겁고 강한 새끼는 뒤쪽 젖꼭지에, 약한 새끼는 앞쪽의 젖꼭지에 포유시킨다.

② 자기 젖꼭지가 결정될 때까지 2~3일간 잘 관리한다.

③ 비유 능력이 우수하면 10~12마리, 초산이거나 비유 능력이 좋지 못하면 8마리 정도로 제한하는 것이 좋다.

④ 출생 후 1주일까지는 1일 24회, 이후 점차 감소하여 이유 시에는 17회 포유한다.

연구 **자돈관리의 3대 원칙**

> ① 보온 : 매우 중요하다.
> ② 건조 : 상태 습도는 50~60% 유지
> ③ 청결 : 주기적 소독으로 질병 예방

(4) 위탁 포유

① 위탁 포유
- 이유어미가 죽거나 질병으로 새끼를 키울 수 없는 경우
- 다산으로 어미의 젖꼭지 수보다 많은 새끼를 분만하였을 경우
- 어미의 젖 분비량이 적을 경우
- 성장이 부진한 새끼돼지의 정상적인 발육을 위해 실시한다.

② 위탁 포유 요령
- 분만 간격이 3일 이내의 동일기에 분만한 모돈으로 보낸다.
- 양자 보낼 자돈은 초유를 충분히 먹인 후 실시한다.
- 위탁 모돈의 오줌이나 분을 새끼의 몸통에 발라 위장시킨다.
- 위탁 모돈의 새끼돼지와 30분 정도 합사시킨 후 포유시킨다.

(5) 송곳니 자르기

① 목적 : 포유어미 젖꼭지의 상처 및 자돈끼리의 싸움으로 인한 상처 방지

② 방법 : 출생 직후 아래턱과 위턱 각 4개씩, 총 8개의 송곳니를 1/2~1/3씩 자르거나 그라인더로 갈아준다.

③ 기구 : 니퍼 또는 이빨 그라인더

(6) 꼬리 자르기(단미)

① 목적 : 자돈 또는 육성돈 시기에 꼬리를 물거나 잘라먹는 버릇 방지, 잘린 꼬리의 골수염 등 질병의 예방

② 방법 : 생후 1~3일령에 3번~4번 미추 사이(2㎝ 정도 남김)를 단미기로 자르고 요오드 팅크로 소독한다

③ 기구 : 가스(전기) 단미기 또는 메스, 수술용 가위, 요오드팅크

가스 단미기(좌), 절치기(니퍼)

돼지의 꼬리 자르기와 송곳니 자르기

(7) 거세

① 시기 : 생후 5~7일 이내의 새끼돼지가 알맞다.

② 거세 도구의 소독 : 70% 알코올로 소독한다.

③ 시술자의 손 소독 : 3% 크레졸 비눗물로 잘 소독한다.

④ 음낭 부위 소독 : 요오드팅크 또는 베타딘으로 소독한다.

⑤ 방법

● 정소 주위을 누르고 정중선과 평행하게 해부칼로 2㎝ 정도 절개한다.

● 총협막과 정계를 분리한 후 정소 안쪽 2㎝ 정도의 부위를 봉합사로 두세 번 정
도 돌려 감아 꼭 잡아맨 다음, 묶은 곳에서 0.5~1㎝쯤 되는 곳을 가위로 자른다.

● 절개 부위는 요오드팅크를 바르고, 설파닐아미드 또는 네가산트를 뿌린다.

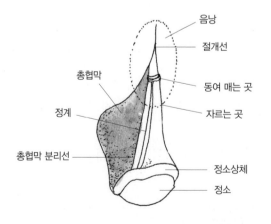

음낭
절개선
총협막
동여 매는 곳
정계
자르는 곳
총협막 분리선
정소상체
정소

정소를 압출시켜 총협막과 정계를 분리한 후
봉합사로 묶고 자른다.

(8) 귀표하기

① 시기 : 귀표는 출생 즉시 분만 관리를 할 때 실시한다.

② 방법

● 귀표 부분을 알코올로 소독한다.

● 귀의 해당 부위를 전이기로 신속하게 자른 후 요오드팅크로 소독한다.

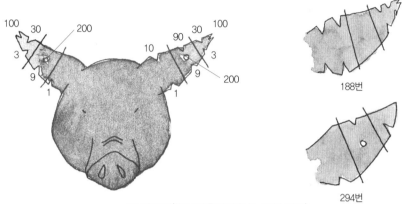

귀 자르기(한국종축개량협회 표준 이각)

※ 개체 표시방법은 귀 자르기, 귀표 붙이기, 입묵법이 있다.

(9) 철분 주사

① 주사 시기 및 주사량

● 1차 : 생후 1~3일(100mg/1mL)

● 2차 : 생후 10~14일(100mg/1mL)

② 주사 방법

● 새끼돼지의 뒷다리를 잡고 주사 부위를 알코올로 소독한다.

● 철분제를 주사기로 뽑는다.(1회용 주사기 사용 권장)

● 주사기를 거꾸로 들어 공기를 빼낸다.

● 대퇴부나 목 부위 근육에 1~2mL를 주사한다.

철분 주사

연구 체중에 따른 돼지의 이름

이 름	체중(kg)	일령	1일 증체량(g)
포유자돈	1~7	0~28	200~300
이유자돈	7~25	28~60	300~500
육 성 돈	25~50	60~120	500~800
비 육 돈	50~120	120~180	800~1,000

(10) 이유

① 이유 시기 : 평균 21일령

② 이유 시 자돈 체중 : 평균 6.0kg(5.6~6.4kg)

③ 최소한 14일령 이후에 이유시켜야 한다.

④ 이유 시기가 28일 이상이면 발정 재귀일이 늦어진다.

이유	7일	14일	14일	
입질 사료	1호 사료	2호 사료	3호 사료	
21일령	28일령	42일령		56일령

권장 사료 급여

(11) 조기 이유

① 조기 이유의 목적
- 포유 모돈으로부터 신생 자돈으로 병원체가 전파되는 수직감염을 차단할 수 있다.
- 분만 회전율 향상(보통 이유 후 5일 이내에 발정, 1두당 2.3회 이상을 확보)
- 한 배 새끼의 생존율 향상(11두 이상 확보)
- 모돈 1두당 경비절감(20~30% 이상 생산성 향상)

② 투약 조기 이유(MEW : medical early weaning)
- 모돈을 특수 격리돈사로 이동한다.
- 프로스타그란딘 ($F_2\alpha$)을 접종하여 정시에 분만하게 한다.
- 분만 전 모돈의 예방접종(마이코프라즈마 폐렴이나 위축성 비염 등 주사)
- 분만 7일 전부터 이유 시까지 항생제를 투여한다.
- 생후 5일째에 발육이 양호한 자돈만을 선별하여 이유시켜 자돈사로 이동한다.

③ 수정 투약 조기 이유(MMEW : modified medicated early weaning)
- 모돈을 이동시키지 않고 모돈 및 자돈에 특정약을 투여한 후 5~16일령에 자돈을 이유한 후 격리 사육한다.

④ 격리조기 이유(미국 양돈협회)
- 1단계 : 생후 16일령(8~21일)에 이유시킨 새끼돼지를 자돈사로 이동한다.
- 2단계 : 수용 후 7일간 항생제를 투약하고 35일간 사육한다.
- 3단계 : 돼지가 15.9kg 이상 되었을 때 다시 후속 검정을 한다.

⑤ 특정병원균 부재돈(SPF : specific pathogen free)
- 임신 말기의 어미돼지를 무균실에서 제왕절개 수술 또는 자궁 적출 수술로 특정병원균을 배제시키는 첨단기술이다.

연구 이유 시기의 결정요인

① 어미돼지의 수유량   ② 면역 수준
③ 이유 후 발정 및 수태율   ④ 차기 산자수
⑤ 돈사 시설비용   ⑥ 사료 비용
⑦ 관리자 수준   ⑧ 모돈의 사료섭취능력
⑨ 이유 체중

3 돼지의 사양관리 및 위생

1 돼지의 사양관리

(1) 돼지의 영양소

① 단백질

- 단백질은 몸을 구성하는 성분으로 근육, 내장, 혈액, 털, 가죽의 성분이다.
- 단백질의 분해산물은 아미노산으로 체내에서 합성하지 못하는 필수아미노산은 사료로 공급해야 한다.
- 필수아미노산은 발린, 류신, 이소류신, 트레오닌, 페닐알라닌, 트립토판, 메티오닌, 리신, 히스티딘, 아르기닌 등 10종이다.
- 식물성 단백질 사료는 콩깻묵, 들깻묵 등 깨묵류와 동물성 단백질 사료는 어분, 육골분 등이 있다.

② 지방

- 지방 1g은 약 9kcal 에너지를 발생하여 다른 영양소보다 2.25배의 열량을 발생한다.(단백질과 탄수화물은 4kcal 발생)
- 사료의 기호성을 증진시키고 사료제조 시 먼지 발생을 방지하며 지방산의 공급원이 된다.
- 필수지방산은 동물이 체내에서 합성할 수 없으므로 반드시 사료로 공급해야 한다.

연구 필수지방산

탄소의 결합이 이중결합 또는 삼중결합을 가진 화합물은 불포화지방산으로 리놀레산, 리놀렌산, 아라키돈산이 있으며 이중 필수지방산인 아라키돈산은 리놀렌산으로부터 합성할 수 있다.

③ 탄수화물

● 가장 중요하고 값이 싼 에너지원으로 조섬유와 가용무질소물로 구분한다.

● 가용무질소물에는 곡류(옥수수, 밀, 보리 등)와 강피류(쌀겨, 보릿겨, 밀기울 등)
가 있다.

● 조섬유는 주로 조사료 성분으로 셀룰로오스와 헤미셀룰로오스, 리그린 등이 주
성분이다.

④ 무기물

● Ca, P, Mg : 골격의 구성성분이 되고 체액의 pH를 유지

● Na, K, P, Cl : 체액의 pH를 유지

● S : 아미노산의 구성성분

● Fe, Cu : 효소의 보결 분자단이다.

● Fe : 헤모글로빈과 미오글로빈의 구성성분이다.

● 무기물은 대사반응에 관여하고, 근육의 수축, 신경을 통한 자극의 전달 기능에
관여한다.

● 임신돈에는 칼슘, 인, 소금, 요오드, 아연 등이 부족되기 쉽다.

⑤ 비타민

● 지용성 비타민은 A, D, E, K가 있으며 수용성 비타민은 B군, C가 있다.

● A : 질병의 저항성을 높여주고 야맹증, 안구 건조증을 예방한다.
● D : 골격 형성, 구루병 예방, Ca 흡수 촉진, 자외선을 받아 체내에서 합성된다.
● E : 세포막의 지방산 산화를 방지한다. 번식장애, 피부병, 탈모증 예방
● K : 혈액응고에 기여하는 프로트롬빈 합성의 조효소이다.
● B 복합체 : B_1, B_2, B_6, B_{12} 등이 있다.
● C : 열과 산에 약하다. 괴혈병 예방

(2) 후보돈 육성 및 선발

① 후보돈은 보통 4개월, 체중 70kg부터 육성한다.

② 생식기의 발달을 촉진시키기 위해 알팔파 분말 또는 목초를 첨가하여 급여하기도
한다.

③ 일반적으로 6개월이 지나면 두당 1.8~2.0kg/일 정도의 사료를 급여한다.

④ 체중 100kg 이후에는 제한급여를 하여 체지방축적을 억제하고 근육형성에 중점을
둔다.

⑤ 모돈의 선발은 90kg 이상에서 선발기준에 따라 선발한다.

⑥ 교배 시기는 7~8개월령 이후 2~3번째 발정기에 하며 발정을 촉진하기 위해 웅돈
방에 넣어 자극을 주기도 한다.

⑦ 이상적인 모돈의 체형 점수는 ③이 적당하다.

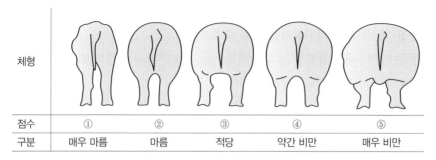

체형					
점수	①	②	③	④	⑤
구분	매우 마름	마름	적당	약간 비만	매우 비만

모돈의 체형점수

(3) 임신돈 관리

① 임신초기 : 교배~4주령까지, 임신중기 : 5주령~11주령, 임신말기 : 12주령~16주 (분만)로 구분한다.

② 임신초기에는 저에너지사료 급여 또는 제한급여해야 태아의 생존율이 높아진다.

③ 임신초기는 태아 발육이 완만한 시기로, 과비는 산자수 감소와 분만장애를 일으킬 수 있다.

④ 사료 급여량은 초산돈 2.5~3.5kg, 경산돈 2.5~3.0kg을 급여한다.

⑤ 초산돈은 자체성장을 위해 경산돈보다 0.5~1kg을 더 증량 급여한다.

⑥ 과비는 수정란과 산자수 감소의 원인이 되고 분만장애를 일으킬 수 있다.

⑦ 임신말기는 수태 후 80일부터 분만까지 약 35일간으로 임신돈의 체중, 자궁, 태 아, 양막, 유선 등이 급격히 증가하므로 전반기 사료급여량보다 20~30% 증량하여 급여한다.

(4) 포유돈 관리

① 포유돈은 젖 생산으로 포유 전보다 25% 정도 체중이 감소된다.

② 비유기간 중 영양 공급이 부족하면 체중 감소가 심해 무발정 또는 발정지연 등을 일으킨다.

③ 포유돈의 사료급여량은 어미돼지의 체중, 산차, 포유자돈수 등에 의해서 결정된다.

④ 일반적으로 분만 후 3일까지는 1.9~2.1kg을 급여하고, 4일부터 매일 300~400g 씩 증량하여 최대급여량을 4~6kg까지 급여한다.

⑤ 사료급여량은 어미의 체중, 산차, 한배 새끼수에 따라 달라진다.

⑥ 이유하기 수일 전부터 점차적으로 감량하여 사료를 급여한다.

(5) 종부 전 관리

① 이유 후 몸이 쇠약해진 모돈에게 종부 2~3주전 고에너지 및 고단백질 사료를 급여하는 강정사양을 하여 재귀발정을 빨리 오게 한다.

② 강정사양은 영양상태가 불량한 개체의 배란수와 복당 산자수의 증가에 효과적이다.

③ 일반적으로 하루 0.5㎏정도 증체가 적당하다.

(6) 종모돈의 사양 관리

① 종모돈은 생후 18개월까지는 정액량과 농도가 상승하여 5세가 되기까지 유지된다.

② 수퇘지의 사양 관리가 소홀하면 성욕, 정자수 및 활력이 저하되어 암퇘지의 수태율이 떨어진다.

③ 사료는 5~6개월령 체중 100㎏ 전후까지 무제한으로 사료를 급여한다.

④ 종모돈이 비만하면 뒷다리가 약해지고 번식 능력이 저하되므로 충분한 운동을 시킨다.

⑤ 종모돈은 서로 싸우거나 등에 오르는 것을 방지하기 위하여 한 돈방에 한 마리씩 넣어 관리한다.

⑥ 종모돈의 교배 횟수가 많으면 수명을 단축시키고 수태율과 산자수의 저하를 가져온다.

⑦ 교배는 사료 급여 후 2시간 이내, 질병이나 부상 치료 후 30일 이내에는 실시하지 않는다.

⑧ 교배 후에는 충분한 휴식 기간을 주어야 번식 성적이 좋아진다.

⑨ 1일 사료 급여량은 교배기에는 2.5~3.5㎏, 비교배기에는 2~3㎏이 적당하다.

⑩ 정액 채취는 1주에 3회 이내로 실시한다.(4~5일 간격으로 실시)

(7) 비육돈 사양관리

① 비육돈의 발육 과정은 골격, 근육, 지방 순으로 발달한다.

② 성장 초기와 중기에는 골격과 근육, 성장 후기에는 근육의 발달과 지방의 축적이 점차로 증가한다.

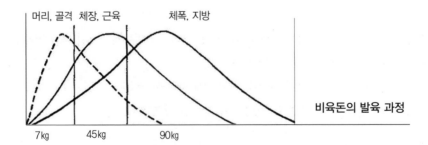

비육돈의 발육 과정

③ 50kg 전후인 비육전기까지는 근육의 성장은 빠르나 체지방 형성은 늦기 때문에 자
유급식을 한다.

④ 비육후기에는 과다한 지방축적을 막기 위해 탄수화물사료를 제한하여 급여한다.

⑤ 비육돈은 체중을 기준으로 하여 육성기, 비육전기, 비육후기로 나누어 사료를 급
여한다.

⑥ 비육돈 새끼돼지 : 건강하고 등이 수평, 배가 처지지 않고 어깨는 넓으며 후구가
발달한 것

⑦ 비육돈의 적당한 사육 온도는 20℃ 내외이며 습도는 60~80%가 최적이다.

⑧ 비육돈의 출하 체중 : 110~115kg

연구 잡종강세를 이용한 비육돈의 3원 교잡

랜드레이스(♀) × 대요크셔(♂)
↓
F_1(♀) × 듀록 또는 햄프셔(♂)
↓
F_2 - - - 비육돈

연구 농촌진흥청 비육돈 사양 표준 매뉴얼

사육단계	육성 전기		육성 후기		비육 전기				비육 후기		
주령	9	11	12	14	16	17	18	20	22	24	26
표준 체중(kg)	20.1	27.6	31.6	40.2	51	57	63	75.2	87.7	100.15	113
일당 증체량(g)	443	536	571	614	771	857	857	871	889	893	893
섭취량(kg)	1.1	1.45	1.65	1.79	2.1	2.2	2.3	2.8	3.07	3.17	3.5
사료명	육성 전기		육성 후기		비육 전기				비육 후기		
적정 온도(℃)	20~22				18~20						
두당 소요 면적(㎡)	0.6				0.9						

연구 경지방 사료와 연지방 사료

● 연지방은 불포화지방산이 많아 융해점이 낮고 가공용, 생육용으로 부적합하다.
● 비육돈은 출하 4~8주 전부터 경지방 사료로 사육하는 것이 좋다.
● 경지방 사료 : 보리, 밀, 호밀, 귀리, 감자, 고구마, 완두, 보릿겨, 목화씨 깻묵 등
● 연지방 사료 : 쌀겨, 번데기, 땅콩깻묵, 콩, 콩비지, 아마씨 깻묵

(8) 돼지의 보정

① 그림(a)와 같이 밧줄로 고리를 만든다.

② 사료통에 사료를 약간 넣어준다.

③ 돼지가 사료를 먹을 때 밧줄의 고리를 양손으로 넓혀 잡고, 위턱을 날쌔게 깊숙이 낚는다.

④ 낚은 후 A쪽의 밧줄을 당겨 기둥에 매어 두면 보정이 된다.

⑤ B쪽의 밧줄을 당기면 고리가 풀어져 돼지가 놓이게 된다.

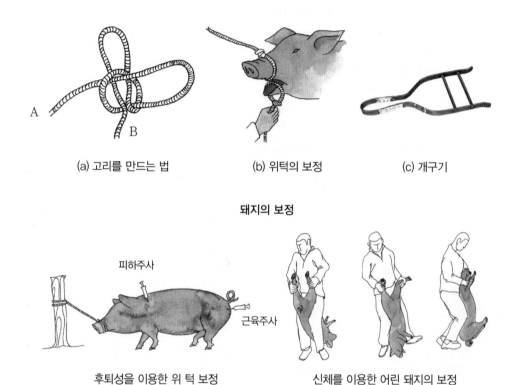

(a) 고리를 만드는 법	(b) 위턱의 보정	(c) 개구기

돼지의 보정

피하주사

근육주사

후퇴성을 이용한 위 턱 보정

신체를 이용한 어린 돼지의 보정

후퇴성을 이용한 보정과 신체를 이용한 보정

(9) 돈사 시설

① 돈사의 위치

- 가까운 장소에 축사나 주택이 없어 민원 소지가 없는 곳
- 배수가 잘되고 공기의 이동이 좋으며 통풍이 잘되는 곳
- 일조량이 많은 남쪽 또는 동남쪽으로 약간 경사진 곳으로 북서쪽에 방풍림이 있거나 막힌 곳

- 교통이 편리하고 일상작업에 편리한 장소
- 돼지의 급수에 필요한 충분한 용수가 있고 분뇨의 처리가 용이한 장소

② 돈사의 종류와 배치

- 돈사의 종류 : 분만 돈사, 임신 돈사, 이유 자돈사, 육성 비육돈사, 검정 돈사 등이 있다.
- 돈사의 배치는 관리와 작업이 한 방향으로 이루어지도록 하는 것이 능률을 높일 수 있다.
- 돈사의 배치 순서 : 임신 돈사 → 분만 돈사 → 이유 자돈사 → 육성 비육 돈사 순으로 배치
- 돈사 간 거리는 10m 이상 떨어져야 한다.
- 관리사는 기록, 점검, 치료와 예방 등이 많은 번식 및 분만 돈사 근처에 위치하는 것이 좋다.
- 분뇨 처리 시설은 분뇨가 많이 발생하는 육성 비육 돈사 근처에 있는 것이 편리하다.

③ 돈사 부속 시설

- 사료를 이송하는 시설에는 디스크식, 스크루식, 진공 펌프식이 있다.
- 급이기는 재래식 급이기, 자동 급이기, 습식 급이기, 액상 급이기 등이 있다.
- 급이기와 급수기는 성장 단계에 따른 체형에 맞는 위치에 충분한 개수를 설치한다.
- 급수기의 종류는 부력식, 워터컵, 진공식, 니플 등이 있으며 돼지 성장 단계에 맞는 것을 선택한다.
- 돼지의 분뇨는 발생량이 많기 때문에 고액 분리하여 액비나 발효 퇴비로 만들어 사용한다.
- 오줌의 정화처리는 활성 오니법과 산포 여상법, 산화지법 등이 있다.

② 사양 위생

(1) 외부 차단방역

① 외부에서 출입하는 사람과 차량에 대한 통제 및 소독을 철저히 한다.
② 정해진 하나의 출입구를 통하여 모든 것(사람, 동물, 차량)이 출입하도록 한다.
③ 출입구는 최대한 차량, 사람 및 기구의 출입을 통제한다.
④ 출입을 허용해야 할 경우에는 소독 등 모든 조치를 취한 다음 출입을 허용한다.

(2) 농장 내부의 차단방역

① 내부 차단방역 조치는 농장에 상재해 있는 질병의 발생을 억제한다.

② 외부 차단방역의 실패로 전염병이 유입되었을 때 질병의 급속한 전파를 차단한다.

③ 돈사시설의 배치, 돼지나 분뇨의 이동경로, 관리방법, 시설 및 관리도구의 청결, 소독 요인들을 고려해야 한다.

④ 돈사별로 관리인을 별도로 두어 운용한다.

⑤ 가급적 관리장비나 작업도구를 이동시키지 말고 돈사별로 사용한다.

⑥ 돈사 출입구에는 소독조를 비치하여 소독 후 출입한다.

⑦ 다른 돈사에서 사용하던 장화나 장갑을 착용하고 출입하거나 작업하지 않도록 한다.

⑧ 돈사와 돈사 내 시설, 관리기구에 대한 정기적인 청소, 소독을 한다.

(3) 외부 입식돈 방역

① 청정 돼지 농장에서 돼지를 구입하여야 한다.

② 가급적 한 농장의 돼지를 구입하는 것을 원칙으로 한다.

③ 입식 전에 주요 전염병을 검진한 후 입식시킨다.

④ 입식한 돼지는 체표 세척 및 소독을 실시한 후 농장에 도입한다.

⑤ 격리와 순화에 사용할 격리사는 농장 외부 또는 내부에 격리된 곳에 설치한다.

⑥ 보통 8주를 기준으로 격리와 순화를 실시한다.

⑦ 순화는 기존축사로 입식시켜 기존의 보유축과 접촉시킨다.

⑧ 격리와 순화기간 동안 질병과 상황에 따라 적합한 예방접종 프로그램을 적용한다.

연구 격리기간 도입돈군 관리방법

주요 항목	시행 시기
질병발생 유무	격리기간 전 기간
브루셀라, 오제스키, PRRS 검사	도착 후 1주일 이내
예방접종	도착 후 1일 2주 간격으로 실시
내 · 외부 기생충구제	도착 후 1일 2주 간격으로 실시
돈군으로부터 선발한 돼지 접촉	순화 전 기간
신체적 결함, 성욕 등	순화 전 기간

(4) 양돈장 소독

① 소독제의 조건

- 소독력이 강하고 광범위한 살균효과가 있을 것

- 취급하는 데 안전하고 사용이 간편할 것

- 속효성이면서도 지속성이 있을 것
- 먼지나 유기물질의 존재하에서도 작용할 수 있을 것
- 비자극성, 비염색, 비독성, 부식되지 않을 것
- 비싸지 않을 것

② 발판 소독조 및 차량 소독

- 농장의 입구 및 각 축사입구에 설치하고 주당 2~3회 교환해 준다.
- 염기제제, 알데히드제제 등 비교적 유기물에 강한 소독제가 추천된다.
- 차량의 소독에는 산성제제나 염기제제, 염류와 산성 복합제가 권장된다.

③ 토양 및 바닥소독

- 사체 및 토양소독은 생석회나 가성소다를 이용한다.
- 생석회는 산도(pH) 11~12의 강염기로서 ㎡당 300~400g(평당 약 1kg)을 뿌려 준다.
- 생석회는 반드시 흙에 물을 먼저 뿌려 바닥이 젖은 상태에서 살포해야 효과가 있다.

④ 축사 소독법

- 돈사 내 소독은 1일 1회 실시하는 것을 원칙으로 하되 최소 주당 3회 실시한다.
- 돈사 내의 분뇨를 제거하고 고압 분무기로 바닥, 벽면 등을 깨끗이 청소한다.
- 약제로는 4급 암모늄제제, ClO_2 제제 등을 선택하여 희석 배율을 준수한다.
- 겨울에는 소독약의 온도를 17~20℃로 따뜻하게 하여 오후 2시경에 살포한다.
- 살포는 지붕 → 벽 → 바닥의 순서로 소독약이 병원체와 직접 접촉하도록 충분히 뿌린다.
- 거미줄은 완전히 제거하고 특히 틈새에 잘 스며들도록 살포한다.

연구 소독 대상에 따른 소독방법

구분	소독장소·대상	소독약	소독 방법
정기소독	각 돈사	계면활성제 4급암모늄 포름알데히드	● 일일 1~2회 돈사에 살포
발판소독	돈사입구	크레졸+ 디클로로벤젠	● 발판 소독조 소독약 교환은 주 2~3회 기준으로 상태에 따라 교체한다.
훈연소독	각 돈사	포름알데히드+ 과망간산칼륨	● 돈사를 밀폐시킨 후 넓은 소독판을 3m 간격으로 설치하여 과망간산칼륨 175g을 넣고 차례로 포름알데히드 1L를 부은 후 가스발생을 확인 후 빨리 나온다 ● 돈사는 8시간 밀폐시키며 하루 개방 후 입식

연막소독	하절기 돈사, 울타리	경유, 연막용 소독약	● 각 돈사, 울타리 및 사무실 주변 해충 구제를 위해 소독 실시
차량소독	차량, 기구	가성소다, 차아염소산염, 알데히드제제, 양성계면활성제	● 차량소독용 발판조는 2% 가성소다 용액으로 만들어 놓고 주 1회 교체한다.
출입자 소독	현장 출입구	4급 암모늄제, 계면활성제, 산성제제	● 안개분무장치에 50:1로 희석시킨 후 자동으로 5~10초간 살포
방목장 및 기타	방목장, 폐사축 매몰장	생석회 및 염기제제	● 방목장은 생석회를 300~400g/평 살포 ● 계류장 및 사무실 주변바닥에 생석회 살포
음수소독	음수대	염소제제	● 연 4회 이상 정기적으로 실시

(5) 주사법

① 근육주사 : 목 부위, 이근부, 대퇴부에 주사한다.

② 피하주사 : 귀 뒤나 하복부 등에 주사한다.

③ 정맥주사 : 이정맥(귀 뒤쪽 정맥)을 사용한다.

④ 복강주사 : 자돈을 거꾸로 든 상태에서 정중선을 피해 제 2유두 주위가 적합하다.

⑤ 기타 : 피내주사, 제 1위내 주사, 유방 내, 흉강 내 주사법 등이 있다.

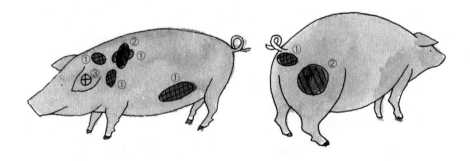

① 피하주사 : 귀 뒤(이근부), 얼굴 뒤, 목덜미, 복부, 미근부

② 근육주사 : 목덜미, 대퇴부

③ 정맥주사 : 귀 정맥

돼지의 주사 부위

(6) 예방접종

① 백신의 종류

연구 생독백신과 사독백신의 장단점

구분	생독백신	사독백신
장점	● 면역원성이 높음 ● 백신제조단가 및 생산비가 적게 듦	● 백신의 안정성이 높음 ● 다른 병원체의 오염가능성 적음 ● 혼합백신을 만들기 용이
단점	● 병원성으로 인한 부작용 가능성 있음 ● 다른 동물에 대한 전염가능성 있음	● 생독백신에 비해 많은 양의 농축 필요 ● 보존제가 필요하며 추가접종이 필요 ● 부작용 가능(과민반응, 농양 형성)
종류	● 돈단독, 전염성위장염, 일본뇌염, 돈콜레라 백신 등	● 대부분의 호흡기백신, 대장균백신, 파보 백신 등

② 예방접종 프로그램

연구 후보돈(초산돈)에 대한 권장 예방접종 프로그램(국립축산과학원)

생산단계	질 병	백신접종 요령	비 고
3개월령	구제역	8주/12주 2회 접종	필수
	돼지열병	6주/9주 2회 접종	필수
	돼지단독	11~12주 1회 접종	선택(준필수)
선발 후 ~ 종부 전	구제역	1회 보강접종(종부 4주 전)	필수
	돼지열병	1회 보강접종(종부 4주 전)	필수
	돼지단독	선발시 1회, 종부 2~3주 전 보강접종	선택(준필수)
	돼지파보바이러스	선발시 1회 접종	선택(준필수)
	PRRS	종부 4주 전 생독 1회	선택
	돼지써코바이러스	종부 6주/3주 전 1~2회 접종	선택
	유행성폐렴	선발 후 1~2회 접종	선택(비면역, 고위험군)
	유행성설사병/전염성위장염	종부 전 2회 접종	선택(준필수) 생-사독백신
임신기간	대장균/로타	분만 2주 전까지 2회 접종(2~6주 간격)	선택
	PRRS	임신 70일령에 사독 1회	선택(고위험군)
	글래서씨병	분만 2, 5주 전 2회	선택
	클로스트리듐	분만 2, 5주 전 2회 접종	선택(감염 위험 농장)
	위축성비염	분만 전 2회 접종	선택(발생농장)
	돼지단독	분만 2~3주 전 1회	선택(준필수)
	유행성설사병/전염성위장염	분만 2주 전 2~4회 접종	선택(준필수) 생-(생-사)-사독백신

PRRS : 돼지생식기호흡기증후군

생산단계	질 병	백신접종 요령	비 고
이유 전 / 이유 시	유행성폐렴	1주령 1회 또는 1/3주령 2회	선택(고위험농장)
	돼지써코바이러스	3주 1회 또는 3/5주 2회	선택(고위험농장)
이유 후	구제역	8/12주 2회 접종	필수
	돼지열병	10주령 1회 또는 8주/12주 2회	필수
	글래서씨병	5/7주령 2회 접종	선택(고위험농장)
	PRRS	6주령 생독 1회 접종	선택(고위험농장)
	돼지단독	6주령 1회 접종	선택(고위험농장)
	회장염	이유 후 1회 또는 2주 간격 2회 접종	선택(발생농장)

③ 계절백신

- 일본뇌염 백신은 모기발생 이전에 모돈(후보돈), 웅돈에 일괄 접종
- 돼지인플루엔자 백신은 발생 위험이 높은 경우 모돈의 유사산 예방용으로 일괄 접종

4 돼지의 전염병

1 질병의 조기 발견과 분류

(1) 건강한 돼지
① 식욕이 왕성하고 피모에 윤기가 있다.
② 콧등이 젖어 있고 눈에 활기가 있고 눈곱이 없다.
③ 활발한 운동과 보행에 지장이 없다.
④ 꼬리가 말려 있고 설사나 변비가 없다.

(2) 건강돈의 생리
① 체온 : 38.0~39.5(항문에 체온계를 넣어 측정)
② 맥박 : 60~80회/분(심장이나 대퇴 동맥이나 미근부 동맥에서 측정)
③ 호흡수 : 10~20회/분(코 끝에 손을 대거나 배의 움직임을 보고 측정)

(3) 돼지 질병의 분류

원인	병명	주 증상
바이러스	돼지 열병	고열, 체표 반점, 호흡기 및 신경증상(경련)
	오제스키병	구토, 설사, 경련, 자돈은 폐사율이 높음
	PRRS	호흡기 증상, 유산, 사산, 조산
	구제역	입과 발굽의 수포 및 궤양, 침흘림, 파행
	전염성 위장염(TGE)	설사/ 3~4일경에 폐사, 겨울철과 봄철에 많이 발생
	유행성 설사(PED)	구토, 설사, 식욕부진
세균성	돈단독	고열, 피부 적색 반점, 관절염, 심내막염
	렙토스피라	고열, 황달, 혈색소뇨, 유산, 사산
	연쇄상구균증	발열, 마비, 경련, 관절염
	글래서씨병	발열, 후구마비, 경련
	병원성대장균 설사병	패혈증, 경련, 수양성 설사, 3주령 회백색 설사
	살모넬라균증	자돈의 고온, 원기소실, 식욕감퇴, 청색증, 설사
	파스튜렐라성 폐렴	고열, 기침, 식욕감소, 원기불량
	위축성 비염(AR)	급격한 재채기, 비루, 호흡곤란, 비즙, 눈곱, 가끔 비출혈
	유행성 폐렴(SEP)	무증상의 만성으로 진행, 건성기침, 발열, 식욕부진
	돼지 적리(돈 적리)	대장 염증, 출혈변(붉은 설사), 식욕감퇴
기타	식염중독	잔반급여 시 발병, 쇠약, 경련, 시력상실
	아플라톡신 중독	사료의 곰팡이 섭취 시 발생, 경련, 황달
	MMA증후군(무유증)	모돈의 무유, 유방염, 자궁염, 고열(40~42℃).
선충류	돈회충, 돈편충, 돈폐충, 선모충	돈폐충의 중간숙주 – 지렁이 폐기종 발생, 충란을 섭식하여 감염, 발육부진, 혈변, 쇠약, 식욕감퇴, 빈혈, 장염
원충류	톡소플라스마	색소반응, 적혈구 응집반응, 보체결합반응 등으로 진단한다. 자돈의 식욕감퇴, 발열, 콧물, 눈 충혈, 기침, 호흡곤란, 설사, 변비

② 돼지의 주요 질병

(1) 바이러스성 질병

① 돼지 열병(돼지 콜레라)
- 돼지의 급성, 열성, 전염병으로 전염성과 폐사율이 높은 1종 법정전염병이다.
- 증상은 40℃ 이상의 고열 후 식욕과 원기가 감퇴되고 변비 후 심한 설사를 한다.
- 배와 등의 피부에 보라색의 충혈 무늬가 생기며 기침, 콧물과 호흡 곤란이 온다.
- 치료법은 없고 철저한 방역과 종부 2~4주 전(자돈은 6주/8주) 예방접종이 최선이다.

② 돼지 일본뇌염

- 작은 빨간 집모기에 의해 전파되는 제2종 법정전염병이며 인수공통감염병이다.
- 임신돈에 감염되면 유산, 사산을 유발하고 수컷은 정자 생산 장애, 교미욕이 감퇴된다.
- 치료법은 없으며 모기 발생 전 4~5월경에 1개월 간격으로 2회 예방접종 한다.

③ 돼지 전염성 위장염(TGE : Transmissible Gastroenteritis)

- 코로나 바이러스에 의하여 발생되는 급성 전염병으로 제2종 법정전염병이다.
- 어린 돼지는 구토와 황색의 심한 설사로 인한 탈수 증상으로 2~5일 후에 죽는다.
- 예방은 TGE 백신을 분만 5~6주 전, 3~4주 전 접종한다.

④ 오제스키병

- 제1종 법정전염병으로 40℃ 이상의 고열, 식욕 감퇴, 구토, 설사, 기침 증세를 보인다.
- 뒷다리의 경련과 마비, 임신한 돼지는 유산을 일으키기도 한다.
- 임신돈의 예방접종으로 초유를 통한 항체를 형성시키는 것이 중요하다.

⑤ 구제역

- 제 1종 법정가축전염병으로 호흡기, 경구, 접촉, 피부창상을 통해 우제류에 발생한다.
- 입, 혀, 발굽, 유두 등에 수포 및 궤양, 파행 등의 증상을 보인다.
- 소독철저 및 이동통제, 백신 접종을 하고 발병 시 도살처분한다.

⑥ 돼지 호흡기 생식기증후군(PRRS : Porcine Respiratory Reproduction Syndrome)

- 임신한 어미돼지에게 유산, 사산, 조산 등의 번식 장애와 호흡기 장애가 나타난다.
- 우리나라는 1993년부터 급속히 발생되고 있다.
- 치료법은 없으며 분만 후 3주령의 자돈에 1차 접종하고 6주령에 2차 접종한다.

⑦ 돼지인플루엔자와 신종인플루엔자

- 돼지인플루엔자 A형 바이러스인 H1N1에 의해 발생되는 급성 호흡기 질환이다.
- 기관지 폐렴이 특징이며 돼지와 사람간의 접촉에 의해 발생한다.
- 인플루엔자 바이러스가 유전자 변이를 일으키면서 '신종인플루엔자(H1N1)'로 불린다.

⑧ 이유 후 전신소모성 증후군

- 써코바이러스 2형(PCV2)과 기타 여러 바이러스, 세균에 의해 복합 감염으로 나타난다.

- 주로 5~12주령의 이유자돈에서 체중감소, 전신 쇠약, 호흡부전, 설사, 황달 증상이 있다.
- 전신 소모성 질환으로 예방약이 없으며 올인 올아웃 방법과 방역을 강화해야 한다.

⑨ 돼지 유행성설사병(PED : Porcine Epidemic Diarrhea)

- PED는 TGE와 유사한 증상을 나타난다.
- 일령에 관계없이 발생하며 구토와 수양성 설사가 특징이다.
- 생후 1주령 이내의 신생자돈에서는 탈수가 심하고 3~4일 정도 설사를 하다가 폐사된다.
- 임신돈에 분만 5~6주 전 1차 예방접종, 분만 2~3주 전 2차 예방접종 한다.

(2) 세균성 질병

① 돼지 단독

- 돼지 단독균에 의한 인수공통감염병이다.
- 패혈증형, 피부형, 관절염형, 심내막염형의 네 가지 형태로 구분한다.
- 패혈증형일 때에는 40~42℃의 고열과 식욕이 떨어지고 결막염과 구토가 일어난다.
- 피부형은 식욕 감퇴와 39~40℃의 발열과 피부에 2~3㎝ 크기의 담홍색의 두드러기 발생

② 위축성 비염(AR : Atrophic Rhinitis)

- 재채기와 눈과 코에서 액상분비물, 비염, 코피, 콧구멍 점막 및 비갑개골이 비뚤어진다.
- 임신돈 분만 1~2개월 전 백신 접종, 자돈 생후 3~4주령에 1~2주 간격으로 2회 접종한다.

③ 대장균종

- 병원성대장균 감염에 의한 질병의 총칭으로 주로 자돈의 패혈증, 경련, 회백색 설사가 나타난다.
- 충분한 초유 공급과 적온 유지, 항생제 투여

④ MMA 증후군(Mastitis 유방염, Metritis 자궁염, Agalactia 무유증)

- 분만 후 2~3일 이내에 발생하는 질병을 증후군으로 분류한 것이다.
- 원인균은 특정되지 않으나 불결한 사양관리, 호르몬의 불균형, 스트레스가 요인이다.
- 유방염, 자궁염, 젖 분비 감소의 증상을 나타낸다.

5 돼지의 분뇨처리 및 이용

① 돼지의 성장단계별 분뇨 발생량 및 주요 성분

(1) 성장단계별 분뇨 발생량
① 돼지의 평균체중 60kg 기준 1일 두당 분뇨 배설량은 4.22kg
② 분 1.61kg, 뇨 2.61kg, 수분함량은 분 76.3%, 뇨 98.5%

(2) 오염물질 농도와 비료 성분
① 육성돈 돈분의 BOD는 74,700~107,740mg/L으로 비육돈이나 임신돈에 비해서 높다.
② 돈분의 수분함량은 자돈 80.4%, 분만돈 80.6%, 육성 비육돈 71.1~75.7%이다.
③ 평균 수분함량은 76.3%, N 0.77%, P_2O_5 0.50%, K_2O 0.25%

② 수분조절재

(1) 수분조절재 역활
① 입자간 공기유동을 원활하게 하여 부숙을 돕는다.
② 수분함량을 적정수준으로 조절하여 퇴비화를 촉진한다.
③ 독성이 없는 재료는 모두 수분조절재로 사용하나 주로 톱밥, 왕겨가 쓰인다.

(2) 수분조절재의 종류와 특성
톱밥의 수분흡수율은 285.8%로 왕겨의 183.3%에 비하여 높다.

연구 수분조절재 종류별 특성(축산연, '96)

재 료 명	수분(%)	수분흡수율(%)	용적중(kg/㎥)	탄소(%)	총에너지(cal)
톱 밥	26.9	285.8	181	55.2	4,257
왕 겨	13.7	183.3	104	47.5	3,785
분쇄왕겨	11.9	213.5	184	47.9	3,785
팽연왕겨	17.7	268.8	235	45.6	3,772

(3) 수분조절재의 소요량 계산
수분조절재 소요량 계산(돈분 1㎥를 수분 65%로 조절 시)

● 소요량(kg) = 분뇨량(kg) × $\dfrac{\text{분뇨 수분함량(\%) − 목표 수분(65\%)}}{\text{목표 수분(65\%) − 수분조절재 수분(\%)}}$

③ 돈분의 퇴비화

(1) 가축분뇨 자원화 조건
① 퇴비사의 경우에는 함수율 조정없이 180일 이상 퇴비사에서 저장
② 통풍식 발효시설, 기계교반시설 등은 수분함량을 65%로 조절 후 퇴비화

(2) 퇴비사 처리
① 축분을 저장조에 1차 저류하였다가 퇴비사에서 혐기성균을 이용하여 축분을 건조 발효
② 적용대상 : 돼지 500두(700㎡) 미만

| 전처리 (분뇨 분리) | → | 저장조 | → | 퇴비사 (혐기성 분해) | → | 퇴비이용 |

연구 축산분뇨 자원화시설 처리조건

구 분	방식	처리 일수	유효 퇴적고	투입원료 함수율
퇴비사	혐기	저장조 : 21일 퇴비사 : 180일	저장조 : 2.1m 퇴비사 : 2m	함수율 조정 없음

③ 운전요령
- 축사 내에서 분뇨 분리를 하고 세정수를 적게 사용하여 축분의 함수율을 최소화 한다.
- 배출된 축분을 1일 1회 이상 수거하여 퇴비사에서 기계 등을 이용하여 쌓아준다.
- 전체적으로 고른 퇴비화를 위해 골고루 혼합하여 준다.
- 퇴비사에서는 180일 정도 부숙시킨다.

(3) 통풍식 톱밥발효시설
① 축분을 저장조에 1차 저류 후 수분조절재(톱밥 및 왕겨 등)와 혼합하여 함수율을 조절한 다음, 발효조에서 호기성균을 이용하여 1차 발효시킨 후, 퇴적장으로 운반하여 2차 발효한다.

② 적용대상 : 돼지 500두(700㎡) ~ 2,000두(2,800㎡) 사육규모

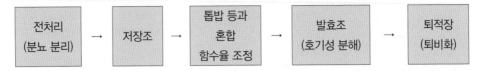

③ 운전요령

- 퇴적 : 발효조에 페이로다를 이용하여 안쪽부터 차곡차곡 2m 높이까지 쌓는다.
- 통기 : 1차 발효가 종료될 때까지 약 15~25일간 통기를 계속한다.
- 발효 : 퇴적 후 24시간 정도 경과하면 내부 온도가 상승하고 발효가 시작된다.
- 퇴적 : 퇴적 15~25일 후에 전면 문짝을 개방하고 순서대로 꺼낸다.

(4) 기계교반 발효 퇴비화

① 처리개요

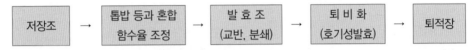

② 적용대상 : 돼지 2,000두(2,800㎡) 이상

③ 돈사 100㎡당 발효조 용적

구 분	직선형 (에스컬레이터식)	직선형 (로터리식)	순환형 (로터리식)
발효조 용량	7㎥ 이상	7㎥이상	10㎥ 이상

③ 운전요령

- 재료투입 : 함수율을 65%로 조절한 재료를 페이로다를 이용하여 발효조에 쌓는다.
- 저온 발효 : 원료투입 1~2일 후 약 30~40℃까지 상승한다.
- 고온 발효 : 저온 발효 개시 후 3~4일 후에는 약 70~80℃까지 상승한다.(수분의 증발과 잡균 및 해충의 알 등이 사멸)
- 교반회수 : 1일 1~2회 교반을 실시한다.

4 돈분의 액비화

(1) 액비의 정의

가축의 분뇨 및 청소수가 혼합된 수분함량 90% 이상의 액상물을 수집, 저장하여 일정기간 동안 부숙시켜 병원성 미생물, 충란, 잡초종자 등을 사멸시키고 난분해성 물질 등을 분해하여 환경에 노출되어도 위해성이 없고 경종적으로 안정화된 액을 말한다.

연구 액비의 저장 깊이, 저장기간별 건물 및 질소함량 변화(%)

구 분	저장 깊이 (cm)	저장 기간(일)			
		0	60	120	180
건물	30	4.8	2.5	1.3	1.4
	90	–	2.5	1.6	1.8
	200	–	–	1.5	1.9
	바닥	–	–	5.9	4.5

※ 200톤 규모 원통형 액비저장조 : 3.0m×10.0m (출처 : 축산연, '00)

(2) 액비 살포량 결정

① 액비는 분석된 질소성분을 기준으로 살포량을 결정한다.
  ● 액비는 질소성분이 높고, 질소 무기화율이 화학비료와 비슷하다.
  ● 인산기준으로 살포하면 질소 과다투입으로 병해충 발생, 도복, 등숙률 저하 및 질산염 등에 의한 지하수 오염이 우려된다.
② 작물 시비처방서상의 질소전량 또는 밑거름량에 해당하는 액비량을 살포량으로 한다.
③ 시비처방서가 없는 경우는 표준시비량 또는 농업기술센터 추천량을 기준으로 살포한다.

(3) 살포 요령

① 액비 살포기를 이용하여 농경지 전면적에 고루 살포하여야 한다.
② 액비살포 후 경운이나 로터리를 하여 악취가 나지 않도록 한다.

01 돼지의 경우 난자와 정자가 수정된 후 착상되는 부위는?

① 자궁각 ② 자궁체

③ 자궁경 ④ 난관

02 새끼돼지는 포유 중 빈혈증상을 보이는 경우가 많은데 이러한 빈혈을 예방하기 위해 사용되는 약품은?

① 강옥도 ② 철분주사제

③ 비타민주사제 ④ 하라솔

03 덴마크가 원산지이며 흰색으로 산자수가 많아 3원 교배 시 모계용으로 쓰는 품종은?

① 대요크셔 ② 버크셔

③ 랜드레이스 ④ 듀록

04 가축의 소화 생리를 설명하고 있다. 다음 중 영양분의 흡수를 가장 많이 하는 곳은?

① 위장 ② 식도

③ 대장 ④ 소장

05 암퇘지 발정주기 동기화의 장점이 아닌 것은?

① 가축관리가 용이 ② 계획번식

③ 인공수정이 용이 ④ 수유 중 발정

보충

■ 자궁은 자궁각, 자궁경, 자궁체로 구성되며 자궁각에서 수정란이 착상 발육한다.

■ 새끼돼지의 급성장으로 혈액의 철분이 1일 7~10㎎ 정도 필요하지만, 모돈의 젖을 통해 1일 1㎎ 정도만 섭취하므로 철분 부족으로 빈혈을 일으키게 된다.

■ 요크셔 : 영국, 흰색
버크셔 : 영국, 흑색에 6백
듀록 : 미국, 담황색

■ 발정 동기화
알트레노제스트나 MGA 등을 사료에 14~18일간 급여한 후 하루 경과 후 PMSG 500~1,000IU를 주사하면 95% 이상 발정이 온다.

01 ① 02 ② 03 ③ 04 ④ 05 ④

06 다음 중독 원인물 중 돼지의 중독과 관계가 없는 것은?

① 고사리
② 감자
③ 식염
④ 수은

보충 고사리 중독은 소에 발생한다.
식염 : 염중독
감자 : 솔라닌 중독

07 비타민은 왜 공급해 주어야 하는가?

① 영양소 대사 기능 및 내병성 증진
② 에너지 발생 및 체온 유지
③ 면역항체 형성
④ 체 단백질 합성

08 돼지의 교배 적기는?

① 발정 개시 후 10~26시간
② 발정개시 후 36~48시간
③ 발정 종료 후 10~26시간
④ 발정 종료 후 36~48시간

■ 돼지의 교배 적기는 발정 개시 후 10~26시간이다.

09 자돈 사육 시 균일돈 생산을 위한 관리법으로 적당한 것은?

① 자돈기 때 위축되지 않게 한다.
② 가끔 사료를 제한급여 시킨다.
③ 가능한 입붙이 사료는 급여하지 않는다.
④ 체중이 적은 자돈은 복부쪽 유두를 빨게 한다.

10 돼지의 평균 발정주기와 발정지속시간이 옳은 것은?

① 17일 / 30시간
② 19일 / 40시간
③ 21일 / 58시간
④ 26일 / 5일

■ 돼지의 발정주기는 20~22일(평균 21일), 발정지속시간은 평균 58시간이다.

11 돼지의 품종에 대한 설명으로 잘못된 것은?

① 라드형 돼지의 체형은 머리, 목이 짧고 등, 옆구리, 햄 등에 지
  방층이 두껍다.

② 베이컨형 돼지의 체형은 머리, 목, 몸, 뒷몸, 다리 등이 신장되
  어 있고 햄도 크지 않다.

③ 고기형 돼지는 뒷다리, 삼겹살, 등심, 목심, 앞다리 등의 부위가
  발달되어 있다.

④ 랜드레이스 종은 프랑스원종으로 라드형의 원종이 되고 있다.

12 미국이 원산지로 귀는 서고 털색은 흑색에 어깨와 앞다리
  사이에 흰 띠가 있으며 성질이 활발하고 체질이 강건하여 기
  후풍토에 적응성이 강한 돼지는?

① 버크셔   ② 햄프셔
③ 듀록   ④ 체스트 화이트

13 소독용으로 쓰이는 알코올 농도는?

① 90%   ② 60%
③ 80%   ④ 70%

14 다음 설명 중 돼지의 유행성 폐렴에 대한 조치로 볼 수 없는
  것은?

① 밀집사육 방지   ② 위생적인 사양관리
③ 양질의 건초 급여   ④ 병든 돼지 조기도태

15 덴마크에서 재래종에 요크셔를 교배시켜 베이컨형으로 개
  량한 흰돼지 품종은?

① 폴란드차이나   ② 체스터화이트
③ 햄프셔   ④ 랜드레이스

11 ④   12 ②   13 ④   14 ③   15 ④

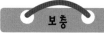

16 돼지에서 산자능력이 우수한 대표적인 품종은?

① 랜드레이스종　　　　② 버크셔종

③ 듀록저지종　　　　　④ 햄프셔종

17 돼지의 육성에서 잡종강세를 최대한 이용하기 위한 교배 방법은?

① 1대 잡종 이용　　　　② 윤환교배

③ 3원 교잡　　　　　　④ 계통교배

18 다음 돼지 중 제한급사가 가장 필요한 것은?

① 갓난이 돼지

② 젖먹이 돼지

③ 육성돈

④ 임신돈

19 돼지의 인공수정 시 웅돈이 1주당 적정한 정액채취 횟수는?

① 1~3회/주

② 4~6회/주

③ 7~8회/주

④ 10~12회/주

20 다음 설명 중 돼지의 품종 선택 기준으로 적합하지 않은 것은?

① 산자수

② 포유능력

③ 성격 온순

④ 번식능력

21 돼지에서 허피스바이러스의 감염에 의해 열을 동반한 신경 증상과 호흡기 증상을 나타내며, 임신돈의 경우 사산과 유산을 일으키는 질병은?

① 돼지 일본뇌염 ② 오제스키병
③ 부종병 ④ 위축성 비염

■ 제1종 법정전염병으로 40℃ 이상의 고열, 식욕 감퇴, 구토, 설사, 기침, 뒷다리의 경련과 마비, 임신한 돼지는 유산을 일으키기도 한다.

22 돼지의 거세에 적당한 시기는?

① 생후 5~7일 ② 생후 14~21일
③ 생후 21~28일 ④ 생후 1~2개월

23 후보돈의 초교배 일령을 결정할 때 고려할 사항이 아닌 것은?

① 체형 ② 일령
③ 체중 ④ 등지방 두께

■ 암컷은 8개월 이상에서 2회~3회째의 발정기에 교배시키는 것이 이상적이다. 체중 140㎏ 이상이고, P2 지점의 등지방 두께가 18㎜ 이상인 돼지가 이상적이다.

24 돼지의 경제적 형질에 속하지 않는 것은?

① 산자수 ② 이유시 체중
③ 체형과 모색 ④ 사료 효율

■ ①②④ 이외에 이유 후 증체율, 도체 품질 등이 있다.

25 미국이 원산지로 털색이 담황색이며 육질이 우수하여 3원 교배 시 부계(수컷)로 이용되는 품종은?

① 랜드레이스종 ② 듀록종
③ 햄프셔종 ④ 요크셔종

26 돼지가 체내에서 아라키돈산을 합성할 수 있는 지방산은?

① 올레인산 ② 팔미트산
③ 부티르산 ④ 리놀렌산

■ 탄소의 결합이 이중결합 또는 삼중결합을 가진 화합물은 불포화지방산으로 리놀레산, 리놀렌산, 아라키돈산이 있으며 이중 필수지방산인 아라키돈산은 리놀렌산으로부터 합성할 수 있다.

21 ② 22 ① 23 ① 24 ③ 25 ② 26 ④

27 생독백신에 대한 설명으로 잘못된 것은?

① 항원이 살아 있다.

② 면역 효과가 높다.

③ 값이 비교적 비싸다.

④ 병원성이 일부 잔존한다.

■ 생독백신은 백신 제조 단가 및 생산비가 적게 든다.

28 신생 자돈에 초유를 급여할 때 면역력이 가장 높은 초유 단백질은?

① 면역글로불린 A
② 면역글로불린 B
③ 면역글로불린 G
④ 면역글로불린 M

■ 면역글로불린 G(IgG)가 함유되어 항체를 형성하여 질병에 대한 저항성을 갖게 한다.

29 바이러스에 의한 대표적인 급성열성 전염병으로 주로 돼지에게만 옮겨가는 접촉성 전염병이며 고열, 설사, 변비 등과 함께 몸이 파랗게 변하고 비틀거리는 증상을 나타내는 것은?

① 돼지단독
② 돈역
③ 돼지열병
④ 오제스키병

■ 돼지열병(돼지 콜레라)은 고열, 체표 반점, 흡기 및 신경증상(경련)이 있다.

30 새끼돼지는 출생 직후 어미의 젖꼭지나 다른 새끼에 상처를 주기 쉬운 송곳니를 잘라주어야 하는데 출생 시 송곳니의 갯수는?

① 2개
② 4개
③ 8개
④ 12개

■ 출생 직후 아래턱과 위턱 각 4개씩, 총 8개의 송곳니를 1/2∼1/3씩 자르거나 그라인더로 갈아준다.

31 콜레칼시페롤이 자외선을 받을 때 체내에서 합성되는 대표적인 비타민은?

① 비타민 A
② 비타민 D
③ 비타민 E
④ 비타민 K

■ 혈액 속에 있는 콜레칼시페롤은 비타민 D 결합 단백질과 반응하여 간과 신장에서 활성형 비타민 D_3를 만든다.

27 ③ 28 ③ 29 ③ 30 ③ 31 ②

32 이상적인 소독약이 갖추어야 할 조건이 아닌 것은?

① 살균성　　　　　　　② 안정성

③ 용해성　　　　　　　④ 맹독성

33 다음 중 수용성 비타민은?

① 비타민 A　　　　　　② 비타민 D

③ 비타민 B　　　　　　④ 비타민 K

34 동물체 내에서 분해되어 에너지를 발생할 때 다른 영양소보다 약 2배 이상의 열량을 발생하는 영양소는?

① 지방　　　　　　　　② 탄수화물

③ 단백질　　　　　　　④ 무기질

35 수출용 규격돈에서 수태지는 불까기가 필수적인데 다음 중 거세시기로 가장 적합한 것은?

① 생후 1주 이내　　　　② 생후 2 ~ 4주째

③ 생후 6 ~ 8주째　　　④ 생후 8 ~ 10주째

36 중간숙주인 지렁이가 먹고 돼지에게 전염되어 폐기종을 유발하는 기생충은?

① 돈폐충　　　　　　　② 구충

③ 돈선충　　　　　　　④ 회충

37 다음 중 유산을 하는 질병이 아닌 것은?

① 일본뇌염　　　　　　② 브루셀라병

③ 구제역　　　　　　　④ 돈단독

32 ④　33 ③　34 ①　35 ①　36 ①　37 ③

38 돼지의 강정사양에 대한 설명으로 바르지 못한 것은?

① 포유자돈의 조기 이유를 하기 위한 사양이다.

② 종부 2~3주 전 고에너지 및 고단백질 사료를 급여하는 것이다.

③ 강정사양을 하면 재귀 발정이 빨리 온다.

④ 모돈의 배란 수와 복당 산자수의 증가에 효과적이다.

■ 강정사양은 이유 후 몸이 쇠약해진 모돈에게 종부 2~3주 전 고영양 사료를 급여하는 사양이다.

39 돼지의 일반적인 이유시기로 적당한 것은?

① 14일령   ② 21일령

③ 32일령   ④ 40일령

■ 최소한 14일령 이후에 이유시켜야 하며, 이유 시기가 28일 이상이면 발정 재귀일이 늦어진다. 이유 시 체중은 평균 6kg 정도 되어야 한다.

40 새끼돼지의 빈혈 예방을 위한 방법은?

① 항생제 주사   ② 비타민 주사

③ 고영양 사료급여   ④ 철분 주사

■ 철분주사는 1차 : 생후 1~3일(100mg/1mL), 2차 : 생후 10~14일(100mg/1mL) 대퇴부 근육주사

41 돼지의 심리적 특성에 속하지 않는 것은?

① 굴토성   ② 청결성

③ 마찰성   ④ 전진성

■ ①②③ 이외에 후퇴성, 군거성이 있다.

42 돼지의 체형 중 체장이 짧고 지방층이 두텁고 조숙 조비형으로 버크셔, 중요크셔, 폴란드차이나 등이 있다. 이러한 돼지의 체형은?

① 살코기형

② 베이컨형

③ 라드형

④ 고기형

■ 베이컨형(bacon type) : 체장이 길고 베이컨이 많은 품종, 랜드레이스종, 대요크셔종, 팀워스종 등
● 고기형(meat type) : 등지방이 얇고 햄(엉덩이)이 발달된 햄프셔종, 중요크셔종 등

IV 닭, 오리

1 품종과 선택

1 닭의 품종과 선택

(1) 닭의 기원
① 닭은 조류강, 순계목, 치계과, 계속, 계종에 속하는 동물이다.
② 닭의 가축화는 BC 4,000년 전 야계(들닭)가 순화되어 탄생되었다.
③ 야계의 종류
- 적색야계 : 인도, 중국, 동남아 지역 – 가장 많이 서식, 현재의 닭의 조상이라 추정
- 회색야계 : 중국, 서남인도 지역
- 녹색야계 : 자바 섬 지역
- 실론야계 : 스리랑카(옛 실론)

적색야계 회색야계 녹색야계 실론야계

야계의 종류

(2) 닭의 형태적 · 생리적 특성
① 뼈 속에 공기가 들어 있는 함기골로 되어 있다.
② 이빨, 입술이 없고 부리로 되어 있으며 맹장이 발달되어 있다.
③ 기낭은 폐와 연결되는 공기주머니로 체온유지와 나는 데 도움을 준다.
④ 호흡수는 20~30회이고, 맥박은 250~300회로 매우 빠르다.
⑤ 볏의 모양에 따라 홑볏, 장미볏, 완두볏, 호두볏, 털볏이 있다.
⑥ 닭의 피부에는 땀샘과 피지샘이 없어 피부의 표면은 건조하다. 꼬리에 기름샘이 있다.

⑦ 닭의 체온은 41~42℃로 포유동물보다 월등히 높고 더위에 약하다.

(3) 일반적 특성

① 쪼는 습성 : 곤충을 포식하는 습성이 있어 식우증(카니발리즘)을 갖고 태어난다.

② 털갈이 : 일조시간이 짧아지는 가을부터 봄까지 털갈이를 한다.

③ 장일성 동물 : 일조시간이 길어지는 봄철에 산란을 하는 동물이다.

④ 성격이 민감하여 주위 경계심이 강하고 잘 놀란다.

| 홑벗 | 장미벗 | 완두벗 | 호두벗 | 털벗 |

벗의 모양과 명칭

(4) 닭의 소화 기관

① 입 → 식도 → 소낭 → 선위 → 근위 → 소장 → 대장 → 총배설강으로 되어 있다.

② 입은 이가 없고 부리로 되어 있어 알곡을 주어 먹는 데 편리하도록 되어 있다.

③ 소낭(모이주머니)은 모이를 12시간 정도 불려 연하게 하고 발효시킨다.

④ 선위는 위산과 펩신 등 소화액을 분비하며 소화를 돕는다.

⑤ 근위는 두텁고 강한 근육으로 곡류를 부수고 혼합하는 역할을 한다.

⑥ 소장은 십이지장, 공장, 회장으로 구분되고 췌장에서 분비되는 췌장액, 간에서 분비되는 답즙액, 소장에서 분비되는 장액이 3대 영양소를 분해하여 흡수한다.

연구 췌장액

● 아밀라제 : 탄수화물 분해   ● 트립신 : 단백질 분해   ● 리파제 : 지방 분해

⑦ 맹장은 한 쌍의 긴 자루 모양으로 된 기관으로 미생물에 의해 섬유소를 분해한다.

⑧ 대장은 매우 짧으며 끝 부위의 총배설강은 항문과 함께 비뇨기, 생식기와 연결된다.

(5) 암탉의 생식기관

① 암탉의 난소는 오른쪽은 퇴화되고 왼쪽의 난소와 난관만이 발달되어 있다.

② 정자는 암컷의 생식기 내에서 장기간 수정능력을 유지한다.

난관의 길이와 기능

구성	길이/cm	경과시간	기능
난관누두부	11~12	15분	수정장소
난백분비부	30~35	3시간	농후난백 분비, 알끈 형성
협부	10~11	1시간35분	수양난백 분비, 난각막 형성
자궁부	10~11	19~20시간	난각, 난각색소 분비
질부	6~7	1~10분	산란
계	70~80	24~26시간	

③ 난소의 난포는 약 1,000~3,000개가 있으며 에스트로젠의 영향을 받아 발달한다.

④ 난관은 난관누두부, 난백분비부, 협부, 자궁부, 질부의 5개 부분으로 되어 있다.

⑤ 난관은 복강 왼쪽을 대부분 차지하고 있으며 총 배설강과 연결되어 있다.

(6) 수탉의 생식기관

① 1쌍의 정소, 정소 상체, 2개의 정관, 퇴화된 교미기로 되어 있다.

② 정소는 포유류에서처럼 음낭으로 내려오지 않고 복강 내에 머물러 있다.

③ 정액은 10~12주령에도 생성되나 인공수정용은 22~26주령이 채취한다.

④ 닭의 정자는 크기가 작고, 편모형으로 가늘다.

(7) 닭의 주요 품종

| 레그혼 | 미노르카 | 안달루시안 | 횡반 플리머스로크 |

| 뉴햄프셔 | 로드아일랜드 레드 | 백색 코니시 | 담황색 코친 |

| 연산오계 | 한국 재래닭 | 폴리시 | 실키 |

구분	품 종 명	원 산 지	모 색	산란수	난중(g)
난용종	백색 레그혼	이탈리아	흰색. 홑볏	200~250	55~60
	미노르카	스페인	흑색. 홑볏	180~200	60
	햄버그	독일 함부르크	은색, 금색, 장미볏	200	50
	안달루시안	이탈리아	청회색, 홑볏	150	60
육용종	코니시	영국	흰색. 완두볏	100~150	55~60
	코친	중국	담갈색. 홑볏		
	부라마	인도	삼매관	90	50
겸용종	횡반 플리머드록	미국	흑색. 흰점. 홑볏	220	55~80
	로드 아일랜드 레드	미국	적색. 홑볏	220	55~60
	뉴햄프셔	미국	갈색. 홑볏	220	55~60
애완종	폴리시	폴란드	주황색. 털볏	120	40
	오골계(실키)	말레이시아	흰색, 장미볏, 3매관	80	40~50
	오골계(연산)	한국	검정색. 홑볏	100	45
	폴리시	폴란드	청색, 담갈색 무늬, 털볏	100	50
	장미계	일본	적색. 홑볏	60	40
	챠보	인도지나	흰색, 갈색, 홑볏	40	20~30

(8) 실용계의 선택

① 산란 실용계의 선택

- 산란능력이 높을 것(다산성)
- 생존율이 높을 것(강건성)
- 몸 크기가 작을 것(왜소성)
- 사료 요구율이 낮을 것(조숙성)
- 난중이 무거울 것(대란성)
- 난질이 양호할 것(고품질)

연구 산란 5요소설(Goodale과 Hays)

1. 조숙성(성 성숙) : 암탉의 초산일령 또는 계군의 산란율이 50%에 달한 날로 나타냄
2. 산란 강도 : 연속 산란일수(Clutch)의 장단을 의미
3. 취소성 : 알을 품는 성질이 없는 닭이 다산성
4. 동기 휴산성 : 동기(11월~다음해 3월)에 휴산성이 없거나 1주일 이내인 닭이 다산성
5. 산란 지속성 : 초산 후 다음 해 환우까지의 기간, 즉 초년도 산란기간의 장단

② 육용 실용계의 선택

- 초기 성장률이 높을 것
- 우모 발생속도가 빠를 것
- 생존율이 높을 것
- 체형이 좋을 것(가슴과 넓적다리)
- 사료 요구율이 낮을 것
- 우모색이 백색일 것
- 도체율이 높고 육색과 육미가 좋을 것

2 오리의 품종과 선택

(1) 오리의 분류

① 크기에 따른 분류

- 반탐종(0.5~1.0kg), 소형종(1.0~2.0kg), 중형종(2.0~3.0kg), 대형종(3.0~5.5kg)

② 사육 목적에 따른 분류

- 난용종 : 연간 200~300개 산란, 체중 2.0kg 내외
- 육용종 : 연간 130개 이하로 적고 체중 4kg 내외
- 난육 겸용종은 산란 능력이 우수하면서도 체구가 큰 품종이다.
- 관상용 : 르왕, 만다린(원앙; Mandarin), 블랙이스트 인디안(Black East Indian)

(2) 오리의 주요 품종

| 캠벨 | 인디언 러너 | 르왕 | 에일즈베리 |

| 머스코비 | 페킨 | 오핑톤 | 만다린 |

구분	품 종 명	원 산 지	모 색	체중(kg)
난 용 종	인디안 러너 (Indian Runner)	동인도	● 백색, 황갈색, 회색 등 다양 ● 곧고 긴 체형	1.6~2.3
	캠벨(Campbell)	영국	● 인디안 러너(♀)×르왕(♂) 교배 ● 카키색, 연간 300개 이상 산란	2.3~2.5
육 용 종	르왕(Rouen)	프랑스	● 청동오리색, 만숙종, 산란수 ㅌ100개	4.5~5.4
	에일즈버리 (Aylesbury)	영국	● 연한 핑크색을 띠는 백색 ● 산란수 30~100개	4.0~5.4
	머스코비 (Muscovy)	남미	● 얼굴에 붉은색의 근육혹 ● 취소성이 강, 산란수 70~100개	3.0~4.5
겸 용 종	페킨(Pekin)	중국	● 가장 많이 사육됨, 백색 털 ● 산란수 100~200개	3.5~4.1
	오핑톤 (Orpington)	영국	● 에일즈버리, 르왕, 인디안러너 등을 교잡 ● 담황색, 산란수 200개	2.3~3.4

2 부화와 육추

1 종란 고르기

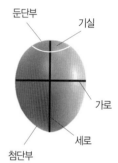

정상란

(1) 종란 고르기

① 종란 고르기 기준의 각 항목에 유의하여 달걀 선별기, 난칭 또는 접시저울을 이용한다.

② 난형 지수가 72보다 적으면 종란은 너무 길고, 76보다 크면 너무 둥글다.(정상란은 세로 : 가로 = 4 : 3이다.)

$$난형\ 지수 = \frac{종란\ 가로\ 길이}{종란\ 세로\ 길이} \times 100$$

● 무게가 58g이고 세로가 5.7cm, 가로가 4.2cm인 난형 지수는?

$$난형\ 지수 = \frac{4.2}{5.7} \times 100 = 74$$

1. 신선한 것	● 건강하고 질병이 없는 종계에서 생산된 것 ● 산란 후 1주일 이내인 것
2. 표준형인 것	● 무게가 55~65g인 것 ● 지나치게 길거나 둥글지 않은 것
3. 외관이 좋은 것	● 알껍데기가 깨끗하고 실금이 없는 것 ● 알껍데기에 흠이 없고 오톨도톨하지 않은 것 ● 알껍데기의 두께가 너무 얇지 않은 것(0.25~0.35mm)
4. 품질이 좋은 것	● 기실이 제자리에 있는 것 ● 혈반이나 육반이 없는 것 ● 그 밖의 이물질이 없는 것 ● 노른자가 1개인 것 ● 알의 내용물이 흔들리지 않는 것

(2) 종란의 저장

① 종란은 깨끗하고 바람이 잘 통하는 곳에 보관한다.

② 저장실의 온도는 10~13℃를 유지한다.

③ 저장실의 습도는 75~80%를 유지한다.

④ 5~7일간 저장하며 매일 1~2회 알 굴리기를 한다.

(3) 가금의 부화기간

연구 가금의 부화 기간

종 류	기 간(일)	종 류	기 간(일)
닭	21	칠면조	28
오리	28	메추리	16~19
거위	28~34	타조	42

② 인공 부화

(1) 부화 일정과 조건

① 온도 : 발육실 37.8℃, 발생실 36.5~37℃가 되도록 맞춘다.

② 습도 : 부화 18일까지 60%, 18일 후에는 75%로 조절한다.

③ 환기 : 산소 21% 이상, 이산화탄소 0.5% 이하를 유지한다.

④ 전란 : 1일 6~8회씩, 상하 또는 좌우로 각각 90° 돌린다.

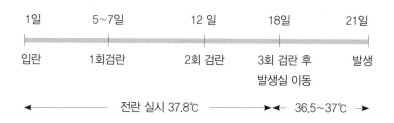

부화 과정

(2) 부화 작업

① 부화기 훈증 소독
- 질그릇, 유리용기에 과망간산칼륨 7.5g을 넣고 포름알데히드 15mL를 붓는다.
- 가스가 발생하면 부화기 문을 닫고 부화기를 가동하고 10분 후 가스를 빼낸다.
- 가스 중화는 포름알데히드 양의 1.5배에 해당하는 암모니아수를 그릇에 담아 놓아둔다.

② 입란
- 난좌에 종란의 둔단부가 위로 가게 하여 정렬시킨 후에 부화기에 넣는 과정이다.

③ 검란
- 1차 검란 : 백색란은 5~6일, 갈색란은 7일에 실시. 무정란을 가려낸다.
- 2차 검란 : 12~13일 실시. 무정란, 중지란을 가려낸다.
- 3차 검란 : 18일에 실시. 부패란을 가려내고 발육란만 발생실로 옮긴다.

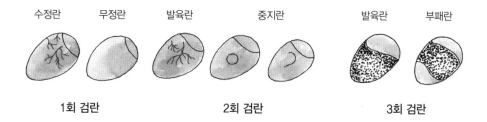

④ 전란(알 굴리기)
- 입란 후 18일까지는 1일에 5~6회씩 알을 굴려 준다.
- 전란의 목적
  - 부화 초기에 배자가 난각막에 부착하는 것 방지
  - 후기에는 노른자와 요막이 서로 붙는 것 방지
- 전란 각도는 상하 또는 좌우 90°로 돌려준다.

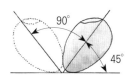

전란 각도

⑤ 병아리의 발생과 꺼내기
- 발생실의 병아리가 30~40%가 발생하였을 때 한 번 꺼내고, 나머지는 알이 모두 깨어 나온 다음에 꺼낸다.

연구 수정률과 부화율 산출

$$수정률 = \frac{총\ 입란수 - 무정란수}{총\ 입란수} \times 100$$

$$부화율(입란\ 대비) = \frac{병아리\ 발생수}{총\ 입란수} \times 100$$

$$부화율(수정\ 대비) = \frac{병아리\ 발생수}{입란수 - 무정란수} \times 100$$

3 산란 및 육계의 사양관리 및 사양위생

1 어린 병아리 사육관리

(1) 육추의 기본
- 어린 병아리(초생추)는 육추기(입추~3주령), 육성기(3주령~6주령)로 구분한다.
- 육추는 폐사율이 가장 높은 시기로 철저한 관리가 필요하다.
- 육추기는 삿갓 육추기와 배터리 육추기가 널리 이용된다.
- 전 계군을 동시 입추, 동시 출하하는 올인 올아웃(all in-all out) 방식을 택한다.
- 무기물 중 망가니즈(Mn)가 부족하면 각약증(Perosis)이 발생한다.
① 온도
- 31~33℃를 기준으로 1주일마다 2~3℃씩 낮추고 5주령 이후에 폐온한다.
- 온도 측정은 병아리의 어깨 높이에서 측정한다.(삿갓 끝 바닥의 2~3㎝ 높이)

연구 육추 표준 온도

주령	온도(℃)	주령	온도(℃)
1	30~34	4	22~24
2	28~30	5	20~21
3	25~27	6	실온 18~20

② 습도

- 입추 후 7~10일간은 60~65%, 그 이후부터는 50~55%가 적당하다.
- 너무 건조하면 물을 많이 먹고 소화 불량, 깃털 발생과 발육 부진
- 습기가 너무 많으면 병원균이 번식하여 질병에 걸리기 쉽다.

③ 환기

- 연료에서 발생하는 유독 가스와 병아리의 호흡에 의한 이산화탄소 발생
- 호흡기 질병 예방을 위한 적절한 환기와 샛바람을 방지시켜야 한다.

(2) 첫 모이 주기와 점등 관리

① 병아리가 도착하면 상자에서 3시간 정도 휴식을 취한 후 육추기로 옮긴다.

② 30시간 후 소화기관이 어느 정도 발달하면 따뜻한 물을 먼저 급여한다.

③ 첫 모이는 사료에 물을 약간 넣어 반죽한 먹이를 종이를 깔고 뿌려준다.

④ 급여 횟수는 처음 3일간은 반죽모이를 5~6회 급여하고 그 이후에는 자유 급식한다.

⑤ 첫 모이 주는 날부터 1주일간은 22~23시간 점등하여 환경에 익숙하도록 한다.

(3) 부리 및 볏 자르기

① 부리 자르기(debeaking)

- 부리 자르는 시기 1회째 7~10일경, 2회째는 8~10주령에 실시한다.
- 부리를 자른 후 4~5일간은 충분한 사료와 물을 준다.
- 성장이 빠른 병아리는 부리의 1/3을 절단하고, 느린 병아리는 1/2을 절단한다.
- 큰 닭은 윗부리의 1/2 또는 1/3 정도, 아랫부리는 1/3 정도를 자른다.

   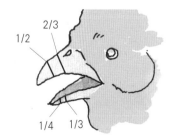

어린병아리 부리 자르기   큰 닭 부리 자르기

② 볏 자르기

● 병아리가 2일령이 되기 전에 작은 가위로 볏을 잘라야 피가 나지 않는다.
● 큰 닭은 자른 부분에서 피가 나면 전기 납땜인두로 지져서 지혈시킨다.

큰 닭의 볏 자르기

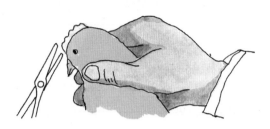
초생추의 볏 자르기

연구 부리 자르기와 볏 자르기의 목적

부리 자르기	볏 자르기
● 식우증(쪼는 성질: cannibalism) 예방	● 닭이 온순해진다.
● 사료의 손실 및 편식 방지	● 겨울철 볏의 동상 방지
● 알을 깨 먹는 습성 방지	● 케이지 사육 시 볏의 상처 예방
● 투쟁심 방지(체력 소모, 신경과민 예방)	● 계두 발병 시 병반 발생 예방

연구 닭의 카니발리즘(발가락, 볏, 항문, 깃털을 쪼는 습성)의 원인

● 직사광선이 들어오거나 너무 밝을 때   ● 사료 내 무기물이 부족할 때
● 조섬유 함량이 부족할 때   ● 사육온도가 적정온도보다 높을 때
● 과밀한 밀집 사육   ● 다른 종이나 색깔의 닭을 혼사할 때

② 중 병아리(중추) 사육관리

● 중 병아리(중추)는 폐온(7주령)~12주령(3개월령)까지이다.
● 7주령부터 1주일 간격을 두고 어린 병아리 사료와 중 병아리 사료를 혼합하여
급여하되 중 병아리 사료 비율을 늘리다 교체한다.
● 수용 밀도를 적게 하여 밀집 사육으로 인한 압사가 생기지 않도록 한다.
● 일광욕과 운동을 시키고 콕시듐 등 내부 기생충을 구충한다.
● 다발성 신경염 예방을 위해 비타민 B_1이 부족하지 않도록 한다.

③ 큰 병아리(대추) 사육관리

- 큰 병아리(대추)는 12주령(3개월)~16주령(4개월) 초산까지이다.
- 큰 병아리 사료의 조단백질 함유량을 12%로 낮추어 급여한다.
- 강, 약추를 분리 사육하여 균일하게 발육하도록 한다.
- 산란 계사로 이동하는 시기는 초산 1개월 전인 16주령에 실시한다.
- 햇닭의 초산 일령은 백색 레그혼종은 140~150일령, 유색종은 150~160일령이다.
- 산란율이 2~5%가 되면 산란초기 사료를 급여하기 시작한다.

④ 산란계의 사육관리

(1) 산란기의 구분과 관리
① 산란 초기(산란율 5%~30주령) : 산란율 95%에 도달
   - 산란 피크 전 사료 : 조단백질 20% 수준, 21주령까지 급여
   - 산란 피크 사료 : 조단백질 18%, 수준, 21주령 이후 급여
② 산란 중기(30주령~45주령) : 45주령에 산란율 90%로 감소
   - 조단백질 17.5% 수준 사료 급여
③ 산란 말기(45주령~도태) : 80주령에 산란율 70%로 감소
   - 강제환우 : 65~70주령 실시, 경제성이 없는 과산계, 병계 선발 도태

(2) 일반 관리
① 항상 세밀한 관찰을 하여 병든 닭이나 이상이 있는 닭을 골라내도록 한다.
② 사료와 물주기, 알 꺼내기, 점등 등 일반적인 관리를 규칙적으로 실시한다.
③ 닭의 취급이나 관리는 산란이 끝난 오후 3~4시 이후에 하도록 한다.
④ 아침에는 닭똥, 닭의 상태 및 먹이 먹는 동작 등을 관찰한다.
⑤ 저녁에는 채식량과 산란 수를 조사하여 산란 상태를 파악한다.
⑥ 환기는 철저히 하여 계사 안에 먼지나 유독 가스가 없도록 한다.
⑦ 밤에 닭들이 잘 때는 닭의 숨소리와 잠을 자는 상태를 관찰한다.
⑧ 하루 일과가 끝나면 산란 수, 사료 소비량, 생산물 판매와 구입 등을 기록한다.

(3) 점등 관리

① 점등의 목적

- 산란계는 일조 시간을 연장하면 성장과 산란이 촉진된다.
- 묵은 닭이 털갈이로 인하여 산란율이 떨어지는 것을 막는다.
- 햇닭의 성 성숙 일령을 동기화하고 산란을 촉진시키기 위하여 실시한다.

② 점감 점증법(9월~다음해 3월 부화된 병아리)

- 밝기는 20룩스 정도, 형광등보다 백열전구가 좋다.
- 파장이 긴 적색은 성 성숙을 지연, 녹색이나 청색은 성장과 성 성숙 촉진
- 입추한 후 4일 동안은 24시간 점등을 실시한다.
- 매주 15분간씩 감소하여 20주령 시 자연일조시간에 맞춘다.
- 20주령이 되면 점등시간을 매주 15분간씩 증가하여 17시간에 고정한다.

③ 자연일조 점등법(4월~8월에 부화된 병아리)

- 입추 후 4일 동안 24시간 점등을 실시하고 자연일조시간에 따라 육성한다.
- 20주령~30주령까지 점등시간을 14시간으로 유지한다.
- 30주령이 되면 주 15분간씩 점등시간을 연장하여 17시간이 되면 고정시킨다.

(4) 강제 털갈이(강제 환우)

① 강제 환우의 의의와 효과

- 강제 털갈이는 휴산기간이 50~60일로 단축된다.
- 달걀 값이 쌀 때, 산란율이 낮을 때 실시하여 달걀 값이 비쌀 때 산란하게 한다.
- 털갈이 후 산란율, 수정률, 부화율이 향상된다.
- 난중이 무거워지고 난각이 두꺼워진다.
- 산란시기가 일치하여 관리가 용이하다.
- ※ 환우 순서 : 머리 → 목 → 몸통(가슴, 등, 배) → 날개 → 꼬리

연구 **강제 환우의 기본 사항**

① 절식(사료 굶기기)
- 백색 레그혼종은 4~6일, 겸용종은 5~7일, 육용종계는 7~9일 정도 절식한다.
- 체중이 20~30% 정도 감소될 때까지 절식, 절식 기간이 길수록 산란율은 향상된다.

② 절수(물 굶기기)
- 봄과 가을에는 2~3일, 여름에는 3~4일, 겨울에는 1~3일 정도 절수한다.
- 폐사가 2~3% 이상 발생할 때에는 급수를 재개한다.

③ 일조시간 단축(점등 중지)
- 강제 환우의 기간을 단축시키기 위해 절식 및 절수와 병행하여 점등을 중단한다.

② 절식, 절수법

- 점등 중단 → 2일째부터 3일간 절식 → 2일간 절수
- 5일째부터 산란율 1%될 때까지 제한급여(1일 1수당 27g)
- 10일 전후부터 환우를 시작하여 14~20일경 새로운 우모가 발생한다.
- 50일이 되면 점등시간을 자연일조시간을 포함하여 16시간 정도로 조절한다.
- 4~5주경에 산란을 시작하며 6~7주경에 산란율이 50% 정도 도달하게 된다.

③ 절식법

- 첫날부터 30일간 점등 중단 → 1일~10일까지 절식(물은 급수)
- 11일~30일까지는 옥수수, 수수, 밀, 보리 등을 자유 채식시킨다.
- 31일령부터는 산란사료를 자유 채식시킨다.

(5) 다산계 감별

① 노란색 색소의 퇴색에 의한 감별

- 다산계의 황색 색소(크산토필)는 노른자에 착색 되므로 몸의 색소가 퇴색된다.
- 노란색 퇴색은 항문(1~2주) → 눈 주위(2~3주) → 귓불(3~4주) → 부리(6주) → 정강이(4~6개월) 순으로 퇴색된다.

② 외모와 체형에 의한 감별

- 다산계와 과산계는 외부 체형, 골격, 건강 상태 에 따라 식별한다.

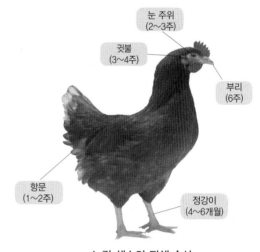

노란 색소의 퇴색 순서

연구 다산계와 과산계의 식별

구분	다 산 계	과 산 계
볏	선홍색으로 팽팽하며 잘 발달되어 있다.	위축, 퇴색되어 있고, 비듬으로 덮여 있다.
눈	맑고 활기가 있다.	흐리고 활기가 없다.
항문	습윤하고 탄력이 있으며, 희게 퇴색 되어 있다.	건조하고 주름살이 많으며 노란색이 다.
부리	닳아서 짧고 희게 퇴색되어 있다.	길고, 노란색이다.
치골 간의 너비	손가락이 3개 이상 들어가고 탄력이 있다.	손가락이 3개 이하로 들어가고, 굳 어 있다.
가슴뼈와 치골과의 간격	손가락이 3~5개 들어간다.	손가락이 3개 이하로 들어 간다.
배의 지방	지방 축적이 적다.	지방 축적이 많다.
발톱	닳아서 짧다.	길다.

③ 산란 조사에 의한 방법
- 각 개체별 산란수를 조사하는 방법으로 케이지 사육 시에 가능하다.
- 산란율에 의한 방법은 계군 전체를 파악하여 도태시기를 결정하는 방법이다.

- 일계 산란율(hen day) = (일정 기간 총 산란수 / 일정 기간 총 사육 수수) × 100
  - 예 4월 1일 100수, 4월 5일 2수 폐사, 4월 중 총 산란수 1,970개일 때
    100수×5일+98수×25일 = 2,950수   (1,970 / 2,950) × 100 = 66.8%
- 산란지수(hen house) = 총 산란수 / 최초 입사 수수
  - 예 4월 총 산란수 1,970개, 최초 수수 100수일 때 1,970/100 = 19.7 즉, 수당 19.7개
    산란지수는 산란능력뿐만 아니라 생존율, 강건성으로 표현된다.
- 월평균 산란율 = (산란 총수 / 평균 사육수) / 30일 × 100
  - 예 4월 1일 100수, 4월 30일 95수, 총 산란수 1,970일 때
    {1,970개 / (100수 + 95수) / 2} / 30일 × 100 = 67.4%

④ 환우 상태에 의한 방법
- 환우를 일찍 시작하여 길게 하는 닭은 과산계이다.
- 환우를 늦게 시작하여 한 번에 주익우(主翼羽)가 많이 빠지는 닭은 다산계이다.

(6) 불량계 도태
① 과산계로 판정된 닭 (과산계)
② 병든 닭으로 회복될 가능성이 없는 닭 (병계)
③ 발육이 불량하여 산란계로 충실하지 못한 닭 (발육 불량닭)
④ 늙은 닭으로 다음 해까지 산란계로 사육할 수 없는 닭 (노계)

5 육계의 사육관리

(1) 육계사육의 장단점
① 장점
- 7주령 체중이 2kg 이상, 사료 요구율이 2.0으로 사료 효율이 높다.
- 1인이 2~3만 수까지 관리하여 노동 생산성이 높다.
- 시설비가 적게 들어 소자본으로 시작할 수 있고 자본 회전이 빠르다.
- 위험 부담 기간이 짧다.
② 단점
- 투기성이 있어 수급이 불안정하고 시세 변동이 심하다.

- 동일 시설을 계속 사용하므로 질병 및 기생충 감염이 심하다.
- 시장 출하 조절이 어려워 가격하락에 대처하기 어렵다.
- 수송 중 체중 감소와 폐사가 발생한다.
- 육추가 성패를 좌우하므로 위험부담이 크다.

(2) 육용계의 일반관리

① 첫 모이급여 시기는 생후 1~3일령으로 생존율을 높이는 것이 핵심이다.

② 입추~14일령 : 육계 전기 사료(조단백질 23%) - 골격과 근육을 발달시킨다.

③ 15일령~출하 : 육계 후기 사료(조단백질 20%) - 체중이 급격히 증가하는 시기이다.

④ 출하 시기 : 세미브로 1.0~1.3kg, 얼치기 1.35~1.5kg, 하이브로 1.5kg 이상 출하

(3) 암수 분리 사육

① 수병아리와 암병아리는 약 1% 정도 더 무겁다.

② 체중 변이가 줄어들어 계군이 균일해진다.

③ 사료 요구율을 개선할 수 있다. 암병아리는 초이사료(입붙이용 사료) 급여기간을 늘려 준다.

6 계사의 형태와 종류

(1) 계사의 종류

① 사육목적에 따른 분류

- 채란계사, 육계사, 종계사로 구분한다.
- 성장 단계에 따라 육추사, 육성사, 성계사로 세분된다.

② 사육형식에 따른 분류

- 평사사육, 케이지 또는 배터리 사육 등으로 나눈다.

평사	육계, 토종닭, 유정란 등 사육에 적합
케이지	산란계, 종계 사육에 접합

(2) 케이지 계사

① 철망으로 된 케이지를 4열 2단 2뱅크, 6열 3단 2뱅크 등으로 배열한다.

② 케이지는 1조에 2실, 1실에 2수씩 수용한다.

③ 산란계, 종계 사육에 접합하다.

장점	단점
● 관리에 편리하다 ● 깨끗한 알을 생산한다. ● 단위 면적당 많은 마릿수를 수용한다. ● 사료효율이 높다.	● 계분처리가 번거롭다. ● 케이지 설치 비용이 많이 든다. ● 닭들이 케이지에 상처를 입을 수 있다.

(3) 평사 계사

① 편평한 바닥에 자릿깃을 깔고 사육하는 방식으로 육계, 토종닭, 종계 사육에 적합하다.

② 보통 1실에 500~5,000수를 사육하나 최근에는 자동화 시설로 10,000수 이상 수용한다.

③ 1㎡당 백색 산란계는 6~8수, 유색계는 4~6수, 육용종계는 3~5수가 적당하다.

(4) 무창계사

① 창문이 없고 단열재 사용으로 외부의 영향을 받지 않는 계사이다.

② 계사의 온도, 습도, 환기, 조명을 인위적으로 조절한다.

③ 장점 : 쾌적한 환경으로 생산성 향상, 단위면적당 수용 수수 증가

④ 단점 : 과밀사육으로 질병 발생, 시설비와 전력비가 많이 든다.

7 닭의 사양 위생

(1) 차단방역

① 1단계 차단(정문 차단)
 ● 정문 밖에 주차장을 설치하여 외부차량의 농장 출입을 통제한다.
 ● 차량 소독조 설치 운용, 사람 출입 시 소독실과 소독조를 경유하도록 한다.

② 2단계 차단(사무실 차단)
 ● 방역복, 방역화, 그리고 방역모 등을 착용한다.
 ● 출입시 소독실과 소독조를 경유하도록 한다.

③ 3단계 차단(계사 차단)
 ● 질병 전염원 매개체의 계사 출입을 최대한 금지한다.
 ● 계사 출입 시 발판 소독조를 경유하도록 한다.

④ 기타 차단(동물 차단)

- 야생동물, 쥐, 고양이, 개, 파리, 모기, 곤충 등의 유입을 최대한 방지한다.
- 농장 주위에 잡초 및 오물 제거 등을 통한 환경 정리로 해충 및 쥐의 서식 방지

(2) 병계의 조기 발견

① 활기가 없고 움추리고 앉아 졸고 있다.

② 눈물이 고이고 눈가에 분비물이 묻어 있다.

③ 깃털이 광택이 없고 볏이나 고기 수염이 위축되고 변색되어 있다.

④ 갑자기 휴산하고 식욕이 부진하다.

⑤ 코나 부리에 분비물이 묻어 있고 기침이나 '골골' 소리를 낸다.

⑥ 똥이 굳어 있어나 혈변, 설사를 한다.

⑦ 일찍 홰에 오르고 아침 늦게 내려온다.

(3) 뉴캐슬 접종약의 종류 및 접종법

① 예방접종 프로그램

- 오염 지역의 예방접종 계획은 다음과 같다.

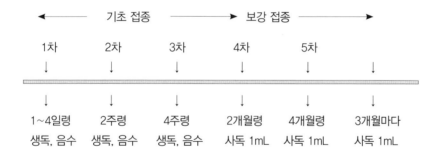

뉴캐슬 예방접종 프로그램

- 생독백신(B₁백신) : 점안 접종법, 비강 접종법, 분무법, 부리 침지법, 음수법
- 사독백신(불활화 백신) : 근육 주사법

(4) 계두 접종

① 접종 시기는 1차 : 2주령, 1침(단침), 2차 : 2~3개월, 2침

② 접종 방법

- 계두는 모기가 전파하므로 모기가 발생하기 1개월 전에 예방접종을 모두 끝낸다.
- 닭의 날개를 펼쳐서 피부가 제일 얇은 곳(익막)을 찾는다.

- 계두 침에 약을 묻혀 혈관을 피하여 피부를 관통시킨다.
- 약 1주일 후에 접종 부위의 발두 여부를 관찰하고 발두하지 않았으면 다시 접종한다.

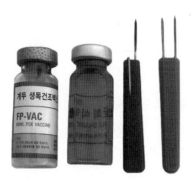
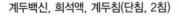

계두백신, 희석액, 계두침(단침, 2침)

계두접종

4 닭의 전염병

① 바이러스성 전염병

(1) 뉴캐슬병(ND ; Newcastle Disease)
① 소화기, 호흡기, 신경 증상을 보이는 전염률과 폐사율이 높은 1종 법정전염병이다.
② 기침과 호흡곤란, 녹색의 혈액이 섞인 묽은 설사, 다리와 날개의 마비 증상이 있다.
③ 예방접종이 필수적이며 폐사율이 거의 100%로 효과적인 치료법은 없다.

(2) 전염성 후두기관염(ILT ; Infectious Laryngotrachcitis)
① 허피스 바이러스에 의해 모든 일령의 닭에 연중 발생(가을~봄) 한다.
② 발병 초기에는 콧물, 재채기, 개구호흡, 호흡 시 골골거리는 소리를 낸다.
③ 치료법은 없으며, 위생적인 사양 관리와 함께 예방접종을 해야 한다.

(3) 전염성 기관지염(IB ; Infectious Bronchitis)
① 모든 일령에 발생하며 공기, 비말 전염으로 전파속도가 매우 빠른 3종 전염병이다.
② 재채기, 기침, 호흡 시 이상음, 산란계는 산란율 저하, 기형란, 저질란, 연란 생산
③ 치료법은 없으며, 위생적인 사양 관리와 함께 예방접종을 해야 한다.

(4) 계두(Fowl Pox)

① 병아리에 다발하고 6월~10월초 모기에 의해 전파된다.

② 피부형 : 벼슬, 주둥이 주변, 육수와 다리에 발두 후 암적색의 딱지가 형성된다.

③ 계사 내의 모기 구제, 계두백신을 접종한다.

(5) 닭전염성F낭병(감보로병)

① 병원체가 닭의 항문 위쪽의 훼브리셔스낭에 침입하여 항체 형성을 못하도록 한다.

② 침울, 식욕부진, 깃털이 빠지거나 역립, 유백색 또는 녹색 설사, 3종 전염병이다.

② 예방 백신을 접종한다.

(6) 마레크병(MD ; Marek's Disease)

① 50~150일령에 많이 발생하며 다리, 날개, 목의 마비 증상이 특징인 3종 전염병이다.

② 예방접종은 부화 직후 목 뒤에 피하 접종을 실시한다.

(7) 산란저하증후군(EDS 76 ; Egg Drop Syndrome '76)

① 아데노 바이러스(Adeno virus)에 의해 6~8개월령에 다발하며, 확실한 감염경로가 불명하다.

② 연란, 파란, 난각 착색 불량과 산란율 저하, 녹색변 등의 증상이 있다.

(8) 고병원성 조류인플루엔자(HPAI)

① 인플루엔자 바이러스가 계속해서 변종 바이러스를 만들어 생긴다.

② 전파가 매우 빠르고 병원성이 다양하며 급성 전염병으로 제1종 법정전염병이다.

③ 주요 증상은 호흡기 증상, 설사, 산란율의 급격한 감소, 벼슬 등 머리 부위에 청색증 등이다.

④ 전염원은 오리(잠복 감염원)와 철새(주요 유입원)의 분변으로 추정하고 있다.

② 세균성 전염병

(1) 추백리(Pullorum Disease)

① 3주령 내의 병아리에 다발하는 소화기계 전염병으로 회백색 설사가 특징이다.

② 보균계 → 종란 → 부화 병아리에게 전염되는 '난계대전염'을 한다.

③ 보균닭을 검사하여 도태시킨다.

(2) 포도상구균증(Staphylococcosis)

① 주로 상처를 통하여 감염되기 때문에 카니발리즘을 지닌 계사 내에서 많이 발생한다.

② 부종성 피부염(빠다리병)이 가장 많이 나타나고 제대염, 관절염, 지루증이 생긴다.

③ 과밀사육을 피하고 병계를 조기 도태하며 항생제를 투여한다.

(3) 가금 콜레라(Fowl Cholera, Pasteurellosis)

① 가금 콜라라균의 감염에 의한 출혈성, 패혈성 질병으로 급성형과 만성형이 있다.

② 식욕 부진과 설사, '골골'하는 호흡 증상, 콧물과 침을 많이 흘린다.

③ 오염된 물과 접촉을 통해서도 감염된다. 예방접종을 실시하고 감염된 닭은 도태시킨다.

(4) 마이코플라스마(CRD)

① 일반 세균과 바이러스의 중간 크기로 2종류의 세균과 기타 병원균과 복합 감염된다.

② 콧물, 가래, '골골' 소리 등 호흡기 증상과 산란 저하를 가져온다.

③ 백신 접종과 항생제를 투여한다.

③ 원충성 전염병

(1) 콕시듐병(Cocoidiosis)

① 원충에 의해 발병하며 여름철 중추 이상에서 다발한다.

② 혈변, 빈혈, 맹장 내 혈액응고물 저류 등

③ 깔짚 등 청결건조, 육계는 20일령 전후 예방적 콕시듐크리닝을 4~5일간 실시한다.

(2) 류코싸이토준병

① 주혈포자충류의 원충에 의해 발병하며 주로 빈혈과 출혈, 녹변 증상이 있다.

② 모기가 전파하므로 봄에서 여름에 다발한다.

③ 모기 구제, 설파제를 투여한다.

5 가축분뇨의 처리 및 이용

① 계분의 퇴비화

(1) 수분 조절
① 계분의 수분 함량을 65% 내외로 조절하는 것이 퇴비화의 중요한 요소이다.
② 하우스 건조, 로터리 교반 건조, 화력 건조 방법이 있다.

(2) 공기 공급
① 퇴비화는 호기성 미생물의 작용에 의한다.
② 공기(산소) 공급은 송풍장치 사용과 교반 및 뒤집기 작업 등을 한다.

(3) 충분한 후숙
① 1차 부숙이 완료된 계분퇴비를 퇴적한 후 충분한 시간 동안 후숙시킨다.

> 큰 닭 1수당 연간 생계분 70~80kg, 건조 계분 20kg 생산

연구 계분의 처리

구분		예비 건조	건 조	발 효
계사 내		● 제분방식 – 스크레파 　○ 지하 피트형 　○ 바닥형 – 벨트식 – 송풍 벨트형	● 태양 건조 – 노지건조 – 하우스 건조 – 로터리교반 건조	● 자연발효 – 단순퇴적 – 교반 단순퇴적
		● 환기방식 – 자연환기 – 자연 + 강제환기 – 강제환기	● 급속 건조 – 화력건조	● 급속발효 – 교반식 　○ 에스컬레이터형 　○ 로터리형 – 퇴적 송풍식 – 밀폐형
계사 밖		자연건조와 같음		

② 계분의 사료화

(1) 건조법
① 기계 건조법
- 70℃에서는 12시간, 140℃에서는 1시간, 180℃에서는 30분간 건조시킨다.

② 자연건조법
- 계분에 쌀겨나 밀기울(전체 20~30%)을 섞어 볕에 말린 후 자루에 담아 건조시킨다.

(2) 발효법
① 생계분 35%, 쌀겨 또는 밀보리짚 가루 35%, 잘게 썬 청사료 30%를 섞는다.
② 물을 뿌려 수분함량이 60% 정도 되게 하여 비닐로 밀봉해서 5일 정도 발효시킨다.
③ 계분이 황록색으로 변하고 술지게미 냄새가 날 때 사료로 사용한다.

(3) 사일로(silo)법
① 생계분 50~60% + 옥수수 대, 화본과 목초, 괴근 사료 25% + 밀기울 10% 혼합
② 함수량을 60%로 조절하여 사일로(silo)에 저장한다.
③ 30~45일 지나면 꺼내어 소나 양과 돼지에 먹일 수 있다.

(4) 화학법
① 계분 건물 무게의 0.5~0.7%에 포름알데히드를 첨가하여 1~3시간 방치해 둔다.
② 급여 시 5%의 당밀과 농후사료를 섞어 사초와 함께 소나 양에게 먹인다.

> ① 생계분의 유기질 함량은 25.5% 정도로 우수한 비료자원이다.
> ② 건조된 계분은 조단백질이 26% 정도 함유된 우수한 사료자원이다.
> ③ 계분 발효 시 배출되는 메탄가스는 연료나 발전을 할 수 있는 연료 자원이다.

01 산란계, 실용계 선택 시 고려할 사항과 가장 거리가 먼 것은?

① 알 무게
② 체형
③ 산란능력
④ 사료 이용성

■ 산란능력이 높을 것
● 생존율이 높을 것
● 몸 크기가 작을 것
● 사료 요구율이 낮을 것
● 난중이 무거울 것
● 난질이 양호할 것

02 다음 닭 중 미국 원산으로 깃털은 적갈색이고 난각은 갈색이며 체구가 비교적 큰 닭은?

① 미노르카
② 레그혼
③ 뉴햄프셔
④ 플리머드록

■ 미노르카, 레그혼은 산란계
플리머드록은 겸용종이다.

03 브로일러 양계 경영 특성상 단점은?

① 자본회전이 느리다.
② 다른 가축보다 사료 효율이 낮다.
③ 위험부담의 기간이 길다.
④ 가격의 변동이 크다.

04 야계의 종류가 아닌 것은?

① 적색 야계
② 실론 야계
③ 회색 야계
④ 중국 야계

■ 적색 야계 : 동남아 지역
● 실론 야계 : 스리랑카
● 회색 야계 : 중국, 인도
● 녹색 야계 : 자바섬 지역

01 ②   02 ③   03 ④   04 ④

05 닭의 형태적, 생리적 특성에 대한 설명 중 바르지 못한 것은?

① 뼈 속에 공기가 들어 있는 함기골로 되어 있다.

② 이빨, 입술이 없고 부리로 되어 있으며 맹장이 발달되어 있다.

③ 기낭은 공기주머니로 체온유지와 나는 데 도움을 준다.

④ 땀샘과 피지샘이 매우 발달되어 있다.

■ 땀샘과 피지샘이 없어 피부의 표면은 건조하다. 꼬리에 기름샘이 있다.

06 병아리 사양관리에 관한 사항 중 틀린 것은?

① 첫 주에는 온도를 33~35℃로 맞춰 주고 1주에 2℃씩 낮추어 사양한다.

② 병아리 사양에 적합한 습도는 60~70% 수준이다.

③ 환기공, 환기창을 설치하여 환기를 실시하며, 일광욕을 시키는 것도 좋다.

④ 병아리가 커갈수록 사료 중의 단백질 함량을 높여야 한다.

■ 큰병아리까지 단백질 수준을 점차 낮추어 주고 산란초기부터 높여 준다.

07 다음 중 원산지가 동양종인 닭은?

① 레그혼 　　　　　　② 코친

③ 플리머스록 　　　　④ 미노르카

■ 레그혼 : 난용종, 이탈리아
코친 : 육용종, 중국
플리머드록 : 겸용종, 미국
미노르카 : 난용종, 스페인

08 닭의 산란성을 지배하는 유전적 요소와 관계가 가장 적은 것은?

① 성 성숙 　　　　　② 쪼는 습성

③ 산란 강도 　　　　④ 산란 지속성

■ 산란 5요소설(Goodale과 Hays)
1. 조숙성(성 성숙)
2. 산란 강도
3. 취소성
4. 동기 휴산성
5. 산란 지속성

09 난용종으로 이탈리아가 원산지로 단관(홑볏) 백색종은?

① 레그혼 　　　　　② 햄버그

③ 안달루시안 　　　④ 코니시

■ ①②③은 난용종 ④는 육용종

05 ④　06 ④　07 ②　08 ②　09 ①

10 강제 털갈이의 효과가 아닌 것은?

① 휴산기간이 짧아진다.

② 알껍질이 두꺼우며 치밀하다.

③ 수정률은 높고 부화율이 낮다.

④ 관리가 용이하고 산란시기가 일치한다.

■ 부화율도 높아진다.

11 다음 중 입체부화기의 발육실은 몇 ℃를 유지하는 것이 가장 좋은가?

① 32~33℃ ② 37.8℃

③ 38.5℃ ④ 39~40℃

■ 발육실 : 37.8℃
발생실: 36.5~37℃

12 닭 품종 중 난육 겸용종인 품종은?

① 로드아일랜드 레드종 ② 코친종

③ 코니시종 ④ 레그혼종

■ ② 코친종 : 육용종
③ 코니시종 : 육용종
④ 레그혼종 : 난용종

13 다음 특성 중 양계업의 장점은?

① 집단사육 시 질병발생률이 낮다.

② 생산기간이 짧고, 일시에 대량 생산되므로 가격이 안정하다.

③ 적은 자본과 토지 및 노력으로 쉽게 시작할 수 있다.

④ 국내외 정세의 변동에 큰 영향을 받지 않는다.

14 브로일러 양계 경영의 장점과 거리가 먼 것은?

① 자본회전이 빠르다.

② 생산량의 출하 조정이 가장 잘 된다.

③ 사료 효율이 높다.

④ 위험 부담 기간이 짧다.

■ 생산량의 출하 조정이 어렵다.

15 난각이 만들어지는 암탉의 생식기관은?

① 난관누두부   ② 난백 분비부

③ 자궁   ④ 협부

■ ① 난관누두부 : 수정장소
② 난백 분비부 : 흰자질, 알끈
④ 협부 : 난각막

16 닭의 쪼는 습성을 예방하는 방법으로 가장 좋은 것은?

① 밀사   ② 부리 자르기

③ 날개 자르기   ④ 볏 자르기

17 육계경영의 장점이라고 할 수 있는 것은?

① 육계가격의 진폭이 심하다.   ② 자본회전율이 빠르다.

③ 사료요구율이 높다.   ④ 출하조정이 어렵다.

■ 육계는 6~8주면 출하가 가능하다.

18 닭의 일반적 습성에 대한 설명으로 바르지 못한 것은?

① 쪼는 습성   ② 털갈이 습성

③ 단일성 동물   ④ 경계심이 강함

■ 일조시간이 길어지는 봄철에 산란을 하는 장일성 동물이다.

19 닭의 카니발리즘의 원인이 아닌 것은?

① 계사 내 직사광선이 들어올 때

② 사료 내 염분이 부족할 때

③ 조사료 함량이 부족할 때

④ 사육온도가 적정온도보다 낮을 때

■ 카니발리즘은 쪼는 성질, 식우성이라고도 한다.

20 닭의 소화기관 중 위산과 펩신 등 소화액을 분비하는 기관은?

① 소낭   ② 근위

③ 선위   ④ 맹장

■ 소낭(모이주머니)은 모이를 불리고 발효시킨다.
● 근위는 곡류를 부수고 혼합하는 역할을 한다.
● 맹장은 미생물에 의해 섬유소를 분해한다.

15 ③   16 ②   17 ②   18 ③   19 ④   20 ③

21 병아리 육추의 성공여부는 온도와 습도 및 환기를 알맞게 해 주어야 하는데 평면 육추실 온도 측정은 어디를 기준으로 하는가?

① 병아리 어깨높이

② 지면 1.5m

③ 병아리 무릎높이

④ 급열기 높이

22 부화의 3대 요소가 아닌 것은?

① 온도 　　　　　② 습도

③ 소독 　　　　　④ 환기

■ 부화의 4대 요소
온도, 습도, 환기, 전란

23 산란계 사육에서 일조시간이 길고 짧음에 따라 가장 크게 반응하는 것은?

① 증체율 　　　　② 육추율

③ 산란율 　　　　④ 발정주기

■ 장일성 동물로 17시간 점등한다.

24 강제 환우 시 실시하는 방법으로 적합하지 않은 것은?

① 절식

② 절수

③ 일조시간 단축

④ 부리자르기

■ 절식, 절수, 일조시간 단축을 기본으로 실시한다.

25 전란의 회수가 1일 4~6회일 때 전란 각도는?

① 90° 　　　　　② 120°

③ 160° 　　　　　④ 180°

■ 좌우 또는 상하 45°
총 90°로 전란한다.

26 다음 중 난용종 품종의 선택요령으로 가장 부적합한 내용은?

① 사료의 이용성이 높은 품종
② 체구가 비교적 큰 품종
③ 초산 후 60일 이내에 표준 난중에 도달하는 품종
④ 산란능력이 높고, 난질이 양호한 품종

■ 난용종은 체구가 작아 적게 먹고 다산해야 한다.

27 종란으로 적합한 난형지수는?

① 65
② 74
③ 80
④ 85

■ 난형 지수가 72보다 적으면 종란은 너무 길고, 76보다 크면 너무 둥글다. 정상란은 세로 : 가로 = 4 : 3 이다.
난형 지수 = (종란 가로 길이 / 종란 세로 길이) × 100

28 다음 중 난용종 오리 품종은?

① 인디안 러너　　　　② 르왕
③ 에일즈버리　　　　④ 머스코비

■ ②③④는 육용종이다.

29 중국이 원산지인 겸용종으로 백색털을 가진 오리품종은?

① 오핑톤
② 페킨
③ 머스코비
④ 캠벨

■ 페킨은 우리나라에서 가장 많이 사육되는 품종이다.

30 병아리 육추에서 어느 무기질이 부족할 때 페로시스(Perosis)라는 각약증이 일어나는가?

① Mg　　　　② Mn
③ Zn　　　　④ Fe

■ 무기물 중 망가니즈(Mn)가 부족하면 각약증(Perosis)이 발생한다.

26 ②　27 ②　28 ①　29 ②　30 ②

31 육용 실용계의 선택으로 바르지 못한 것은?

① 초기 성장률이 높을 것

② 우모성장 속도가 빠를 것

③ 생존율이 높을 것

④ 우모색이 갈색일 것

32 산란계의 황색색소가 가장 먼저 퇴색하는 곳은?

① 항문

② 눈 주위

③ 귓불

④ 정강이

■ 노란색 퇴색은 항문(1~2주) → 눈 주위(2~3주) → 귓불(3~4주) → 부리(6주) → 정강이(4~6개월) 순으로 퇴색된다.

33 병아리의 다발성 신경염은 어떤 비타민의 결핍증상으로 나타나는가?

① 비타민 A

② 비타민 D

③ 비타민 E

④ 비타민 B_1

■ 다발성 신경염 예방을 위해 비타민 B_1이 부족하지 않도록 한다.

34 인산칼슘제의 공급 목적과 관계가 없는 것은?

① 뼈의 형성

② 알 껍질 형성

③ 몸의 색소 형성

④ 치아의 형성

35 케이지 계사의 장점이 아닌 것은?

① 관리에 편리하다

② 시설비가 적게 든다.

③ 수용수수가 많다.

④ 깨끗한 알을 생산한다.

■ 케이지 계사는 시설비가 많이 든다.

36 닭의 세균성 전염병으로 석고상태의 흰 설사를 한 후 항문이 막혀서 죽게 되는 닭의 질병은?

① 추백리　　　　　　② 계두

③ 뉴캐슬　　　　　　④ 뇌척수염

■ 추백리는 보균계→ 종란→ 부화 병아리에게 전염되는 '난계대전염'을 한다.

37 닭의 계두 접종 부위는?

① 대퇴부　　　　　　② 날개 익막

③ 목 뒤　　　　　　④ 가슴 근육

■ 계두 접종은 1차 : 2주령, 1침 (단침), 2차 : 2~3개월, 2침으로 날개의 얇은 막에 접종한다.

38 원생동물에 의하여 발생하는 닭의 질병은?

① 콜레라　　　　　　② 콕시듐병

③ 뉴캐슬병　　　　　④ 마렉병

■ 콕시듐은 원충(원생동물)에 의해 발병한다. 혈변, 빈혈, 맹장 내 혈액 응고물 저류 등의 증상이 있다.

39 접촉 또는 공기로 감염되며, 우리나라에서도 많이 발병되고, 급성인 브로일러 생산에 큰 피해를 주는 Herpes virus인 MDV에 의하여 일어나는 닭의 전염병은?

① 뉴캐슬병

② 콕시듐병

③ 마레크병

④ 추백리병

■ 마레크병은 50~150일령에 많이 발생하며 다리, 날개, 목의 마비 증상이 특징인 3종 전염병이다.

40 다음 중 모기가 전파시키는 전염병은?

① 뉴캐슬

② 포도상구균증

③ 전염성기관지염

④ 계두

■ 계두는 모기에 의해 전파되고 벼슬, 주둥이 주변, 육수와 다리에 발두 후 암적색의 딱지가 형성된다.

36 ① 　37 ② 　38 ② 　39 ③ 　40 ④

41 다음 닭병 중 종계에서 알로 통하여 병아리에 전염되는 난계대 전염병이 아닌 병은?

① 마이코플라스마   ② 백혈병

③ 추백리병   ④ 뉴캐슬병

■ 난계대전염병에는 추백리, 가금 티푸스, 마이코플라스마, 백혈병 등 이 있다.

42 다음 중 닭의 세균성 전염병은?

① 추백리병   ② 뉴캐슬병

③ EDS 76   ④ 흑두병

■ 세균성 전염병에는 추백리, 포도 상구균증, 가금 콜레라 등이 있다.

43 다음 중 부리 자르기 목적이 아닌 것은?

① 식우증 예방

② 사료의 허실 및 편식 방지

③ 성장 촉진

④ 알 깨먹는 습성 방지

■ ①②④ 이외에 투쟁심 방지 등이 있다.

V 토끼, 염소, 양

1 토끼, 염소, 양의 품종과 선택

1 토끼의 품종과 선택

(1) 토끼의 기원
① 집토끼는 포유강, 토끼목, 토끼과, 굴토끼속에 속하는 동물로 약 150여 종이 있다.
② BC 1,000년경 유럽에서 굴토끼를 가축화하였다.
③ 식용, 모피용으로 육성되었으나 최근에는 애완종으로도 많이 개량되었다.

(2) 토끼의 특징
① 형태적 특성
  ● 귀가 매우 크며 자유롭게 움직이고 혈관이 발달하여 체온 발산 역할을 한다.
  ● 눈은 머리 위쪽에 있어 시야가 넓으며, 코 주위에 촉수 역할을 하는 20여 개의 긴 수염이 있다.
  ● 뒷다리가 앞다리에 비하여 길고 근육이 발달되어 있어 산을 잘 오른다.
  ● 이빨은 윗니 16개, 아랫니 12개로 모두 28개이며, 앞니 2개가 겹친 중치류 동물이다.
  ● 토끼의 윗입술은 언청이 모양으로 양쪽으로 갈라져 있어 물건을 씹기에 편하게 되어 있다.
② 심리 · 생리적 특징
  ● 촉각이 예민하고 후각도 발달하여 냄새로 자신의 새끼를 구별한다.
  ● 큰 귀에 청각이 뛰어나 잘 놀란다.
  ● 땀샘은 없어 체온 조절이 잘되지 않으므로 더위에 약하다.
  ● 초식동물로 창자는 몸길이의 약 10배에 해당한다.
  ● 맹장이 잘 발달되고 셀룰로오스의 분해를 돕는 박테리아가 있다.
  ● 자기 똥을 먹는 식분증(분식성)이 있다.
  ● 깨끗한 것을 좋아하고 같은 장소에 배설한다.

연구 **토끼의 식분증(분식성)**

토끼는 밤중에 입을 항문에 대고 똥을 직접 받아먹거나 토끼장 바닥의 것을 먹기도 한다. 모든 분을 먹는 것이 아니라 일반 분과는 다르게 부드러우면서 점액으로 덮여 있는 분을 먹는다. 이것을 점질피막분이라고 부르는데 조단백질 함량이 높고 비타민 B_{12}가 풍부하다. 식분증은 정상적인 토끼의 습성이다.

(3) 토끼의 품종

집토끼의 품종은 몸의 크기, 털의 길이, 용도에 따라 다음과 같이 분류한다.

구분	품종명	원산지	특징
육용종	플레미시 자이언트	프랑스	● 체중은 5~8kg의 거대종이다. ● 토끼 중에서 가장 큰 식용이다.
	캘리포니안	미국	● 백색에 귀, 꼬리, 코, 네 다리 끝이 검다. ● 성질 온순, 체질이 강건하다. ● 1년에 4~5회 분만, 산자수 6~7두 ● 체중 암컷 4.3kg, 수컷 4.1kg
모피용종	렉스	프랑스	● 융단 같은 촉감의 단모종이다. ● 모피를 얻기 위해 개량, 체중은 4kg 전후
	친칠라	프랑스, 영국 개량	● 털은 검은색과 백색이 혼합된 청회색이다. ● 체질이 약하나 번식 능력은 좋다. ● 체중은 암컷 2.9kg, 수컷 3.2kg
모피, 육 겸용종	뉴질랜드 화이트	미국	● 털색은 백색으로 두껍고 촘촘하다. ● 성질 온순, 산자수 6~7마리 ● 체중은 암컷 5kg, 수컷 4.5kg
	백색 일본종	일본	● 털색은 백색, 고기의 질이 좋고 맛도 좋다. ● 모피의 품질도 우수하다.
모용종	앙고라	터키	● 순백색의 6~8cm의 긴 털을 가지고 있다. ● 연간 4~5회 제모, 400~600g을 생산한다. ● 성질 온순, 산자수 4~5마리 ● 체중은 암컷 2.7kg, 수컷 3.1kg,
애완종	롭이어	영국, 프랑 스, 독일	● 갈색, 회색, 흑색 등이 있다. ● 길게 늘어진 귀가 특징이다.
	라이언 헤드	벨기에 네덜란드	● 얼굴에 사자갈기 같은 털이 있다. ● 보통 흰색에 귀가 검정색이다.
	더치	네덜란드	● 신체 앞쪽은 희고 귀와 눈 주변, 몸 뒤쪽은 검 정 혹은 갈색인 소형종이다.
	드워프	네덜란드	● 더치 개량종으로 귀가 짧다 ● 체중은 1.0~1.5kg이다.

자이언트 · 캘리포니안 · 렉스 · 친칠라

뉴질랜드 화이트 · 앙고라 · 더치 · 롭이어 · 라이언헤드

② 염소의 품종과 선택

(1) 염소의 기원

① 염소는 포유강 소목, 소과, 영양아과, 염소속, 들염소에 속하는 동물이다.

② BC 7,000년 이란과 이라크 지방에서 가축화된 동물로 산양이라고도 한다.

③ 체질이 강건하고 풍토에 대한 적응성이 뛰어나 세계적으로 사육되고 있다.

(2) 염소의 특징

① 양질의 산양 젖과 보양식의 고기, 가죽, 뿔 등을 생산한다.

② 위가 4개인 반추가축이며 발굽은 모두 2개를 가지고 있다.

③ 높고 건조한 곳을 좋아하고 성격이 활발하고 민첩하다.

④ 무리지어 생활하기를 좋아하며, 낙엽과 깨끗한 먹이를 좋아한다.

⑤ 염소는 면양과 달리 턱수염과 고기수염이 있다.

⑥ 염소는 뿔이 있지만 면양은 뿔이 없거나 수컷만 가지고 있다.

⑦ 집단 내 서열이 뚜렷하고 침입자에게 저항한다.

(3) 염소의 품종

염소는 털색, 귀의 모양, 체형, 능력 등에서 차이가 난다. 용도에 따라 유용종, 모용종, 육용종, 모육겸용종으로 나눈다.

자넨

토겐부르크

누비안

알파인

한국종(흑염소)

앙골라

캐시미어

콜롬비아

보어

키코

구분	품종	원산지	특징
유용종	자넨	스위스	● 유용종 산양 중 가장 많이 사육된다. ● 백색 털, 암수 턱수염이 있고 귀는 직립한다. ● 비유기간 : 240~300일, 비유량 500~800kg
	토겐부르크	스위스	● 황갈색 또는 초콜릿색, 얼굴 양쪽에 흰 줄이 있다. ● 하복부 쪽은 흰색이며 체질이 강건하다. ● 비유량은 자넨보다 적다.
	알파인	스위스	● 털색은 흰색, 갈색, 흑색, 적색 또는 혼합색이다. ● 성질이 온순하고 건강하며 산악지대에 적합하다. ● 비유기간 : 280~300일, 비유량은 1,600kg이다.
	누비안	아프리카	● 털색은 암적색, 갈색, 유백색, 흑색, 혼합색이다. ● 머리는 짧고 크며 넓적하고 귀는 처져 있다. ● 비유량 : 1일 3~4 kg, 유지방이 4~7%로 높다.
육용종	한국 재래종	한국	● 털이 검고 윤기가 나며 뿔이 있고 강건하다. ● 약용 내지 육용으로 쓰인다. 정육률이 낮다. ● 사료 이용성과 환경 적응성이 매우 우수하다.
	중국종	중국	● 마두산양은 백색으로 뿔이 없고 귀가 처져 있다. 수컷의 체중은 약 44kg이고 암컷은 34kg이다. ● 반각산양은 백색으로 뿔이 있다. 수컷의 체중은 40kg 이상이며 암컷은 30kg 정도이다.
	보어	남아프리카	● 흰색에 양볼과 턱이 갈색이다. 수컷의 체중은 110~135kg, 암컷은 90~100kg이다. ● 증체량과 정육률이 우수, 우리나라에서도 사육된다.
모용종	앙고라	티베트	● 흰색의 부드러운 털을 모헤어(Mohair)라고 한다. ● 1두당 모헤어를 2~3kg 생산한다. ● 양모보다 털이 질기고 탄력이 있으며 염색이 된다.
	캐시미어	티베트 캐시미어	● 흰색털이며 목과 어깨에는 붉은 무늬가 있다. ● 외부에는 10~12cm의 장모, 내부에는 단모가 있다. ● 단모는 봄에 빠지고 가을에 다시 발생한다.
겸용종	콜롬비아, 파나마, 타기, 로멜데일		

③ 양의 품종과 선택

(1) 양의 기원과 특징

① 면양은 포유강, 소목, 소과, 양속, 양의 동물로 산양과 구분하여 면양이라고 한다.

② 서아시아 지방에서 야생종을 개량하여 털, 고기, 젖을 얻는다.

③ 털은 길고 부드러우며 곱슬곱슬하다.

④ 면양은 종류에 따라 크기가 다양하며, 보통 체장 90~120㎝, 체중 95~115㎏ 정도이다.

⑤ 뿔은 있는 것과 없는 것이 있고 턱에는 수염이 없다.

⑥ 성질이 매우 온순하며 겁이 많아 한데 모여 산다.

(2) 면양의 품종

구분	품종	원산지	특징
세모종	랑부예메리노 (Rambouillet Merino)	프랑스	● 털색은 흰색이고 질이 매우 우수하다. ● 수양은 나선형의 뿔이 있으나, 암양은 무각이다. ● 체구가 크고 강건, 적응성도 양호하다. ● 1년간 털 생산량은 5~10㎏이다.
모육 겸용종	코리데일 (Corriedale)	뉴질랜드	● 얼굴, 귀, 다리는 흰색이고, 암수 모두 뿔이 없다. ● 털의 질은 보통이고 연간 5~8㎏을 생산한다. ● 링컨, 레스터 수양을 메리노 암양에 교배하여 만든다.
중모종	사우스다운 (southdown)	영국	● 몸은 직사각형으로 튼튼하고 다리와 털은 짧다. ● 뿔은 암수 모두 없다. ● 털의 질이 좋고 고기는 맛이 좋다.
유용종	오스트프리지안 (ostfriesian)	독일	● 귀는 크고 늘어져 있으며 유방이 잘 발달되었다. ● 1일 젖 생산량이 2~4㎏ 정도이다. ● 양털은 질이 좋지 못하나 고기의 질은 좋다.
장모종	링컨 (Lincoln)	영국	● 산모량이 가장 많고 25㎝ 정도의 긴 털을 생산한다. ● 수양의 경우 12~14㎏, 암양의 경우 7~9㎏ 정도의 털을 생산한다.
모피용종	카라쿨 (karakul)	중앙 아시아	● 몸집이 작고 털이 거칠며 회갈색이다. ● 털가죽은 브로드테일이라 하여 고급 코트를 만든다.

2 번식과 육성

① 토끼의 번식과 육성

(1) 번식 적령기

① 암토끼는 7개월령 이후부터 1년에 3~4회씩 2~3년간 활용할 수 있다.

② 수토끼는 8개월령부터 번식하는 것이 좋다.

(2) 발정과 교배

① 토끼는 주기적으로 배란하지 않고 교미 자극으로 배란한다.

② 배란은 교미 자극 후 10시간 쯤 뒤에 일어난다.

③ 발정 징후는 음부가 붉게 충혈되고 행동이 활발해지며 뒷발로 바닥을 구르기도 한다.

④ 수토끼를 접근시키면 교미자세를 취한다.

⑤ 발정 주기는 10~15일이며 3~4일간 지속된다.

⑥ 교배 장소는 일반적으로 암컷을 수컷상자에 넣는다.

(3) 임신과 분만

① 임신기간은 평균 31일이며 보통 5~8마리를 30분에서 1시간 사이에 분만한다.

② 분만 5~6일 전에 분만 자리를 만들어 주고 부드럽고 깨끗한 자리깃을 넣어준다.

③ 어미가 불안감을 느끼게 되면 새끼를 먹어버리는 식자벽이 발생할 수 있다.

④ 임신 징후는 온순해지고, 식욕이 왕성해지며, 수컷의 접근을 허용하지 않는다.

⑤ 임신 후기는 하복부가 커지고 유선이 발달, 분만 전 3~4일에는 보금자리를 만든다.

(4) 육성

① 새끼는 4~5일이면 털이 나고 9~10일이면 눈을 뜬다.

② 생후 15일이면 사료 입질을 시작하며 20일경에는 예건한 청초 등을 공급한다.

③ 어린 새끼 토끼에게는 수분이 많은 사료는 설사의 우려가 있다.

④ 생후 40~50일령(4~7주)이 되어 사료에 적응이 되면 이유시킨다.

⑤ 종토용 토끼나 발육이 좋지 못한 자토는 포유기간을 10여 일 더 연장한다.

⑥ 3개월 후 생식기의 모양을 보고 암수를 구별하여 분리 사육한다.

② 염소의 번식과 육성

(1) 성 성숙과 번식적기
① 염소는 단일성 계절번식 동물로 일조 시간이 짧아지는 가을과 겨울철에 발정을 한다.
② 흑염소 : 암컷 10kg, 10개월령 이상, 수컷 30kg, 15개월 이상, 2년에 3회 분만
③ 유산양 : 암컷 30kg, 10개월령 이상, 수컷 36kg 12개월 이상

(2) 발정과 교배
① 발정 주기는 21일이며 발정 지속시간은 30~50시간이다.
② 발정 증상은 식욕과 비유량 감소, 불안, 계속 울면서 다른 염소의 등에 올라타려고 한다.
③ 외음부가 붓고 붉어지며, 점액이 흐르고 소변을 자주 보며 꼬리를 흔들고, 옆으로 제친다.
④ 교배 적기는 발정개시 후 12~20시간 이후이다.

(3) 임신
① 염소의 평균 임신기간은 152일(평균 5개월)이며 평균 산자수는 2두이다.
② 임신 징후는 초기에는 외음부 탄성 증가, 식욕 왕성, 윤기가 나고, 체구가 풍만해진다.

(4) 분만
① 유방 팽대, 음부가 붓고, 점액 유출, 오줌을 자주 누고, 먹지 않고 앞발로 땅을 긁는다.
② 양수막이 터진 후 20~30분에 태아가 나오고 두번째는 15~20분 뒤 출산한다.
③ 태아는 마른 걸레로 콧구멍, 입주위, 목, 몸집의 순으로 닦아 말려준다.
④ 탯줄을 10㎝ 남기고 묶은 후 자르고 소독한다.

(5) 육성
① 출생 후 초유를 바로 급여하여 5일간 급여한다.
② 초유를 출생 후 20~30분부터 1일 4회, 0.6~1.2kg 급여한다.
③ 냉동 초유는 38~40℃로 따뜻하게 가열하여 급여한다.
④ 생후 2~3주부터 사료급여를 시작하고 3개월경 이유시킨다.
⑤ 약 3개월에 한 번씩 발굽을 잘라 준다.

(6) 염소의 거세

① 무혈거세 시기는 생후 3~5개월령(이유 후)에 하는 것이 적당하다.

② 고무링 장착기로 정소에 고무링을 장착하면 20~25일 후 자연적으로 탈락한다.

③ 외과적 유혈거세는 생후 4~6주 사이에 실시한다.

(7) 뿔의 제거

① 제각연고를 이용한 제각은 생후 3~7일령에 각근부에 제각연고를 바른다.

② 제각기 사용은 생후 1주일경에 뿔의 생장점을 전기 인두기로 지져 준다.

③ 양의 번식과 육성

(1) 발정과 교배

① 보통 2~5살, 7~8세까지 이용한다.

② 발정은 주로 가을철에 일어나고, 발정주기는 17일이며, 지속시간은 약 30시간이다.

③ 발정 징후는 염소와 같으며, 우리에 시정양을 넣어 발정 암양을 가려낸다.

(2) 임신과 교배

① 임신기간은 150일이다.

② 분만 두수는 보통 1마리이나 2~3두를 낳는 경우도 있다.

(3) 육성

① 생후 1주일 후 운동을 시키고 2주일 후 사료를 급여하기 시작한다.

② 3개월 후 이유시킨다.

③ 꼬리 자르기는 생후 1~2주령에 둘째 꼬리뼈와 셋째 꼬리뼈 사이를 자른다.

④ 불까기(거세)는 생후 1~2주령에 실시한다.

연구 양의 꼬리 자르기 목적

- 외관을 좋게 한다.
- 교배 시 편리하다.
- 꼬리의 더럽힘을 방지한다.
- 외부기생충의 기생을 방지한다.

3 사양관리 및 사양위생

1 토끼의 사양관리 및 위생

(1) 토끼 사양관리

① 어미 토끼는 칼슘, 소금, 비타민 등을 충분히 주고 임신, 포유 중에는 사료의 양을 늘린다.

② 봄과 가을의 털갈이 시기에는 단백질이 많고 품질이 좋은 사료를 급여한다.

③ 봄철에 갑작스런 다량의 청초 급여는 고창증이 발생할 수 있으므로 서서히 교체한다.

④ 4~5월의 털갈이 시기에는 양질의 사료를 급여하여 체력이 떨어지지 않도록 한다.

⑤ 더위에 약하므로 차광막을 만들어주고 물을 충분히 준다.

⑥ 사료가 부패하면 설사와 콕시듐병 등이 발생할 수 있으므로 환기와 건조를 자주 시킨다.

⑦ 풀 사료는 고구마 덩굴, 배추 등 부드럽고 푸른 잎사귀의 사료를 충분히 준다.

⑧ 9~10월에는 털갈이 계절로 좋은 사료를 주어 번식을 피하는 것이 좋다.

⑨ 겨울에는 샛바람을 막아주고 깔짚을 충분히 넣어주어 보온을 해 준다.

(2) 비육 토끼 사양

① 이유 시의 어린 토끼는 소화가 용이한 질이 좋은 조사료를 공급한다.

② 사료 급여 횟수는 1일 5회 정도 급여하며 농후사료는 1일 40~60g 급여한다.

③ 토끼는 3~4개월 사육하면 2.5~3.0kg 되므로 육용으로 출하할 수 있다.

④ 3개월령까지 소요되는 녹사료는 25~30kg, 농후사료는 2~3kg 정도이다.

(3) 토끼 털 깎기

① 털은 가볍고 보온성이 뛰어나며 촉감도 좋아 섬유 제품의 원료로 이용한다.

② 앙고라종의 털 깎기는 생후 50일령에 1회, 7.5cm 크기는 3~4회, 5cm 크기는 4~5회 깎는다.

③ 털 깎기는 등의 털을 좌우로 가른 다음 머리 쪽에서 꼬리 쪽으로 왼쪽을 깎은 후 다시 오른쪽 꼬리 쪽에서 머리 쪽으로 깎는다.

④ 털가죽은 봄 털갈이 전의 겨울철에 생산한 것이 품질이 좋다.

(4) 사육 시설

① 토끼사의 위치는 햇볕이 잘 들고 통풍이 좋으며 물이 잘 빠지는 곳이 좋다.

② 주위는 조용하고 개, 고양이, 족제비 등의 야생 동물로부터 안전해야 한다.

③ 다량 사육 시에는 케이지를 사용하면 관리가 편리하고 노동력 절감과 위생적이다.

④ 급수시설을 설치하여 자유롭게 섭취하고 풀시렁과 먹이통을 준비한다.

(5) 토끼의 질병

① 콕시듐(Coccidiosis)

- 콕시듐은 포자충류의 원충이 토끼의 장이나 간에 기생하여 발병한다.
- 토끼에게 매우 큰 피해를 주는 질병으로 장콕시듐과 간콕시듐이 있다.
- 장콕시듐은 4~8월, 특히 장마철에 다발하며 붉은 설사가 주증상이다.
- 환축은 격리시키고 설파제를 투약한다.

② 스너플(Snuffles)

- 스너플의 원인은 파스튜렐라균이고 주로 접촉에 의하여 전파되며 폐사율이 높다.
- 증상은 콧물, 기침, 재채기, 식욕부진 등이 복합적으로 나타난다.
- 예방을 위하여 소독과 사양관리를 철저히 해야 하며 치료에는 항생물질이 쓰인다.

③ 바이러스성 출혈병(RVHD ; Rabit Viral Haemorragic Disease)

- 바이러스 감염에 의하며 내부 출혈 및 전신 발열이 있다.
- 코에서 혈액 또는 혈액 거품을 흘리며 항문에서 젤리 모양의 점액이 배출된다.
- 3월령에 1차 접종후 1개월 후 추가 접종하고 매년 1회씩 보강 접종한다.

② 염소의 사양관리 및 위생

(1) 염소 사육시설

① 염소사의 위치는 약간 높고 경사가 있어 배수가 잘 되는 건조한 곳이 좋다.

② 남향으로 통풍이 잘 되도록 창문을 설치하고 겨울에는 틈바람이 들어오지 않도록 한다.

③ 험한 지형을 뛰어다니는 습성이 있으므로 방목장이 필요하다.

④ 창고, 풀시렁, 사료조, 식염대, 급수 시설 등을 설치하여 준다.

(2) 염소의 사양관리

① 염소는 나뭇잎을 특히 좋아하여 잡관목류를 40~60% 정도 급여한다.

② 임신 염소는 고영양의 육성우 사료나 전용 사료를 주고, 칼슘, 인 및 소금을 주어야 한다.

③ 임신 후 130일까지는 점차 사료의 양을 늘려주며 130일 이후에는 양을 줄여 준다.

④ 분만 후에는 변비를 방지하기 위하여 소화가 잘되는 질 좋은 건초를 준다.

⑤ 번식용 수염소는 단백질이 풍부한 사료를 주고 운동을 충분히 시킨다.

⑥ 염소는 밟거나 더러워진 사료를 먹지 않으므로 풀시렁을 만들어 주어야 한다.

(3) 염소 생산물의 이용

① 염소의 생산물에는 젖, 고기, 가죽, 털 등이 있다.

② 염소의 젖은 소화가 잘되며 영양분이 풍부하여 음료용으로 많이 사용한다.

③ 특히 결핵균의 감염이 없어 젖먹이, 병약자, 노인들에 대한 최적의 영양 식품이다.

④ 고기는 철분을 비롯한 광물질이 풍부하여 약용이나 보양제로 이용되어 왔다.

⑤ 염소 가죽은 키드라고 하여 얇고 가벼워서 장갑, 구두, 핸드백 등에 사용된다.

⑥ 털은 부드럽고 가늘어서 고급 옷감과 레이스, 커튼 등의 재료로 이용한다.

(4) 염소의 질병

① 급성고창증
- 원인 : 변질, 부패, 발효된 사료, 비 맞은 풀, 두과풀 다량 섭취, 갑작스런 사료 변경 등
- 증상 : 여름철에 많이 발생하고 왼쪽복부 팽대, 되새김을 하지 않음, 호흡 곤란
- 치료 : 복부 마사지, 관장, 중증에는 투관침을 찔러 가스를 빼준다. 희염산 3mL, 에틸알코올 3~9mL를 5배 정도의 물에 희석하여 먹인다.

② 폐염
- 원인 : 파스튜렐라 헤모라이티마균 감염으로 겨울철 발생
- 증상 : 고열, 호흡곤란, 기침 등
- 예방, 치료 : 원인을 제거하고 항생제 근육주사

③ 요마비(허리 마비)
- 원인 : 사상충을 모기가 흡혈하여 전염시킨다.(소 → 모기 → 산양)
- 증상 : 8월~9월 많이 발생하고 목이 한쪽으로 돌아가거나 뒷다리 및 허리가 마비된다.
- 예방, 치료 : 스파톤을 근육 내 4~5일간 주사, 모기에게 물리지 않도록 한다.

④ 유방염
  ● 원인 : 유방, 유두의 상처, 비위생적인 착유, 환경 불량 시 발생
  ● 증상 : 유방이 붓고 발열과 통증, 젖에 응고물질 및 변질된 젖 배출
  ● 예방, 치료 : 소염제를 발라주고 항생제 주사 및 유방염 연고 주입

③ 양의 사양관리 및 위생

(1) 양의 사육관리
① 면양은 평균 기온이 15℃인 4~5월경, 연 1회 털 깎기를 한다.
② 털을 깎은 20~30일 후 약물 목욕을 시켜 외부 기생충과 피부병을 예방한다.
③ 털 깎기는 면양을 무릎 사이에 앉히고 털 깎는 가위나 전모기로 배쪽에서부터 깎는다.
④ 털을 깎는 전날부터 절식시키면 장염전 등의 사고를 방지할 수 있다.

(2) 양의 생산물 이용
① 메리노 털 : 가장 질이 좋은 털을 생산한다.
② 블랙페이스 털 : 하급 양모로 카펫을 짜는 데 사용된다.
③ 양고기는 특유의 냄새가 있고 지방은 녹는점이 42℃로 높아 구이요리에 알맞다.
④ 양젖은 지방률이 6~8%로 높아 음용 외에 버터와 치즈의 원료유로도 이용된다.

01 토끼의 형태적 특성에 대한 설명으로 바르지 못한 것은?

① 귀가 매우 크고 혈관이 발달하여 체온 발산 역할을 한다.

② 시야가 넓고 코 주위의 긴 수염이 촉수 역할을 한다.

③ 앞다리 근육이 발달하여 산을 잘 내려 올 수 있다.

④ 앞니 2개가 겹친 중치류 동물이다.

■ 뒷다리가 길고 근육이 발달하여 산을 오를 수 있다.

02 토끼의 심리적, 생리적 특징으로 바르지 못한 것은?

① 자기 똥을 먹는 식분증(분식성)이 있다.

② 맹장이 잘 발달되고 섬유소 분해를 돕는 박테리아가 있다.

③ 촉각이 예민하고 후각도 발달하여 자신의 새끼를 구별한다.

④ 땀샘이 발달되어 체온 조절을 잘 하고 추위에 약하다.

■ 땀샘이 없어 체온 조절이 잘되지 않으므로 더위에 약하다.

03 다음 중 육용종 토끼의 품종은?

① 캘리포니안

② 렉스

③ 뉴질랜드 화이트

④ 앙고라

■ 육용종은 플레미시 자이언트(영국), 캘리포니안(미국)이 있다.

04 다음 중 모용종 토끼의 품종은?

① 렉스

② 친칠라

③ 일본 백색종

④ 앙고라

■ ①② 모피용
③ 모육 겸용종

01 ③   02 ④   03 ①   04 ④

보충

05 염소의 특징에 대한 설명으로 바르지 못한 것은?

① 위가 4개인 반추가축이며 발굽은 2개로 갈라져 있다.

② 염소는 면양과 달리 턱수염과 고기수염이 있다.

③ 염소는 뿔이 없거나 수컷만 가지고 있다.

④ 집단 내 서열이 뚜렷하고 침입자에게 저항한다.

■ 염소는 암수 모두 뿔이 있다. 면양은 암소 모두 뿔이 없거나 수컷만 가지고 있다.

06 다음 중 유용종 염소의 품종은?

① 자넨종, 토겐부르크

② 중국종, 보어

③ 앙고라, 캐시미어

④ 콜롬비아, 타기

■ 유용종은 ① 이외에 알파인, 누비안이 있다.
② 육용종 ③ 모용종 ④ 겸용종

07 스위스가 원산지이며 흰색이고 젖 생산량이 가장 많은 염소 품종은?

① 자넨종

② 토겐부르크

③ 알파인

④ 누비안

■ 토겐부르크 : 황갈색, 초콜릿색
알파인 : 흰색, 갈색의 혼합색
누비안 : 암적색, 유백색의 혼합색

08 면양의 품종 중 프랑스가 원산지이고 흰색의 세모를 가장 많이 생산하는 것은?

① 코리데일

② 랑부예메리노

③ 사우스다운

④ 카라쿨

■ 코리데일: 모육 겸용종
사우스다운: 중모종
카라쿨: 모피용종

09 뉴질랜드 원산으로 암수 모두 뿔이 없는 모육 겸용종은?

① 코리데일

② 링컨

③ 사우스다운

④ 랑부예메리노

■ 링컨: 장모종, 영국

10 다음 중 교미 후 배란 동물은?

① 염소

② 양

③ 개

④ 토끼

■ 토끼는 주기적으로 배란하지 않고 교미 자극으로 배란한다.

11 토끼 번식과 관련된 설명으로 바르지 못한 것은?

① 수컷을 암컷 상자에 넣어 교배시킨다.

② 임신기간은 평균 31일이다.

③ 발정 시 음부가 붉게 충혈되고 뒷발로 바닥을 구른다.

④ 암토끼는 7개월령 이후부터 1년에 3~4회 번식시킨다.

■ 교배 시에는 일반적으로 암컷을 수컷상자에 넣는다.

12 다음 중 단일성 동물은?

① 염소　　　　　　　② 토끼

③ 돼지　　　　　　　④ 닭

■ 염소는 단일성 계절번식 동물로 일조 시간이 짧아지는 가을과 겨울철에 발정을 한다.

13 염소의 평균 임신기간은?

① 60일　　　　　　　② 90일

③ 114일　　　　　　④ 152일

14 염소의 요마비(허리 마비)의 원인이 되는 사상충을 매개하는 것은?

① 모기　　　　　　　② 파리

③ 진드기　　　　　　④ 쥐

■ 사상충을 모기가 흡혈하여 전염시키고, 8월~9월 많이 발생하며, 주증상은 후구마비이다.

15 염소 고창증의 원인이 아닌 것은?

① 변질, 부패, 발효된 사료 급여　② 비위생적인 착유

③ 갑작스런 사료변경　　　　　　④ 두과 풀 다량 섭취

■ 고창증은 여름철에 많이 발생하고 왼쪽복부 팽대, 되새김을 하지 않음, 호흡곤란 등의 증상이 있다.

16 토끼의 질병으로 원인균은 파스튜렐라균이며 주로 접촉에 의하여 전파되며 폐사율이 높은 질병은?

① 스너플병　　　　　② 바이러스성 출혈

③ 콕시듐　　　　　　④ 유방염

■ 증상은 콧물, 기침, 재채기, 식욕부진 등이 복합적으로 나타난다.

11 ①　12 ①　13 ④　14 ①　15 ②　16 ①

17 토끼의 질병으로 포자충류의 원충이 토끼의 장이나 간에 기생하여 발병하며 붉은색의 설사를 하는 질병은?

① 스너플 병　　　　　　② 바이러스성 출혈
③ 콕시듐　　　　　　　　④ 유방염

■ 장콕시듐은 4~8월, 특히 장마철에 다발하며 붉은 설사가 주증상이다.

18 양의 꼬리 자르기 목적이 아닌 것은?

① 외관을 좋게 한다.
② 교배 시 편리하다.
③ 꼬리의 더럽힘을 방지
④ 싸움을 방지한다.

■ ①②③ 외에 외부 기생충의 기생을 방지한다.
꼬리 자르기는 생후 1~2주령에 둘째 꼬리뼈와 셋째 꼬리뼈 사이를 자른다.

19 흰색의 부드러운 모헤어(Mohair)라는 털을 생산하는 염소의 품종은?

① 보어　　　　　　　　② 앙고라
③ 메리노　　　　　　　④ 캐시미어

20 우리나라에서 양의 털을 깎는 적당한 시기는?

① 2~3월　　　　　　　② 3~4월
③ 4~5월　　　　　　　④ 6~7월

■ 면양은 평균 기온이 15℃인 4~5월경, 연 1회 털 깎기를 한다.

21 염소의 외과적 유혈거세 시기로 적당한 것은?

① 1~2주　　　　　　　② 3~4주
③ 4~6주　　　　　　　④ 8~9주

■ 무혈거세는 생후 3~5개월령, 유혈거세는 생후 4~6주 사이에 실시한다.

VI 가축의 질병 예방

1 예방접종

1 질병의 발생

(1) 질병의 발생 기전
① 첫째, 병원체가 있어야 한다.
- 병원체의 숫자가 많거나 독성이 강하거나, 숙주의 면역력 즉, 저항성이 약해야 한다.
- 역학 = 세균수 × 균력 / 동물의 저항성
② 둘째, 발병에 관련되는 병인(agent), 숙주(host), 환경에 의한다.

(2) 전염병 발생의 조건
① 전염원 : 병원체를 배출하는 동물이 전염원이다.
② 전염경로 : 다음 숙주로 전파되는 특유한 경로로 전파된다.
③ 감수성 있는 숙주 : 숙주가 감수성이 있어야 발병한다.

2 백신의 종류와 접종 방법

(1) 백신의 종류
- 예방접종(백신)은 항원을 투여함으로써 항체를 형성하는 능동 면역이다.
- 세균성 또는 바이러스성 질병의 예방 목적으로 사용된다.

연구 면역의 종류

- 수동면역 : 태반, 초유, 혈청을 통해 자연적 면역획득
- 능동 면역 : 백신 접종

① 생독(생균, B_1)백신 : 병원 미생물을 약하게 만든 약독화 백신
② 사독(사균)백신 : 화학 물질을 사용하여 병원 미생물을 죽여 만든 불활화 백신

생독백신의 장단점

● 장점 : 신속한 면역이 형성되고 대량 백신이 가능하여 경제적이다.

● 단점 : 개발기간이 길며, 동물 배양세포 등에서 다른 병원체가 혼입될 염려가 있다.

사독백신의 장단점

● 장점 : 사멸되어 안전하고 백신 후유증이 없다.

● 단점 : 개발기간이 짧고 면역 형성이 늦다.

(2) 가금류 백신 접종법

① 생독백신 : 점안 접종법, 부리 침지법, 천자법(계두), 음수법, 분무 접종

② 사독(사균)백신 : 근육(IM) 또는 피하 주사법(SC)

③ 일반 가축 : 피하주사, 근육주사

2 방역관리

1 차단 방역

(1) 차단 방역의 의미

① 오염된 또는 오염이 예상되는 지역에서의 병원체 유입과 접촉을 막는 모든 조치이다.

② 유입될 수 있는 경로는 사람, 동물, 차량, 각종 장비 및 자재, 야생동물 등이 있다.

(2) 차단 방역의 단계

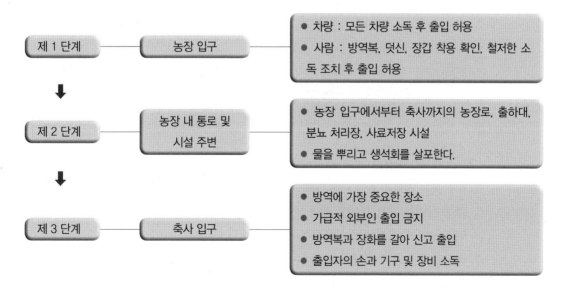

제 1 단계 — 농장 입구
● 차량 : 모든 차량 소독 후 출입 허용
● 사람 : 방역복, 덧신, 장갑 착용 확인, 철저한 소독 조치 후 출입 허용

제 2 단계 — 농장 내 통로 및 시설 주변
● 농장 입구에서부터 축사까지의 농장로, 출하대, 분뇨 처리장, 사료저장 시설
● 물을 뿌리고 생석회를 살포한다.

제 3 단계 — 축사 입구
● 방역에 가장 중요한 장소
● 가급적 외부인 출입 금지
● 방역복과 장화를 갈아 신고 출입
● 출입자의 손과 기구 및 장비 소독

② 소독

- 소독이란 병원 미생물을 죽이거나 독성을 없애는 것을 말한다.
- 축사 및 축체 소독과 해충의 방제, 음수의 소독, 사료의 방부 처치, 악취 방지의 목적으로 실시한다.

(1) 소독의 방법

① 물리적 소독 : 일광(햇빛), 자외선, 화염(불꽃), 자비(끓이기), 발효, 소각
② 화학적 소독

- 고체 소독약제 : 생석회, 과망간산칼륨 등
- 기체 소독약제 : 포름알데히드 훈증
- 액체 소독약제 : 일반적인 약제

연구 **화학제 소독제의 살균기전**

- 세균체 단백질의 응고 작용
- 세포의 용해 작용
- 효소계 침투 작용
- 산화 및 환원 작용
- 단백질 변성, 표면장력 저하

연구 **소독약의 구비 조건**

- 살균력이 강할 것
- 용해가 잘되고 취급이 간단할 것
- 소독 대상물에 손상이 없을 것
- 구입하기 쉽고 값이 저렴할 것
- 독성이 적어 인체에 해가 적을 것
- 표백성이 없고 침투력이 강할 것

(2) 소독 시 유의점

① 소독제는 작용기전이 다르므로 혼합하여 사용하지 말아야 한다.
② 소독 시에는 보호 장비를 착용해야 한다.
③ 권장 농도로 희석하여 사용하여야 한다.
④ 적당한 온도를 유지해야 한다.(온도가 낮으면 소독 효과가 떨어짐)

(3) 축사 소독 순서와 방법

① 소독 전 청소 : 유기물(분변, 오줌, 사료 등)을 청소하여 오염원을 없앤다.

② 세척 : 고압세척기를 이용하여 축사 천장, 벽 및 바닥의 분변, 오물 등을 깨끗이 제 거한다.

③ 건조 : 완전히 건조시킨다.

④ 소독 실시 : 천장 → 벽 → 바닥 순으로 뿌린다.

- 소독약은 온도가 낮으면 효과가 낮아진다.(염소제는 약 15~20℃)
- 콘크리트나 목재와 같은 침투성 표면의 소독은 약액을 2배로 뿌려준다.

⑤ 소독 후 관리 : 소독 후 출입 통제, 약 2주 후 다시 실시한다.

(4) 운동장 및 흙바닥 소독

① 물기가 있는 흙바닥은 3.3㎡당 약 1kg의 생석회를 직접 살포한다.

② 건조한 흙바닥은 5% 생석회 유제액을 만들어 살포한 후 1㎡당 생석회 400g과 표 백분 200g씩을 살포한다.

③ 습기나 물과 접촉 시 높은 열이 발생되어 화재나 화상을 입을 수 있다.

(5) 포름알데히드 가스(포름알데히드 훈증) 소독

① 무창 돈사나 밀폐된 실내를 소독할 때 쓰는 방법이다.

② 용적 1㎡당 과망간산칼륨 16g에 35% 포름알데히드 32mL를 혼합하면 가스가 발 생된다.

③ 7시간 이상 밀폐시킨 후 충분한 환기를 시킨다.

④ 빈 축사 내 기구, 공간, 시설, 의류, 사료, 건초 등의 소독에 사용된다.

연구 구제역 바이러스에 효과적인 소독약

- 알칼리제 : 가성소다수, 탄산소다수
- 산성제 : 초산, 과산화초산, 구연산
- 알데히드제 : 포름알데히드, 글루타알데히드
- 기타 : 복합염 또는 복합산 소독제
- 염소제 : 차아염소산나트륨, 이염화이소시안산나트륨 등
- ※ 4급암모늄, 요오드, 페놀, 알코올 등은 소독 효과가 거의 없다.

(6) 소독제 성분별 적용대상 및 특징

연구 소독제 성분별 적용대상

분류	성분명	적용대상	사용 농도	작용 시간	소독제의 특징 및 주의사항
염기제	탄산소다	사체, 축사, 환경, 물탱크	4%	10분	● 분변이 있는 곳에도 사용 가능 ● 알루미늄 계통에는 사용 금지
	가성소다	사체, 축사, 환경, 물탱크, 차량, 기계류, 의복	2%	10분	● 오물이 있어도 효과 있음 ● 차량 등 금속 부식성 있음 ● 가격이 저렴함 ● 강산과 접촉을 피할 것
산성제제	구연산	사체, 사람, 분뇨, 배설물, 주택, 차량, 기계류, 의복	0.2%	30분	● 침투력이 약하므로 단단한 표면에 만 사용 ● 사람, 축제, 의복 소독에 적용
	복합염류	기계류, 차량, 의류, 소독조	2%	10분	● 광범위하게 적용 가능(축체 제외)
산화제	차아염소산	축사, 주택, 의류	2~3% 유효염소	10~30분	● 유기물에 의해 효과가 감소되므로 반드시 사용 전에 청소 ● 눈과 피부에 독성이 있음
	이소시안산 나트륨	축사, 주택, 의류	0.2~ 0.4%	5분	● 분변, 우유 등이 있는 곳에 사용금 지 ● 정제이므로 사용 직전에 물에 희석 사용
알데히드	포름알데 히드 가스	전기기구, 볏짚, 건초	가스	15~24 시간	● 자동차 내부, 전기 기구 소독 ● 완전밀폐 후 하루 정치 ● 소독 후 완전 환기 철저
	글루타 알데히드	축사내외부, 차량, 소독조	2%	10~30분	● 사용 시 장갑, 의복 등과 같은 보호용구 착용 ● 적당한 환기조건 하에서 사용
	포름알데 히드	사료, 의복	8%	10~30분	● 자극성 가스를 배출 (글루타알데히드에 준함)

* 출처: 국립수의과학검역원, 미국(APHIS FMD eradication manual)

③ 사체의 매몰

(1) 매몰의 준비

① 「가축전염병예방법」에 의한 살처분 사체는 매몰 또는 소각하도록 되어 있다.

② 매몰지는 수원지·하천·도로 및 집단적으로 거주하는 지역이 아닌 곳으로 한다.

③ 가축의 매몰은 살처분 등으로 죽은 것이 확인된 후 실시하여야 한다.

(2) 사체의 매몰

① 구덩이는 사체를 넣은 후 당해 사체의 상부부터 지표까지의 간격이 2m 이상 파야한다.

② 구덩이의 바닥과 벽면에는 비닐을 덮는다.

③ 구덩이의 바닥에는 비닐부터 적당량의 흙을 투입한 후 생석회를 뿌린다.

④ 사체 투입 후 생석회를 뿌리고 지표면까지 복토를 하고, 지표면에서 1.5m 이상 성토를 한다.

⑤ 매몰지 주변에 배수로 및 저류조를 설치하고 빗물이 배수로에 유입되지 않도록 둔덕을 쌓는다.

01 전염병 발생의 조건에 대한 설명으로 바르지 못한 것은?

① 병원체를 배출하는 전염원이 있어야 한다.
② 다음 숙주로 전파되는 전염경로가 있어야 한다.
③ 감수성 있는 숙주가 있어야 발병한다.
④ 가축의 지나친 과식으로 발생한다.

02 생독 백신에 대한 설명으로 바르지 못한 것은?

① 백신 후유증이 없으며 방어기간이 길다.
② 병원 미생물을 약하게 만든 약독화 백신이다.
③ 신속한 면역이 형성되는 대량 백신이다.
④ 면역 기간이 길고 각별한 취급이 요구된다.

03 다음 중 물리적 소독 방법이 아닌 것은?

① 화염소독　　　　　② 자비소독
③ 일광소독　　　　　④ 훈증소독

04 다음 중 소독약의 구비 조건이 아닌것은?

① 살균력이 강할 것
② 맹독성이고 지속적일 것
③ 용해가 잘되고 취급이 간단할 것
④ 소독 대상물에 손상이 없을 것

■ 전염병 발생의 조건은 병원체 전염원, 전염경로, 숙주이다.

■ ①은 사독 백신에 대한 설명이다.

■ 물리적 소독 : 일광(햇빛), 자외선, 화염(불꽃), 자비(끓이기), 발효, 소각
● 훈증소독 : 포름알데히드와 과망간산칼륨의 기체소독

■ 맹독성으로 가축과 인체에 해가 있으면 안된다.
● ①③④ 이외에 구입하기 쉽고 값이 저렴해야 한다.
● 독성이 적어 인체에 해가 적어야 한다.
● 표백성이 없고 침투력이 강해야 한다.

01 ④　02 ①　03 ④　04 ②

05 소독 시 유의점으로 바르지 못한 것은?

① 다른 약제와 혼합하여 사용하지 말아야 한다.

② 가급적 낮은 온도에서 소독을 실시한다.

③ 권장 농도로 희석하여 사용하여야 한다.

④ 소독 시에는 보호 장비를 착용해야 한다.

■ 소독약은 온도가 낮으면 효과가 낮아진다.(염소제는 약 15~20℃)

06 운동장이나 흙바닥 소독에 적당한 약제는?

① 가성소다　　　　② 차아염소산

③ 포름알데히드　　④ 생석회

07 무창 돈사나 밀폐된 실내를 소독할 때 쓰는 방법으로 적당한 것은?

① 햇빛 소독　　　　② 포름알데히드 훈증소독

③ 생석회 살포　　　④ 크레졸 분무

■ 용적 1㎥당 과망간산칼륨 16g에 35% 포름알데히드 32mL를 혼합하면 가스가 발생된다.

08 다음 중 능동 면역에 속하는 것은?

① 태반을 통한 면역

② 초유를 통한 면역

③ 백신접종을 통한 면역

④ 혈청을 통한 면역

■ ①②④는 수동면역 즉, 자연적 면역 획득이다.

09 사독 백신 접종 방법으로 바른 것은?

① 근육주사

② 음수 접종

③ 천자법

④ 점안 접종

■ 사독 백신은 근육주사나 피하주사로 접종한다.

10 소독 순서와 방법으로 부적절한 것은?

① 소독 전 분변, 오줌, 사료 등을 청소하여 오염원을 없앤다.

② 소독 순서는 바닥 → 벽 → 천장 순으로 뿌린다.

③ 소독약은 온도 약 15~20℃로 하여 살포한다.

④ 콘크리트나 목재 소독은 약액을 2배로 뿌려준다.

■ 소독 실시 : 천장 → 벽 → 바닥 순으로 뿌린다.

11 가축전염병예방법에 의한 살처분 가축의 처리에 대한 방법으로 바르지 못한 것은?

① 가축의 사체는 매몰 또는 소각한다.

② 전염을 차단하기 위해 축사와 가까운 곳에 매몰한다.

③ 수원지, 하천, 도로가 접하지 않은 곳에 매몰한다.

④ 가축이 죽은 것이 확인된 후 매몰, 소각 처리한다.

■ 축사 주변, 집단거주지역이 아닌 곳에 매몰해야 한다.

12 사체의 매몰 방법으로 바르지 못한 것은?

① 사체의 상부부터 지표까지의 간격이 2m 이상 파야 한다.

② 구덩이의 바닥과 벽면에는 비닐을 덮는다.

③ 사체 투입 후 크레졸을 뿌리고 지표면까지 복토한다.

④ 지표면에서 1.5m 이상 성토를 한다.

■ 사체 투입 후 생석회를 뿌린다.

13 축사 바닥, 발판 소독제로 적당한 것은?

① 알칼리계(가성 소다) ② 석탄산계(크레졸, 페놀)

③ 산화제(차아염소산) ④ 알데히드계(포름알데히드)

14 화학제 소독제의 살균 기전에 대한 설명으로 바르지 못한 것은?

① 세균의 증식 억제 ② 세균체 단백질의 응고 작용

③ 세포의 용해 작용 ④ 산화 및 환원 작용

■ ②③④ 이외에 효소계 침투 작용, 단백질 변성, 표면장력 저하 등이 있다.

10 ② 11 ② 12 ③ 13 ② 14 ①

VII 가축과 공중위생

1 인수공통감염병

① 인수공통감염병의 종류

인수공통감염병은 동물과 사람이 같은 병원체에 의하여 발생되는 질병을 말한다.
사람은 오염된 식육, 우유를 섭식하거나 감염 동물, 분비물 등에 접촉하여 발병한다.

연구 인수공통감염병(감염병의 예방 및 관리에 관한 법률)

가. 장출혈성대장균감염증
나. 일본뇌염
다. 브루셀라증
라. 탄저
마. 공수병(광견병)
바. 동물(조류)인플루엔자 인체감염증
사. 중증급성호흡기증후군(SARS)
아. 변종크로이츠펠트 – 야콥병(vCJD)
자. 큐열
차. 결핵
카. 중증열성혈소판감소증후군(SFTS)

(1) 장출혈성대장균감염증

O-157 등의 장출혈성 대장균 감염에 의하여 출혈성 장염을 일으키는 질병이다.

(2) 일본뇌염

작은 빨간 집모기가 감염된 돼지를 흡혈한 후 사람을 물어 전염된다. 신경을 침범
하는 급성전염병이다.

(3) 브루셀라

브루셀라증은 염소, 양, 돼지, 소 등 가축에 의해 전염된다. 가축은 유산이 주증상이고, 사람은 발열, 오한, 전신무력, 몸살증세를 나타낸다.

(4) 탄저

탄저균의 포자에 의해 발생하는 감염병으로 피부의 가려움증, 염증, 부종, 호흡기 증상을 나타낸다.

(5) 공수병(광견병)

광견병 바이러스에 의한 급성 뇌질환을 일으키는 전염병으로 주로 병에 감염된 개나 고양이 등에 물려 발생한다.

(6) 동물(조류)인플루엔자 인체감염증(고병원성 조류독감; HPAI)

조류독감(bird flu)이라고 하며 인플루엔자바이러스 A형에 속하는 H5N1 바이러스에 조류가 걸리는 전염성 호흡기 질병이다.

(7) 중증급성호흡기증후군(사스; SARS)

중증급성호흡기증후군 코로나바이러스(SARS-CoV)에 의해 발병하며 38℃ 이상의 발열 증상이 있다.

(8) 변종크로이츠펠트-야콥병(vCJD, 일명 광우병)

변종 프리온 단백질에 의해 발생하는 질환으로 뇌에 구멍이 뚫려 해면상뇌증이라고 한다. 흔히 광우병에 걸린 소의 부산물을 섭취한 후 발생하는 퇴행성 신경성 질환이다.

(9) 큐열(Q열)

소, 염소, 양, 개, 고양이 등의 동물체내에 존재한다. 65℃ 30분에서 완전하게 비활성화되지만, 62℃ 30분, 63℃ 30분으로는 일부가 병원성을 잃지 않는다. 실험실 내에서 감염되기 쉽다.

(10) 결핵

결핵균에 의해 전염되며 사람결핵균, 조류결핵균으로 구분하여 기침, 콧물 등 호흡기 증상을 나타내는 만성 전염병이다. 오염된 우유, 고기 등의 섭취와 공기로 전염된다.

(11) 중증열성혈소판감소증후군(SFTS)

주로 SFTS를 유발하는 바이러스(bunyavirus)에 감염된 작은소참진드기가 매개체가 되어 전파된다. 초기에 40℃가 넘는 원인 불명의 발열, 피로, 식욕 저하, 구토, 설사, 복통 등의 소화기계 증상이 나타나고 전신적으로 혈소판과 백혈구의 감소가 심하면 출혈이 멈추지 않으며, 신장 기능과 다발성 장기 기능의 부전으로 인해 사망에 이를 수 있다.

> **연구** 기타 인수공통감염병
>
> 돼지 수포병, 돼지단독, 리프트계곡열, 수포성구내염, 기종저, 렙토스피라병, 비저 마웨스트나일병, 등이 있다.

② 가축전염병의 종류

(1) 제1종 가축전염병

우역, 우폐역, 구제역, 가성우역, 불루텅병, 리프트계곡열, 럼피스킨병, 양두, 수포성구내염, 아프리카마역, 아프리카돼지열병, 돼지열병, 돼지수포병, 뉴캣슬병, 고병원성 조류인플루엔자, 그 밖에 이에 준하는 질병으로서 농림축산식품부령으로 정하는 가축의 전염성 질병

(2) 제2종 가축전염병

탄저, 기종저, 브루셀라병, 결핵병, 요네병, 소해면상뇌증, 큐열, 돼지오제스키병, 돼지일본뇌염, 돼지테센병, 스크래피(양해면상뇌증), 비저, 말전염성빈혈, 말바이러스성동맥염, 구역, 말전염성자궁염, 동부말뇌염, 서부말뇌염, 베네주엘라말뇌염, 추백리, 가금티프스, 가금콜레라, 광견병, 사슴만성소모성질병, 그 밖에 이에 준하는 질병으로서 농림축산식품부령으로 정하는 가축의 전염성 질병

(3) 제3종 가축전염병

소유행열, 소아까바네병, 닭마이코플라즈마병, 저병원성 조류인플루엔자, 부저병, 그 밖에 이에 준하는 질병으로서 농림축산식품부령으로 정하는 가축의 전염성 질병

> **연구** 가축전염병 특정매개체
>
> 전염병을 전파시키거나 전파시킬 우려가 큰 매개체
> 1. 가축에 고병원성 조류인플루엔자를 전염시킬 우려가 있는 야생 조류
> 2. 그 밖에 농림축산식품부장관이 정하여 고시하는 가축전염병 매개체

2 축산물 위생

1 식육 위생

(1) 식육의 품질 검사

① 관능검사 : 외관, 육색, 보수성, 연도, 조직감 및 풍미로 평가
  ● 식육의 색(육색) : 적색육은 밝고 선명한 선홍색이며 광택이 있는 고기가 좋음
  ● 식육의 보수성 : 보수성이 좋을수록 연도가 높음
  ● 식육의 연도 : 식육 내 결합조직이나 근육 내 지방의 함량 등에 따라 영향 받음
  ● 식육의 조직감 : 강직상태, 식육의 보수성, 근내지방 및 결합조직 함량에 따라
    다름
  ● 식육의 풍미 : 혀에서 느끼는 맛과 코에서 느끼는 냄새와 입속의 압력으로 평가
② 생물학적 검사 : 병원 미생물, 세균수, 대장균, 기생충 및 항생물질 검사
③ 화학적 검사 : 성분(수분, 총질소, 조지방, 당류, 조섬유, 조회분 등), 독성물질, 첨
    가물 검사
④ 물리적 검사 : 온도, 비중, pH 등
⑤ 독성 검사 : 동물 실험을 통한 검사

(2) 식육의 사후 변화

산소 공급 중단 → 근육은 혐기적 상태 → 근육의 글리코겐 분해 → 젖산 생성(산성
화) → 사후강직 → 해경(경직 해제) → 숙성(자기 분해) → 부패 과정으로 진행된다.
① 사후강직 및 pH의 변화
  ● 도축 후 산소공급이 중단되어 근육 내에 있던 글리코겐이 혐기적으로 분해
  ● 젖산의 생성과 ATP → ADP + Pi 분해 과정에서 pH가 저하(5.5)된다.
  ● 근원섬유단백질인 액틴(actin)과 미오신(myosin)이 결합하여 액토미오신
    (actomyosin) 형성
  ● 사후강직의 고기 : 근육은 탄력성과 보수력이 낮아지고 굳고 질긴 상태가 된다.

연구 **사후강직의 상태**

① 동물의 종류
② 건강상태
③ 근육의 부위
④ 도살 전의 취급조건에 따라 다르다.

연구 도축 후 사후강직이 일어나는 시간

쇠고기, 양고기 : 4~12시간, 돼지고기 1.5~3시간, 닭고기 : 수 분~1시간

② 해경(경직 해제)
- 최대 경직기를 지난 식육은 시간의 경과와 더불어 근육이 연해지는 상태로 된다.
- 경직 해제는 액토미오신 해리설, 카뎁신(cathepsin) 작용설, Z-라인(line) 붕괴설이 있다.

③ 자기소화 및 숙성
- 자기 자신의 효소작용에 의해서 근육조직이 분해되는 과정
- 단백질 분해효소가 작용하여 단백질이 펩티드(peptide)나 아미노산으로 분해
- 지방 분해효소에 의해서 지방이 분해되어 육질이 연해지고 풍미가 향상된다.
- 자기소화과정에서 근육이 연화되고 다즙성과 고기 특유의 맛을 형성하는 것이 숙성이다.
- 고기의 숙성기간은 육축의 종류, 근육의 종류, 숙성 온도 등에 따라 다르다.

연구 숙성 기간

쇠고기나 양고기 : 4~5℃에서 7~14일, 10℃에서 4~5일, 15℃ 이상의 고온에서 2~3일
돼지고기 : 4℃에서 1~2일, 닭고기는 8~24시간이면 숙성이 완료된다.

④ 부패
- 근육 내 저분자 물질이 형성되고 근육 내 부패균과 외부의 미생물에 의해 부패
- 세균, 효모, 곰팡이에 의하여 수분 활성도, 온도, pH 등에 따라 부패 속도가 다르다.

(3) 식육의 냉동과 냉장보관
① 도체의 냉각
- 도축이 완료된 가축의 도체는 즉시 냉각시켜 심부온도를 약 4℃ 이하로 한다.
- 감량을 방지하기 위해서는 상대습도를 90% 정도로 유지한다.
② 냉장보관
- 냉장실은 온도 0~1℃, 습도 85~90%, 유속 0.1~0.2m/초로 하는 것이 일반적이다.
- 냉장육은 저장기간이 짧지만 신선도를 유지할 수 있다.

③ 냉동보관

- 식육을 동결시킨 다음 약 −20℃ 이하의 저온에 냉동저장하는 것이다.
- 냉동육은 저장기간은 길지만 육질의 저하를 가져온다.

④ 식육의 저장 가능기간

4℃ 냉장	쇠고기 : 20일, 돼지고기, 닭고기 : 1주일
	최적 냉장 기간 : 쇠고기 3~5일, 돼지고기 2일, 닭고기 1~2일
−20℃ 냉동	쇠고기 : 9~12개월, 돼지고기, 닭고기 : 4~6개월

② 우유 위생

(1) 우유의 조성
① 수분 88%, 유당 4.7%, 단백질 3.2%, 지질 3.4%, 무기물 및 비타민 0.7%
② 성분함량은 품종, 개체, 비유기, 사료, 계절, 질병 등 여러가지 요인에 의해 다름

(2) 우유의 영양소
① 단백질

- 우유 단백질(casein)과 유청 단백질(whey protein)이 8 : 2로 존재한다.
- 유청 단백질은 락토 글로불린과 락토 알부민으로 초유에 다량으로 들어 있다.
- 우유에 레닛(rennet)을 첨가하면 κ-casein이 분해되어 응고한다.(치즈 제조)
- 우유 단백질은 필수아미노산 구성이 좋고 소화흡수가 잘 된다.

② 유당

- 유당은 혈당 유지와 두뇌형성인자로 이용되며 장내 유산균의 생육을 촉진한다.
- 유당분해 효소인 락타제의 분비가 부족한 사람은 유당불내증으로 설사를 한다.

③ 지질

- 대부분이 중성지방으로 포화지방산 6~70%, 불포화지방산 25~35%로 구성된다.
- 우유를 정치하면 지방구가 떠올라 크림층을 형성한다.
- 유지방구를 평균 0.1~2.2μm로 균질하면 크림층이 형성되지 않는다.
- 크림을 교동하면 유지방구막의 유화(emulsion) 기능이 파괴되어 지방구끼리 응집하여 버터입자를 형성한다.

치즈 : 카제인 + 지방, 버터 : 지방(크림)의 응집

④ 무기물

- 우유는 Ca 함량이 높고 흡수가 잘 된다.
- Ca은 성장기 어린이 및 성인의 골다공증 예방에 매우 좋은 식품이다.

⑤ 비타민
- 비타민 A, 비타민 B_2, 비타민 B_6가 들어 있으나 비타민 C와 D의 함량은 낮다.

(3) 우유의 위생적인 생산과 유통

① 젖소는 정기검사를 받아 질병을 사전 예방하고 건강하게 사육한다.

② 생산된 우유는 저장, 운반, 가공, 음용까지 전 과정에서 저온유통체계를 갖춘다.

③ 모든 과정이 5℃ 이하의 냉장 상태가 되도록 하여 세균 번식을 막는다.

④ 공장에서는 영양분 함량, 변질 유무, 항생물질 검사 등을 실시한다.

⑤ 우유를 살균하여 위생적으로 안전하고 영양가가 잘 보존된 제품을 만든다.

⑥ 균질기를 통하여 유지방구를 잘게 쪼개어 맛이 균일하고 소화가 잘 되도록 한다.

⑦ 살균된 용기에 포장 밀봉되어 냉장고에 보관한다.

(4) 우유의 질병 매개 특징

① 영양소가 풍부하게 함유되어 있으므로 미생물의 증식이 잘 되어 변패하기 쉽다.

② 각종 병원균을 함유하기 쉽고 빠르게 증식할 수 있다.

③ 우유는 주로 생식하는 식품이다.

④ 생산, 취급, 처리, 가공, 수송, 보관 등에서 위생적 취급이 어렵다.

(5) 우유의 병원 미생물

① 우유에서 오는 병원균 : 우형 및 인형 결핵균, 브루셀라균, 탄저균, 살모넬라균, 연쇄상구균, 포도상구균, Q열

② 사람에서 오는 병원균 : 인형 결핵균, 장티푸스균, 파라티푸스균, 살모넬라균, 이질균, 연쇄상균, 디프테리아균, 전염성간염 바이러스 등이 있다.

③ 환경에서 오는 병원균 : 환경적 요소로서 흙, 축사 내의 먼지, 사료, 건초, 퇴비, 설치류, 파리 등 절족동물 및 물, 기구, 농장 내의 다른 동물들을 들 수 있다. 살모넬라균, 보툴리누스균 등이 있다.

(6) 우유의 살균

① 저온장시간살균법(low temperature long time pasteurization, LTLT)
- 63~65℃에서 30분 가열하는 방법으로 영양소 파괴가 적다.
- 내열성 미생물이 존재하므로 냉장고에서 1주간 보관이 가능하다.

② 고온단시간 살균법(high temperature short time pasteurization, HTST)
- 72~75℃에서 15초 살균, 대량 처리에 적합하나 비타민 등이 파괴된다.
- 냉장온도(7℃ 이하)에서 1주일 내외 보관이 가능하다.

③ 초고온멸균법(ultra high temperature short timemethod, UHT)
- 135~150℃에서 2초 이상 가열 살균하는 방법으로 거의 모든 미생물이 사멸된다.
- 무균 포장을 하면 실온에서 수 개월간 보관이 가능하다.

③ 닭고기 위생

(1) 닭고기의 영양 성분
① 열량
- 닭고기는 100g당 126kcal의 열량을 내고 다른 육류보다 열량이 낮다.

② 단백질
- 닭고기는 25~35%의 단백질을 함유하여 다른 육류보다 높다.

③ 지방
- 닭고기는 적색육에 비해 지방함량이 낮고 불포화지방산이 많다.

④ 비타민류
- 닭고기는 나이아신(niacin)의 우수한 공급원이며 리보플라빈(riboflavin), 티아민(thiamin), 아스코르빅산(ascorbic acid)의 공급원이다.

(2) 닭의 도살과 해체
① 방혈(피 빼기)
- 도계 전 1일 절식, 경동맥을 칼로 절단하여 3~5분 방혈한다.

② 털 뽑기
- 브로일러는 50~55℃의 온탕에서, 햇닭이나 묵은 닭은 60~65℃ 온탕에서 30~60초간 담근 후 털뽑기를 한다.

③ 닭의 해체
- 목과 머리 연결부위를 절단하여 머리를 잘라낸다.
- 목 줄기와 어깨 부위를 절단하여 목을 분리한다.
- 정강이를 절단하여 발을 잘라 낸다.
- 내장 꺼내기 : 복부 중간 옆으로 10㎝를 자르고 복부 내장을 꺼낸다.
- 심장, 간, 근위 등은 따로 분리하여 손질한다.
- ※ 브로일러의 도체율은 약 72%이다.

(3) 닭고기 등급 판정

① 표본등급 판정 방법 : 로트의 크기에 따라 적정수를 무작위로 추출하여 판정

② 전수 판정 방법 : 평가사가 필요하다고 인정될 때 한 마리씩 전수 조사

(4) 등급 분류

① 품질등급

● 외관, 비육상태, 지방부착, 신선도, 뼈의 상태, 외상, 잔털 및 깃털 등을 고려

● 통닭 : 1^+, 1, 2 등 3개 등급으로 나뉜다.(부분육은 1, 2 등급)

구분	판정 내용
1^+ 등급	A급이 90% 이상이고 C급이 5% 미만(나머지 B급)
1 등급	B급이 90% 이상이고 나머지가 C급
2 등급	B급이 90% 미만

② 중량 규격

● 소, 중소, 중, 대, 특대로 구분한다. (5호 : 451~550g, 17호 : 1,651~1,750g)

(5) 닭고기의 저장

① 신선저장 : 4~5℃의 냉장실에 저장

② 냉동저장 : 4~5℃로 냉각 후 −20℃에 저장(약 10~12개월 저장 가능)

4 계란 위생

(1) 계란 성분

● 난각, 난각막, 난백, 난황, 난황막으로 구성

● 수분 65%, 단백질 12%, 지방 11%, 탄수화물 1%, 무기물 11%

① 난각 : 자궁에서 생성되며 탄산칼슘이 98%이다.

② 난백

● 알부민(albumin)이 54%를 차지하며 뮤신(mucin)은 점조도에 관여한다.

● 60℃에서 응고하기 시작하여 65~75℃에서 완전 응고한다.

③ 난황

● 주로 지방성분이 많고 단백질, 무기질을 함유한다.

● 인지질 함량이 높아 유화기능이 있어 마요네즈를 제조하는 데 기여한다.

● 난황의 무기질에는 철, 인, 구리, 칼슘이 있고 비타민 A가 많이 들어 있다.

(2) 계란의 식품적 가치

① 계란의 단백질은 식품단백질 중 영양적 가치가 제일 우수하다.

② 인지질, 비타민 A의 함량이 높다.

③ 콜레스테롤 함량이 높기 때문에 심혈관계 질환의 염려가 있는 사람은 유념해야 한다.

(3) 계란의 등급

① 규격

소란	중란	대란	특란	왕란
44g 미만	44g~51g	52g~59g	60g~67g	68g 이상

② 등급

● 1⁺, 1, 2 등급으로 구분한다.

품질등급	등급 판정 결과
1⁺등급	A급의 것이 70% 이상이고, B급 이상의 것이 90% 이상 (나머지는 C급)
1등급	B급 이상의 것이 80% 이상이고, D급의 것이 5% 이하(기타는 C급)
2등급	C급 이상의 것이 90% 이상(기타는 D급)

(4) 할란 검사

① 알을 깨어 유리판에 쏟아 난황, 농후난백, 수양난백, 이물질 등을 보고 신선도를 가린다.

② 하우단위(Haugh Units)을 측정한다.

③ 노른자는 원형으로 중앙부에 위치하고 난황막은 건전하고 탄력적이며 혈점, 혈반, 이물질이 없는 것이 좋다.

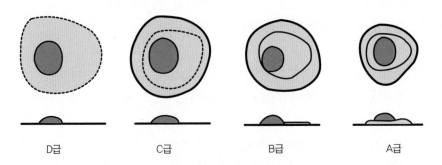

할란 검사에 의한 판정 기준

(5) 달걀 저장 온도와 기간

10℃ 이하	10~20℃	20~25℃	25~30℃
35일	21일	14일	7일

① 빵과 과자의 원료인 액란에 대해서도 살모넬라균이 없어야 한다.

② 껍질을 깬 뒤 24시간 이내, 10℃ 이하 냉장 보관하면 72시간 이내 가공해야 한다.

⑤ 식중독과 기생충

(1) 식중독

① 황색 포도상구균 식중독

- 황색 포도상구균이 증식할 때 생기는 엔테로톡신이라는 독소를 먹으면 발생한다.
- 엔테로톡신은 100℃에서 30분간 열을 가해도 없어지지 않는다.
- 잠복 시간 : 1시간~5시간으로 짧으며 심한 구토, 복통, 설사, 발열은 드물다.

② 살모넬라 식중독

- 닭 등 가금류에 오염된 살모넬라균에 의해 발생한다.
- 살모넬라균은 62~65℃에서 30분 열을 가하면 죽기 때문에 달걀을 익히면 안전하다.
- 주요 임상 증상은 발열(38℃~40℃), 두통, 구토, 복통, 설사 등이다.

③ 비브리오균 식중독

- 장염 비브리오균에 의해 발생하며 어패류, 생선회 등 날로 먹는 경우 식중독이 발생한다.
- 온도가 20℃를 넘으면 활발히 증식하고 염분을 좋아하나 민물에서는 증식하지 못한다.
- 12~24시간 안에 복통과 심한 설사가 일어난다.

④ 대장균성 식중독

- 내독소를 만드는 병원성 대장균에 의해 발생하며 설사, 장염을 일으킨다.
- O-157균에 의한 감염증(1종 법정전염병)은 감염력이 매우 강하고 폐사율이 높다.
- 병원성 대장균은 가축, 애완동물, 건강한 보균자, 자연환경 등에 많이 분포하고 있다.
- 잠복기는 3~5일로 긴 것이 특징이며 열이나 살균제에 약하다.

- 사람을 포함한 포유류 동물의 대장에 서식하는 장내세균이다.
- 수질 및 식품의 오염도 등의 중요한 지표세균으로 쓰인다.

⑤ 클로스트리디움 식중독
- 혐기성 세균인 클로스트리디움균은 포자를 형성하고 여러 가지 독소를 내뿜는다.
- 보툴리눔 식중독은 잘 보관하지 않은 통조림이나 소시지를 먹은 뒤 발생한다.
- 웰치균 식중독은 도살장에서 감염된 쇠고기, 닭고기에 의해 발생한다.
- 섭취한 후 6시간 정도 지나 설사, 복통이 생긴다. 열은 잘 나지 않는다.

(2) 식육 기생충
① 선모충
- 선모충이 소장에서 탈피하고 장점막으로 들어가 기생한다. 설사, 복통을 유발한다.
② 무구조충(민촌충)
- 쇠고기의 낭충이 장에 기생하여 소화장애, 장 폐쇄, 복통, 설사, 구토 등을 일으킨다.
③ 유구조충(갈고리촌충)
- 돼지고기의 낭충이 혈액을 타고 온몸으로 이동하며 성충이 소장에 기생하면 두통, 복부 불쾌감, 설사, 구토 등을 일으킨다.

01 다음 중 인수공통감염병이 아닌 것은?

① 장출혈성대장균감염증, 일본뇌염
② 브루셀라증, 탄저
③ 공수병, 조류인플루엔자 인체감염증
④ 큐열, 구제역

■ 인수공통감염병에는 장출혈성대장균감염증, 일본뇌염, 브루셀라증, 탄저, 공수병(광견병), 조류인플루엔자 인체감염증, 중증급성호흡기증후군(SARS), 변종크로이츠펠트-야콥병(vCJD), 큐열, 결핵, 중증열성혈소판감소증후군(SFTS) 등이 있다.

02 일명 사스라고 불리는 질병으로 호흡기 질병으로 38℃ 이상의 발열 증상이 있는 질병은?

① 공수병
② 조류인플루엔자 인체감염증
③ 일본뇌염
④ 중증급성호흡기증후군

03 일본 뇌염을 옮기는 중간 숙주는?

① 모기 　　　　　② 쥐
③ 파리 　　　　　④ 조류

■ 일본뇌염은 빨간집모기가 중간 숙주이며 8월에 다발한다.

04 식육의 품질 검사 중 관능검사에 해당되지 않는 것은?

① 육색
② 외관
③ 산도 측정
④ 조직감

■ 관능검사 항목은 외관, 육색, 보수성, 연도, 조직감 및 풍미이다.

05 식육의 조직감에 영향을 주는 요인이 아닌 것은?

① 보수성 ② 세균수
③ 근내 지방 함량 ④ 결합조직 함량

■ 조직감에 영향을 주는 요인은 식육의 보수성, 근내지방 및 결합조직 함량 등이다.

06 도축 후 사후강직이 가장 빨리 일어나는 것은?

① 쇠고기 ② 돼지고기
③ 닭고기 ④ 양고기

■ 쇠고기, 양고기 : 4~12시간
돼지고기 1.5~3시간
닭고기 : 수 분~1시간

07 도살직후의 고기가 맛이 없는 이유는 무엇인가?

① 잔존 혈액 냄새 ② 잔존 산소
③ 단백질의 응고 ④ 사후강직

■ 도살직후에는 사후강직 상태이기 때문에 질기고 맛이 없다.

08 치즈의 주성분은 무엇인가?

① casein, 유당 ② 유청 단백질, 지방
③ 지방, casein ④ 지방, 유당

■ 치즈는 casein이 조직을 구성하고 그 내부에 지방이 혼입되어 있는 구조를 가지고 있다.

09 쇠고기의 낭충이 장에 기생하여 소화장애, 장 폐쇄, 복통, 설사 구토 등을 일으키는 기생충은?

① 선모충 ② 무구조충
③ 유구조충 ④ 회충

■ 쇠고기는 무구조충(민촌충)이고, 돼지고기는 유구조충(갈고리촌충)이다.

10 식중독 원인균 중 독소를 발생하여 설사, 복통이 생기나 열은 잘 나지 않는 것은?

① 비브리오 식중독
② 대장균성 식중독
③ 클로스트리디움 식중독
④ 살모넬라 식중독

05 ② 06 ③ 07 ④ 08 ③ 09 ② 10 ③

11 엔테로톡신이라는 독소를 발생하는 식중독 균은?

① 황색 포도상구균   ② 살모넬라

③ 비브리오균   ④ 대장균

보충

■ 황색 포도상구균에 의한 엔테로톡신은 100℃에서 30분간 열을 가해도 없어지지 않는다.

12 식중독의 일반적으로 발생하는 공통적 증상이 아닌 것은?

① 구토   ② 발열

③ 설사   ④ 복통

■ 일반적으로 독소에 의한 식중독, 즉 황색 포도상구균, 클로스트리디움에 의한 식중독은 발열이 없다.

13 닭고기, 달걀 등에 오염되어 발생하는 식중독은?

① 황색 포도상구균   ② 살모넬라

③ 비브리오균   ④ 대장균

14 계란의 난황의 주성분 중 가장 많은 것은?

① 단백질   ② 지방

③ 무기물   ④ 비타민

■ 단백질은 난백에 많고 지방은 난황에 많다.

15 브로일러의 털 뽑기 작업에 적당한 물의 온도는?

① 50~55℃   ② 55~60℃

③ 60~65℃   ④ 65~70℃

■ 브로일러는 50~55℃의 온탕에서, 햇닭이나 묵은 닭은 60~65℃

16 우유의 고온단시간 살균법(HTST)의 적당한 온도와 시간은?

① 60~65℃ / 30분

② 72~75℃/ 15초

③ 72~75℃/ 15분

④ 135~150℃/ 2초

■ ① 저온살균
② 고온단시간살균법
④ 초고온멸균법

17 우유 또는 젖소에서 사람에게 전염되는 질병으로 된 것은?

① 유방염, 구제역

② 기종저, 비저

③ 결핵균, 브루셀라

④ 소유행열, 아까바네

■ 결핵균, 브루셀라균, 탄저균, 살모넬라균, 연쇄상구균, 포도상구균, Q열

18 식육의 냉장 보관 기간이 가장 짧은 것은?

① 쇠고기

② 돼지고기

③ 양고기

④ 닭고기

■ 최적 냉장 기간(4℃)
쇠고기 3~5일, 돼지고기 2일, 닭고기 1~2일

19 도축 후 자기 자신의 효소작용에 의해서 근육조직이 분해되고 육질이 연해지며 풍미가 향상되는 시기는?

① 부패

② 해경(경직 해제)

③ 숙성

④ 사후강직

20 도축 후 식육의 사후 변화 과정이 알맞은 것은?

① 글리코겐 분해 → 젖산생성 → 사후강직 → 해경 → 숙성 → 부패

② 젖산생성 → 사후강직 → 해경 → 숙성 → 부패 → 글리코겐 분해

③ 해경 → 숙성 → 부패 → 글리코겐 분해 → 젖산생성 → 사후강직

④ 숙성 → 젖산생성 → 사후강직 → 해경 → 글리코겐 분해 → 부패

21 살모넬라의 주요 감염원은?

① 생선 및 어패류

② 채소

③ 닭고기, 계란

④ 과일

■ 살모넬라 식중독은 주로 닭고기, 계란 등 육류 섭취 시 발생한다.

17 ③ 18 ④ 19 ③ 20 ① 21 ③

II 사료작물

I 사료작물 재배

1 사료작물의 종류와 특성

① 사료작물의 분류

(1) 식물학적 분류
① 식물의 형태나 생리, 생태적 특성을 비교하여 유연관계가 있는 것끼리 묶은 것
② 계(界) → 문 (門) → 강 (綱) → 목(目) → 과(科) → 속(屬) → 종(種)

연구 **두과 사료작물의 분류**

구분	목	과	속	종
화본과작물	벼목	포아풀아과	보리족	보리, 밀
			귀리족	귀리(연맥)
		기장아과	기장족	피, 조, 기장
			쇠풀족	수수, 수단그라스
			가마그라스족	옥수수, 율무
두과작물	쌍자엽아강 (장미목)	콩과 (콩아과)	루핀족	루핀, 자운영
			벌노랑이족	버드풋트레포일
			나도황기족	땅콩, 매듭풀, 비수리
			콩족	콩, 돌콩, 칡, 강낭콩
			나비나물족	베치류, 완두

(2) 기상 생태적 분류
① 한지형(북방형) 사료작물
- 저온에 강하고 고온에 약하다. 생육적온은 15~21℃이다.
- C_3 식물로 여름철에 높은 광합성을 발휘한다.
- 다년생 목초류, 월년생 맥류(보리, 밀)
② 난지형(남방형) 사료작물
- 생육적온이 30~35℃의 열대, 아열대 작물이다.

- C₄ 식물로 여름철에 높은 광합성을 발휘한다.
- 수단그라스, 옥수수, 수수, 수수×수단그라스 교잡종, 레스페데자, 대두, 완두

(3) 생존 연한에 의한 분류

① 1년생 : 옥수수, 수단그라스, 수수, 콩, 연맥(월동 불가 시), 진주조, 피 등

② 월년생 : 베치류, 이탈리안라이그라스, 호맥, 연맥, 보리, 유채 등

③ 다년생 : 알팔파, 클로버, 버드풋트레포일, 오처드그라스, 티머시 등

(4) 형태에 의한 분류

① 눈으로 비교해 보고 식별하는 분류 방법으로 가장 널리 이용된다.

② 간단하게 두과와 화본과 목초를 비교할 수 있다.

연구 **사료작물의 형태에 의한 분류**

형태상의 분류	사료작물의 종류
벼과(화본과)	일반 벼과 목초류, 화곡류(cereals), 잡곡류, 피 등
콩과(두과)	클로버류, 베치류, 콩류, 알팔파류, 자운영 등
십자화과	유채, 무, 배추, 갓, 순무 등
국화과	해바라기, 돼지감자 등
기 타	고구마 줄기 등

(5) 계절별 재배 작물

① 봄, 가을 단경기 사료작물 : 귀리, 유채 등

② 여름재배 사료작물 : 옥수수, 수수류, 사료용 피 등

③ 겨울재배 사료작물 : 호밀, 보리, 이탈리안라이그라스 등

② 사료작물의 종류

(1) 옥수수(Maize, *Zea mays*)

① 남아메리카 안데스 산맥이 원산지, 1년생 화본과 C₄ 작물이다.

② 키가 1.5~2.5m로 크며, 줄기는 단단하고 속이 꽉 차 있다.

③ 잎은 크고 폭이 좁으며 줄기를 따라 일정한 간격으로 어긋난다.

④ 옥수수는 잡종강세가 현저해서 1대 잡종의 품종이 많이 재배되고 있다.

⑤ 주로 사일리지용으로 마치(馬齒)종이 재배된다.

(2) 수수(Sorghum, *Sorghum bicolor*)

① 원산지는 아프리카, 고량(高粱)이라고 하는 1년생 화본과작물이다.

② 예취 후 재생이 빠르고 높이 100~200㎝ 정도로 자라고 마디가 차 있다.

③ 잎과 원줄기가 녹색에서 점차 적갈색으로 되며 8~9월에 개화한다.

④ 잎에 청산이 극미량으로 함유되어 다량 급여 시 중독될 수 있다.

(3) 수단그라스(Sudangrass, *Sorghum sudanense*)

① 원산지 : 아프리카의 수단 지방, 1년생 화본과 C_4 작물이다.

② 7~8월에 개화하며 줄기와 잎은 '수수'와 비슷하나 약간 작다.

③ 수량이 많고 재생력이 강하다.

④ 어린 작물은 청산이 들어 있으므로 1m 이상 시 이용한다.

⑤ 열대성 식물이므로 서리가 내리면 곧바로 상해를 입는다.

⑥ 청예용 사료작물, 녹비작물로 재배된다.

(4) 호밀(Rye, *Secale cereale*)

① 호맥(胡麥), 흑맥(黑麥)이라고 하며 월년생 식용 및 사료작물이다.

② 유럽 남부와 아시아 서남부가 원산지이다.

③ 내한성이 강하고 토양적응성이 좋다. 초장은 1.5~2.0㎝

④ 5월에 출수하고 출수 후 5~10일에 개화하며 꽃차례는 수상화서이다.

⑤ 중남부지방에서도 청예용, 사일리지용으로 이용한다.

(5) 이탈리안라이그라스(Italian ryegrass, *Lolium multiflorum*)

① 원산지는 지중해 연안, 초장은 60~100㎝

② 다발형 상번초로 추운지방에서는 1년생, 더운지방에서는 월년생

③ 재생력이 강하고 생장이 빠르다.

④ perennial ryegrass와 비슷하지만 잎이 말려 있고 씨에 까끄라기가 있다.

⑤ 추위에 약하여 남부지방에서 재배하며 곤포사일리지를 만들어 이용한다.

(6) 귀리(燕麥, Oats, *Avena sativa*)

① 1년생 또는 월년생 작물로 유럽 및 서아시아가 원산지이다.

② 맥류 중 내한성이 가장 약하여 남부지방과 제주도에서 많이 재배

③ 밑부분에서 모여 나는 줄기는 높이 60~110㎝ 정도이다.

④ 잎몸은 길이 15~30㎝, 너비 6~12㎜ 정도의 선형으로 편평하다.

⑤ 잎집이 길며 잎혀는 짧고 잘게 갈라진다.

⑥ 4~5월에 출수하며 원추꽃차례는 길이 20~30㎝ 정도이다.

⑦ 종자는 식용과 사료용으로 쓰이고, 특히 말먹이로 많이 이용된다.

⑧ 중부지방에서는 봄에 파종하여 청예사료용으로 이용한다.

(7) 피(穄, Japanese millet, *Echinochloa crusgalli*)

① 1년생 초본으로 줄기는 100㎝ 정도에 이르며 모여 나서 포기를 이룬다.

② 선형의 잎몸은 길이 20~40㎝, 가장자리에 잔 톱니가 있다.

③ 7~8월에 개화하고 호영에 까락이 없거나 있어도 매우 짧다.

④ 소가 잘 먹고 생육이 왕성하여 목초나 퇴비로도 이용한다.

⑤ 나쁜 환경에서도 잘 자라므로 옛날부터 구황식물로 심어 왔다.

(8) 유채(평지, Rape, *Brassica napus*)

① 원산지는 스칸디나비아반도에서부터 시베리아 및 코카서스지방으로 추정

② 십자화과 유료작물로 평지, 채종(菜種), 운대(蕓薹), 호채(湖菜)라고 한다.

③ 1~2년생의 풋베기 사료, 키 80~140㎝, 줄기의 표면이 매끄럽다.

④ 주산지 전라남도와 제주도, 일조가 많고 기온이 높은 것이 좋다.

⑤ 춘파 : 3월 하순~4월 상순, 추파 : 사일리지용 옥수수 수확 후~8월 중·하순

⑥ 이용 : 청초, 사일리지는 수분함량이 많아 이용하기 어렵다.

(9) 보리(大麥, barley, *Hordeum vulgare*)

① 원산지 : 껍질보리의 야생종은 터키, 이란, 중동, 쌀보리는 인도 북부, 네팔, 중국 남부

② 월년생 초본으로서 가장 오래된 작물 중의 하나로 BC 7,000년 전에 재배

③ 이삭의 형태에 따라 6조종(여섯줄보리)과 2조종(두줄보리)으로 크게 나눈다.

④ 보리가 생육하는 온도는 최저 3~4.5℃, 최적 20℃, 최고 28~30℃이다.

⑤ 파종은 중부지방의 경우 10월 상순, 남부지방은 10월 하순경이다.

⑥ 이용 : 청초 이용(출수기), 저수분 사일리지(호숙기~황숙기)로 TMR사료 제조

(10) 트리티케일(triticale, *Triticum × Secale*)

① 밀과 호밀의 종간 교잡종으로 라이밀이라고도 한다.

② 월년생 초본으로 종자로 번식하며 5월에 개화한다.

③ 도복과 병충해에 강하고 수량이 많아 청예, 건초, 사일리지용으로 이용된다.

1 옥수수

(1) 품종

① 국내 육성품종 : 수원 19호, 횡성옥, 광안옥, 수원옥, 두루옥, 광평옥

② 도입품종 : P-3394, P-3156, P-3163, P-3489, P-3223, P-3310 등
   (DK689, DK729, DK713, DK501, DK720S, G-4743, G-4624, GL499 등)

연구 **품종 선택의 요건**

건물 수량이 많을 것, 종실 생산이 많을 것, 도복과 병충해에 강할 것

(2) 재배방법

① 파종 시기
   ● 1일 평균 기온이 10℃ 이상일 때, 그 지방의 벚꽃이 만개되는 시기와 일치한다.
   ● 중북부 고랭지 5월, 중부지역 4월 중순~하순, 남부지역 4월 상순~중순

② 파종량 : 인력파종은 20~30kg/ha, 기계파종은 30~40kg/ha

③ 파종방법 : ha당 조생종 83,000주, 중생종 78,000주, 만생종 72,000주
   ● 인력 파종 : 이랑너비 60㎝, 기계 파종 70~75㎝, 포기사이 16~17㎝
   ● 파종 깊이 : 수분이 많을 때 2.5~4.0㎝, 건조한 토양 5.0㎝

④ 시비량 및 시비방법
   ● 옥수수는 다비성 작물로 양분 흡수력이 강하다.
   ● 경운 전 퇴비, 석회, 인산, 칼륨질은 전량을 뿌리고 질소는 시용량의 50%만 뿌린다.
   ● 질소비료의 50%는 초장이 30~40㎝ 자라고 잎이 7~8매 정도일 때 시비한다.

연구 **옥수수의 시비기준**

성 분 량(10a당)		실 제 비 료 량		비고
질소	15~18kg	요　소	32~39kg	소석회는 ha당
인산	15~20kg	용성인비	75~100kg	1톤을 매 3년에
칼륨	15kg	염화칼륨	25kg	1회 시용
퇴비	2,000~5,000kg			

도복 방지 대책

밀식하지 말것, 질소 비료 과용 금지, 완숙 퇴비 사용, 비도복성 품종 선택, 적기 파종

⑤ 복토 및 진압
- 2~3㎝ 가량의 복토가 좋으며, 가물 때에는 4~5㎝ 정도
- 토양이 건조할 때는 복토 후 가벼운 진압

(3) 수확 및 이용

① 건물함량이 30%(27~32%)에 달하는 황숙기가 좋다.
② 옥수수는 주로 1㎝ 내외로 절단하여 담근먹이용으로 이용한다.
③ 급여량은 한·육우의 경우 체중의 1~2%, 젖소는 체중의 1~2%

(4) 주요 잡초방제

① 어저귀 방제
- 파종 후 5일 이내에 라쏘 2L + 씨마진 2kg을 물 1,200~1,500L/ha 전면 살포
② 광엽 잡초
- 스톰프(펜디유제) 3L를 물 1,200~1,500L/ha
- 옥수수 3~6엽기 때 ha당 밧사그란 1.5L를 물 1,200L에 희석하여 살포

연구 **일찍 파종 시 유리한 점**

- 토양수분이 충분한 4월 중에 일찍 파종하면 발아가 촉진된다.
- 뿌리가 심토층까지 뻗어나가 가뭄에 잘 견딘다.
- 암 이삭의 출사기가 빨라 알곡 수량이 증가한다.
- 봄철의 낮은 기온으로 마디가 짧게 자라기 때문에 쓰러짐에 강해진다.
- 8월 말~9월 초의 가을장마 및 태풍 전에 수확이 가능하다.

② 수수류

(1) 품종

① 수수×수단그라스 교잡종 : P-855F, P-877F, Jumbo, TE-Evergreen, TE haygrazer, Betta Grazer, Sordan79, GW9110G, NC+855, SX-17, Speed feed, G-7, Turbor 9, Turbor 10, GW104G 등
② 수수교잡종 : NK-367, SS 405, KF 429 등

(2) 재배 방법

① 파종 시기 : 평균기온 13~15℃ 이상, 옥수수보다 2~3주일 늦게 파종

● 중부 이북 : 4월 하순~5월 상순, 중부 이남 : 4월 중 · 하순

② 파종량 : 줄뿌림은 이랑너비 50㎝, 30~40kg/ha, 산파는 50~60kg/ha

③ 파종방법 : 생초나 건초로 이용 시 산파, 담근먹이 시 조파

④ 시비량 및 시비방법

● ha당 질소 200~250kg(요소 430~540kg), 인산 150kg(용과린 750kg), 칼륨 150kg(염화칼륨 250kg), 퇴비 20~30톤

● 산도가 높아 토양을 개량할 경우 2~3년마다 ha당 석회 2,000~4,000kg

⑤ 잡초방제

● 트리부닐 3~3.5kg을 물 1,200~1,500L/ha에 희석하여 전면살포

● 아파론 1~1.5kg을 물 1,200~1,500L/ha에 희석하여 전면살포

(3) 수확 및 이용

① 청예 건초 이용 시 1차 예취적기는 출수기 전후, 그 후는 120~150㎝ 예취

② 담근먹이로 이용할 때에는 유숙기~호숙기 때 수확

③ 어릴 때 방목을 시키면 청산중독 위험, 60㎝ 이후 방목

③ 호밀

(1) 품종

① 국내 육성품종 : 팔당, 두루, 조춘, 칠보, 춘추, 장강, 올호밀

② 도입 품종 : Kool grazer, Elbon, Vita-graze, Bonel, Athens-abruzzi, Maton, Wrens abruzzi, Wintermore, Danko, Winter grazer 70, Luchus 등

(2) 재배 방법

① 파종 시기

● 벼 수확 후 일찍 파종, 원줄기의 잎 수가 4~6매에 월동하는 것이 좋다.

● 중 · 북부는 9월 하순~10월 상순, 중부 및 남부 지방은 10월 중순~하순

② 파종량 및 파종방법

● 파종량은 160~200kg/ha 내외

● 경운기나 트랙터로 로터리한 후 비료와 종자를 뿌리고 가볍게 로터리 작업

③ 시비량 및 시비방법

● 시비량은 질소 150kg/ha, 인산 120kg/ha, 칼륨 120kg/ha, 퇴비를 시용
● 시비방법은 인산과 칼륨은 전량 밑거름, 질소비료는 밑거름과 웃거름 50 : 50

(3) 수확 및 이용

① 청예 이용 시 : 출수기~개화기
② 담근먹이 조제 시 : 개화기~유숙기

④ 이탈리안라이그라스

(1) 품종

① 국내 육성품종 : 화산 101
② 도입품종 : Dalita, Tetrone, Barmultra, Tetraflorum, Gordo, Sikem, Tosca, Bartissimo, Wilo, Combita, Florida 80, Tachiwase, Grazer, TAM-90

(2) 재배 방법

① 파종 시기

● 다비성, 습지에 잘 견디나 추위에 약함, -5℃ 이하로 내려가지 않은 남부 지역
● 가을 일찍 파종하면 월동 전인 10월 중·하순경에 청예로 한번 베어 이용
● 벼 수확 10~15일 전인 9월 중·하순경 입모중(立毛中) 파종
● 벼 수확 후 늦어도 10월 중순을 넘지 않아야 한다.

② 파종량 및 파종방법

● 답리작 파종량은 40~50kg/ha
● 벼 수확 후 파종할 경우 드릴파종 또는 세조파, 산파
● 경운기나 트랙터로 로터리한 후 비료와 종자를 뿌리고 다시 로터리 작업

③ 시비량 및 시비방법

● ha당 적정 시비량은 질소 200kg, 인산 150kg 및 칼륨 150kg
● 인산비료는 전량 밑거름, 질소비료는 밑거름으로 1/3, 나머지 2/3는 웃거름

④ 파종 후 관리

● 답리작 재배 시 습해 방지를 위해 배수로를 설치한다.
● 월동전후의 진압 실시

(3) 수확 및 이용

① 청예 이용할 경우 가을에 일찍 파종하면 11월 말경 1회 이용 가능하다.

② 이듬해 4월 중순경부터 20~30일 간격으로 벼 이앙 전까지 2~3회 예취

③ 건초를 만들거나 담근먹이로 이용할 때는 출수기에 수확한다.

5 보리

(1) 품종

① 겉보리 : 올보리, 강보리, 알보리, 탑골보리, 알찬보리, 새올보리, 찰보리, 대진보
리, 큰알보리, 밀양 92호, 새강보리 등

② 쌀보리 : 송학보리, 새쌀보리, 늘쌀보리, 무등쌀보리, 찰쌀보리, 흰쌀보리, 내한쌀
보리 등

③ 맥주보리 : 사천 6호, 두산 8호, 두산 29호, 진광보리, 진양보리, 남향보리

(2) 재배 방법

① 재배 특성

- 생육적온은 4~20℃, 강수량은 1,000㎜ 지대에 적응하는 작물이다.
- 양토 또는 식양토가 알맞으며 건조한 토양보다 습한 논토양에서 생육이 좋다.
- 보리는 호밀보다 초장이 짧으나 기호성이 좋다.

② 겉깜부기병 예방 종자소독

- 냉수온탕침법, 카보람분제(비타지람)를 종자 1kg에 2.5g 처리

③ 파종 시기

- 안전하게 월동시키려면 잎이 5~7매가 되어야 한다.
- 중북부 지방의 평야지 10월 상순, 중산간지는 9월 25일~10월 5일경, 중부지방
의 평야지는 10월 10일~10월 20일경, 남부지방은 10월 15일~11월 5일경

④ 파종량 및 파종방법

- 중부지역의 ha당 파종량은 휴립광산파 200kg, 휴립세조파 140kg
- 남부지방에서는 휴립광산파는 겉보리 170kg, 쌀보리 130kg, 세조파는 겉보리
130kg, 쌀보리 120kg 정도가 알맞다.
- 휴립광산파 또는 휴립세조파를 일반적으로 많이 이용한다.
- 트랙터용 세조파기 이용 시 배수로, 쇄토, 파종, 복토작업이 동시에 이루어진다.

⑤ 시비량 및 시비방법
- ha당 질소 90~120kg, 인산 70~100kg, 칼륨 50~70kg, 퇴비는 15~20톤
- 질소질 비료는 파종기와 생육기에 50%씩 주고, 인산과 칼륨질 비료는 밑거름시비
⑥ 잡초 방제
- 둑새풀 방제 : 마세트 입제를 복토 후 3~5일 이내 15~35kg/ha 살포

(3) 수확 및 이용
① 청예용으로는 출수기 예취, 사일리지용은 출수기~개화기
② 곤포사일리지용은 보리의 수분 함량이 65~70% 정도의 황숙기 수확
③ 총체 담근먹이 급여 시 산유량 증가, 비육우의 일당 증체량 향상

⑥ 귀리(연맥)

(1) 품종
① 국내 육성종 : 삼절귀리, 올귀리, 말귀리
② 도입 품종 : Cayuse, Magnum, Foothill, West, Murray, Swan, Ensiler, Yilgarn, Palinup, Cashel, Irwin, Dane, Troy, A.C.Juniper, Hayabusa 등

(2) 재배 방법
① 파종 시기
- 추운지방에서는 월동 재배가 곤란하므로 봄에 일찍 파종하는 것이 좋다.
- 중부지방에서는 3월 상 · 중순경, 남부 지방은 3월 상순경
- 가을재배 시 중부지방은 8월 중순경, 남부지방은 8월 중 · 하순경
② 파종량 및 파종방법
- 청예용 줄뿌림 ha당 120~150kg, 흩어뿌림 150~200kg
- 파종방법은 줄뿌림, 방목을 목적으로 할 경우에는 산파도 할 수 있다.
③ 시비량 및 시비방법
- ha당 질소 150kg, 인산 및 칼륨는 120kg
- 인산 및 칼륨비료는 전량 밑거름, 질소는 밑거름과 웃거름으로 반씩 나누어 줌

(3) 수확 및 이용
① 가을에 재배 : 청예, 방목으로 이용 가능, 봄재배 : 5월 하순~6월 중순 예취
② 건초 제조 시 : 수잉기~출수기, 담근먹이 : 개화기

☑ 유채

(1) 품종
① 국내 육성종 : 청예단교 4호
② 도입 품종 : Akela, Velox, Ramon, Sparta, Barnapoli 등

(2) 재배 방법
① 파종 시기
- 봄 파종 : 해빙직후, 중부 : 3월 중순경, 남부 : 3월 상 · 중순경
- 가을 파종 : 일찍 파종 유리, 8월 중 · 하순경이 적당
② 파종량 및 파종방법
- 봄 재배 시 조파 ha당 15kg, 가을 재배 ha당 20~30kg
- 파종방법은 조파와 산파, 다소 밀식이 유리, 줄 사이 30㎝ 세조파가 좋다.
③ 시비량 및 시비방법
- ha당 질소 120~150kg, 인산 및 칼륨 각각 100~120kg
- 인산과 칼륨은 전량 파종 시 살포, 질소는 밑거름과 웃거름 시용

(3) 수확 및 이용
① 유채는 생육이 빠르므로 생초로 이용 시 파종 후 60일 수확
② 뒷 재배작물이 없을 경우에는 추위가 오기 전까지 이용 가능

3 작부체계기술

☑ 작부체계

(1) 작부체계의 개념
① 협의 : 어떤 작물을 어떤 시기에 어떻게 재배하고 수확할 것이냐의 순서
② 광의 : 작물의 조합, 자원의 관리와 자재 투입, 재배기술을 포함하는 작부체계 또
는 작부순서+작부양식을 포함한 총체적인 재배 체계

(2) 작부체계 설계
① 그 지방에서 최대 수량이 기대되는 것을 선택한다.(수량)
② 주작물과 결합할 수 있는 부작물을 선택한다.

③ 계절적 노동력이 분산되도록 작부체계를 선택한다.

④ 지력유지와 품질, 수익성을 고려한다.

| 주작물 | 여름재배작물로 옥수수, 수수, 사료용 피 |
| 부작물 | 단기성 춘파, 추파 작물로 호밀, 보리 이탈리안라이그라스, 연맥, 유채 |

(3) 작부체계의 종류

① 연작(이어짓기) : 같은 작물을 동일 경작지에 반복하여 재배하는 방법

② 윤작(돌려짓기) : 동일 경작지에 작목을 바꿔가며 재배하는 방법(휴한 포함)

③ 간작(사이짓기)과 혼작(섞어짓기)

④ 답리작 : 논에서 휴한기 동안의 녹비작물이나 월년생 작물(보리, 밀 등)을 재배하는 방법

연구 윤작의 기능과 효과

- 수량증수와 품질향상
- 토양 통기성의 개선
- 토양양분의 유효화와 근계발달촉진
- 토양전염성 병해충 발생 경감
- 환원가능 유기물의 확보
- 작물의 양분흡수와 염기균형의 유지
- 작물에 의한 심경(深耕)

(4) 작물재배기술

① 작물의 생육을 지배하는 요소 : 품종선택, 재식밀도, 시비법, 병충해 방제

② 생육환경 개선 : 토양환경(생산기반) - 심경, 유기물, 토양개량제 투여 등

③ 윤작의 이점 : 토양에 물리·화학적 환경 개선, 토양미생물 수 증가

② 조사료 생산 작부체계

(1) 조사료 생산 작부체계 설계 시 고려사항

① 그 지방의 기후와 토양에 적합한 작목을 선택

② 기간작물(주작물)과 결합할 수 있는 보완작물(부작물)을 조합

③ 기계장비, 자가노동력, 고용노동력의 계절적 분포를 염두에 둔 작부체계 설계

④ 단작보다는 다모작 작부체계를 이용하여 년간 2~3회 사료작물을 재배

⑤ 단순하여 재배하기 쉽고 품질이 우수하고 생산량이 많아야 한다.

⑥ 귀리 또는 유채를 봄 재배할 때 다음 작물은 수수류가 유리하다.(중부 이남)

⑦ 토양의 지력 유지를 위한 윤작 작부체계 수립

(2) 지역별 조사료 생산체계

① 중북부지방(강원도, 충청남북도, 경상북도 일부 지방)

- 사일리지용 : 옥수수 + 호밀
- 청예용 : 수수류 + 호밀

[연구] 중북부지방 다수확 작부체계(축기연)

월별 / 형태	1	2	3	4	5	6	7	8	9	10	11	12	연간수량(Ton/ha) 생초	풍건물
제1형	호밀				옥수수					호밀			102.2	22.9
	호밀				수수류					호밀			104.2	24.2
제2형	호밀				옥수수			귀리		호밀			120.5	21.6
	호밀				옥수수			월동 전 이용			호밀		115.0	23.4
제3형	호밀				옥수수			유채					130.4	24.5

② 남부지방(광주, 부산 일부 지역)

- 사일리지용 : 옥수수 + 이탈리안라이그라스
- 청예용 : 이탈리안라이그라스 + 수단그라스

[연구] 남부지방 다수확 작부체계

월별 / 형태	1	2	3	4	5	6	7	8	9	10	11	12	연간수량(Ton/ha) 생초	풍건물
제1형	이탈리안 라이그라스					옥수수			월동 전 이용		이탈리안 라이그라스		136.3	35.8
	이탈리안 라이그라스					수수					이탈리안 라이그라스		224.8	57.5
제2형	이탈리안 라이그라스					옥수수			귀리		이탈리안 라이그라스		175.4	44.5
	호밀					옥수수			유채			호밀	181.5	39.7
제3형	이탈리안 라이그라스					옥수수			유채				197.4	40.1

③ 답리작 재배

- 고려해야 할 사항 : 조사료 생산, 지력유지 및 증진, 미곡 증산
- 작부양식 : 벼 + 호밀, 벼 + 이탈리안라이그라스

[연구] 답리작 사료작물 작부체계의 대표적 유형

월별	1월	2월	3월	4월	5월	6월	7월	8월	9월	10월	11월	12월
작물	맥류 또는 이탈리안라이그라스				벼					맥류 또는 이탈리안 라이그라스		

4 기계 활용 기술

① 경운 및 쇄토용 농기계

(1) 쟁기(plow)
① 견인동력에 따라 : 축력 플라우, 경운기용 플라우, 트랙터용 플라우
② 보습의 형태에 따라 : 몰드보드(볏) 플라우, 원반 플라우, 치즐 플라우
③ 보습의 수에 따라 : 1련, 2련, 다련 플라우
④ 쟁기의 종류
  - 몰드보드 플라우(mold board plow, bottom plow) : 보습+발토판+지측판
  - 원반 플라우(disc plow) : 오목한 원반이 회전하며 절단, 경운, 반전, 쇄토
  - 로터리(rotary) : 경운ㆍ쇄토 동시진행

(2) 쇄토 정지용
① 원반 해로(disc harrow) : 평형원반, 화형원반(원반에 요철이 있는 것)
② 치간 해로(tooth harrow : spike tooth harrow, spring tooth harrow)
  - 한 개의 축에 수십 개의 치간(이빨처럼 생긴 것)이 붙어 있는 것
  - 지표의 죽은 풀이나 뿌리를 제거하는 데 사용, 산파 시 사용

② 시비 및 파종 작업기

(1) 분뇨살포기(액상살포기)
① 종류 : 자연유출식, 강제살포식, 이동방법 : 견인식, 자주식, 트랙터 탑재식
② 강제살포식 중 가압식이 널리 이용됨

(2) 퇴비살포기(manure spreader)

(3) 비료살포기
석회살포, 목초파종 이용, 전폭낙하식, 원심살포식

(4) 목초파종기
곡류파종기, 콤바인 드릴, 목초조파기, 목초산파기

(5) 진압용 롤러 : 롤러, 컬티패커

③ 목초 수확용 농기계

(1) 예초기(mower)
왕복식 예초기, 회전식 예초기(디스크 모어)

(2) 목초수확 절단기(forage harvester)
수확하면서 동시에 절단, 이송 가능

(3) 헤이 컨디셔너(hay conditioner)
생초의 줄기를 압착하여 건조기간을 단축시키는 기계, 크러셔형(롤러 표면이 매끄러운 것)과 크리머형(롤러가 기어형)이 있다.

(4) 헤이 레이크(hay rake; 집초기)
덤프레이크, 스위프레이크, 사이드 딜리버리 레이크

(5) 테더(tedder)
벤 풀을 뒤집는 기계

(6) 헤이 베일러(hay baler ; 곤포기)
콤팩트형(각을 지어 묶는 것), 라운드형(둥글게 마는 것)

④ 산지용 트랙터

(1) 산지용 트랙터의 특징
① 4륜구동형, 양 축에 제동장치 장착
② 타이어는 굽이 방사형, 무게는 앞 60%, 뒤 40%(작업 시는 앞뒤 50%씩 유지)

(2) 트랙터의 규모
① 작업량이 가장 많을 때를 기준
② 경사지는 20~30% 더 큰 마력을 유지
③ 총 작업을 기준으로 대수 산정

⑤ 장애물 제거용 농기계

(1) 부시 커터(bush cutter)
산림 등의 잡초를 베어내는 데 사용하는 휴대용 기계

(2) 레이크 도저(rake dozer)
날을 쟁기 모양으로 배열한 어태치먼트를 트랙터 전면에 붙인 것으로, 주로 벌채 또는 단단한 지반을 파헤치는 데 사용한다.

(3) 로터리 커터(rotary cutter)
회전 절단기

5 병해충 방제기술

① 사료작물의 병해 및 방제

(1) 그을음무늬병(매문병)
- 생육중기 잎에 방추형의 갈색 병반이 생기고 표면에 곰팡이가 밀생한다.
- 7~8월의 고온 다습 시(18~27℃), 질소와 칼륨이 부족할 경우 발생
- 포자형태로 월동하여 다음해에 전염된다.
- 내병성 품종 선택, 다이센엠 45 등을 발생초기에 살포

(2) 깨씨무늬병(호마엽고병)
- 잎에 갈색의 반점이 커져서 자색 또는 홍색으로 된다.
- 그을음무늬병보다 병반이 작지만 병반이 합쳐져서 말라버린다.
- 7~8월의 고온 다습조건(20~30℃)에서 많이 발생, 포자형태로 월동하여 전염
- 그을음무늬병에 준하여 방제한다.

(3) 검은줄오갈병(흑조위축병)
- 식물체 전체의 마디 사이가 짧아져 키가 작아지고 잎이 농록색으로 변한다.
- 애멸구에 의하여 매개, 기주식물은 벼, 보리, 밀, 호밀, 둑새풀, 바랭이 등
- 저항성 품종 선택(광안옥), 일찍 파종하여 애멸구 2화기의 피해를 회피
- 이병주 제거, 큐라텔 등의 살충제로 애멸구 박멸

(4) 깜부기병(흑수병)

- 암이삭, 줄기 등에 흰 껍질로 싸인 혹이 커지면서 터지면 검은 가루가 날린다.
- 검은 가루(후막포자)가 토양에서 월동하여 계속 전염시킨다.
- 종자 소독 실시, 연작을 피한다. 이병주 소각
- 깜부병(흑수병에 이병된 옥수수)

2 사료작물의 충해 및 방제

(1) 조명나방

- 잡식성으로 모든 밭작물의 잎, 줄기, 종실 등을 가해한다.
- 유충은 잎 뒷면의 연한 엽육을 갉아 먹고 줄기나 종실 속으로 파고 들어간다.
- 6월 중하순에 제1회, 7월 중하순에 제2회, 8월 중하순에 제3회 성충이 발생한다.
- 조명나방은 줄기나 이삭 속에서 월동, 피해주 소각
- 1주일 간격으로 2~3회 침투성살충제(세빈, 쎄다 등)를 살포한다.

(2) 멸강나방(멸강충)

- 유충이 떼를 지어 다니며 주로 밤에 옥수수, 벼, 보리 등의 화본과 식물을 포식
- 유충은 길이 45㎜의 흑갈색, 5월 상순(제1회)부터 3~4회 발생한다.
- 번데기로 흙속에서 월동한다. 발생초기에 살충제(디프 수화제) 살포

(3) 거세미

- 거세미는 잡식성으로 생육 초기에 줄기의 지면 부분을 잘라 먹는다.
- 어린 애벌레는 야행성으로 밤과 구름이 낀 날에 활동한다.
- 파종할 때 지오릭스, 마릭스분제 살포

연구 **해충의 종류**

- 근계, 지하경 해충 : 땅강아지, 풍뎅이류 유충(굼벵이), 거세미, 밤나방 유충
- 지상부 해충 : 메뚜기, 총채벌레, 끝동매미충, 애멸구, 진딧물, 조명나방, 멸강나방

③ 잡초 방제

(1) 생태적 방제법(재배적 방제법 또는 경종적 방제법)
① 작부체계 : 윤작
② 육묘이식(이앙)재배 : 작물의 선점
③ 재식밀도 : 재식밀도를 높여 우생적 출발
④ 작목 · 품종 및 종자선정 : 잡초와의 경합력이 큰 작목 · 품종과 우량종자 선정
⑤ 파종상(seedbed)이나 파종지(seeding-site) : 효율적 발아와 초기생장 유도
⑥ 피복작물 재배 : 토양 침식 방지, 잡초 발생 억제, 토양의 비옥도 높임
⑦ 병해충 및 선충의 방제
⑧ 시비 : 작물의 근권인 흡비층(吸肥層)에만 선별적으로 시비
⑨ 관배수 조절 : 배수작업은 습지의 잡초 억제
⑩ 제한경운법 : 최소경운(minimum tillage) 및 무경운(no-tillage) 농법
⑪ 특정 설비 : 방수용 천을 깔아 둑이나 길 및 저수지 또는 수로 설비

(2) 물리적 방제법(기계적 방제법)
① 손 제초 및 예취(깎기) : 최대 전엽기와 개화기 사이
② 경운 : 파종기 경운과 생육기 경운 및 휴경지 경운
③ 멀칭재료 사용 : 나무껍질, 부엽, 짚, 비닐

(3) 생물적 방제법
① 기생성 · 식해성 및 병원성을 지닌 생물을 이용하여 잡초의 집합밀도를 감소
② 생물적 방제용 천적(외래의 생물)
③ 식물병원균의 이용
④ 인접 식물의 생육에 부정적 영향을 끼치는 식물종을 이용

(4) 화학적 방제법(제초제 사용 방제)
① 접촉성 제초제 : 식물 표면에 닿아 살초한다.
② 이행성 제초제 : 잎, 줄기에서 뿌리로 흡수되어 서서히 죽는다.(근사미, 반벨 등)
③ 이용 구분 : 발아전 처리제, 경엽 처리제, 비선택성 제초제로 구분한다.

01 청예용 옥수수의 도복 방지 방법이 아닌 것은?

① 밀식하지 말 것
② 비료는 기준 이상 충분히 사용
③ 완숙퇴비 사용
④ 내도복성 품종선택

02 옥수수의 지상 부위에 혹 처럼 흰 껍질을 쓴 부분이 생겨 이상 비대를 하게 되며 나중에 터져서 검은 가루가 날리게 되는 병은?

① 깨씨무늬병 ② 그을음무늬병
③ 잎마름병 ④ 깜부기병

03 엔실리지용 옥수수의 좋은 품종 선택조건에 해당되지 않는 것은?

① 추위에 강할 것 ② 건물수량이 많을 것
③ 종실생산이 많을 것 ④ 병충해에 강할 것

04 사초의 분류 방식 중 식물의 꽃차례나 외부형태 및 세포학, 생화학, 생리학 등을 기준으로 분류하는 방식은?

① 형태에 의한 분류
② 생존년한에 의한 분류
③ 이용형태에 의한 분류
④ 식물학적 분류

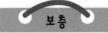

■ 특히 질소질 비료의 과용은 식물이 도장하여 도복 위험이 있다.

■ 깜부기병(흑수병)은 암이삭, 줄기 등에 흰 껍질로 싸인 혹이 커지면서 터지면 검은 가루가 날린다. 검은 가루(후막포자)가 토양에서 월동하여 계속 전염시킨다.

■ 여름작물이므로 추위와는 관계가 없다.
● 품종 선택의 요건
건물수량이 많을 것, 종실생산이 많을 것, 도복과 병충해에 강할 것

■ 식물의 형태나 생리, 생태적 특성을 비교하여 유연관계가 있는 것끼리 묶은 것

01 ② 02 ④ 03 ① 04 ④

보충

05 일반경지에서 재배하는 작물로 부적당한 것은?

① 다년생 목초류   ② 옥수수

③ 이탈리안라이그라스   ④ 호밀

■ 목초류는 대분분 산지의 초지조성에 이용된다.

06 벼멸구에 의하여 감염되며 생육초기에는 마디사이가 짧아지고 잎의 색깔이 담록색을 보이는 병은?

① 그을음무늬병   ② 흑수병(깜부기병)

③ 흑조위축병   ④ 깨씨무늬병

■ 검은줄오갈병(흑조위축병)은 식물체 전체의 마디사이가 짧아져 키가 작아지고 잎이 농록색으로 변한다.

07 사초의 이용목적에 따른 분류에서 목초를 베어서 가축에게 이용하는 생산 포장을 무엇이라고 하는가?

① 방목지   ② 목야지

③ 계류지   ④ 채초지

08 우리나라에서 호밀을 재배하는 주된 이유가 아닌 것은?

① 비교적 가을 늦게까지 파종해도 월동이 가능해서

② 이듬해 봄에 일찍 수확을 할 수 있어서

③ 답리작으로 재배가 용이해서

④ 옥수수에 비해서 가소화양분총량(TDN) 함량이 높아서

■ 호밀은 옥수수보다 가소화양분총량(TDN) 함량이 낮다.

09 작부조합을 위한 초종이나 품종 선택 시 고려하여야 할 사항이 아닌 것은?

① 수출가능성

② 품질의 우수성

③ 생산 비용과 노력

④ 건물 및 가소화영양소 수량

■ 수출과는 연관성이 없다.

10 건초 제조에 쓰이는 기계가 아닌 것은?

① 헤이컨디셔너　　　　　② 테더

③ 베일러　　　　　　　　④ 해로

11 건초를 베는 데 주로 쓰이는 농기계는?

① 모어(mower)

② 헤이컨디셔너(hay conditioner)

③ 테더(tedder)

④ 헤이 베일러(hay baler)

12 답리작에 적합한 사료작물의 특성으로 틀린 것은?

① 내습성이 강해야 한다.

② 추위에 강해야 한다.

③ 다년생이어야 한다.

④ 청초가 부족한 이른 봄에 수량이 높아야 한다.

13 중북부 지방의 사료작물 작부체계에서 주로 옥수수 후작으로 파종하는 것은?

① 연맥

② 이탈리안라이그라스

③ 유채

④ 호밀

14 작부순서에 있어서 같은 종류의 작물을 동일 경작지에 일정 순서로 반복하여 재배하는 것은?

① 연작　　　　　　　　　② 윤작

③ 간작　　　　　　　　　④ 혼작

15 건초조제나 사일리지(담근 먹이) 재료의 예건 시 건조를 촉진시키기 위해 사용되는 기계는?

① 플라우   ② 로터리

③ 헤이컨디셔너   ④ 집초기

■ 플라우 : 쟁기
로터리 : 쇄토기
집초기 : 풀을 모으는 기계
헤이컨디셔너 : 목초 압착기

16 1년에 3~4회 발생하며 제 1회 성충은 5월이나 6월경에 발생하며, 수 년에 한 번씩 화본과 사료작물의 지상부에 큰 피해를 가하는 해충은?

① 멸강나방 유충   ② 송충이

③ 굼벵이   ④ 무당벌레

■ 멸강나방 유충은 떼를 지어 다니며, 주로 밤에 옥수수, 벼, 보리 등의 화본과 식물을 포식하여 가장 큰 피해를 준다. 유충은 길이 45mm의 흑갈색으로 5월 상순(제1회)부터 3~4회 발생한다.

17 식량작물과 달리 초지에서 가장 널리 시행되고 있는 작부방식은?

① 단작   ② 간작

③ 혼작   ④ 윤작

18 파종시기가 너무 늦어 옥수수 대신에 여름철 청예를 주목적으로 재배되는 작물은?

① 수단그라스계 잡종   ② 호밀

③ 연맥   ④ 이탈리안라이그라스

■ 수단그라스계 잡종은 재생력이 좋아 2~4회 예취가 가능하다.

19 호밀에 관한 설명으로 옳은 것은?

① 일반적인 다른 맥류보다 토양을 가리는 성질이 많다.

② 사일리지로만 이용하여 융통성이 없는 작물이다.

③ 생육이 빠르나 추위에 약하다.

④ 뿌리가 잘 발달되어 깊이 뻗어 있다.

■ 호밀은 내한성이 강하고 토양적응성이 좋다.

15 ③   16 ①   17 ③   18 ①   19 ④

20 사일리지용 옥수수의 성상에 관한 설명으로 옳은 것은?

① 뿌리는 섬유모양의 부정근으로 되어 있다.

② 꽃은 수꽃과 암꽃이 같은 개체 내에 따로 달려있다.

③ 수이삭의 꽃이 피는 기간은 2~3일이다.

④ 수염이 나오는 것은 수이삭의 개화보다 빠르다.

■ 수꽃은 줄기의 최상부에, 암꽃은 줄기 중간의 옥수수자루 수염이다.

21 논 뒷그루(답리작) 사료작물이 갖추어야 할 조건이 아닌 것은?

① 재배기간이 짧으므로 생육이 왕성해야 한다.

② 논 토양은 배수가 잘 안되므로 내습성이 강해야 한다.

③ 월동해야 하므로 내한성이 강해야 한다.

④ 잦은 예취에 견딜 수 있어야 한다.

■ 답리작 작물은 호밀과 이탈리안 라이그라스이다.

22 다음 중 일반적인 사일리지용 옥수수 재배 시 질소비료의 추비 적기로 가장 적합한 것은?

① 싹이 난 후

② 잎이 7~8매 나왔을 때

③ 웅수가 출현 되었을 때

④ 수염이 나왔을 때

■ 전체 시비량의 50%는 경운 전 살포, 50%는 본잎이 7~8매 나왔을 때 살포한다.

23 사일리지용 옥수수를 수확한 뒤 후작으로 재배 가능한 밭 사료작물이 아닌 것은?

① 수단그라스

② 유채

③ 귀리

④ 호밀

■ 수단그라스는 주작물이다.

24 어린 식물체는 청산(시안화수산)이 함유되어 있어 섭취 시 가축의 중독에 가장 유의할 작물은?

① 옥수수

② 호밀

③ 수단그라스

④ 귀리

■ 수수, 수단그라스 및 교잡종은 청산 배당체를 함유하므로 최소 60 ㎝ 이상일 때 급여한다.

25 다음 중 피에 대한 설명으로 가장 알맞은 것은?

① 다른 사료작물에 비하여 재배가 어렵다.

② 체계적인 종자 생산이 안되어 종자 값이 비싸다.

③ 어릴 때 방목해도 청산 중독의 위험이 없다.

④ 염분이 많은 토양에 매우 약하다.

■ 피는 1년생 초본으로 습지, 간척지 등 어디서든지 잘 자라고 기호성이 좋다.

26 다음 맥류 중 내한성이 약하나 목초에 가까운 특성 때문에 출수 후에도 줄기가 굳어지는 것이 느려 건초나 풋베기로 알맞은 사료작물은?

① 보리(barley)

② 호맥(rye)

③ 연맥(oat)

④ 밀(wheat)

■ 연맥(귀리)은 1년생 또는 월년생 작물로 맥류 중 내한성이 가장 약하여 남부지방과 제주도에서 많이 재배한다.

27 다음 중 연맥의 특징으로 가장 알맞은 것은?

① 다른 맥류보다 추위에 강하다.

② 뿌리가 적어 수확한 다음 갈아엎기가 수월하다.

③ 기호성이 좋으며 건초용으로 알맞다.

④ 출수 후에 줄기가 굳어지는 것이 빠르다.

24 ③   25 ③   26 ③   27 ③

28 청예용 C$_4$ 작물로 여름철에 높은 광합성을 발휘하는 남방형 사료작물이 아닌 것은?

① 수단그라스

② 보리

③ 수수

④ 수수 × 수단그라스 교잡종

■ 보리는 비교적 추위에 강하다.

29 윤작의 기능과 효과로 잘못된 것은?

① 수량 증수와 품질 향상

② 환원 가능 유기물의 확보

③ 토양 통기성의 개선

④ 사초의 기호성 증진

■ ①②③ 이외에 작물의 양분흡수와 염기균형의 유지, 토양양분의 유효화와 근계 발달 촉진, 작물에 의한 심경(深耕), 토양전염성 병해충 발생 경감

30 다음 중 뿌리 부분(근계)의 해충은?

① 거세미

② 메뚜기

③ 애멸구

④ 멸강충

■ 근계, 지하경 해충
땅강아지, 풍뎅이류 유충(굼벵이), 거세미, 밤나방 유충 등

28 ② 29 ④ 30 ①

II 사료작물의 이용

1 청예 이용(생초)

1 청예 이용의 장단점

(1) 청예 이용의 장점
① 방목에 비하여 ㏊당 30~50%의 가축을 더 사육할 수 있다.
② 먼 거리나 분산되어 있는 초지의 이용에 적합하다.
③ 허실되는 양이 적어 사초를 절약한다.
④ 저장시설(사일로 등)에 투자되는 비용이 절감된다.
⑤ 방목에서 생기는 제상(발굽에 의한 피해)과 유린을 방지할 수 있다.
⑥ 사일리지나 건초 제조 시 발생하는 영양가의 손실을 방지한다.

(2) 청예 이용의 단점
① 베고 나르는 데 필요한 기계장비 구입 비용이 소요된다.
② 봄철에 방목보다 2주 정도 이용기간이 지연된다.
③ 연간 생산량이 불균형하여 조절이 필요하다.
④ 축사 내 사육으로 생긴 분뇨 처리의 노력이 소요된다.
⑤ 고창증 발생, 과식, 독초급여, 기타 이물질 급여 가능성이 있다.

(3) 종류별 생산량
① 청예수량 : 6만kg/ha(라디노+오처드그라스, 라디노+스무스브롬그라스)
② 1일 섭취량 : 생초로 체중의 12~15%, 건물로 2~2.5%
③ 체중 500㎏ 젖소 10두를 사육하는 농가가 연간 필요한 조사료량 : 219톤

② 초종별 재생특성

(1) 재생에 영향을 주는 요인
① 예취의 높이
- 높이 베기의 이점 : 엽면적이 크다, 저장양분이 많다, 생장점의 수가 많다, 양분과 수분 흡수력이 강하다.
- 낮게 베기의 이점 : 증수 효과, 어린잎의 광합성능력의 이용, 병충해 제거 효과

② 저장양분 : 재생을 위해 소비된다. 탄수화물 및 단백질이 중요시 된다.

③ 온도 : 남방형 목초는 재생 시의 기온이 높아야 재생량이 많다.

④ 일장 : 북방형 목초는 장일성으로 장일보다 단일조건이 재생에 유리하다.

⑤ 광량 : 광량이 적으면 동화산물이 감소, 분얼경이나 분지의 발생이 저하된다.

⑥ 질소 : 질소는 적량일 때 재생에 유리, 지나치면 재생이 나빠진다.

⑦ 토양수분 : 건조 조건하에서는 높이 베기를 하는 것이 재생량이 많다.

2 청예 이용(풋베기 사료작물)

① 초종별 이용 시기

(1) 수수류
① 청예나 건초로 이용시 1차 예취적기는 출수기 전후이다.
② 그 다음부터는 초장이 150㎝정도 될 때 예취하는 것이 수량이 많다.
③ 어린 수수를 급여하면 청산중독 위험성이 있으므로 최소 60㎝ 이상일 때 급여한다.

(2) 호밀
① 청예로 이용할 때에는 출수기~개화기 사이에 이용한다.

(3) 이탈리안라이그라스
① 가을에 일찍 파종하면 11월 말경 1회 이용이 가능하다.
② 3월 말~4월 초순부터 20~30일 간격으로 벼 이앙 전까지 3~4회 예취 가능

(4) 연맥
① 가을에 재배한 연맥은 수잉기~출수기에 이용이 가능하다.
② 봄에 재배한 연맥은 5월 하순~6월 중순까지 베어 먹일 수 있다.

(5) 유채

① 유채는 생육이 빠르므로 생초로 이용시 파종 후 60일 정도면 충분하다.

② 뒷그루 재배작물이 있으면 다소 빨리 예취 이용, 추위가 오기 전까지 이용 가능

---

3 건초 제조 및 이용

1 조제 원리

(1) 고품질 건초 조제 요점

① 기상 상태 고려(강우, 바람, 습도 등)

② 재료를 적기에 수확

③ 포장건조 시간의 최대한 단축

④ 비 맞히지 말기

⑤ 기계화 작업체계의 확립

(2) 건초의 장단점

① 장점

- 정장제 효과가 있어 설사를 방지한다.(특히 송아지)
- 수분함량이 적어 운반과 취급이 편리하다.
- 태양건조 시 비타민 D 함량이 높아진다.
- 특수한 기계나 시설이 없어도 간편하게 만들 수 있다.
- 사일리지로 만들기 어려운 두과 목초를 이용할 수 있다.
- 방목 시 독성물질(질산염, 알칼로이드 등) 섭취 위험성이 줄어든다.

② 단점

- 조제 시 장기 건조나 강우에 의한 품질저하가 우려된다.
- 부피가 커서 저장 공간을 많이 차지한다.
- 화재 발생의 위험이 있다.
- 조제과정에서 양분손실이 클 수 있다.

연구 건초 제조 중의 손실(WATSON 등, 36%)

호흡에 의한 손실(6.5%), 기계에 의한 손실(15.5%), 저장에 의한 손실(5%), 용출에 의한 손실 (6%), 급여에 의한 손실(3%)

② 조제방법

(1) 재료 예취(베기)

① 예취시기

연구 **건초제조용 예취 적기**

목초의 종류	베기에 알맞은 시기
레드클로버	개화 초기(꽃이 1/4~1/2 필 때)
라디노클로버	개화 초기(꽃이 한창 필 때)
알팔파	1차 : 개화 초기(1/10~1/4의 꽃이 필 때) 2차 : 서리 내리기 40~60일 전
화본과 목초류	수잉기~출수기
화본과 · 두과 목초	두과 목초가 베는 시기에 도달했을 때 기준

② 아침 이슬이 마른 후 벤다.

③ 강우, 일조 등의 기상을 고려, 5월 초~6월 중순, 가을철에도 만들 수 있다.

④ 작물이 어릴 때는 단백질, 지방, carotene, 칼슘이 많고 기호성, 소화성이 좋다.

⑤ 고숙기는 섬유소, lignin, 규산 등의 함량이 높고 소화이용성도 낮다.

연구 **건초의 재료**

- 적합한 재료 : 화본과 또는 두과의 목초나 야생초
- 부적합한 재료 : 옥수수, 수수

(2) 건조하기

① 자연건조법(양건법)
- 땅 위에 얇게 펴서 말리고, 1일 2~3회씩 뒤집어주며 3~4일간 말린다.
- 비나 이슬을 맞지 않도록, 저녁에는 모아 놓고 비닐로 덮는다.
- 고구마 덩굴, 콩과 목초 등을 말릴 때에는 삼각가에 넣어서 말린다.

② 발효건조법 : 갈색건초, 발열건초, 녹색 발효건초
- 예취 후 1~2일 말려서 수분이 50%가 되면 3~5m 높이의 원뿔형으로 쌓고 비닐을 덮는다.
- 2~3일간 두었다가 내부 온도가 70℃ 정도 되었을 때 넣어 말린다.
- 비가 자주 오는 지방이나 계절에 이용할 수 있는 방법

③ 상온송풍건조법(풍력건조법)
- 예취 후 1~2일 포장에서 말려서 수분이 40~50% 정도된 풀을 송풍장치가 된 창고로 운반하고 쌓아 올려 상온송풍건조기로 송풍하여 건조하는 방법

④ 화력건조법(인공건조법)

- 공기를 가열하는 방법에 따라 직접가열식, 간접가열식 등이 있다.
- 화력건조기의 온도는 40~70℃가 보통이나 그 이상에서도 실시한다.
- 화력건초는 품질이 우수하나 시설비와 연료비가 많이 든다.

연구 **자연건조법**

- 천일건조법 : 풀을 베어 그 자리에서 그대로 말리는 방식
- 가상건조법 : 풀시렁을 이용하여 말리는 방법
- 발효건조법 : 비가 자주 오는 지방이나 계절에 이용할 수 있는 방법
- 반발효건조법 : 발효건조법과 가상건조법을 절충한 방법

(3) 포장 및 저장

① 해가 진 후에 건초를 거두어들이면 잎이 부스러지거나 탈락이 적다.
② 창고나 외양간 시렁 위에 저장하고, 밖에 저장할 경우 비닐 등으로 덮는다.
③ 헤이 베일러(hay baler)로 눌러 부피를 줄여 저장하는 것이 안전하다.
④ 비닐 포장기를 이용하면 더욱 편리하다.
   - 건초의 종류 : 긴 건초, 세절 건초, 곤포 건초, 손묶음 건초, 펠릿 및 큐브 건초
⑤ 수확 손실 : 호흡, 잎의 탈락, 발효 및 일광조사에 의한 손실

③ 평가 및 급여

(1) 건초의 평가

① 영양가 평가 : 수분, 조단백질, 가소화영양소총량(TDN), 조섬유 성분(ADF, NDF)
② 건초의 외관 품질평가

- 녹색도 : 연록 또는 자연 녹색
- 잎의 비율 : 많을수록 좋다.
- 냄새 : 상큼한 풀 냄새
- 곰팡이 발생이 없을 것
- 수분함량 : 15% 이하
- 순도 : 식생비율, 잡초혼입도

(2) 건초의 급여

① 연간 급여 가능하며 방목 및 청예 급여 시 설사 방지제로 급여
② 육성기 소화기 발달 촉진, 체중의 2% 정도 급여

가축의 종류	급여량(kg)	가축의 종류	급여량(kg)
젖소	4~6	번식 중인 젖소	7~11
육성 중인 육우	5~7	면양	1.5~2

4 사일리지 제조 및 이용

1 사일리지의 정의와 장단점

(1) 사일리지의 정의
① 목초나 사료작물을 사일로에 넣고 유산 발효시킨 다즙사료이다.
② 엔실리지(ensilage), 사일로 피드(silo feed), 매초라고 불리기도 한다.
③ 저수분 사일리지는 1~2일간 포장에서 말려 수분이 50% 내외이다.

(2) 사일리지의 장점
① 비용이 저렴한 양질의 사초급여 방법이다.
② 건초에 비해 제조 시 일기에 영향을 적게 받는다.
③ 건초에 비해 양분손실이 적다.(양분 손실률 20% 이내)
④ 기호성 양호, 이용성 향상, 산유량 증가
⑤ 건초에 비해 작은 면적의 저장장소 소요
⑥ 발효로 잡초종자가 죽고 화재 위험성이 없다.
⑦ 기계화 작업으로 인력 소모가 적다.

(3) 사일리지의 단점
① 사일로 시설과 기계 구입비 등 많은 자본 소요
② 일시에 많은 노력 투여
③ 건초에 비해 비타민 D 함량이 적고 송아지 설사 유발

(4) 엔실리지의 발효과정
① 제1단계(호흡작용)
  ● 재료의 호흡과 호기성 세균의 활동으로 물, 탄산가스 및 열이 발생한다.
  ● 사일로 내의 산소량을 최저로 하여 단기간 호흡이 이루어지도록 해야 한다.

② 제2단계(초산 발효, 호기성 세균 활동기)

- 사일로 내의 산소농도 약 1% 정도
- 호기성 세균의 활발한 증식기 : 2~3일간 100배 증식
- 사일로 내 산소가 줄고 pH 6~5에서 초산을 생성한다.

③ 제3단계(유산 발효)

- 초산균에 의해서 산이 축적되어 pH가 5 이하로 낮아진다.
- 사일로 내 혐기적 상태, 유산균 발효 시작(사일리지 재료 충전 후 15~20일째)

④ 제4단계(발효 안정기)

- 유산 1.0~1.5%, pH 4.2 : 사일리지 안정 상태
- 호기성 세균 활동 정지, 유산 축적

⑤ 제5단계(낙산 발효기)

- 산도 저하가 충분히 달성되지 않을 때 : 낙산균 등장, 낙산 발효
- 에너지 손실, 사일리지 부패 초래, 제5기로 이행되지 않도록 해야 한다.

연구 사일리지 발효 양상

(1) 초산발효
- 호기성 세균 또는 헤테로 유산균에 의한 발효

(2) 유산발효
- 유산균 : 당을 발효하여 최종적으로 다량의 유산을 축적하는 균류(포도당 → 유산)
- 호모 유산발효 : 에너지 손실이 적어 발효에서 가장 좋은 중요한 발효이다.
- 헤테로 유산발효 : 알코올, 초산, 만니톨 생성
- 알코올 발효 : 2차 발효의 원인

(3) 낙산발효
- 사일리지 발효 중 가장 문제성이 있는 발효
- 낙산균에 의해 혐기적 조건에서 이루어지며 다량의 에너지 손실 초래

(5) 사일리지의 기본 원칙

① 재료의 수분을 적당히 조절해야 한다.(65~70%)

② 짧게 잘라 공기 배제와 답압이 잘 되게 한다.

③ 철저한 진압으로 최대한 공기를 배제하고 공기의 유입을 차단한다.

④ 양질의 재료가 필요 : 단백질 함량이 높은 재료는 발효가 불량하다.

⑤ silo의 외부 온도 변화 차단(30~35℃ 이하의 온도 유지) 및 낮은 pH를 유지

구분	작물명
● 발효가 용이한 것	옥수수, 수수, 호밀, 보리, 고구마덩굴, 이탈리안라이그라스
● 발효가 보통인 것	화본과 목초류, 양배추, 돼지감자, 율무대
● 발효가 어려운 것	클로버류, 유채, 알팔파, 풋배기 대두, 배추

② 사일로 종류

(1) 사일로 종류

① 원통 사일로(탑형 사일로, tower silo)

- 건축 시 공간이 적게 들며 노출되는 표면적이 작다.
- 즙액 손실이 크고 충진과 급여 등 이용에 불편하다.

② 트렌치(trench silo)

- 땅에 수평 도랑을 파서 만든다.
- 소규모에 알맞으며 충진, 답압, 밀봉, 이용이 편하다.

③ 벙커 사일로(bunker silo)

- 트렌치 사일로를 지상에 구조물로 설치한 것
- 사초의 충진과 답압이 쉽고 꺼내 먹이는 것도 쉽다.

④ 퇴적 사일로(stack silo)

- 평면에 비닐을 깔고 재료를 쌓는다.
- 비용이 저렴하나 건물 손실률이 많다.(30~35%)

⑤ 기밀 사일로(harvestor)

- 강판·FRP를 재료로 만든 사일로, 기능이 가장 우수하고 저수분 사일리지 적합
- 계속해서 위로는 재료를 충진하고 아래로는 꺼내 먹일 수 있다.

⑥ 곤포 랩핑 사일로(bale wrapping silo)

- 총채보리, 호밀 등 수분 함량 40~65%로 건조하여 곤포한 사일로

⑦ 비닐백 사일로(silo bags)

- 가변적인 사일리지 저장 체계로 생산된 양 만큼 비닐백을 구입하여 이용

 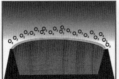  

| 퇴적 사일로(스택 사일로) | 벙커 사일로 | 비닐 백 사일로 | 트렌치 사일로 | 기밀 사일로 |

③ 옥수수 사일리지 조제방법

(1) 제조과정과 기계
① 과정 : 예취 → 세절 → 운반 → 충전 → 밀봉(피복) → 가압
② 사용기계 : 이중세절수확기, 플레일 하베스터, 예취계량수확기

(2) 제조 세부과정
① 예취 적기

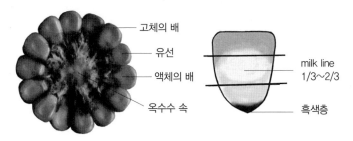

유선과 수확 적기

연구 **재료에 따른 예취 적기**

종류	적기
옥수수	● 황숙기, 수염이 나온 후 50~55일(출사 후 35~45일[37일]) ● 낟알에 흑색층(black layer)이 형성되는 시기 ● 낟알의 유선(milk line) 1/3~2/3 시기 ● 수분함량 65~70%(건물률 25~35%)
수수류	개화기~호숙기
호밀, 귀리	유숙기~호숙기
화본과 목초	출수기~개화 초기
두과 목초	개화초기~1/2 개화 시

● 적합한 수분함량 : 65~70%
● 단위면적당 가소화양분함량(TDN)과 건물수량이 최고에 도달하는 시기

② 재료의 세절
● 초즙 유출로 당 발효촉진, 저장밀도 높임, 개봉 시 공기침입 방지
● 수분이 적당할 때는 1~1.5㎝, 부드럽거나 수분이 많을 때는 2~3㎝, 수분이 적은 거친 재료는 1.0㎝ 이하로 짧게 자른다.

너무 짧게 자르면 위내 통과 속도가 빨라 소화율 감소, 유지율 감소, 제4위 전위증 유발

사일리지의 수분 측정과 수분 조절

① 간이 수분 측정 : 사일리지 재료를 손으로 한 움큼 집어 20~30초간 꽉 쥐었을때, 손가락 사이로 물이 약간 스며 나오는 정도이다.

| 85%의 수분 | 70~80% 수분 | 65~70% 수분 | 65% 수분 이하 |

사일리지 수분 측정

② 재료의 수분 조절
- 수분이 너무 많을 때 : 적당히 말리거나 볏짚이나 건초, 밀기울, 보릿겨를 섞음
- 수분이 너무 적을 때 : 물을 뿌리거나 소금을 뿌린다.

③ 충전(담기)
- 사일로를 깨끗이 청소한 후 비닐을 두른다.
- 재료를 30~50㎝ 높이로 고루 펴고 벽 쪽은 중앙보다 단단히 압착을 한다.
- 재료를 넣고 2~3일 후에 내려간 부분을 다시 채운다.

사일리지 첨가제

① 종류 : 산도저하제, 이상발효 방지제, 발효촉진제, 특수항생제, 영양소 첨가제
- 당밀 : 1~2배로 희석하여 2~3% 첨가
- 개미산, 프로피온산 : 0.3~0.5%, 15~20배 희석, 2~6% 첨가
- 요소 : 0.5~0.7% 첨가, 단백질 보충
- 소금 : 재료의 수분이 60% 이하일 때 재료 0.2% 첨가
- 겨류 첨가 : 수분함량이 높거나 콩과목초로 엔실리지일 때 3~5% 정도 첨가
② 첨가제의 조건
- 유해성분을 함유하지 않을 것
- 효과가 확실한 것
- 경제성이 있는 것
- 인체에 위험하지 않을 것
- 취급이 간편한 것

④ 피복과 누름
- 진압 후에는 비닐과 보온덮개로 공기가 들어가지 않도록 한다.
- 눌림 재료는 돌, 헌 타이어, 모래주머니 등을 사용한다.(1㎡당 150~300kg)

- 트렌치 사일로 주위에는 배수로를 만들어 준다.
- 사일리지 손실률 : 16~20%(포장손실, 발효 중 손실, 삼출액 손실, 산화손실)
- ※ 일반적으로 옥수수 silage 1㎥당 무게 : 650kg

4 평가 및 급여

(1) 외관 평가(감각에 의한 방법)
① 색깔 : 녹황색~담황색(불량 : 갈색 또는 암갈색, 곰팡이)
② 냄새 : 새콤한 과일 향(불량 : 담배냄새, 퇴비냄새, 썩은 냄새)
③ 맛 : 약간 신맛이 있는 것(불량 : 암모니아 맛)
④ 촉감 : 촉촉한 느낌, 까슬까슬한 것(불량 : 미끈, 끈적끈적, 뽀송뽀송한 것)
⑤ 기호성 : 가축이 즐겨 먹는 것이 좋다.

(2) 화학적 방법
① pH : pH 4.2 이하 양호, 4.2~4.5 보통, 4.6 이상 열등(낮을수록 좋다.)
② 유기산 : 유산 1.5~2.5%는 양질 사일리지(낮을수록 좋다.)
③ 낙산 함량 : 0.1% 이하 우수, 0.1~0.2% 양호, 0.3~0.4% 보통, 0.4% 이상 불량
④ 기타 : 암모니아태질소, 휘발성 염기태질소 함량이 낮을수록 좋다. 일반성분, 광물질, 비타민, ADF, NDF 등을 분석하여 이용한다.

(3) 사일리지의 급여
① 조제 후 30~40일 경과 후 급여 가능하다.
② 가축에 대한 급여량은 점차적으로 늘린다.
③ 썩은 것과 언 것은 먹이지 않는다.
④ 한번 파내는 깊이는 10~15㎝ 이상이 적당하다.
⑤ 호밀, 보리 및 목초 담근 먹이는 가능한 한 조제 당년에 급여한다.
⑥ 옥수수 및 수수 담근 먹이는 1년 이상 장기저장이 가능하다.
⑦ 사일리지 소요량 : 젖소 두당 2,700~3,600kg(5~6개월 사사[舍飼]기간의 필요량)
⑧ 급여량 : 젖소 체중의 5~6%까지 준다.
⑨ 송아지 : 6개월령이 지나서부터 급여한다.
⑩ 염소 · 양 : 1일 1~2kg 정도를 자유채식 시킨다.

$$첨가제\ 첨가량 = \frac{목표\ 건물률(\%) - 재료\ 건물률(\%)}{첨가물\ 건물률(\%) - 목표\ 건물률(\%)} \times 재료의\ 무게(kg)$$

● 건물률 25%인 호밀 1,000kg을 건물률 80%인 비트펄프에 넣어 40%인 사일리지를 만들 때 첨가할 비트 펄프량은?

= (40 − 25) / (80 − 40) × 1,000 = 375kg

⑤ 청보리 곤포 사일리지

(1) 곤포 사일리지 제조 과정

● 수확(예취) → 집초 → 곤포 → 베일링 → 저장 → 급여

(2) 수확

● 보리 : 호숙 후기~황숙 초기, 호밀 : 유숙기

(3) 집초 및 반전

● 집초기를 이용하여 봄철은 0.5~1일, 가을철 2~4일 예건한다.

(4) 곤포(베일링; bailing)

● 곤포기(롤베일러)를 이용하여 단단히 감아 공기의 침투를 방지한다.

(5) 비닐 감기(래핑; wrapping)

● 곤포 후 8시간 이내에 실시한다.

● 여름에는 백색, 겨울에는 흑색 비닐을 사용한다.

● 50% 중복되도록 4겹으로 감는다.

(6) 저장하기

● 단단하고 평탄한 바닥에 쌓되 2단 이상 쌓지 않는다.

● 구멍이 발생하면 즉시 테이프로 밀봉한다.

(7) 급여하기

● 저장 후 45일 후부터 급여한다.

● 급여량은 사일리지를 기준으로 한다.

5 방목기술 및 이용

① 방목의 개요와 작부체계

(1) 방목의 개요
① 가축의 생산성 증대
② 노동력의 계절적 안배와 조사료 생산비 절감
③ 육우는 방목 초기 방목 습성을 길들이기 어려움

(2) 방목 이용 작부 체계
① 동일 작물 내에서도 숙기가 다른 조생종과 만생종을 파종한다.
② 파종시기를 다르게 하여 연속적인 방목이 가능하도록 한다.
③ 연맥과 유채(연맥 75%+유채 25%), 수수류와 사료용 피를 혼파한다.
④ 남부 지방에서는 수수 대신 이탈리안라이그라스와 펄밀렛(진주조)으로 대체 가능
   하다.

1월	2	3	4	5	6	7	8	9	10	11	12
			|||||	수수(조파)		|||||	연맥(조파)		|||||	**·**·**
	호밀(조생)		||||||||	수수(중파)		|||||	연맥(중파)		|||||	*·*·*
	호밀(만생)		|||||	수수(만파)		|||||	연맥(만파)		|||||	*·*
*·**·**			|||||	수수(조파)		|||||	연맥	|||||	호맥(조생)		
··*	연맥(조파)		|||||	수수(중파)		|||||	*·*		호맥(조생)		
·*·	연맥(만파)				수수(만파)		||||||||		호밀(만생)		

||||| 방목이용기간   *·*·* 휴한지

방목이용 작부체계 도식도(중부지방 기준)

② 방목의 실제

(1) 방목 기술
① 이용 시기는 가축의 기호성과 조사료 생산성을 고려하여 결정한다.
② 방목구를 소면적으로 구분하여 구획 방목(대상 방목)을 실시한다.
③ 전기 목책은 1~2m 내외로 좁게 설치한다.
④ 전기 목책기 이동은 초기에는 매일 3회, 출수기 이후에는 2회 이동 설치한다.
⑤ 수수류는 어릴 때는 청산 함량이 높으므로 키가 110㎝ 이상일 때 방목한다.
⑥ 방목 면적은 가축 1두당 건물 섭취량 6.5~7.5㎏을 기준으로 한다.

(2) 작부 유형별 방목 이용 기간

연구 **작부 유형별 방목 이용 기간(중부지방)**

작부체계	이용 가능 기간
호맥, 수수류(1, 2차 파종) 수수류(3차 파종)	4. 22일~5. 22일 6. 20일~8. 11일 8. 12일~9. 9일
평균	113일
봄연맥, 수수류, 가을 연맥	5. 23일~6. 19일 9. 10일~10. 25일 10. 26일~11. 5일
평균	85일
옥수수(사일리지), 가을 연맥	12. 6일~익년 4. 21일(사일리지 급여) 11. 6일~12. 5일
평균	40일
계	237일

자료: 농촌진흥청

(3) 유해 · 유독 식물

① 유해식물 : 고사리(비타민 B_1을 파괴하는 티아미나제가 있음), 산딸기, 짚신나물

② 유독 식물

● 다년생 : 독미나리, 미나리아재비, 할미꽃, 철쭉, 파리풀, 미국자리공, 독말풀, 천남성

● 2년생 : 애기똥풀, 자주괴불주머니, 왜젓가락풀

● 1년생 : 까마중, 개여뀌, 도꼬마리 등

01 사일리지용 옥수수의 예취적기를 가장 바르게 설명한 것은?

① 단위면적당 가소화양분함량이 최고에 도달하나 건물수량은 적은 시기

② 단위면적당 건물수량이 최고에 도달하나 가소화양분 함량은 적은 시기

③ 포장에서 옥수수의 양분 손실이 가장 많이 발생하는 시기

④ 단위면적당 가소화양분함량과 건물수량이 최고에 도달하는 시기

02 양호한 사일리지 조제를 위해 재료의 자르기(절단)에 대한 설명으로 알맞은 것은?

① 수분함량이 높은 것은 짧게 자른다.

② 수분함량이 낮은 것은 짧게 자른다.

③ 잎이 많고 부드러울 때에는 짧게 자른다.

④ 거칠고 여물 때에는 길게 자른다.

03 사일리지를 조제할 때 젖산 발효를 촉진하기 위해서 하는 일로 알맞은 것은?

① 사일로 속에 공기를 많이 남긴다.

② 재료의 길이를 짧게 자른다.

③ 단백질 함량이 높은 재료를 사용한다.

④ 재료의 수분 함량을 높게 한다.

04 엔실리지 발효에 관계하는 유익한 균으로 저장성을 높여 주는 혐기성 균은?

① 젖산균

② 고초균

③ 대장균

④ 방선균

■ 젖산균, 유산균이다.

05 사일리지를 조제하는 가장 간단한 방법으로 재료를 지상 위에 퇴적하여 발효시키는 방법의 사일로는?

① 원통 사일로

② 트렌치 사일로

③ 벙커 사일로

④ 스택 사일로

■ 퇴적 사일로(stack silo)는 평면에 비닐을 깔고 재료를 쌓는다. 비용이 저렴하나 건물 손실률이 많다.(30~35%)

06 대용량의 농가에 적합하며, 충전과 급여가 쉽도록 땅에 구덩이를 파고 콘크리트 구조물을 이용하여 만들며 가장 많이 보급된 형태의 사일로는?

① 트렌치용

② 탑형

③ 스택형

④ 기밀형

■ 땅에 수평 도랑을 파서 만든다. 충진, 답압, 밀봉, 이용이 편하다.

07 사일리지에 관한 설명 중 옳은 것은?

① 건초 조제 시 보다 기후의 영향을 적게 받는다.

② 오래 저장할 수 없다.

③ 가축의 기호성이 떨어진다.

④ 노동력이 분산된다.

08 재질이 철제 원통으로 내부를 유리나 합성물질로 싸서 부식이 방지되며, 낮은 수분을 가진 재료의 저장이 가능하므로 재료를 연속적으로 저장할 수 있는 사일로는?

① 트랜치 사일로

② 벙커 사일로

③ 스택 사일로

④ 진공(기밀) 사일로

■ 기밀사일로(harvestor)는 강판·FRP를 재료로 만든 사일로이다. 기능이 가장 우수하고 저수분 사일리지에 적합하다.

04 ①   05 ④   06 ①   07 ①   08 ④

09 대규모 낙농가에서는 진공(기밀) 사일로를 이용하는 경우가 많다. 진공 사일로의 특징과 거리가 먼 것은?

① 어느 때나 재료저장이 가능하다.

② 저장물의 윗부분이 잘 썩는다.

③ 40~60% 정도의 낮은 수분 재료 저장이 가능하다.

④ 사일리지를 자동적으로 꺼내는 것이 가능하다.

■ 기밀사일로(harvestor)는 계속해서 위로는 재료를 충진하고 아래로는 꺼내 먹일 수 있다.

10 풋베기 및 엔실리지용 사초로서 갖추어야 할 특성에 들지 않는 것은?

① 재배지역의 기후 풍토가 알맞을 것

② 이용기간이 짧고 줄기가 굵을 것

③ 가축의 기호성이 높을 것

④ 재배하기 쉽고 수량이 많을 것

11 건초의 품질을 평가하는 기준에 해당하지 않는 것은?

① 녹색도

② 잎의 비율

③ 수분함량

④ 제조방법

■ 녹색도: 연록 또는 자연 녹색
● 잎의 비율 : 많을수록 좋다.
● 냄새 : 상큼한 풀 냄새
● 곰팡이 발생이 없을 것
● 수분함량 : 15% 이하
● 순도 : 식생비율, 잡초혼입도

12 다음의 옥수수 사일리지 조제의 기본 작업 중 양질 사일리지 발효와 거리가 먼 것은?

① 세절과 철저한 답압에 의한 공기배제

② 수확적기 또는 적절한 수분조절

③ 밀봉과 외부공기 유입방지를 위한 누름

④ 산의 첨가에 의한 사일로 내 산도 저하

13 생육초기의 수수×수단그라스를 다량 급여하였을 때 발생할 수 있는 중독현상은?

① 엔도파이트 중독

② 고창증

③ 그라스테타니

④ 청산 중독

■ 수수, 수단그라스, 수단그라스 등의 어린 식물은 청산 배당체를 함유하므로 최소 60㎝ 이상일 때 급여해야 한다.

14 낙농 경영 형태가 영세하고 운동장에서 젖소를 기르는 농가에 적합한 사초 이용방법은?

① 풋베기

② 방목

③ 건초

④ 사일리지

■ 영세농가에서는 풋베기가 가장 많이 이용된다.

15 사료작물을 청예(靑刈)로 급여할 경우 유리한 점은?

① 이용하는 데 노동력이 덜 든다.

② 이용적기(利用適期)가 빨라진다.

③ 영양소의 손실이 적고 사초 허실량이 적다.

④ 가축의 건강 장애 유발을 막을 수 있다.

■ 방목에 비하여 ㏊당 30~50%의 가축을 더 사육할 수 있으며 저장 시설(사일로 등)에 투자되는 비용이 절감되고 영양가의 손실을 방지한다.

16 다음의 사일리지용 옥수수의 수확적기에 대한 설명 중 거리가 가장 먼 것은?

① 생리적 성숙기로 보통 황숙기라 한다.

② 흑색층(black layer)이 형성되는 시기이다.

③ 수분함량이 70% 내외가 되는 시기이다.

④ 파종한 지 110일 정도 경과한 시기이다.

■ 예취 적기는 수염이 나온 후 50~55일, 출사 후 35~45일(37일) 정도이다.

13 ④　14 ①　15 ③　16 ④

17 화본과 목초로 건초를 조제할 때 제조과정에서 그 손실이 가장 크게 예상되는 것은?

① 반전, 집초 등의 과정에서 잎의 탈락에 의한 손실
② 발효, 일광조사 및 공기접촉에 의한 손실
③ 제조 시 비 및 이슬 등 강우에 의한 손실
④ 세포가 사멸할 때까지의 호흡에 의한 손실

■ 호흡 6.5%, 기계(제조과정 손실) 15.5%, 저장 5%, 용출 6%, 급여 시 3% 손실

18 우리나라에서 조사료로 가장 많이 이용되는 농업 부산물은?

① 볏짚
② 고구마 줄기
③ 보리짚
④ 옥수수 대

19 건초의 품질을 평가하는 기준과 거리가 가장 먼 것은?

① 수분함량
② 녹색도
③ 잎의 비율
④ 수입국가

■ 건초의 외관 품질평가
● 녹색도 : 연록 또는 자연 녹색
● 잎의 비율 : 많을수록 좋다.
● 냄새 : 상큼한 풀 냄새
● 곰팡이 발생이 없을 것
● 수분함량 : 15% 이하
● 순도 : 식생비율, 잡초혼입도

20 사일리지(Ensilage) 제조용 옥수수의 수확 적기는?

① 유숙기　　　　　② 호숙기
③ 황숙기　　　　　④ 분얼기

■ 옥수수는 건물함량이 30%(27~32%)에 달하는 황숙기에 수확하는 것이 좋다.

21 건초 제조 시 장기간 안전하게 보관하기 위해서는 수분함량이 몇 % 이하가 되어야 하는가?

① 15%　　　　　② 20%
③ 25%　　　　　④ 30%

17 ③　18 ①　19 ④　20 ③　21 ①

22 사일리지를 조제할 때 젖산 발효를 촉진하기 위해서 하는 작업으로 알맞은 것은?

① 사일로 속에 공기를 많이 남긴다.
② 당분 함량이 높은 재료를 사용한다.
③ 단백질 함량이 높은 재료를 사용한다.
④ 재료의 수분 함량을 50% 이상으로 높게 한다.

■ 당분, 즉 탄수화물이 많은 재료가 발효가 잘 이루어진다. 공기가 배제되고 단백질이 많은 두과작물은 부적합하며, 수분 함량이 70% 내외이어야 한다.

23 다음 (   )안에 적합한 것은?

수분함량이 (   )% 이상 되는 재료로 사일리지를 담그면 산도가 4.0 이하인 경우에도 낙산발효가 억제되지 않는 경우도 있는데 이는 수분함량이 높아 모든 미생물의 활성이 높아지기 때문이다.

① 50   ② 60
③ 70   ④ 85

■ 적당한 수분 함량은 65%~70%이다.

24 채초(採草)를 과도하게 자주 할 경우 발생하는 현상은?

① 뿌리에 영양축적이 많아진다.
② 다음해 봄의 눈 뜨는 시기가 늦어진다.
③ 종자의 성숙이 빨라진다.
④ 수량과 생산연한을 감소시키게 된다.

25 사일리지의 외관상 품질 평가를 하고자 한다. 다음 중 품질이 우수한 사일리지로 판단되는 것은?

① 색채가 암갈색이다.
② 낙산취가 난다.
③ 향긋한 산미(酸味)가 있다.
④ 수분이 마르면서 끈적끈적한 느낌이 있다.

■ ① 색깔 : 녹황색~담황색(불량 : 갈색 또는 암갈색, 곰팡이)
② 냄새 : 새콤한 과일향(불량 : 담배 냄새, 퇴비 냄새, 썩은 냄새)
③ 맛 : 약간 신맛이 있는 것(불량 : 암모니아 맛)
④ 촉감 : 촉촉한 느낌, 까슬까슬한 것(불량 : 미끈, 끈적끈적, 뽀송뽀송한 것)

22 ②   23 ③   24 ④   25 ③

26 풋베기에 관한 설명으로 알맞은 것은?

① 영양분의 손실량이 많다.

② 단위 면적당 많은 사초를 생산한다.

③ 알맞은 초종은 캔터키블루그라스이다.

④ 방목보다 노동력이 적게 든다.

27 연맥(귀리)을 풋베기(청예)로 이용할 때 생산성과 기호성을 고려한 알맞은 수확 시기는?

① 수잉기 전

② 수잉기~출수기

③ 출수 후기

④ 개화기

■ 가을에 재배한 연맥은 청예용은 수잉기~출수기에 이용이 가능하다.
● 봄 재배 연맥은 5월 하순~6월 중순까지 베어 먹일 수 있다.

28 수수, 수단그라스류의 사료작물을 방목으로 이용할 때 청산 중독 위험을 방지할 수 있는 초장은?

① 15㎝ 이상

② 30㎝ 이상

③ 40㎝ 이상

④ 60㎝ 이상

29 탄수화물 함량이 적은 두과사료작물 위주로 사일리지를 만들 때 발효촉진을 위해 첨가하는 첨가제는?

① 당밀

② 요소

③ 개미산

④ 무기염류

■ 탄수화물을 보충하기 위해 당밀을 1~2배로 희석하여 2~3% 첨가한다.

26 ② 27 ② 28 ④ 29 ①

30 사일리지의 품질을 고려할 때 가장 좋은 상태의 pH는?

① 3.8~4.0

② 4.8~5.0

③ 5.2~5.6

④ 5.8~6.0

31 사일리지(silage)제조 단계의 설명으로 부적합한 것은?

① 1단계 : CO_2와 열 발생

② 2단계 : 초산의 생산

③ 3단계 : 젖산 생산 및 pH 증가

④ 4단계 : 사일리지(silage) 고정 혹은 낙산 생성

III 목초류 재배

1 목초의 종류 및 분류

1 목초의 분류

(1) 이용 형태에 의한 분류
① 청예용(채초용)
   - 키가 크고 수량이 많은 작물로 생초를 베어 직접 가축에게 급여하는 작물
   - 오처드그라스, 알팔파, 이탈리안라이그라스, 수단그라스
② 방목용
   - 키가 작고 줄기가 초지 위에 포복하거나 발굽에 잘 견디는 목초
   - 페레니얼라이그라스, 톨페스큐, 켄터키블루그라스, 레드톱, 화이트클로버, 오처드그라스(채초 겸용)
③ 건초용
   - 수량이 많고 기호성이 좋은 목초
   - 대표적인 초종 : 오처드그라스, 티머시, 톨페스큐, 알팔파, 레드클로버 등
④ 사일리지용
   - 다즙질 저장사료로 적합한 작물, 젖산 발효가 잘되는 화본과작물
   - 오처드그라스, 알팔파, 이탈리안라이그라스, 수단그라스, 옥수수, 호밀 등
⑤ 총체용
   - 줄기와 잎, 이삭을 총체적으로 이용, 유숙, 황숙기에 베어 곤포사일리지 제조용 보리, 벼

(2) 생존 연한에 의한 분류
① 1년생(단년생)
   - 이탈리안라이그라스(북부지방), 수단그라스,
② 월년생(越年生)
   - 이탈리안라이그라스(남부지방), 호밀, 귀리

③ 2년생(二年生, 월년이나 2~3년 동안 생육하는 경우도 있다).
  ● 레드클로버, 스위트클로버, 알사이크 클로버 등
④ 다년생(영년생)
  ● 각종 북방형 목초, 알팔파, 화이트클로버, 버드풋트레포일, 오처드그라스, 티머시, 톨페스큐, 리드카나리그라스, 페레니얼라이그라스, 켄터키블루그라스, 레드톱 등

(3) 생육형태별 분류

① 방석형과 다발형
  ● 방석형 : 포복형으로 지표를 기면서 뿌리를 내는 하번초 목초이다.
  ● 다발혈 : 분얼경만 내어 한 장소에서 큰 다발을 형성하는 상번초 목초이다.
② 상번초와 하번초
  ● 상번초 : 키가 크고 잎이 줄기 위쪽에 많은 오처드그라스, 티머시, 알팔파 등
  ● 하번초 : 키가 작고 잎이 줄기 밑에 많은 목초로 켄터키블루그라스, 화이트클로버 등
③ 한지형(북방형)
  ● 생육적온이 15~21℃로 저온에 강하고 고온에 약하다.
  ● 우리나라에서 재배되는 목초로 여름철 하고현상이 올 수 있다.
  ● 6월경에 출수와 개화가 되면서 최고의 생장이 이른다.

연구 **하고현상**

25℃ 이상의 고온과 가뭄으로 목초의 생육이 중단되거나 말라죽는 현상

④ 난지형(남방형)
  ● 생육적온이 30~35℃의 열대, 아열대 작물이다.
  ● C_4 식물로 여름철에 높은 광합성을 발휘한다.
  ● 보통 1년생으로 더운 지방에서는 계속 재배할 수 있다..
  ● 버뮤다그라스, 달리스그라스, 바히야그라스, 수단그라스, 존슨그라스 등

(4) 식물학적 분류

① 화본과작물
  ● 포아풀아과(김의털족) : 북방형 목초, 온대 및 한대 식물, C_3 작물
  ● 기장아과 : 남방형 목초, 주로 1년생 C_4 작물, 피, 옥수수, 수수, 피
  ● 그령아과 : 남방형 목초, 온대 건조지역 작물

② 두과작물

- 콩아과, 토끼풀족의 클로버류, 알팔파
- 답리작으로 이용되는 자운영족, 벌노랑이족, 나비나물족이 이용된다.

(5) 적응성에 대한 분류

`연구` 목초 및 사료작물의 적응성

구분	목 초 류	
	화 본 과	콩 과
내한성이 강한 것	티머시. 켄터키블루그라스, 페스큐류, 리드카나리그라스	레드클로버, 알사이크클로버, 화이트 클로버, 버어클로버, 헤어리베치
내서성이 강한 것	버뮤다그라스, 수단그라스, 존슨그라스, 달리스그라스	매듭풀, 칡, 스위트클로버, 크림손클로버
내건성이 강한 것	수단그라스, 톨오트그라스, 프레리그라스	알팔파, 버드풋트레포일
내습성이 강한 것	레드톱, 리드카나리그라스, 메도우 폭스 테일, 이탈리안라이그라스, 티머시	알사이크클로버, 레드클로버, 스위트 클로버

② 목초의 일반적 특성

`연구` 화본과 목초와 두과 목초의 비교

구분	화본과(벼과)	두과(콩과)
뿌리	수염뿌리(fiberus root)	곧은뿌리(直根), 뿌리혹박테리아가 있음
줄기	둥글고 뚜렷한 마디와 속이 비어 있음	마디가 뚜렷하지 않고, 속이 찬경우가 많음
잎	나란히맥(평행맥), 주로 홑엽(단엽) 각 마디에서 착생하고 줄기 위에 2열로 어긋나게 남. 잎몸, 잎혀, 잎귀, 잎집으로 구성	그물맥(망상맥), 2~3 또는 다수의 복합엽으로 구성. 턱잎, 잎자루, 작은잎자루, 작은잎(小葉)으로 구성
꽃차례 (화서)	꽃잎은 3의 배수 수상, 원추, 총상 꽃차례 중의 하나	꽃잎은 4~5의 배수총상화서 두상화서, 산형화서
꽃	수술(1~3), 암술(2), 인피(2), 외영과 내영	기판 1, 익판 2, 용골판 2, 5장의 나비형 10개의 수술, 1개의 암술
열매	열매는 씨방벽에 융합되어 있는 1개의 종자	등과 배의 봉합선을 따라 갈라지는 꼬투리종자는 배젖이 없고 양분은 떡잎에 저장
떡잎	1장	2장
관다발	흩어져 있음	둥글게 모여 있음

③ 목초의 형태적 특성

(1) 화본과 목초

① 뿌리의 형태와 분포

- 1차근(종자근) : 발아 후 수주 동안 양분 및 수분 흡수 후 퇴화
- 2차근(영구근, 부정근) : 종자와 줄기의 기부(基部)에서 발생된다.
- 다발형(bunchgrass) : 오처드그라스, 티머시 등
- 방석형(sod forming grass) : 리드카나리그라스 등

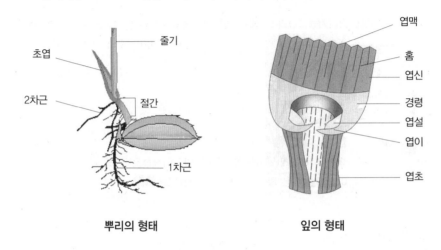

뿌리의 형태   잎의 형태

② 잎과 줄기, 가지 치기

- 이삭이 나온 줄기는 '대', 이삭이 나오지 않는 가지를 '줄기'라 한다.
- 마디는 줄기 밑 부분에 촘촘히 있고 곁눈이 자라 새끼 가지치기(분얼)를 한다.
- 줄기는 마디(節)와 마디사이(節間)가 있고 잎은 마디에서 나온다.
- 최초로 땅위에 나타나는 초엽, 본엽은 엽신과 엽초로 구성된다.
- 잎 중앙의 주맥은 뒤로 돌출되고 나란히맥(평행맥)을 이루며 끝은 뾰족하다.
- 잎은 잎몸, 경령, 잎집 등 3부분으로 이루어진다.
- 초종에 따라 잎혀, 잎귀의 유무에 따라 식별에 활용된다.
- 경령 : 엽신과 엽이의 경계부분, 화본과 목초의 식별 부위(엽설, 엽이)

연구 **분얼·줄기형태**

> ① 지하경(땅속줄기) : 땅속을 수평으로 기는 줄기 – 켄터키블루그라스, 리드카나리그라스, 브롬그라스
> ② 포복경(기는줄기) : 땅 위를 수평으로 기는 줄기 – 버뮤다그라스
> ③ 인경(비늘조각) : 줄기 밑 부분에 다육화 된 비늘조각이 둘러쌈 – 티머시

③ 꽃과 꽃차례(화서)

- 작은 꽃의 집단(소수) : 하나의 소화 또는 다수의 소화가 소수지경에 착생한다

- 작은 꽃(소화)은 바깥껍질(외영)과 속껍질(내영), 2~3개의 인피, 3개의 수술, 1개의 암술로 되어 있다.

- 인피는 개화할 때 내·외영을 열개하여 수분을 촉진한다.

- 화서는 대부분 수상화서와 원추화서이며 총상화서는 남방형 목초이다.

원추화서   수상화서   총상화서

화본과 목초의 화서

(2) 두과 목초

① 뿌리

- 지상 자엽형 : 떡잎과 싹이 땅위로 올라오는 클로버

- 지하 자엽형 : 떡잎은 흙속에 있고 싹만 올라오는 완두

- 뿌리는 직근성(알팔파) 또는 천근성(화이트 클로버)이 있다.

- 접종된 목초의 뿌리에는 질소고정을 할 수 있는 근류균이 있다.

② 잎과 줄기

- 줄기는 포복형(화이트클로버), 직립형(레드클로버, 알팔파), 덩굴형(완두, 잠두)

- 잎은 줄기에 엇갈려 나사모양으로 붙어 있고 잎맥은 그물모양이다.

- 클로버, 알팔파는 3개의 소엽, 땅콩 및 베치류는 4개의 소엽으로 되어 있다.

- 잎은 턱잎, 잎자루, 작은 잎자루, 작은 잎으로 구성되어 있다.

alfalfa   white clover   red clover   alsike clover

(3) 꽃과 화서

① 꽃은 1개의 기판, 2개의 익판, 2개의 용골판인 5개의 꽃잎으로 되어 있다.

② 꽃은 10개의 수술과 1개의 암술이 있다.

총상화서 sweet clover   두상화서 red clover   산형화서 birdfoot trefoil

(4) 종자

① 종자는 하나의 꼬투리로 되어 있으며 한 개 또는 여러 개의 종자를 가지고 있다.

② 종자는 일반적으로 배젖(胚乳)이 없으며 양분은 두 개의 떡잎(子葉)에 들어 있다.

③ 꼬투리 속에 종자가 하나인 것은 레드클로버, 크림손클로버, 2~3개인 것은 대두, 화이트클로버, 여러 개인 것은 알팔파, 루핀, 베치류 등

2 주요 목초의 종류와 특성

1 화본과 목초

(1) 오처드그라스(orchardgrass; 과수원풀, 오리새, 닭발 풀)

① 원산지 : 유럽서부 및 중앙아시아

② 성상 : 북방형의 다년생, 상번초, 내한성, 내서성이 강하다.

③ 특징 : 최적토양은 pH 6.0~6.5이며, 양질 비옥도 요구, 생육적온은 15~21℃

④ 품종 : Potomac, Sterling, Pennmead 등

⑤ 이용 : 연간 4~6회 이용하며(초장 20~25㎝), 방목, 건초, 청예, 사일리지용 등

(2) 톨페스큐(tall fescue)

① 원산지 : 유럽

② 성상 : 다년생, 상번초, 내한, 내서성이 강하고 초기 생장 왕성, 기호성이 다소 낮다.

③ 특징 : 초장 90~120㎝, 잔디, 녹지 조성 및 토양보전용으로 식재

④ 품종 : Kentucky 31, Fawn, Alta, Kenhy 등

⑤ 이용 : 두과목초와 혼파, 방목에 적합. 청예 · 건초 · 사일리지용으로도 이용

※ 엔도파이트 진균(endophyte fungus)에 감염되었을 경우 가축에게 장애를 일으킨다.

(3) 티머시(timothy)

① 원산지 : 유럽과 아시아 북부지방, Herdgrass로 불린다.

② 성상 : 다년생, 상번초, 영양번식을 위한 비늘뿌리가 있다.

③ 특징 : 한발에 약하고(하고현상), 서늘하고 습윤한 기후, 고산지 재배에 적합

④ 초장은 80~120㎝이며 이삭이 10㎝ 정도의 핫도그 모양

⑤ 품종 : Clair, Climax, Odenwalder 등

⑥ 이용 : 채초형, 방목겸용, 방목형, 청예이용 시는 40~50㎝일 때 벤다.

(4) 이탈리안라이그라스(Italian ryegrass)

① 원산지 : 지중해 연안

② 성상 : 다발형 상번초, 1년생, 남부지방에서는 월년생이다

③ 특징 : 초장은 60~100㎝, 근계는 세근이 많다. 페러니얼라이그라스와 비슷하다.

④ 이용 : 초기 생육 왕성, 초봄 일찍부터 이용 가능, 청예, 방목, 사일리지용

(5) 페레니얼라이그라스(perennial ryegrass)

① 원산지 : 남부유럽, 북아프리카, 서남아시아, 호밀풀로 불린다.

② 성상 : 다년생, 하번초, 다른 다년생 목초에 비해 생육기간이 짧다.

③ 특징 : 초기생육이 빠르고 분얼이 왕성하다. 줄기 기부가 자주색이다.

④ 관리 : 초장 90㎝ 정도이며 질소 시비가 중요하다.

⑤ 이용 : 방목에 유리, 건초로 이용할 때에 출수기에 예취한다.

연구 이탈리안라이그라스와 페레니얼라이그라스의 차이점

구분	이탈리안라이그라스	페레니얼라이그라스
생육연한	단년생(월년생)	다년생
초장	60~110㎝(더 크다.)	50~60㎝
이삭 까끄라기	있다.	없다.
줄기 기부 색	황록색	붉은색

(6) 리드카나리그라스(reed canarygrass)

① 원산 : 유럽, 아시아, 미국

② 성상 : 다년생, 상번초, 내한성(가뭄)이 강하고, 지하경이 잘 발달되어 있다.

③ 적지 : 습지에 잘 자라고 습윤하고 냉랭한 기후에 알맞다.

④ 이용 : 청예, 건초, 사일리지 이용, 기호성이 낮다. 거칠고 알칼로이드 독소를 함유

(7) 켄터키블루그라스(kentucky bluegrass)

① 원산지 : 유라시아 또는 북아메리카

② 성상 : 다년생, 하번초, 재생력 양호, 지하경을 가진 방석형, 초장 30~60㎝

③ 특징 : 내서성이 약함. 꽃이 피는 시기에 청색을 띤다. bluegrass류의 특징

④ 적지 : 서늘하고 습기가 많은 지방에 적합, 토양 비옥도가 요구됨

⑤ 이용 : 방목 이용에 적합하며 그루터기는 5㎝ 정도는 남겨야 한다.

(8) 레드톱(redtop)

① 원산지 : 유럽

② 성상 : 다년생, 직립형 또는 포복형, 개화 시 이삭과 종자가 붉은색이다.

③ 특징 : 뿌리는 지하경이 있고 산발형 원추화서이다.

④ 적지 : 서늘한 기후에 잘 자라고 토양 적응성이 좋다.

⑤ 이용 : 대부분 초지의 혼파 초종으로 방목에 이용

(9) 달리스그라스(dallis gress)

① 원산지 : 남아메리카, 열대 및 아열대 지방에 서식

② 성상 : 남방형, 다년생, 우리나라에 자생하는 참새피와 비슷함

③ 특징 : 우리나라에서는 남해안이나 제주도에서 재배 가능

④ 이용 : 풋베기, 방목, 건초로 이용

(10) 버뮤다그라스(bermuda grass)

① 원산지 : 아프리카 및 인도

② 성상 : 남방형, 다년생, 우리나라의 바랭이와 비슷하다.

③ 특징 : 땅속 줄기와 기는 줄기를 가지고 있다.

④ 이용 : 방목용, 건초로 이용

연구 화본과 목초의 식별

오처드그라스 Orchardgrass(Cocksfoot)	톨페스큐 Tall fescue	티머시 Timothy	페레니얼라이그라스 Perennial ryegrass

– 잎은 엷은 녹색이다.
– 이삭은 원추화서이다.
	– 짙은 녹색으로 광택이
	  나며 원추화서이다
		– 초장이 짧고 부드러운
		  녹색이다.
			– 잎이 진한 녹색이다.
			– 줄기 밑동이 붉다.

리드카나리그라스 Reed canarygrass	켄터키블루그라스 Kentucky bluegrass	이탈리안라이그라스 Italian ryegrass	레드 톱 Red Top
– 엷은 녹색이다. – 이삭은 원추화서이다.	– 잎은 부드럽고 초록색이 다.	– 잎은 짙은 녹색이다. – 밑동이 황록색이다.	– 붉은 꽃이 핀다. – 잎 끝이 뾰족하다.

② 두과 목초

(1) 알팔파(alfalfa)

① 원산지 : 서남아시아와 지중해 동쪽 산악지대, 목초의 여왕이라 불림

② 성상 : 다년생, 상번초, 직근이며 수확 후 재생이 빠르다.

③ 특징 : 배수가 양호하고 중성이며 표토층이 두터운 토양에 적합

④ 관리 : 산성에 약하여 pH 6.5 이하에서는 석회를 시용하고 근류균을 접종한다.

⑤ 품종 : 버널(Vernal), 루나(Luna), 랜저(Ranger) 등

⑥ 이용 : 건초 및 풋베기용, 연간 3회 예취 가능하다. 기호성이 좋다.

　※ 붕소(B)가 결핍되면 생리장애를 가져오고 결실이 잘 안된다.

(2) 화이트클로버(white clover)

① 원산지 : 지중해 연안, 서부 아시아 미르노 지방

② 성상 : 다년생, 포복성의 하번초, 흰꽃, 잎은 털이 없고 매끈, V자의 흰무늬

③ 특징 : 야생형, 보통형(중간형), 거대형(라디노형; radino clover)이 있다.

④ 적지 : 서늘하고 습기 있는 땅에 잘 자란다.

⑤ 이용 : 예취 높이 6~7㎝, 혼파 시 4~5회/연 이용한다.

(3) 레드클로버(red clover)

① 원산지 : 아시아의 서남쪽, 동남 유럽

② 성상 : 상번초, 2년생, 분홍색 꽃, 진한 초록색 잎에 V자 무늬와 잔털이 있다.

③ 적지 : 수분이 충분하며 서늘한 기후조건에 잘 자란다. 산성, 척박지, 습지 적응

④ 파종 : 8월 하순~9월 상순, 2~3년마다 보파가 필요하다.

⑤ 이용 : 건초용, 예취용으로 이용, 화본과 목초와 혼파, 1차 수확(6월 상순)

(4) 버드풋트레포일(birdsfoot trefoil)

① 원산지 : 지중해

② 성상 : 다년생으로 모든 환경 저항성이 좋다. '벌노랑이'라고도 한다.

③ 특징 : 내염성이 강하여 간척지에 적합, 적응성이 우수하나 정착이 부진하다.

④ 이용 : 재생이 느리고 수량이 적음, 방목 시에는 윤환방목이 적합하다.

연구 **두과 목초의 식별**

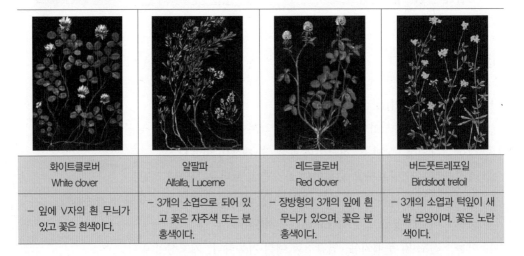

화이트클로버 White clover	알팔파 Alfalfa, Lucerne	레드클로버 Red clover	버드풋트레포일 Birdsfoot trefoil
– 잎에 V자의 흰 무늬가 있고 꽃은 흰색이다.	– 3개의 소엽으로 되어 있고 꽃은 자주색 또는 분홍색이다.	– 장방형의 3개의 잎에 흰 무늬가 있으며, 꽃은 분홍색이다.	– 3개의 소엽과 턱잎이 새 발 모양이며, 꽃은 노란색이다.

3 목초의 농업적 특성

1 초지농업의 의의

① 초지농업 : 초지를 이용하여 가축을 사육하는 농업
② 초지(grassland) : 초본식물로 덮인 모든 풀밭으로 산림·경지 등과 대응되는 용어
③ 목야지(야초지) : 자연 상태의 풀밭으로 조방적으로 이용된다.
④ 목초지(인공초지) : 인간이 개량한 목초를 파종하여 조성한 집약적 초지
⑤ 이용방법에 따라 방목지·채초지·겸용초지 등으로 나눈다.

2 초지농업의 분류

(1) 집약적 초지농업
- 윤작 작부체계에 따라 목초를 재배하는 방법으로 채초와 방목이 주목적이다.
- 다수확을 목표로 거름을 많이 주고 자주 예취하며 자주 윤환방목을 한다.

(2) 집약적 채초 농업
- 대규모 기계화로 목초나 청예작물을 재배하는 채초중심 농업이다.
- 알팔파 등 건초생산 및 청예 옥수수 사일리지 생산을 목표로 한다.

(3) 방목 초지농업
- 산악지 등에서 목초지, 야초지로 방목이 중심이 되는 농업
- 주로 여름철에만 이용하며 양모 및 치즈생산 등에 이용된다.

(4) 조방적 초지농업
- 강우량이 적은 곳에서 방목 위주로 이용되며 야생초나 잡관목을 이용한다.

3 초지의 중요성과 역할

① 값싸고 영양가 높은 가축사료 공급 – 단백질 식품 생산
② 토양의 유실 방지, 토양의 피복 및 비옥도 증진 효과
③ 토양 및 수자원 보호 및 환경 정화 기능 – 국토의 이용성 향상

④ 야생 동식물 보호, 생태계 다양성 유지 - 유전자원 유지

⑤ 녹지 자원을 제공하여 인간의 휴식공간과 안락처 제공

⑥ 국토의 균형 발전과 국토 이용 효율의 극대화

⑦ 산불 예방 및 확산 방지

4 초지 조성 기술

1 초지의 분류

(1) 식생에 의한 분류
① 자연초지 : 야생지 또는 목야지로 방목, 채초, 깔짚으로 이용되는 농지 외의 풀밭

② 인공초지 : 개량된 목초를 파종하여 인공적으로 만든 목초지

(2) 조성 방법에 의한 분류
① 경운초지 : 땅을 완전히 갈고 만든 집약적 초지

② 불경운초지

- 겉뿌림 초지 : 야생초, 잡관목을 제거하고 목초와 비료를 살포하여 만든 초지
- 제경법 초지 : 가축을 방목하여 야초와 관목을 제거하고 만든 초지
- 임간초지 : 나무를 중간 중간 베어내고 겉뿌림 또는 제경법으로 만든 초지

(3) 이용 목적에 따른 분류
① 채초지 : 사람이 직접 풀을 베어 이용하는 초지, 키가 큰 목초 재배지

② 방목지 : 가축의 방목에 의하여 직접 이용하는 초지, 작고 재생력이 좋은 목초 재배지

③ 겸용 초지 : 처음에는 채초, 다음은 방목을 주로 하는 초지

2 경운초지 조성

(1) 입지 조건과 특성
① 입지적 조건

- 농기계로 땅을 완전히 갈아 엎어 선점 식생을 제거하고 초지를 만든다.
- 경사도 : 농기계 이용이 가능한 0~15 ° 이내의 토지에서 조성한다.

② 경운초지의 장점

- 경운으로 자연식생 제거가 용이
- 단기간에 생산성 높은 초지조성이 가능
- 기계작업 용이, 관리와 이용이 편리
- 조성 후 초지를 빨리 이용 가능

③ 경운초지의 단점

- 표토를 이용하기 어렵고 유실의 위험이 있다.
- 농기계구입 비용이 많이 든다.
- 경사도와 지형에 따라 농기계 사용이 어렵다.

(2) 장애물 제거 및 정지

① 벌목 : 벌채신고 후 목책림, 방풍림, 비음림, 피난림을 남기고 벌목
② 발근(뿌리캐기) : 작업에 방해가 되는 바위, 자갈, 나무뿌리, 잡관목, 숙근 잡초 등
③ 화입(불놓기) : 잔가지나 잡관목, 야초 등을 제거
④ 정지(整地) : 비옥도가 높은 표토는 따로 모아 두었다가 평탄작업 후 지표로 사용

(3) 파종상 준비

① 파종상의 구비조건

- 배수가 잘 되고 상·하층 토양의 수분함량이 적당해야 한다.
- 선점 식생과 잡초가 없어야 한다.
- 겉흙은 부드러우나 너무 고운 토양 입자가 아니어야 한다.
- 파종상이 평탄하지 않고 불량하면 목초의 정착률이 떨어진다.

② 석회 살포

- 표층 시비보다 경운층 시비가 바람직하다.
- 시용량의 1/2은 경운 전, 1/2은 쇄토 전에 살포한다.
- 산도에 민감한 초종(alfalfa, bromegrass)은 전량을 일시에 시용한다.
- pH 5.5인 토양을 pH 6.5로 교정 시 1ha당 5.0~7.5톤이 소요된다.

연구 **산성토양이 식물에 주는 영향**

- 식물의 성장이 늦고 병이 많아지며 수량이 감소한다.
- 수용성 금속이온(Al 및 Mn)의 농도증가로 독성이 발현된다.
- 식물에 유용한 주요 무기물(N, P, K, Ca, Mg, S)의 이용성이 감소된다.

③ 경운(땅 갈아엎기)
- 작심토 범위 내에서 깊게 갈수록 통기성, 보수력이 좋다.
- 지표의 유기물을 묻어 영양분으로 이용한다.
- 경운 깊이는 15㎝가 적당하다.(알팔파는 20㎝ 이상 갈아야 한다.)

④ 쇄토 및 정지
- 경운 후 물기가 마르기 전에 쇄토하는 것이 좋다.(시간이 지나면 딱딱해짐)
- 디스크 해로(disk harrow), 치간 해로(tootharrow), 로터리 등을 이용한다.
- 지름이 2㎝보다 작은 흙덩이가 전체 80% 정도는 되어야 한다.

(4) 시비

① 질소
- 조성 초기에는 적정량의 질소비료를 시용하지 않으면 잡초가 무성하게 된다. 두 과작물은 뿌리혹박테리아의 질소 고정 능력이 있으므로 적게 준다.
- 대부분의 식물은 질산태(NH_3), 암모니아태(NH_4)로 흡수한다.
- 산성비료인 황산암모늄(유안)보다 중성인 요소의 시용이 유리하다.
- 시용량 : 성분량으로 80kg/ha, 요소비료로 174kg/ha

② 인산
- 초기 정착을 위해 가장 중요하며, 콩과 작물은 일반작물보다 인산요구량이 많다.
- 인산은 세포분열, 생장, 광합성 및 대사 작용에 관여한다.
- 산성토양은 인산이 잘 녹지 않으므로 과인산석회보다 용성인비를 준다.
- 인산은 토양에 고정되어 쉽게 용탈되지 않으며 서서히 이용된다.
- 시용량 : 성분량으로 200kg/ha, 용성인비로 1,000kg/ha를 시비한다.

연구 **인산이 결핍되기 쉬운 토양**

- 토양모재가 인 함량이 낮거나 토양 형성과정에서 인이 소실된 때
- 토양 산도가 높을 때(pH 7.0 이하)
- 배수가 불량하여 토층이 굳어서 뿌리의 활착이 나쁠 때
- 모래나 자갈이 많고 토심이 얕을 때
- 가뭄이 오래 지속되거나 보수성이 없는 토양일 때

③ 칼륨
- 칼륨는 초지 조성 시 보다 생육 시에 필요한 비료이다.
- 질병, 해충, 저온, 가뭄, 월동 등에 대한 저항성을 준다.

- 방목용 초지보다 채초용(건초, 사일리지) 초지로 이용할 때 결핍되기 쉽다.
- 두과는 화본과에 비해 칼륨 섭취 이용능력이 낮다.
- 많은 양을 동시에 시용하면 염해의 염려가 있다
- 시용량 : 성분량으로 70kg/ha, 염화칼륨으로 117kg/ha를 시용한다.

④ 기타

- 칼슘, 마그네슘, 황, 붕소
- 알팔파를 재배할 경우에는 붕소(B)를 붕사(borax)로 10~30kg/ha 시용

(5) 초종의 선택과 혼파

① 초종의 선택

- 건조하고 가뭄이 심한 곳 : 오처드그라스, 페스큐
- 서늘한 고산지대 : 티머시, 리드카나리그라스, 레드톱, 켄터키블루그라스
- 저습지 : 리드카나리그라스, 레드톱, 알사이크클로버
- 채초지 : 오처드그라스, 알팔파, 레드클로버
- 방목지 : 페레니얼라이그라스, 레드톱, 페스큐, 화이트클로버

② 혼파의 이점

- 영양분과 기호성이 높은 양질의 사료를 생산한다.(두과＋화본과)
- 두과작물 혼파로 질소질 비료 절약과 환경친화적 농법(두과작물 혼파)
- 초종간 공간의 효과적 활용으로 생산량이 증대(상번초＋하번초)
- 병충해 및 잡초의 피해, 초종간 경합을 경감시킨다.(다양한 목초 혼파)
- 기후의 변화에 따른 생산 풍흉의 기복 완화(조만생종, 다양한 목초 혼파)
- 초지 이용 범위가 넓다.(건초, 사일리지, 방목)

※ 단점 : 재배 관리가 어렵다.

③ 혼파의 원칙

- 최소한 화본과 1종, 두과 1종이 포함하되 가급적 4종 이내로 한다.
- 초지 조성지에 적응할 초종과 품종을 선택한다.
- 초종간 경합 능력이 비슷한 것끼리 혼파한다.
- 성숙기 및 기호성이 비슷한 것끼리 혼파한다.
- 단파(홑뿌림)보다 혼파 시에는 파종량을 늘려야 한다.
- 주초종(우점종)은 화본과 초종으로 다수성이어야 한다.
- 부초종(종속종) : 단백질 수량이 높거나(두과) 기호성이 좋은 초종
- 혼파 조합 : 화본과와 두과의 비율을 7 : 3으로 유지

④ 혼파 조합(예시)

[연구] 채초중심의 경운초지조성 시 혼합조합

표고별	토양비옥도	초종조합	파종량(kg/ha)
평야 및 중산간지대 (해발표고 700m 이하)	하	orchardgrass	9~11
		red clover	9~12
		계	18~23
	상	orchardgrass	7~9
		alfalfa	11~13
		계	18~22
고산지대 (해발표고 700m 이상)	하	reed canarygrass	8~10
		timothy	5~7
		birdsfoot trefoil	3~5
		alsike clover	2~3
		계	18~25
	상	timothy	8~10
		reed canarygrass	4~6
		red clover	3~5
		alsike clover	2~3
		계	17~24

(6) 파종방법

① 산파(흩어뿌림, broadcasting)
- 짧은 기간 동안에 목초로 하여금 지표면을 빨리 피복시킨다.
- 토양수분이 적절할 때 유리한 방법이며 기계 사용이 어려운 곳에서 실시한다.

② 조파(줄뿌림, drilling)
- 15~18mm 간격을 두고 줄로 파종하는 것
- 토양이 건조할 때 파종 방법, 종자와 비료를 절약할 수 있다.
- 진압된 파종상에 깊이 1.8cm로 목초와 비료를 줄을 지어 파종한다.

③ 대상 조파(대상 줄뿌림)
- 대상(띠 모양)으로 골을 파고 비료를 시용한 후 3~5cm 높이로 복토하고 그 위에 파종한다.
- 복토와 진압으로 비료의 염해를 줄이고 생육 초기에 비료를 잘 이용할 수 있다.

(7) 파종 시기와 근류균 접종

① 파종 시기
- 토양 수분 및 잡초 발생량과 경합 관계(5월 가뭄과 잡초 발생 왕성)

● 일 평균기온이 5℃ 되는 날로부터 60~80일 전(월동 전 영양 비축 기간 확보)
● 평야 및 중산간지대 8월 중순~8월 하순(가을장마 직전)

② 근류균(뿌리혹박테리아) 접종

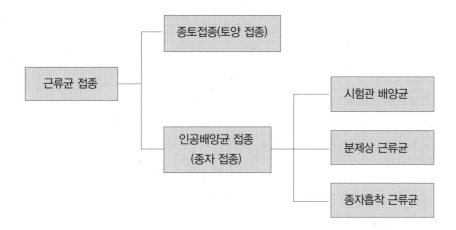

● 종토 접종은 같은 군의 두과작물을 재배했던 땅의 흙을 씨앗의 2~3배 뿌려준다.
● 접종된 종자는 접종 후 48시간 내에 흐린날 오후에 뿌리고 잘 덮어 준다.

연구 **주요 콩과 목초 상호 접종군**

접 종	상호접종 가능식물
1. 알팔파군	알팔파, 클로버(개자리), 스위트클로버
2. 클로버군	레드, 화이트, 라디노, 알사이크, 크림손, 서브 클로버류
3. 벌노랑이군	벌노랑이, 버즈풋트레포일
4. 자운영군	자운영

(8) 복토와 진압

① 복토와 진압은 종자와 흙이 잘 밀착되어 수분을 잘 흡수하도록 하는 것이다.
② 작은 씨앗은 0.6~1.3cm로 덮고, 큰 씨앗은 1.3~2.5cm로 덮는다.

작은 종자	켄터키블루그라스, 티머시, 클로버
큰 종자	톨페스큐, 라이그라스 류

③ 진압이 부실하면 발아가 늦고 초기 생육이 부진하게 된다.
④ 진압은 컬티패커 또는 롤러(200~300kg) 등으로 실시한다.

③ 불경운초지의 개량

(1) 불경운초지의 특성과 장단점

① 불경운초지 특성
- 땅을 갈아엎지 않고 겉뿌림하는 간이 초지개량이다.
- 기계사용이 불가능하고 토심이 얕고 토양유실의 위험이 있는 산지의 조성 방법이다.
- 조성비용은 작은 반면 초기 수량이 적고 초지완성 기간이 2~3년으로 길다.

② 불경운초지의 장점
- 경운초지에 비해 조성 비용이 적게 든다.
- 경사지에서의 토양침식 위험이 적고 토양유실이 적다.
- 경사도, 지형과 장해물 등 기계사용이 불가능한 곳에서도 가능하다.
- 파종시기, 파종방법 등 작업의 폭이 넓다.
- 생산성이 낮은 산지를 신속하고 값싸게 개발할 수 있다.
- 산불, 한발, 홍수 등으로 긴급한 지표복구에 알맞은 방법이다.
- 경작지에서 잡초가 유입되는 것을 줄일 수 있다.

③ 불경운초지의 단점
- 종자와 토양접촉이 어려워 발아와 정착이 빈약하다.
- 시간과 비용의 투입에 비해 개량성과가 낮을 경우가 있다.
- 개발은 신속하지만 생산성의 증가는 느리다.
- 초지의 목양력(방목 이용률) 증가가 느리다.

(2) 입지의 선정과 목책 설치

① 입지선정
- 이용 한계 : 젖소 22°, 한육우 31°, 산양 면양 45°(방목지로 30° 정도까지 이용 가능)
- 기계 사용 : 예초기 36°, 집초기 27° 가능
- 음지(북향 또는 북서향)가 양지(남향이나 동남향)보다 목초 생산량이 많다.

연구 음지(북향 또는 북서향)의 장점

- 선선하며 습하기 때문에 토양 중 수분이 많다.
- 토양의 pH와 인산 함량은 높고 유기물 함량은 낮다.
- 주야간의 지온변화가 적고 목초의 동해가 적다.

② 목책 설치
- 목책은 초지개량 수단 및 방목관리에 필수적이다.(영구책)
- 목책의 종류 : 영구책(외책), 내책(전기목책)
- 목책은 초지를 개량하기 전에 설치하는 것이 원칙이다.

(3) 파종상의 준비
① 장애물 제거
- 돌, 바위, 관목, 교목을 제거한다.
- 잡관목은 낮게 땅 표면과 평행이 되도록 자른다.
- 기존 식생에 수목류, 관목류가 많으면 화입(불 놓기)하는 것이 가장 유리하다.
- 초지의 비음림(그늘나무), 방풍림(바람막이 나무), 목책림, 사방림 등을 남겨둔다.
② 제초제 살포
- 1ha당 8L의 글라이신(근사미 : 비선택성)을 1,000L에 희석, 6~8월 살포
- 파종 45일 전에 처리 효과가 높고 목초의 생육에 지장이 없다.
③ 제경법(가축의 입과 발에 의한 방법, 발굽갈이법, 뉴질랜드식)
- 가축의 발굽에 의해 야초와 관목을 제거하고 분뇨 배설로 거름을 얻을 수 있다.
- 선점식생의 밀도 높은 곳, 어느 정도 습한 곳에 적합하다.
- 방목법 : 밀집방목 또는 중방목, 방목가축 : 15~20두/ha
④ 화입(불놓기) : 낙엽, 야초 잎을 제거하여 씨앗이 흙에 닿도록 한다.

(4) 시비
① 석회
- pH 5.0 이하의 산성토양은 산도 교정을 해야 두과 목초의 정착이 빠르다.
- 시용량 : 1~2ton/ha(농용 석회)

연구 **우리나라 산지토양의 특성**

- 산성토양이다.
- 인산의 함량이 낮다.
- 유기물이 부족하다.
- CEC(양이온치환용량)의 함량이 낮다.

② 인산
- 효과 : 발아 및 정착 과정에서 가장 중요하다. 목초의 뿌리신장에 기여

- 시비효과의 배가방법 : 다른 비료와 함께 시용
- 시비량 : 150~200kg/ha

③ 질소

- 산지 토양은 일반적으로 질소질이 부족하다.
- 불경운초지 개량 시 과도한 질소시용은 선점 자연식생의 생육이 왕성해진다.
- 선점식생의 밀도 낮은 곳의 질소 시용은 목초의 성장촉진
- 시용량 : 척박지 60~100kg/ha, 보통 토양 30~40kg/ha

④ 칼륨 시용량 : 30kg/ha

(5) 초종의 선택과 혼파 조합

① 초종 선택

- 방목에 강한 초종 : 리드카나리그라스, 레드톱, 페레니얼라이그라스, 톨페스큐, 켄터키블루그라스, 화이트클로버 등
- 주초종 : 오처드그라스, 고랭지는 추위에 강한 티머시, 제주도는 페레니얼라이그라스
- 부초종 : 적응성이 높은 톨페스큐, 기호성이 높은 페레니얼라이그라스, 제상에 강한 켄터키블루그라스, 단백질원인 화이트클로버가 이용된다.

② 혼파 비율과 파종량

연구 **방목중심 불경운초지 혼파조합**

표고별	초종 조합	파종량(kg/ha)
평야 및 중 산간 지역 (표고 700M 이하)	오처드그라스	8~10
	톨페스큐	4~6
	리드카나리그라스	4~5
	페레니얼라이그라스	3~5
	켄터키블루그라스	2~3
	화이트클로버	1~2
	계	22~31
고산지대 (표고 700m 이상)	리드카나리그라스	5~7
	오처드그라스	4~6
	티머시	3~5
	메도폭스테일	4~6
	레드톱	2~3
	알사이크클로버	2~3
	버즈풋트레포일	1~2
	계	21~32

(6) 파종

① 파종 시기

- 봄에 파종하면 잡초와의 경쟁이 심하여 정착률이 저하된다.
- 가을의 파종적기는 늦여름(8월 중순)~초가을(9월 중순)이다.(경운초지보다 늦다.)

② 파종 방법

- 지형을 여러 구획으로 나누어 등고선을 따라 흩어뿌림 한다.
- 바람이 없는 날 오전에 뿌린다.
- 산파법과 조파법, 대상조파법이 있다.

③ 갈퀴질 및 진압

- 갈퀴질을 통해 목초종자를 지면에 밀착시킨다.
- 진압을 통한 모세관 현상에 의해 토양 중의 수분이 종자에 공급되도록 한다.
- 파종 시기가 늦어졌을 경우 반드시 진압하여 조기에 정착할 수 있도록 한다.

5 초지 관리 기술

1 조성 초기의 초지 관리

(1) 초지 조성 초기의 특성

① 목초는 유식물기(어린 식물기)에 생육이 느리다.
② 여러 초종이 한 곳에 혼파되어 초종간 경합이 있다.
③ 초종간의 경합을 가축 방목이나 예취로 조절해주어야 한다.
④ 조성 초기의 초 겨울철과 그 이듬해 봄철의 초지 관리가 중요하다.

(2) 초지 조성 초기의 관리

① 진압

- 웃자람으로 인한 동사 방지 : 파종년도 가을에 경방목 또는 예취 실시
- 서릿발 피해로 인한 뿌리 절단 고사 : 롤러 진압으로 토양 안정과 뿌리의 활착
- 진압은 가을과 봄철에 실시

② 분얼촉진 및 잡초침입 억제

- 톱핑(topping) 실시 : 도장(웃자란)된 목초가 15㎝일 때 잘라 준다.
- 톱핑은 가지치기로 분얼촉진, 햇빛이 줄기 기부까지 도달하여 뿌리 활착을 돕는다.

② 채초 이용 시의 초지 관리

(1) 채초의 특성
① 방목 이용보다 사초의 이용 효율이 높다.
② 연간 2~3회 다모작을 할 수 있다.
③ 풋베기나 건초, 사일리지 등 다양하게 이용할 수 있다.
④ 채초용 목초 : 오처드그라스, 알팔파(3~4회 수확), 티머시, 레드클로버(2회 수확), 라디노클로버 등

(2) 적정 예취횟수 및 높이
① 연간 4~6회 예취가 총생산량이 가장 많다.
② 1년 4회 예취 시 : 4월 말이나 5월 초에 1회, 6월 말 장마 전에 2번초를 수확하고, 8월 중순에 3번초, 마지막으로 9월 또는 10월 초에 예취
③ 상번초는 높게(6㎝ 정도), 하번초는 낮게 베는 것이 좋다.
④ 1일 평균 기온이 5℃ 되는 날로부터 약 40일 전에 마지막 예취를 한다.
⑤ 중부지방 10월 하순 마지막 예취, 겨울나기 초장은 10~12㎝가 되어야 한다.

(3) 채초지 부실화 원인
① 기술 미숙 : 적지 선정, 시비량 부족, 혼파조합 및 초종 선정 미숙, 파종 시기 지연
② 덧거름 부족 : 질소 120㎏, 인산 50㎏, 칼륨 120㎏을 주어야 한다.
③ 풋베기(예취) 미숙 : 낫으로 벨 경우 예취 높이가 낮아 재생이 더디다.
④ 이른 봄과 늦가을 과도한 이용 : 재생과 월동에 필요한 양분 저장이 적다.
⑤ 2회째 수확기의 지연 : 장마철 웃자란 상태는 생육 불량, 뿌리 섞음이 발생한다.

(4) 초지 관리의 기본
① 1회 예취 적기
- 혼파 초지에서 너무 어릴때 베면 클로버가 우점된다.
- 화본과 목초를 기준으로 출수기 전후에서 예취한다.
② 2회 예취 그 이후
- 오처드그라스 중심 초지는 1회 예취 후 30~40일 후 2회 예취
- 잎과 줄기가 충분히 자라고 잎사귀 끝 부분이 늘어지고 황색으로 변할 때
③ 예취 횟수 및 높이
- 성장속도가 상번초는 늦고 하번초는 빠르다.

- 예취 횟수 : 신설 초지 연간 3~4회, 기존 초지는 연간 4~6회 예취
- 화본과 목초의 회복기간 : 봄철(10~15℃) 28일, 여름철(25℃ 이상) 42일 소요
- 너무 낮게 베면 잡초 발생, 클로버가 우점된다.
- 6㎝의 그루터기를 남기고 벤다.(3.5㎝에 생장점이 있음)

④ 최종 예취 적기
- 겨울철의 영양분을 줄기와 뿌리에 저장(40일 소요), 15℃ 이하이면 생육 정지
- 최종 예취 : 1일 평균 기온이 5℃ 이하로 내려가기 40일 전

(5) 하고기 초지 관리

① 하고현상과 원인
- 하고현상 : 북방형 목초가 여름철 건조, 다습으로 생육이 정지되거나 말라죽는 현상
- 25℃ 이상의 고온과 건조, 장마철의 다습으로 병해 발생, 잡초의 번성이 원인

② 초종별 하고현상
- 약한 초종 : 라이그라스, 티머시
- 강한 품종 : 리드카나리그라스, 오처드그라스, 톨페스큐, 버드풋트레포일, 라디노클로버, 알팔파

③ 초지 관리
- 가뭄이 심할 때는 그늘을 만들어 수분 증발을 줄이기 위해 목초를 베지 않는다.
- 장마철에는 통풍을 위해 장마 전에 예취한다.
- 여름철에는 낮춰 베기, 과방목, 질소비료 시용을 삼간다.
- 높이베기는 토양수분의 증발과 토양 온도의 상승을 억제, 잡초의 발생과 증식이 억제
- 하고 피해를 최소화 할 수 있는 적정 초장은 24~34㎝이다.

④ 덧거름 주기
- 이른 봄과 1차 예취 후 시비한다.
- 여름철에는 흡수가 저조하고 장마비에 의한 손실이 있으므로 삼가한다.
- 이른 봄에는 질소와 인산질을 주고 그 후에는 질소와 칼륨을 준다.
- 질소질 비료는 덥고 가물 때는 주지 않는다.
- 칼륨질 비료는 목초를 벨 때마다 자주 준다.

③ 방목 이용 시의 초지 관리

(1) 방목 초지의 특성
① 채식의 영향
- 소는 부드러운 어린 목초를 선호하여 초장이 작을 때부터 이용한다.
- 가축은 기호성이 좋은 풀만 골라 먹는다.
② 발굽의 영향
- 발굽으로 목초에 상처, 제압으로 토양이 굳어지고 공기 유통 불량
③ 배설물 영향
- 배설물이 묻은 목초는 먹지 않음, 토양 비옥도의 차이 발생

(2) 방목 초지 부실화의 원인
① 집약적 방목 초지
- 생산량 증대를 위한 과도한 방목, 과도한 시비, 분뇨의 과다 시용 발생
- 질소, 칼륨의 지속적 시용은 병해 저항성 약화, 월동률 저하로 부실초지화 됨
- 화본과 목초가 우점하고 두과목초는 없어짐
- 목초의 무기 양분 균형이 깨지고 질산태 질소의 함량이 높아져 가축에게 장애를 준다.
② 조방적 방목 초지
- 고정 방목 형태로 운영, 과방목으로 목초의 밀도가 낮아짐
- 생산성이 높은 오처드그라스는 줄고 켄터키블루그라스나 레드톱이 우점된다.

(3) 방목 초지 관리의 기본
① 계절별 가축 마릿수 조절
- 집약적 방목지 : 봄에서 여름철은 일부 면적은 건초로 이용하고 일부분만 방목
- 조방적 방목지 : 조기 방목으로 성장을 억제, 6~7월에 덧거름 시용으로 수량을 높인다.
② 휴목 기간 설정
- 식물체에 양분을 저장할 수 있는 휴목기간이 필요하다.
- 일반적으로 방목 후 18~45일간 휴목기간이 필요하다.
③ 초종 비율의 조절
- 생육 후기 화본과 목초가 커지면 두과 목초의 생육이 저하된다.
- 질소질 비료의 과다 시용은 화본과작물이 더욱 왕성하여 두과작물 비율이 낮아진다.

(4) 방목지 시비

① 1ha의 방목지에 50,000kg 생산 시 분뇨로 36kg이 환원되므로 질소비료는 164kg 을 준다.

② 두과작물 비율이 높을 때는 질소 비료량을 줄인다.

$$시비량(kg/ha) = (채초지 시비량) - (가축 분뇨중 거름 성분량) \times \frac{흡수 이용률}{100}$$

③ 방목지에서는 가축의 분뇨배설로 추비량을 상당히 줄일 수 있다.

④ 젖소는 연간 용성인비 1,050kg, 요소 228kg, 염화칼륨 600kg에 해당하는 분뇨를 생산한다.

⑤ 방목지는 채초 중심에 비해 질소는 1/4, 인산은 동량, 칼륨은 1/2 적게 준다.

(5) 잡초 및 관목 억제

① 집약적 방목지 : 애기수영, 소리쟁이 번성

② 조방적 방목지 : 도토리나무, 떡갈나무, 버드나무, 철쭉 번성

③ 알맞은 방목과 시비로 목초의 밀도를 높여준다.

④ 잡초는 결실되기 전에 베어 주고 다년생 심근성 잡초는 제초제를 사용한다.

⑤ 잡관목은 저장 양분이 적은 7~8월에 베어준다.

(6) 방목 관리

① ha당 생초 생산량이 3톤이 되는 시기부터 방목

② 두 번째 이후 목초의 방목 적기는 초장이 20~25cm 때

③ 휴목일수 : 봄 18~25일, 여름 35일, 가을 30~40일 (평균 25~28일)

④ 소 1두당 똥으로 방목지를 덮는 면적은 약 30㎡(150일 기준)

⑤ 똥으로 덮인 풀은 가축이 뜯지 않고, 과번지(과번무)가 됨

⑥ 방목 후 똥을 흩어 뿌리고 뜯지 않아 길게 자란 풀을 예취(청소베기)

연구 제상(발굽에 의한 피해)에 따른 방목지의 관리

① 토양에 따른 제상 : 미사질토나 사질토보다는 식토나 식양토에서 더 큼

② 초종에 따른 제상 : 분얼경이 지표 밑에 있거나 잎이 말려 있는 초종은 적다.

③ 방목강도에 따른 제상 : 방목강도가 증가하면 제상은 크게 늘어남

④ 가축의 종류에 따른 제상 피해 : 소 〈 말 〈 면양

⑤ 제상을 줄이는 방법 : 수분함량이 낮을 때 방목, 이동식 목책 사용, 청예 이용

6 초지 이용 기술

① 방목 이용

(1) 방목의 중요성과 효과
① 방목은 가장 경제적이고 자연스러운 사초 이용법이다.
② 다두사육 및 노동력 절감
③ 가축에게 신선한 공기와 햇빛, 운동기회 제공
④ 목초 채식량 증가, 육질 및 유량 증가와 유지방 향상
⑤ 자연적인 분뇨의 투입으로 화학비료 사용 감소

(2) 방목의 장단점

연구 **방목의 장단점**

장점	단점
● 영양생장기 목초로 유지할 수 있다. ● 성장촉진 효과가 있다. ● 최적 엽면적 상태를 유지한다. ● 목초의 영양가를 증진시킨다. ● 초지의 고사엽 제거 효과가 있다. ● 초지 생태계 양분순환을 촉진한다. ● 추위에 의한 초지의 손실을 방지한다. ● 목초종자를 토양혼입 시킨다.	● 제상에 의한 가식 초량이 감소된다. ● 제상에 의한 식생이 파괴된다. ● 제반 시설에 비용이 투자된다. ● 과도한 방목은 토양을 침식시킨다.

(3) 방목방법
① 연속방목(고정방목)
- 봄부터 가을까지 한 곳의 방목지에 계속하여 방목시키는 방법
- 시설투자와 방목 관리 노력이 적게 든다.(장점)
- 선택채식, 목초이용률 저하, 토양침식, 가축 에너지 소모 과다(단점)

② 윤환방목
- 방목지를 4~6개의 목구로 나누어 3~5일씩 돌아가면서 방목시키는 방법
- 방목 간격 : 봄철 18~25일, 여름철 35일, 가을철은 30~40일(휴목일수 25~28일)
- 초지이용률 향상, 유지에너지 감소, 고목양력 유지

③ 대상방목(1일 방목)

- 목구에 전기 목책선을 설치하여 1일 또는 반나절 방목시켜 풀을 완전히 이용
- 발굽에 의한 피해를 줄이고 목초허실을 방지할 수 있다.
- 방목지를 융통성 있게 조절할 수 있다.
- 재생기간을 길게 유지하며 목초 필요량의 추정이 가능하다.

④ 방목 예취겸용

- 봄철에는 전목구의 1/3을 방목, 2/3는 예취하여 사일리지나 건초를 만든다.

⑤ 계목(매어기르기)

- 농가에서 행하는 방법으로 8m의 고삐에 30㎝ 높이의 고정 말뚝에 매어 채식시 킨다.

고정방목	윤환 방목	대상방목	예취
40~50%	60%	80~85%	100%

방목 방법에 따른 초지 이용률

(4) 방목준비 및 시작 시기

① 가축의 건강 상태 점검 및 준비

- 영양의 향상 : 방목에 따른 에너지 소모를 감안한 영양 상태 향상
- 기생충의 구제 : 내부 · 외부 기생충 구제, 특히 진드기 구제
- 예방주사 : 전염성 질병의 감염을 막음
- 발굽 깎기 : 보행을 잘할 수 있도록 발굽을 깎아 줌
- 시간을 점차 늘려가면서 실시, 갑작스런 과방목 시 설사 유발

② 방목 시작 시기

- 첫 방목시기는 초장이 20~25㎝일 때, 보통 15㎝일 때 시작한다.
- 라이그라스가 많을 때는 조금 일찍 시작한다.
- 너무 빠르거나 과방목은 클로버가 우점되기 쉽다.

③ 방목 두수의 결정

- 목초생산량과 채식률 그리고 초지 이용률 등을 고려하여 결정
- 목초생산량은 봄철에 50%, 여름철 30%, 가을철 20% 정도이다.
- 채식률 : 평균 12~17%, 초지 이용률 : 약 60%

$$\text{방목 가축 마릿수} = \frac{\text{목초 생산량} \times \text{초지 면적} \times \text{채식 이용률}}{\text{하루 1마리의 목초 채식량} \times \text{방목일수}}$$

$$\text{목구수} = \frac{\text{방목 간격}}{\text{1회 방목일}} + 1 \qquad \text{목구 넓이} = \frac{\text{초지 넓이}}{\text{목구수}}$$

- 목양력 : 방목지가 가축을 수용할 수 있는 능력
- 방목일 : 체중 500kg의 성우 1두(1가축단위)를 1일간 방목할 수 있는 초지의 목양력

예 체중 250kg의 육성우 8두를 150일간 방목할 수 있는 초지가 3ha 있다면 목양력은?
= 8두×1/2×150일 = 600

② 건초 이용

(1) 건초 제조용 예취 적기
① 건초 재료
- 어린 시기 수분이 많고 건물 함량이 적다.
- 성장기 : 단백질 함량은 높으나 섬유소는 적다.
- 결실기 : 줄기가 굳고 섬유질이 많아 소화율이 저하된다.
② 제조시기 결정에 관여하는 요인 : 수량, 영양소 함량, 날씨
③ 예취 적기
- 단위면적당 TDN 수량이 최대일 때
- 화본과 목초 : 출수기~개화기 직전, 두과 : 개화직전(출뢰기)~개화 초기

(2) 예취 시의 기후와 예취시간
① 빨리 건조시키는 것이 손실을 막는 비결
② 아침 일찍 베어 그날 또는 그 이튿날 곤포
③ 비를 맞히면 양분 손실이 크다.

(3) 자연 건조법(천일 건조법)
① 초지에 널어 햇볕에 건조시키는 방법, 풀시렁을 만들어 말리는 방법이 있다.
② 일기 예보를 보고 맑은 날씨가 예상되는 날 아침에 이슬이 마른 후 베어 말린다.
③ 1일 2~3회 뒤집어 준다.(모우어 이용하면 편리)
④ 레이크나 터더를 이용하여 뒤집어 주고 모아 준다.
⑤ 고구마 덩굴, 무잎 등은 삼각가(풀시렁)를 만들어 걸쳐 놓고 말린다.

⑥ 헤이베일러를 이용하여 다발로 묶으면 효율적이다.

(4) 인공건조법

① 통풍건조법 : 포장에서 1~2일 건조, 수분 함량을 40~50% 만든 후 송풍장치 위에 올려 말리는 방법

② 열풍건조법 : 자연건조로 수분 함량을 40~50%로 한 후 40~120℃의 열풍으로 건조시키는 방법

※ 건초를 장기간 안전하게 보관하기 위해서는 수분 함량이 15% 이하가 되도록 한다.

(5) 건초의 급여

① 어린 송아지는 2주 후부터 급여 시작 – 1위 발달 촉진

② 여름철 설사 예방, 고창증 예방

③ 1일 급여량

젖소	4~6kg	비육우	5~7kg	번식우	7~11kg	면양	1.5~2kg

③ 사일리지 이용

(1) 사일리지의 종류

① 고수분 사일리지 : 수분 함량이 70% 이상인 사일리지

② 저수분 사일리지 : 수분 함량이 40~60% 되는 사일리지로 진공 사일로에 저장

(2) 사일리지 제조

① 재료의 수확 적기

- 단위 면적당 TDN 함량이 가장 많을 때
- 양분 생산량이 많고 수분이 70~75%일 때

연구 초종별 사일리지 예취시기

작물별	예취 시기
알팔파	꽃봉오리 형성기(출뢰기)~개화 초기
북방형 목초	1차 수확은 수잉기~출수 초기, 2차 수확은 1차 수확 후 4~6 주
남방형 목초	1차 수확은 40㎝ 이상에서 출수 초기, 2차 수확은 1차 수확 후 4~5주

② 재료의 절단
- 수분 함량이 많고 부드러운 사초 1~1.5㎝, 연하고 수분이 많은 사초 2~3㎝, 거친 사초 1㎝
- 수확시기가 늦었을 경우에는 다소 짧게 한다.
③ 충진과 진압
- 충진은 빨리하며 트랙터나 굴삭기 등을 이용해 진압하고 벽 쪽을 강하게 한다.
- 비닐로 덮고 타이어 등을 이용하여 가압한다.(1㎡당 150~300kg)

(3) 감각에 의한 사일리지 품질 평가
① 색깔
- 양호 : 옥수수는 올리브색, 담황색을 띠고 초류는 녹색을 띤다.
- 불량 : 갈색, 암갈색, 곰팡이가 낀 것은 불량하다.
② 향기
- 양호 : 시큼한 과일 냄새
- 불량 : 담배 냄새, 퇴비 냄새, 썩은 냄새
③ 맛
- 양호 : 상쾌한 산미
- 불량 : 맛이 없거나 쓴 것, 암모니아 맛
④ 촉감
- 축축하고 까슬까슬한 촉감
- 불량 : 질척질척하거나 끈적끈적한것, 너무 메마른 것

(4) 사일리지 급여
① 6개월령 이상의 송아지에게 급여한다.
② 건유기에는 가급적 건초를 급여한다.

가축의 종류		급여량(kg)	가축의 종류	급여량(kg)
젖소	13개월 이상	15~20	육우	10~15
	10~12개월	10~15	한우	4~10
	6개월	4	면양	5~8

7 초지의 토양환경 및 관리

1 초지 토양

(1) 표고 및 경사도
① 해발표고가 높을수록 하고는 없으나 목초의 생육일수가 적어진다.
② 내한성이 강하고 기존 토성에 잘 견딜 수 있는 초종이나 품종을 선택한다.
③ 목도(牧道)가 확립되면 토양개량과 함께 초종을 갱신해 나간다.
④ 경사도에 따른 사양한계 : 착유우는 22°, 한우·육우는 31°, 면·산양은 45°

(2) 경사면의 방향
① 양지(남사향지)
- 햇볕이 잘 들고 지온이 높으며 바람이 많다.
- 일 중 밤과 낮의 기온차가 심하다.
- 증발산(蒸發散)이 심하고 건조하기 쉽다.
- 토양의 pH와 인산 함량은 낮으나 유기물 함량은 높다.
- 강우량이 적을 때(1000㎜ 이하)에는 수량이 낮다.

② 음지(북사향지)
- 선선하며 습하기 때문에 토양 중 수분이 많다.
- 일반적으로 서, 북사향지의 목초 수량이 높다.
- 토양의 pH와 인산 함량은 높고 유기물 함량은 낮다.
- 주야간의 지온 변화가 적고 목초의 동해가 적다.

2 초지 토양의 특성

(1) 물리적 특성
① 산지토양은 경도가 높아 단단하므로 뿌리 활착, 수분 공급에 지장을 준다.
② 3상분포(고체, 액체, 기체)가 불량하다.
③ 3상의 불량은 통기성, 보수력, 양분흡수력 등에 영향을 준다.
④ 작심토(유효 토심)가 얕고 토양 공극률이 낮아 보수력, 보비력이 낮다.

(2) 화학적 특성
① 화학성은 pH, 유기물 함량, 각종 양분 함량에 따라 다르다.
② 목초 생육에 적합한 pH는 6~7인 약산성과 중성 사이이다.

③ 화강암이 모암이며 집중 강우로 토양침식, 무기염류 용탈로 화학성이 불량하다.

④ 석회 등의 시용으로 토양교정 후 초지조성이 바람직하다.

⑤ 유효인산 함량은 11.3ppm으로 매우 낮아 목초 정착률 저하를 초래한다.

⑥ 양이온교환용량 및 염기포화율이 낮아 목초의 생육 부진을 초래한다.

(3) 생물적 특성

① 토양의 소동물, 미생물이 매우 부족하다.

② 토양미생물의 활력 강화가 필요하다.

(4) 토양의 개량방법

① 토양조건이 나쁜 산지에서는 초지 개발 전에 토양개량을 우선 실시

② 윤작 및 혼작을 통한 개량

③ pH 교정 : 석회 살포(경운 전 1/2, 경운 후 1/2)

④ 가축의 분뇨 살포

⑤ 두과 목초지의 근류균 접종

⑥ 인산질 비료 살포 : 경운초지 200~300kg/ha, 불경운초지 100~150kg/ha 살포

8 초지의 보호와 갱신

1 초지의 잡초 방제

(1) 잡초의 종류

① 봄 잡초
- 개갓냉이, 개망초, 꽃다지, 광대나물, 냉이, 망초, 메꽃, 별꽃, 서양민들레, 소리쟁이, 쇠뜨기, 쑥, 질경이, 콩다닥냉이, 큰개불알풀

② 여름 잡초
- 강아지풀, 개비름, 깨풀, 돼지풀, 돌피, 뚝새풀, 들깨풀, 명아주, 방동사니, 바랭이, 쇠비름, 애기수영, 어저귀, 여뀌, 털비름, 환삼덩굴

연구 **주로 발생하는 잡초**

① 초지조성 후 : 1년생 잡초(바랭이, 강아지풀, 비름, 쇠비름, 명아주, 돌피, 양지꽃)
② 초지의 생산성이 높을 때 : 2, 3년생 잡초(소리쟁이, 씀바귀, 쑥 등)
③ 초지가 부실화되었을 때 : 고사리, 쑥, 냉이, 애기수영

(2) 잡초 침입경로

① 직접경로 : 성숙한 잡초종자 낙종, 수입 종자에 혼입

② 기타 경로 : 바람이나 물, 가축 · 사람 또는 기계류에 유입, 가축의 배설물

(3) 잡초의 방제방법

① 기계적인 방제 : 김매기, 예초기 이용 제거, 주의 : 과방목

② 제초제에 의한 방제 : 20~30%가 잡초로 피복 시 디캄바액제(반벨), 글라이신 살포

③ 기타 잡초방제

- 잡초는 대부분 광발아성 종자, 표토를 완전히 갈아엎어 잡초, 유식물 고사
- 사료용 곡물 및 사료작물 종자 도입 시 잡초종자 유입 방지

※ 외래잡초 : 도깨비가지, 도꼬마리, 붉은서나물, 방가지똥, 독말풀, 미국자리공 등

- 가을 파종 시 어릴 때 생육이 빠른 이탈리안라이그라스나 맥류를 섞어 뿌림
- 질소비료의 증량 시비 억제(화본과 식생밀도가 낮을 때, 여름철 잡초 왕성기 등)
- 퇴비를 충분히 썩혀서 잡초종자가 죽도록 한 후 사용한다.

(4) 잡초억제를 위한 초지관리

① 충분한 시비와 석회시용(애기수영, 쑥은 산성 토양에 잘 자람)

② 지나친 방목은 피한다.(나대지 잡초 발생)

③ 여름철의 너무 낮은 예취는 해롭다.(지온 상승, 수분 증발, 잡초 광발아성)

④ 잡초의 꽃이 피기 전에 제거하고 계속적인 보파가 필요하다.

(5) 초지의 주요 가축 유해식물

고사리, 아주까리, 피마자, 미국자리공, 할미꽃, 미나리아재비, 독미나리, 쇠뜨기, 새삼, 여뀌, 천남성, 서양협죽도, 용선화, 주목, 참나무, 야생버찌, 검은 아카시아, 진달래속

② 초지의 병해 방제

(1) 초지의 병해

① 종자 전염성 병해

- 화본과 목초 : 흑수병, 오처드그라스의 노란색 고무병, 톨페스큐의 엔도파이트 진균병, 탄저병, 운형병, 그을음무늬병, 얼룩무늬병(표문병) 등
- 두과 목초 : 알팔파의 줄기마름병(경고병), 클로버의 검은빛 썩음병(흑부병), 클로버의 점무늬병(반점병) 등

● 유기수은제 등에 의한 종자소독법으로 방제 가능

② 토양 전염성 병해

● 추운 지방 : 설부병

● 더운 지방 : 엽부병 및 백견병

③ 엽고성 병해

● 초지의 수량 감소, 목초생육에 지장, 종자 질의 하락, 사료가치 하락

● 방제 : 이른 봄에 감염된 초지에 불을 놓는 것이 효과적

④ 초지의 주요 병해의 특성

연구 **초지의 병해**

병명	증상	발병환경	방제 약품
탄저병	● 여름 장마철에 발생하여 초가을에 만연, 가장 많이 발생 ● 처음에는 회녹색, 수침상(水浸狀)의 작은 반점이 차차 넓어져 짙은 적갈색 내지 등색으로 변하며 타원형, 방추형의 병반이 되며, 병반의 한가운데는 검은 곰팡이가 밀생하게 된다. ● 여름철 오처드그라스의 하고의 원인이 된다.	● 5~6월에 비가 많이 오면 새눈에 빨리 발병하고 9~10월까지 비가 많이 오면 병이 갑자기 확산된다. ● 배수가 잘 안되고 햇빛이 잘 들지 않고 질소질 비료를 과다 사용하면 발생하기 쉽다.	만코지, 지오판
녹병	● 초기에 잎이나 줄기에 오렌지색의 2~3mm의 반점이 형성 ● 기온이 서늘하면 암갈색의 동포자가 형성	● 그늘지고 습한 조건 ● 영양결핍 ● 9월 하순~10월 상순에 많이 발생	바리톤 다이센M 다코닐 지네브
옐로우패취	● 직경 30cm 내외의 원형 병반 형성 ● 연노랑색의 병반이 갈색으로 변함	● 늦가을 찬비로 인한 과습, 질소 비료 과다 시 ● 10월~이듬해 4월 특히, 10월 하순경 발생	로브랄 지오판 톱신엠 트리후민
엽부병 (잎썩음병)	● 초기에는 잎이 연녹색으로 되고 시들면서 갈변 ● 고사 부위는 뻣뻣하게 말라 죽어 둥근 얼룩 모양을 나타냄	● 여름철 질소비료의 과다 사용 ● 6~9월에 발생	로브랄 지오판 톱신엠 트리후민
점무늬병	● 동전 크기의 주저앉은 듯한 반점 형태로 나타남 ● 이른 아침에 병반 부위에 솜털 모양의 균사 형성	● 건조토양, 과습, 질소 결핍 시 발병이 조장 ● 4월~6월 하순, 8월 하순~9월 하순에 발생	벤레이트 로브랄 지오판 헥사코나졸

③ 초지의 충해 방제

(1) 근계 및 지하경의 해충

① 채초 : 땅강아지, 방아벌레류, 풍뎅이류(굼벵이), 밤나방과의 유충 및 선충

② 오처드그라스의 오래된 초지는 굼벵이류(풍뎅이 유충)의 피해가 심함

(2) 지상부의 해충

① 벼메뚜기류, 콩관총채벌레류, 장님노린재, 끝동매미충, 애멸구, 콩진딧물류, 조명나방, 멸강나방, 배추벼룩잎벌레류, 콩줄기파리류 등

② 알팔파는 진딧물과 클로버류의 배추벼룩잎벌레와 애멸구류의 피해가 많음

(3) 초지의 주요 해충의 특성

연구 **주요 해충의 특성**

병명	특성	방제법
멸강충	● 우리나라에서는 월동하지 못하고 5월~7월 두 차례 중국에서 날아와 화본과 잎에 1,000여개의 알을 낳는다. ● 산란 10일 정도 후 부화하여 집단적으로 잎과 줄기를 90% 이상 섭식한다. ● 주로 화본과작물을 먹고 화본과 식물이 없으면 두과작물도 가해한다.	● 피해가 급격하게 진전되며 ㎡당 5~10마리 정도 발견되면 즉시 방제한다. ● 디프테렉스, 디프수화제 등 잎말이나방 방제 농약을 사용하고 소수가 발생할 때는 파단 등의 저독성 농약을 사용한다.
거세미	● 성충은 5월 중순, 7월 하순, 9월 하순경에 연 3회 발생하며 야행성이다. ● 10㎝ 내외의 갈색 반점형의 구멍으로 나타난다. ● 1~2령 유충은 잎을 먹고 3~4령기 이상은 잠입 구멍을 만들어 낮에는 잠복하고 밤에 활동한다.	● 가스효과가 있는 약제가 효과적이다. ● 잠입 구멍 속에 약액이 충분히 스며들 수 있도록 관주형식으로 살포한다. ● 살수 후 약제를 처리하면 방제 효과가 증가된다. ● 렐단, 데시스, 트레본, 트랄레이트, 스타렉스 등을 살포한다.
굼벵이 풍뎅이	● 풍뎅이의 종류는 매우 다양하며 특히 연다색풍뎅이, 다색풍뎅이, 애풍뎅이, 왜콩풍뎅이 등이다. ● 발생시기는 종류에 따라 다르며 보통 4월부터~9월 중순까지 피해를 준다.	● 유인등을 이용하여 발생시기를 정확히 예찰한다. ● 충분히 살수한 후 약제를 살포한다. ● 렐단, 메프 유제, 스미치온, 호리치온, 모캡을 ㎡당 2~3L 살포한다.
진딧물	● 두과 목초, 콩, 땅콩, 완두에 피해 ● 알은 월동 후 봄에 부화하여 번식 ● 소낙비는 진딧물피해를 감소시킨다. ● 어린 잎, 줄기를 가해, 성장, 수량 감소	● 천적 사용(무당벌레, 거미, 잠자리) ● 약제 살포(파라티온, 아시드, 벤카브)

(4) 초지의 병충해 방제

① 재배기술에 의한 병충해 방제

- 초지 조성지 해충 억제 : 경운과 불경운의 절충, 표토 병원균 제거
- 비배관리 방법 : 적절한 예취시기와 적정한 시비
- 초지 갱신 : 병충해로 인한 수량저하 시 초지 갱신
- 내병충성 품종의 육성 및 선택
- 윤작
- 기주식물 및 해충의 월동장소 제거 : 논두렁 태우기, 밭 가장자리 잡초 제거
- 재배관리 : 병해충의 만연시기를 피하여 파종과 수확 실시
- 혼파에 의한 억제 : 단일초종보다 혼파가 병해충 위험률이 낮음

② 화학적 방제법

- 목초는 가축에게 급여하므로 살충제 살포에 유의
- 부득이한 경우에만 살충제 사용

③ 생물학적 방제법

- 목초의 해충을 억제하는 데 천적은 매우 중요
- 천적에 의한 해충방제는 화학적인 방제에 비하여 노력과 비용이 적게 듦
- 천적 : 기생적 곤충, 포식성 곤충, 미생물 등

④ 초지의 갱신

(1) 초지 갱신의 판정

① 초지 조성 3~4년 후 잡초의 발생과 나지 형성

② 화본과 또는 두과 목초가 한 쪽으로 우점될 때(대부분 두과작물이 우점)

③ 목초의 수량이 최성기의 60% 이하일 경우(ha당 건물 생산량이 5,000kg 이하)

(2) 갱신 방법의 종류

① 경운에 의한 갱신 : 초지를 완전히 갈아엎어 새로운 초지를 만드는 방법

② 불경운에 의한 갱신 : 경운하지 않고 석회, 비료를 뿌리고 종자를 파종

③ 보파에 의한 갱신 : 초지의 빈자리, 야초 우점지, 화본과나 두과 우점지

(3) 불경운 갱신과정

① 기존식생 제거

- 기존식생 제거을 위해 이행성 제초제를 살포한 후 화입한다.

● 파종기를 이용하거나 장마 직후에 분공급이 충분한 시기에 파종한다.

② 석회 및 비료 시용

● 석회를 살포하여 pH 5.5 이상으로 중화한다.

● 시비량은 인산 200~300kg/ha, 질소와 칼륨은 60~150kg/ha 정도 살포한다.

③ 파종

● 파종적기는 초지 조성과 같이 9월 상순 이전이다.

● 월동 전 주초종인 오처드그라스가 2~3개 정도 분얼이 있도록 하여야 한다.

● 파종량은 ha당 30~35kg(오처드그라스 16kg, 톨페스큐 9kg, 페레니얼라이그라스 3kg, 화이트클로버 2kg) 정도이다.

● 보파할 경우는 초지 식생 상태에 따라 위 파종량의 1/3~1/2 정도 산포한다.

④ 갈퀴질 및 진압

● 갈퀴질을 통해 목초종자를 지면에 밀착시켜 준다.

● 진압을 통해 모세관 현상에 의해 토양 수분이 종자에 공급되도록 한다.

01 목초의 분류 중 생존연한에 의한 분류는?

① 방목용   ② 다년생(여러해살이)

③ 상번초   ④ 두과목초

■ 1년생, 월년생, 2년생, 다년생으로 구분한다.

02 목초의 분류 중 이용형태에 따른 분류인 것은?

① 청예용   ② 1년생(한해살이)

③ 방석형   ④ 화본과 목초

■ 청예용(채초용), 방목용, 건초용, 사일리지용 등으로 구분한다.

03 대상방목이라고도 하며 목구를 전기 목책 등으로 작게 나누어 초지를 집약적으로 이용하는 것은?

① 고정 방목   ② 윤환 방목

③ 1일 방목   ④ 계목

■ 대상방목(1일 방목, 구획방목)

04 다음 중 파종상의 조건으로 알맞은 것은?

① 겉흙과 속흙에 물기가 충분히 있어야 한다.

② 매우 고운 가루 흙이 좋다.

③ 씨앗이 자리를 잡는 바로 밑의 흙은 부드러워야 한다.

④ 위층과 아래층의 흙은 수분과 양분의 이동이 있어서는 안된다.

■ 상하층 토양의 수분함량이 적당해야 한다.
● 선점 식생과 잡초가 없어야 한다.
● 너무 고운 토양 입자가 아니어야 한다.
● 파종상이 평탄해야 한다.

05 농업적으로 가장 중요한 목초는 두과와 화본과이다. 화본과 목초에 비해 두과목초에 비교적 많이 함유되어 있는 성분은?

① 조단백질   ② 조섬유

③ 조지방   ④ 조회분

■ 두과는 단백질 함량이 높고, 화본과는 탄수화물이 많다.

01 ② 02 ① 03 ③ 04 ① 05 ①

06 단위면적당 생산성이 높고 사초의 품질도 우수하여 "목초의 여왕"이라고 불리기도 하나 산성이 강하고 배수가 나쁜 토양에서는 잘 자라지 못하며 처음 조성 시 붕소와 근류균 접종이 꼭 필요하기 때문에 널리 재배되고 있지 못한 목초는?

① 알팔파(alfalfa)

② 레드클로버(red clover)

③ 화이트클로버(white clover)

④ 벌노랑이(birdsfoot trefoil)

07 추위에 강하기 때문에 우리나라 대관령 등 고랭지에서 재배하기에 적합하고 양질의 건초를 생산하는 목초는?

① 티머시   ② 레드톱

③ 라디노클로버   ④ 톨페스큐

08 지하경(땅속줄기)을 가지고 있어 땅속을 수평으로 기는 줄기를 가진 화본과 목초는?

① 이탈리안라이그라스

② 톨페스큐

③ 레드톱

④ 켄터키블루그라스

09 다음 중 방목을 실시할 때 계절에 따른 휴목 기간에 대한 설명으로 알맞는 것은?

① 봄이 여름과 가을보다 길어야 한다.

② 여름이 봄과 가을보다 길어야 한다.

③ 가을이 봄과 여름보다 길어야 한다.

④ 계절에 관계없이 같아야 한다.

06 ①   07 ①   08 ④   09 ②

10 건초 제조법 중 포장건조법에 관하여 바르게 설명한 것은?

① 인공건조법이라고도 한다.

② 송풍기에 의하여 바람으로 말리는 방법이다.

③ 화력건조법 등이 있다.

④ 천일건조법이라고도 한다.

■ ①②③은 인공건조법이다. 포장건조법은 목초지에서 직접 널어 말리는 자연건조법이다.

11 목초는 이용하는 방법에 따라 목초가 함유한 영양분의 이용률이 다른 데 다음 중 목초 이용률이 가장 높은 급여 형태는?

① 생초 　　　　　② 건초

③ 엔실리지 　　　④ 헤일리지

■ ②③④ 방법은 가공 과정에서 영양분 손실이 발생한다.

12 우리나라 초지의 생산성이 낮아지는 요인으로 거리가 먼 것은?

① 조성 초기 관리의 미숙

② 추비 또는 분뇨의 과다 시용

③ 초지의 과다 및 과소 이용

④ 여름철의 수확 지연

■ 추비가 부족하다.

13 건초를 만들 때 빨리 말려야 되는 주된 이유는?

① 영양소 손실이 적어진다. 　② 시간이 절약된다.

③ 노동력이 절약된다. 　　　④ 생산비가 적게 든다.

■ 이슬이나 비를 맞으면 영양 손실이 크다.

14 다음 중에서 섞어뿌리기 조합의 기본 원칙은?

① 섞어뿌리기는 많은 종을 섞어 복잡해야 한다.

② 조합 시 초종간 서로 경합 능력이 달라야 한다.

③ 파종량은 홑뿌림 때보다 적어야 한다.

④ 방목용 초지에서는 초종간 기호성이 비슷해야 한다.

■ 최소한 화본과 1종, 두과 1종이 포함하여야 하되 4종 이내로 한다.
● 초지 조성지에 적응할 초종과 품종을 선택한다.
● 초종간 경합 능력이 비슷한 것끼리 혼파한다.
● 성숙기 및 기호성이 비슷한 것끼리 혼파한다.

10 ④ 　11 ① 　12 ② 　13 ① 　14 ④

15 초지의 이용방법 중 생초를 그대로 베어서 축사에 운반한 다음 급여하는 방법은?

① 풋베기   ② 방목
③ 건초   ④ 사일리지

■ 풋베기(청예) 이용

16 사료작물은 주로 방목이나 청예로 이용하고 있다. 다음 중 방목위주의 초지에 유리한 초형으로 짝지어진 것은?

① 다발형~상번초   ② 방석형~하번초
③ 다발형~하번초   ④ 방석형~상번초

■ 방석형은 포복형으로 지표를 기면서 뿌리를 내는 하번초 목초이다. 하번초는 키가 작고 잎이 줄기 밑에 많은 목초로 켄터키블루그래스, 화이트클로버 등이 있다.

17 사료작물 중 단백질 함량은 조금 낮지만 섬유소 함량이 높고, 단위면적당 건물생산량이 높기 때문에 사초로서 가장 중요한 위치를 차지하고 있는 사료작물은?

① 화본과 사료작물   ② 두과 사료작물
③ 국화과 사료작물   ④ 십자화과 사료작물

■ 오처드그라스, 티머시, 톨페스큐, 리드카나리그라스, 페레니얼라이그라스, 켄터키블루그라스

18 콩과 목초 재배시 뿌리혹박테리아(근류균)에 의해 고정되는 비료 성분은 어느 것인가?

① 질소   ② 인산
③ 칼륨   ④ 마그네슘

■ 콩과 목초는 뿌리혹박테리아의 질소 고정 능력이 있다.

19 두과 목초의 특성과 관계가 없는 것은?

① 식물성 단백질 공급원이다.
② 토양의 비옥도를 증진시킨다.
③ 산성이 강한 땅에서 잘 자라지 않는다.
④ 고온 건조한 기후를 좋아한다.

■ 두과목초는 서늘하고 습기 있는 땅에서 잘 자란다.

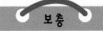

20 다음 목초 중 추위는 물론 더위에 특히 강하며 척박한 토양 및 산성 토양에도 강하나 이삭이 나온(출수)후에는 빨리 굳어지고 기호성이 낮은 목초는?

① 오처드그라스 ② 톨페스큐
③ 켄터키블루그라스 ④ 페레니얼라이그라스

21 방목 이용에 알맞는 목초의 초장은?

① 5~10 ㎝ ② 15~25 ㎝
③ 30~50 ㎝ ④ 55~65 ㎝

22 건초에 대한 설명으로 알맞은 것은?

① 건초는 미생물의 작용에 의해 만들어진다.
② 수분함량이 15% 이하가 되도록 말린 조사료다.
③ 운반과 저장이 불편하다.
④ 기호성이 우수한 다즙질 사료이다.

23 조방적(粗放的)으로 관리가 이루어지는 초지의 종류는?

① 목야지 ② 목초지
③ 채초지 ④ 간이초지

24 준비 방목의 설명으로 알맞은 것은?

① 방목하기 전에 가축을 가까운 초지에서 점차 시간을 늘려 가면서 목초를 뜯어 먹게 하는 것을 말한다.
② 목초의 초장이 20~25㎝에 방목을 실시하는 것을 말한다.
③ 화본과 목초가 무성하게 자라는 것을 억제하는 방법으로서 좀 일찍 방목하는 것을 말한다.
④ 가축의 발굽에 의한 목초의 피해를 줄이기 위해 미리 적은 수의 가축을 방목시키는 것을 말한다.

20 ② 21 ② 22 ② 23 ① 24 ①

25 초지 조성 시 토양개량제로 석회를 살포하는 주 목적은?

① 토양산도 교정　　　　　② 유기물 보충

③ 인산질 보충　　　　　　④ 토양 수분 유지

■ 석회는 산성토양을 중화하는 목적으로 사용한다.

26 사초의 분류 방식 중 식물의 꽃차례나 외부형태 및 세포학, 생화학, 생리학 등을 참고하여 분류하는 방식은?

① 형태에 의한 분류

② 생존연한에 의한 분류

③ 이용형태에 의한 분류

④ 식물학적 분류

27 가축을 계목법으로 이용할 경우 고삐의 길이는 얼마가 알맞은가?

① 5m 정도　　　　　　　② 8m 정도

③ 15m 정도　　　　　　　④ 20m 정도

■ 계목(매어기르기)은 8m의 고삐에 30㎝ 높이의 고정 말뚝에 매어 채식시킨다.

28 여름철 하고현상에 대한 대책 중 틀린 것은?

① 10㎝ 이상 높게 베어 지온 상승을 억제시킨다.

② 하고기가 되기 전 채초나 방목을 끝낸다.

③ 고온기에는 질소 비료의 사용을 증가시킨다.

④ 장마철에는 방목을 억제시키고 건초나 엔실리지를 급여한다.

■ 하고는 25℃ 이상의 고온과 건조, 장마철의 다습으로 병해 발생, 잡초의 번성이 원인이다.
● 여름철에는 낮춰 베기, 과방목, 질소비료의 시용을 삼간다.

29 여러해살이 화본과 목초로 줄기는 직립성 및 포복성을 가지며 좋은 땅에서는 초장이 1m까지 자라고, 이삭의 길이는 20㎝이다. 이 목초의 이름은?

① 알팔파　　　　　　　　② 레드톱

③ 켄터키블루그라스　　　④ 레드클로버

■ 레드톱은 직립성, 포복성을 갖는다.

30 가축을 방목하여 풀을 뜯고 발굽에 의하여 들풀이 죽거나 땅에 묻히게 한 후 목초를 파종하는 방법은?

① 집약초지
② 겉뿌림법
③ 화입법
④ 제경법

31 다음 목초 중 북방형 목초가 아닌 것은?

① 오처드그라스
② 수단그라스
③ 티머시
④ 켄터키블루그라스

32 씨앗과 거름이 직접 닿지 않기 때문에 거름의 염해를 줄이고, 생산량이 높은 초지를 만들 수 있는 파종방법은?

① 흩어뿌림
② 줄뿌림
③ 대상 줄뿌림
④ 점뿌림

33 넓은 방목지에 적당한 파종방법은?

① 흩어뿌림(산파)
② 줄뿌림(조파)
③ 점뿌림(점파)
④ 무더기뿌림

34 초지를 만들 때 토양의 산도를 교정하기 위해 시용하는 것은?

① 질소질 거름
② 인산질 거름
③ 칼륨질 거름
④ 석회

35 북방형 목초는 일평균 기온이 몇 ℃ 이상일 때 하고현상이 나타나는가?

① 5℃
② 10℃
③ 15℃
④ 25℃

30 ④ 31 ② 32 ③ 33 ① 34 ④ 35 ④

보충

36 화본과(벼과) 목초의 건초 베는 시기는?

① 목초가 어려 영양가가 많은 때

② 이삭이 필 때부터 꽃이 필 때

③ 꽃이 한창 필 때

④ 서리내리기 전

■ 화본과 목초 : 수잉기~출수 초기

37 경운초지 조성 시 흙덩이를 깨거나 땅 고르기에 주로 사용하는 농기계는 어느 것인가?

① 플라우(Plaw)

② 드릴러(Driller)

③ 디스크 해로(Disk Harrow)

④ 헤이 레이크(Hay rake)

■ 디스크 해로(disk harrow), 치간 해로(tootharrow), 로터리 등을 이용한다.
① 플라우(Plaw) : 쟁기
② 드릴러(Driller) : 파종기
④ 헤이 레이크 : 집초기

38 혼파의 장점이 아닌 것은?

① 지상공간의 유리한 이용

② 사료의 시기적 균형생산

③ 양질사료의 급여

④ 초종간의 경합이 유리함

■ 상번초와 하번초가 각기 다른 공간을 차지하므로 경합되지 않는다.

39 뿌리혹박테리아를 접종하였을 때 절약할 수 있는 거름 성분은?

① 질소질 거름

② 인산질 거름

③ 칼륨질 거름

④ 철분

■ 뿌리혹박테리아는 공중 질소를 고정한다.

40 곧은 뿌리를 가지며, 경우에 따라 뿌리가 7~9m까지 땅속 깊숙히 뻗으며, 토양산도에 가장 민감한 콩과 초종은?

① 알팔파

② 화이트 클로버

③ 레드 클로버

④ 버드풋트레포일

■ 알팔파는 다년생, 상번초, 직근이며 수확 후 재생이 빠르다. 배수가 양호하고 중성인 토양으로 표토층이 두터운 토양에 적합하다.

36 ② 37 ③ 38 ④ 39 ① 40 ①

● 사료작물 예상문제 309

41 좋은 파종상은 종자의 발아, 출현, 정착 및 생장에 많은 영향을 준다. 파종상이 갖추어야 할 구비조건으로 거리가 가장 먼 것은?

① 파종상은 상층이나 상층표토에 관계없이 수분이 충분히 있어야 한다.

② 표토는 곱고 가루모양이어서 종자주위에 완전히 모아져야 한다.

③ 종자가 파종되는 바로 밑의 토양은 단단하여야 한다.

④ 토양의 경운층은 토양수분과 양분이 위로 이동할 수 있도록 미경운된 하층심토와 연결되어야 한다.

■ 겉흙은 부드러우나 너무 고운 토양 입자가 아니어야 한다.

42 쇄토작업의 가장 중요한 의의는?

① 토양에 충분한 수분공급

② 목초의 균일한 발아와 정착

③ 목초의 사료적 가치향상

④ 토양의 비옥도 증진

■ 쇄토(흙부수기)는 토양과 종자가 밀착되어 수분을 흡수하여 발아와 정착을 촉진하기 위함이다.

43 경사지 경운 시 트랙터를 이용할 수 있는 가장 알맞은 경사도는?

① 15° 이하   ② 20°

③ 25°   ④ 30° 이상

44 불경운초지 조성법의 장점이 아닌 것은?

① 기계사용이 안되는 경사지도 조성할 수 있다.

② 작업이 간편하고 비용이 적게 든다.

③ 토양 유실의 염려가 없다.

④ 경운초지보다 목초의 생산성이 낮다.

■ ④는 불경운초지 조성법의 단점이다.

41 ②　42 ②　43 ①　44 ④

45 사초의 이용목적에 따른 분류에서 목초를 베어서 가축에게 이용할 목적으로 생산하는 포장을 무엇이라고 하는가?

① 방목지　　　　　　　　　② 목야지

③ 계류지　　　　　　　　　④ 채초지

46 목초류의 풋베기에서 몇 ㎝ 이상 그루를 남겨두는 것이 좋은가?

① 25~30㎝　　　　　　　② 15~20㎝

③ 5~10㎝　　　　　　　④ 35~40㎝

■ 6㎝의 그루터기를 남기고 벤다.(3.5㎝에 생장점이 있다.)

47 근류균(뿌리혹박테리아)에 대한 설명 중 잘못된 것은?

① 산성토양에서 잘 자란다.

② 토양의 질소 공급원이 된다.

③ 콩과식물의 단백질 함량을 높인다.

④ 목초의 생산량을 높인다.

■ 산성토양은 반드시 석회를 시용하여 중화시킨 후 접종해야 한다.

48 다음 방목방법 중 방목 전 기간을 통하여 가축을 한 방목지에 넣어서 방목하는 방법은?

① 고정방목　　　　　　　② 윤환방목

③ 대상방목　　　　　　　④ 계목

■ 연속방목(고정방목)
봄부터 가을까지 한 곳의 방목지에 계속하여 방목시키는 방법

49 켄터키블루그라스에 대한 설명으로 알맞은 것은?

① 그늘에서 가장 잘 자란다.

② 높은 알카로이드 함량으로 가축에 대한 기호성이 낮다.

③ 뿌리가 깊어 가뭄이나 더운지역에 알맞다.

④ 하번초로 방목에 적합하다.

■ 다년생. 하번초. 재생력 양호, 지하경을 가진 방석형, 초장 30~60㎝

50 다음 중 콩과(두과) 사료작물이 아닌 것은?

① 티머시

② 화이트클로버

③ 알팔파

④ 헤어리베치

■ 두과작물: ②③④ 이외에 레드 클로버, 버드풋트레포일 등이 있 다.

51 완숙퇴비를 사용하지 않았을 때나 오래된 초지에 많이 발생 하며 주로 사료작물이나 목초, 잔디의 뿌리를 잘라먹어 목초나 사료작물을 죽게 만드는 해충은?

① 풍뎅이류 유충(굼벵이)

② 땅강아지

③ 멸강나방 유충

④ 밤나방과의 유충

52 다음 목초 중 단년생 상번초로 주로 건초로 이용하며 토양 개량 작물로도 우수한 콩과 작물로 줄기와 잎자루에 털이 많 은 목초는?

① 화이트클로버

② 레드클로버

③ 알사이크클로버

④ 알팔파

■ 상번초, 2년생, 분홍색 꽃, 진한 초록색 잎에 V자 무늬와 잔털이 있 다.

53 초지조성 및 사료작물 재배 과정에서 진압을 하는 이유는?

① 모세관 현상으로 종자나 뿌리에 수분공급을 위해

② 뿌리를 지면에 단단하게 고정시키기 위해

③ 흙이 바람에 날리는 것을 막기 위해

④ 굵은 흙덩어리를 부수기 위해

■ 진압은 토양과 종자를 밀착시키 는 방법이다.

50 ①   51 ①   52 ②   53 ①

54 화본과 목초와 두과 목초의 혼파로 인하여 얻을 수 있는 장점이 아닌 것은?

① 질소의 시비량을 현저히 줄일 수 있다.

② 시비, 수확, 병충해 방제 등 재배관리가 쉽다.

③ 병충해로 인한 목초의 피해를 최소화 할 수 있다.

④ 도복이 방지되고 서릿발 피해가 줄어든다.

■ 수확시기가 다르므로 관리가 어렵다.

55 어린식물의 활력이 강하고 기호성이 좋으나 내한성이 낮은 목초로 논 뒷그루로도 이용되는 목초는?

① 오처드그라스

② 톨페스큐

③ 이탈리안라이그라스

④ 켄터키블루그라스

■ 이탈리안라이그라스는 남부지방의 답리작 재배작물이다.

56 방목초지를 몇 개의 목구로 나누어 돌아가며 방목하는 방법을 무엇이라 하는가?

① 윤환방목

② 고정방목

③ 주야방목

④ 임간방목

57 생육 적온으로 목초를 분류할 때 북방형 목초에 대한 설명으로 맞는 것은?

① 난지형 목초라고도 한다.

② 버뮤다그라스가 여기에 속한다.

③ 평균 기온 15~21℃에서 무성하게 자란다.

④ 평균 기온 25~35℃에서 무성하게 자란다.

■ 북방형목초 = 한지형목초
● 버뮤다 그라스 : 난지형

58 신규 초지 조성 시 초기관리는 초지의 정착과 생산성에 많은 영향을 미치는데, 이 때 실시해야 하는 가장 중요한 관리요소는?

① 진압과 분얼촉진　　　　② 추비
③ 잡초 및 병해충 방제　　④ 예취 횟수 증가

■ 신규 초지는 초기에 진압과 분얼 촉진이 가장 중요하다.

59 목초의 마지막 예취시기를 결정하는 중요한 요인은?

① 식물체가 월동을 위해 충분한 탄수화물을 뿌리에 저장하는 기간
② 식물체의 지상부의 수량이 충분한 시기
③ 식물체가 충분한 수분을 세포에 저장하는 기간
④ 식물체의 광합성이 크게 떨어지는 시기

■ 최종 예취 적기는 겨울철의 영양분을 줄기와 뿌리에 저장한 시기이다.

60 건초 제조 시 장기간 안전하게 보관하기 위해서는 수분함량이 몇 % 이하가 되어야 하는가?

① 15%　　　　② 20%
③ 25%　　　　④ 30%

61 신규 초지 조성 시 뿌리혹박테리아의 접종을 꼭 해야 하는 콩과 목초는?

① 톨페스큐　　　　② 오처드그라스
③ 알팔파　　　　④ 티머시

■ 뿌리혹박테리아는 두과작물에게 접종한다.

62 일반적으로 생산성이 많이 떨어진 경우 실시하는 초지의 갱신주기로 가장 적합한 것은?

① 1년 사용 후　　　　② 2~3년 지난 후
③ 4~6년 지난 후　　④ 7~10년 지난 후

■ 초지 조성 3~4년 후 잡초가 발생하고 나지가 형성되기 시작한다.

58 ①　59 ①　60 ①　61 ③　62 ③

63 경운초지 조성 시의 특징 설명으로 틀린 것은?

① 전 식생 및 낙엽 등을 태우거나 땅속에 묻어 버린다.

② 잡목과 산야초의 재생이 적어 초지 사후관리에 용이하다.

③ 토양 유실의 염려가 없다.

④ 초지의 초기수량이 높다.

■ 경운으로 인한 토양 유실 위험이 있다.

64 목초의 파종량에 관한 설명으로 가장 관계가 없는 것은?

① 적기가 지났을 때는 파종량을 늘린다.

② 발아율이 나쁘면 파종량을 늘린다.

③ 건조 시에 파종할 때는 파종량을 늘린다.

④ 늦게 수확할 것은 파종량을 늘린다.

■ 파종량과 수확시기는 관계가 없다.

65 방목의 특징 설명으로 옳은 것은?

① 풋베기보다 노동력이 많이 든다.

② 봄철에 풋베기보다 사초의 이용을 빨리 할 수 있다.

③ 가축이 먹지 않아 허실되는 사초의 양을 줄일 수 있다.

④ 단위면적당 풋베기보다 가축을 더 기를 수 있다.

■ 첫 방목시기는 초장이 20~25cm일 때, 보통 15cm일 때 시작한다.

66 콩과(두과) 우점초지에서 방목을 주로 할 때 발생될 수 있는 가축 질병은?

① 고창증   ② 그라스테타니

③ 청산중독   ④ 맥각병

■ 고창증은 발효하기 쉬운 생초, 두과작물을 많이 먹거나 변질 사료 급여 시 발생한다.

67 다음 중 품질이 우수한 사일리지로 판단되는 것은?

① 색채가 암갈색이다.

② 낙산취가 난다.

③ 향긋한 산미(酸味)가 있다.

④ 수분이 마르면서 끈적끈적한 느낌이 있다.

■ 양호한 사일리지
색 : 담황색
냄새 시큼한 과일 향
맛 : 상쾌한 산미
촉감 : 까슬까슬한 촉감

63 ③   64 ④   65 ②   66 ①   67 ③

68 초지에 덧거름 주기의 시기로 가장 알맞은 것은?

① 이른 봄철 　　　② 여름철 우기

③ 고온 건조기 　　④ 월동 전

■ 덧거름은 이른 봄과 1차 예취 후 준다.

69 우리나라에서 알팔파 재배 시 결핍되기 쉬운 토양 중 미량 요소로 알맞은 것은?

① Fe 　　　　　② Mn

③ B 　　　　　　④ Zn

■ 붕소 결핍 시 황색병이 발생되고 결실이 잘 안된다.

70 라디노클로버는 화이트클로버의 성상 분류 중 어느 것에 해당하는가?

① 거대형 　　　　② 중간형

③ 소형종 　　　　④ 극소형

■ 화이트클로버는 야생형, 보통형(중간형), 거대형(라디노형; radino clover)이 있다.

71 풋베기에 관한 설명으로 알맞은 것은?

① 영양분의 손실량이 많다.

② 단위 면적당 많은 사초를 생산한다.

③ 알맞은 초종은 캔터키블루그라스이다.

④ 방목보다 노동력이 적게 든다.

■ ① 영양손실이 적다.
③ 오처드그라스, 이탈리안라이그라스
④ 노동력이 많이 든다.

72 불경운초지조성 시 모든 선점식생을 제거하는 방법에 관한 설명으로 틀린 것은?

① 제초제 - 선택성 제초제 사용

② 화입 - 작업이 쉽고 경제적

③ 제경법 - 과방목

④ 제초제 - 잔여독성이 없는 제초제 사용

■ 제초제는 비선택성 제초제인 글라이신(일명 근사미)를 사용한다.

68 ①　69 ③　70 ①　71 ②　72 ①

III 축산경영

I 축산경영계획 및 경영형태

1 경영계획법

1 축산경영의 의의와 목표

(1) 축산경영(animal management)의 의의
① 경영자가 일정한 목적을 가지고 토지, 자본, 노동을 이용하여 가축을 사육하고 사료작물을 재배하여 생산된 축산물을 가공, 이용, 판매 및 처분하는 조직적이며 합리적인 경영 활동이다.
② 경영자가 적정 목표를 달성하기 위해 경영요소(토지, 노동, 자본)를 효율적으로 결합하고 배분하는 합리적인 경영 활동이다.

(2) 축산경영의 목표 설정
① 경영목표는 이윤의 최대화를 추구하는 데 있다.
② 항상 수립되어져야 하고 여건 등의 변화에 따라 수정 보완하여 조정한다.
③ 경영목표는 장 · 단기적으로 구분 수립하여 경영 조직을 합리적으로 운용한다.

(3) 경영 형태별 경영 목표
① 부업경영 : 일반농업이 주이고 축산은 부업으로 농가 소득의 보충이 주목표이다.
② 전업경영 : 축산이 주업으로서 기본적인 소득의 확보가 주목표이다.
③ 기업경영 : 축산을 전문화함으로써 이윤(순수익)의 최대화가 주목적이다.

(4) 축산경영의 목표
① 가족 식량 조달, 생활원료 획득(자급자족 시대)
② 자가 노동 보수의 최대화(가족적 소농 경영)
③ 지대(地代)의 최대화(가족적 소농 경영)
④ 총자본의 이자의 최대화(가족적 소농 경영)

⑤ 농업소득의 최대화(가족 경영)

⑥ 순수익(이윤)의 최대화(기업 경영)

- 튜넨(H. Von Thunen) : 보다 많은 지대 수익을 얻는 데 있다.
- 라우어(E. Lauer) : 화폐적 총 수입을 올리는 데 있다.
- 테어(A. Thaer) : 금전적 이익을 얻는 데 있다.
- 헤디(H. Heady) : 가족의 생활 수준과 최대 만족에 있다.
- 크라프트(G. Kraft) : 기업수익, 기업 이득을 얻는 데 있다.
- 차아노프(A. Tschajanow) : 이윤 최대화에 있다.

(5) 바람직한 농업경영의 목표

① 농업소득의 최대화, 자가 노동의 완전연소를 통하여 농업소득을 증가

② 농업경영의 궁극적인 목표는 농업순수익에 두어야 한다.

② 축산경영의 특징

(1) 일반적 특성

① 2차 생산의 성격 : 1차 사료작물 생산, 2차 축산물 생산

② 간접적 토지 관계 : 낙농부분을 제외하고는 토지는 간접적이다.

③ 물량감소와 가치 증대 성격 : 물량(곡물)은 감소하고 가치(축산물)는 증진된다.

④ 생산물 저장 증진 : 부패하기 쉬운 사료자원(고구마, 생풀 등)을 동물체에 저장

⑤ 기타 : 경영규모의 영세성, 가족 노작적 경영, 경영과 가계의 미분리, 미상품화

(2) 경제적 특징

① 고도의 경영기술 필요 : 타 농업분야보다 전문화된 기술이 필요하다.

② 토지의 이용 증진 : 청예작물 재배 및 임야지의 이용률을 높인다.

③ 노동력 이용 증진 : 유휴 노동력을 연중 균등하게 효과적으로 이용

④ 농산물의 이용 및 생산 증진 : 농업 부산물 이용, 구비를 경종에 이용

⑤ 경종 농업과 보완 관계 : 유휴 노동력 이용, 유휴 기계 이용

⑥ 자금회전의 원활화 : 우유와 계란은 매일 생산되므로 연중 자금이 회수된다.

⑦ 농업의 안정화 : 자연재해의 피해가 적고 사육 시기 조절로 가격의 안정성이 높다.

③ 축산경영계획의 개념과 과정

(1) 경영계획(farm planning)의 개념과 필요성

① 경영목표를 경제적으로 달성하기 위한 결정 방향을 설계하는 것

② 목표 달성을 위한 의사결정 과정의 결과로 만들어진 미래 행동의 예정 모델

③ 경영분석 자료, 다른 농장 자료를 기초하여 농장을 설계하고 실행하는 과정

④ 경영자의 이념, 철학을 바탕으로 경영 목표에 적합한 경영방침을 설정한다.

⑤ 적정 이윤과 소득 창출을 위해 과학적, 합리적 경영계획이 필요하다.

(2) 축산경영계획의 과정

① 경영계획의 순서

- 계획 → 조직 → 운영 → 평가 → 통제 → 조사 → 분석 → 계획의 순환 과정
- 경영계획 : 경영자의 경영 이념, 철학을 바탕으로 합리적, 과학적인 계획
- 경영방침 : 단기적(유계, 산란계, 비육돈), 장기적(낙농, 비육우) 수립

② 축산경영계획상의 유의점

- 판매가격은 계획 시 가격이 아니라 전년도 평균가격으로 한다.
- 축산물 판매단가는 약간 낮게, 구입단가는 약간 높게 설정한다.
- 소득 수준은 인플레이션과 디플레이션을 고려, 경영규모와 기술은 변동을 예상
- 경영계획의 주체는 경영자가 되고 경영자의 경험 및 목표가 포함되어야 한다.
- 생산계획은 실현가능한 기술수준을 전제로 한다.

④ 축산경영계획법의 종류

(1) 표준비교법

① 가장 많이 이용하고 있는 방법으로 표준치와 비교하는 방법이다.

② 어떤 지역에서 가장 합리적인 표준 모델 농장 또는 시험장 성적과 비교한다.

③ model 농장의 경영요소, 경영조직, 경영성과를 비교해 가면서 계획을 설정한다.

- 제1단계 : 경영하고자 하는 형태, 규모를 가진 모델 농장을 선정한다.
- 제2단계 : 모델 농장의 경영 성과를 표시하는 일람표를 작성한다.
- 제3단계 : 일람표에 의거 경영성과를 분석한다. 경영방향을 파악한다.
- 제4단계 : 모델농장의 조직체계, 관리체계를 기준으로 투입량, 산출량을 계획
- 제5단계 : 비용과 수익을 계획하여 손익계산서를 작성한다.

④ 표준비교법의 단점

- 표준 모형을 설정하기가 쉽지 않고, 표준 지표 설정의 기본 조건을 충분히 이해하고 있어야 한다.

(2) 직접비교법

① 대상농가의 경영조직을 같은 규모와 형태를 가진 우량농가와 직접 비교
- 제1단계 : 경영성과를 표시하는 일람표를 작성한다.
- 제2단계 : 큰 성과를 거둔 것의 성공요인을 찾아낸다.
- 제3단계 : 투입과 산출비율을 조사한다.
- 제4단계 : 각 요소별 평균치를 산출하고 자기와 비교하여 결점을 진단한다.

② 경영조건이 비슷한 경영끼리 비교하게 되는 장점이 있다.

③ 분석지표를 기준으로 평균치를 사용하며 신뢰성이 있다.

④ 동일 규모와 시설의 단지나 작목반은 기장 양식을 통일시키는 것이 좋다.

⑤ 기술적, 경영적 성과 자료를 가지고 있는 농장 선정이 어렵다.

(3) 대체법(예산법, 시산계획법, 부문시산)

① 경영 제부문을 전면적으로 또는 부분적으로 다른 부문결합과 대체할 때에 그 결과로서 농장수익의 변화를 검토하고, 현재의 경영과 비교 검토하는 방법

② 여러 대안 중 가장 효율적인 방법으로 대체하여 경영계획을 수립한다.

③ 예측을 근거로 가장 적합한 개선안을 선택한다.

(4) 선형계획법

① 일정의 제약조건에서 목적의 최대치 또는 최소치를 발견하는 방법이다.

② 기업농, 협업농, 상업농의 경영계획 설계에 사용된다.

③ 그래프에 의한 방법, 전자계산기에 의한 방법, 심플렉스표에 의한 방법 등이 있다.

④ 선형계획은 제약조건, 목적함수, 비부(非負)의 조건 3요소로서 성립한다.

A 목장에서 젖소와 비육우를 사육하고자 한다.

- 젖소는 1두당 토지 300평, 자본금 2,500,000원 필요, 순수익은 300,000원
- 비육우는 1두당 토지 200평, 자본금 2,000,000원 필요, 순수익은 200,000원이다.
  단, 이용 가능한 토지는 5,000평, 자본금 50,000,000원이라고 가정할 때

  1) 목적 함수 : 젖소와 비육우 사육으로 얻는 총이익(Z)은 $Z = 300X_1 + 200X_2$ - - - 1차식
  2) 제약 조건 : 이 목장의 가축사육은 제한된 자원 범위 내 가능

  토 지 - - - $300X_1 + 200X_2 \leq 5,000$

  자본금 - - - $2,500,000X_1 + 2,000,000X_2 \leq 5,000,000$

  * 토지 총면적 5,000평 이하, 자본금 50,000,000원 이하이어야 실행 가능하다.

  3) 비부 조건 : X_1, X_2의 값은 0 또는 0보다 큰 정수이고 0보다 작은 부수(음수)는 될 수 없다.

  $X_1 \geq 0$, $X_2 \geq 0$

(5) 적정(목표) 이익법
① 적정 목표 이익을 설정하고 목표 달성을 위한 구체적인 계획을 수립하는 것
② 명확한 화폐가치로 이익 목표를 결정한 후 체계적으로 수립해 간다.

(6) 기타
① 시계열 비교법 : 전년도와 금년의 성적을 비교, 육성 성적, 번식 성적 파악 등
② 계획 대 실적 비교법 : 목표치와 실적치를 비교하여 평가(세밀한 계획이 요구)
③ 부문간 비교법 : 복합경영인 경우 상호 경영간 비교(단일경영 제외)

⑤ 축산경영의 입지조건

(1) 자연적 조건
① 자연환경 조건 : 토지 자체의 내재적 성질과 토지에 작용하는 기상조건
② 자연환경과 가축의 선택 : 환경에 따라 가축의 종류, 사육방법 등이 지배된다.

생활 적온	한·육우	돼지	젖소	산란계
	10~20℃	15~25℃	5~20℃	16~24℃

● 적당한 습도 : 40~70%이며 80% 이상이면 생산량의 감소를 가져온다.
③ 자연조건의 개선 방법 : 토양개량, 수리시설, 방풍림 식재, 품종 개량, 기술 발달
④ 농업의 자연적 제약은 농업 기술과 교통의 발달로 점차 극복되고 있다.

(2) 경제적 조건
① 축산물과 생산자재의 가격
② 시장의 대소와 질
③ 시장과의 거리

(3) 사회적 조건
① 국민의 풍속, 습관, 전통, 식생활 습관, 농가호수, 경지면적
② 과학기술의 진보발달 – 품종 개량, 사육기술의 개선, 농기계 발달
③ 축산에 대한 제도 및 정책 – 정부의 제도, 가격안정 정책, 농업재해보험 등

(4) 경영의 내적 조건
① 가족노동의 다소와 기술 수준, 토지, 가축 및 농기계 등 제자원
② 경영자의 지식, 신념, 경영목표, 예산 조달 능력에 따라 영향을 미친다.

2 복합적 경영의 특징

생산 조직에 의한 분류

- 단일경영 : 한 종류의 생산물(단일 품목)을 생산하는 경영 형태
- 복합경영 : 우유 생산 + 사료작물, 2종류 이상의 축종 결합, 축산 + 경종

1 복합적 경영

(1) 복합경영의 장점

① 토지 이용의 효율화 : 가축 분뇨를 경종농업에 사용, 토지 생산성 증대

② 노동력의 효율적 이용 : 연중 노동력을 효율적으로 배분

③ 기계 및 시설의 효율적 배분

④ 위험 분산 : 축산물의 가격 변동, 작물의 풍흉에 대한 위험분산

⑤ 수입원 다양, 자금회전이 원활

⑥ 비용 절감 : 부산물을 사료나 비료로 이용할 수 있다.

(2) 복합경영의 단점

① 한 분야의 전문적인 기술향상이 어렵다.

② 자본과 노동의 투입이 분산되어 기계, 시설의 도입이 불리해지는 단점도 있다.

③ 노동의 숙련도가 낮으며, 분업이 곤란하게 되므로 노동생산성이 저하한다.

④ 생산물이 다종 소량이어서 시장경쟁력이 약화되고, 유통과정의 합리화가 어렵다.

2 단일경영

(1) 단일경영의 장점

① 작업의 단일화로 기계화, 자동화가 용이하다.

② 노동의 숙련도가 향상되고 분업화로 능률적이다.

③ 생산비가 저하되고 시장 경쟁력이 증대된다.

④ 동일 생산물의 대량화로 판매상 가격경쟁력이 있다.

⑤ 생산물의 동일성으로 시장 정보의 유리성이 있다.

⑥ 단일 생산물의 규모를 적정화하여 생산성이 증대된다.

(2) 단일경영의 단점

① 단일 축산물 생산으로 질병, 가격 하락 등 위험성이 존재한다.

② 수입이 일정 시기에 편중된다.

③ 자본의 회전이 월활하지 못한다.

④ 노동이 연중 고루 분산되고 평준화 되지 못한다.

3 전업적인 경영의 특징

연구 경영 목적에 의한 분류

- 부업경영 : 경종농업이 주이며 유휴 노동력, 농산부산물을 이용하여 가축 사육
- 전업경영 : 축산업만 전문으로 하는 경영으로 적정 소득 증대가 목적이다.
- 기업경영 : 이윤 추구를 목적으로 많은 자본이 투자되고 고용 노동력에 의존한다.

1 전업적 축산경영

(1) 전업축산의 장점

① 규모 경제성의 이점을 살리고 발달된 기술의 도입이 용이하다.

② 기계화, 자동화 시설을 효율적으로 이용하여 생산비를 절감할 수 있다.

③ 생산물 판매 및 사료 등 생산자재의 대량 거래로 가격 경쟁력을 갖는다.

(2) 전업축산의 단점

① 다두사육으로 질병의 발생률이 높고 분뇨 처리에 추가부담이 요구된다.

② 축산물 가격 파동과 자연재해에 대한 위험성이 크다.

2 부업적 축산경영

(1) 부업경영의 장점

① 가계 유지 목적, 농가소득 보충, 유휴 노동력 및 농산 부산물 이용

② 지력 증진 및 경지의 효율적인 이용이 가능하다

(2) 부업경영의 단점

① 기술 및 생산력 저하로 정체적, 시장 경쟁력이 낮다.

② 방역 및 가축 개량에 한계가 있다.

③ 겸업적 축산경영

① 농가 소득의 절반 정도를 축산에서 얻는 농가의 경우이다.
② 축산의 위치가 부업축산보다 더 높은 비중을 차지한다.

④ 기업적 축산경영

(1) 기업경영의 장점
① 이윤의 최대화가 주목표, 많은 자본 투자, 고용노동 위주
② 축산물 수요 증가에 효율적 대응, 기계화·시설화로 생산성 증대
③ 단위당 비용 절감으로 시장 경쟁력 제고
④ 신기술 도입이 용이하고 대량거래 및 신용거래 가능
⑤ 기계 시설, 초지개발 등 자본 수요가 증대

(2) 기업경영의 단점
① 사료원료의 해외수입 의존, 사료비 상승 부담
② 축산 분뇨의 공해 문제 발생
③ 다두화에 따른 방역 및 질병 발생 시 대처 곤란

⑤ 기타 경영 형태의 분류

분류 유형	경영 형태	경영의 성격
노동의 주 체	가족경영	● 경영과 가계가 미분리 상태, 가족이 경영주이며 노동자
	고용경영	● 노동의 대부분을 고용노동에 의존
경영조직	단일경영	● 축종 및 업종이 하나인 전문경영
	복합경영	● 축종 및 업종이 다른 2가지 이상의 경영
사육규모	대규모경영	● 고용노동으로 대규모 두수를 사육하는 경영
	중규모경영	● 농가 보유 노동력 이용 필요시 1일 고용노동으로 경영
	소규모경영	● 자가 노동력 범위 내에서 소규모 두수 사육
경 영 체 소유형태	단독경영	● 경영체를 단독으로 운영
	공동경영	● 2가구 이상의 농가가 공동 생산, 판매 ⓐ 양계 단지 등
사양체계	부문경영	● 축산물 생산목적에 따라 일부분만을 전문으로 경영
	일관경영	● 축종의 자축생산과 육성, 축산물까지를 생산하는 경영
조 사 료 조달형태	자급사료	● 사료의 대부분을 농산부산물로 충당
	구입사료	● 사료를 주로 구입에 의존
	재배사료	● 사료작물을 재배하여 사료로 이용

4 축종별 경영형태 및 경영규모

① 낙농 경영 형태

(1) 경영입지 조건에 의한 분류
① 도시 근교형 낙농
- 시유 생산 목적의 착유 경영 형태이다.
- 토지가 적고 구입사료에 의존, 집약도가 높다.
- 사료 자급률이 낮고, 인근 주택에 공해 문제가 야기될 수 있다.

② 도시 원교형 낙농
- 지가가 저렴하고 채초 및 방목이 가능한 조방적 경영형태이다.
- 평탄지 농촌형과 산촌형 낙농으로 구분한다.
- 사료 자급률이 높아 사료비가 절감된다.

(2) 사료 생산 기반에 의한 분류
① 초지형 낙농
- 토지가 풍부하고 노동력이 부족한 지역에서 방목 및 채초지 이용
- 생산비 절감, 생산물 및 원자재 운반비가 높다.

② 답지형 낙농
- 평야지의 수도작 농사와 겸하는 복합경영 형태로 부산물을 이용한다.
- 일반적으로 낙농경영은 부업의 형태로 운영되어 생산성이 낮다.

③ 전지형 낙농
- 전작 지대에서 사료 자급도가 높다.
- 사료작물 생산량이 많고 기계화가 가능하다.

(3) 사육 목적에 의한 분류
① 종축형 낙농
- 우수한 체형, 혈통의 기초우를 육성, 송아지 육성, 미경산우를 판매한다.
- 우량 계통을 유지하고 개량하기 위한 전문적이 기술과 지식이 필요하다.

② 착유형 낙농
- 도시 근교 낙농형태로 구입사료에 의존하며 일관경영 형태로 운영된다.
- 송아지의 생산과 육성우 사육, 원유 생산 등 포괄적인 경영 형태

③ 육성우 낙농
- 송아지를 육성우까지만 사육, 분유떼기, 초임우 육성 판매, 젖소 수소 비육

(4) 집약도에 의한 분류
- 부업 10두 미만, 전업 10~50두, 기업 50두 이상

② 육우 경영 형태

(1) 비육우 경영
① 젖소 및 한우 밑소 구입하여 비육우로 보통 450~500㎏ 판매
② 낙농에 비해 고도의 사양 기술이 필요하지 않다.

(2) 번식우 경영
① 암소 사육하고 송아지를 생산하여 판매하는 형태
② 번식기술, 인공수정 기술이 필요하며 보통 비육우 경영을 포함한다.

③ 양돈 경영 형태

(1) 사육 목적에 의한 분류
① 종돈 생산 경영
- 우수한 혈통의 GPS, PS를 사육하여 모돈 판매 목적으로 하는 경영형태
- 종돈의 보유 두수는 농장 경영 능력을 판단하는 지표가 된다.
② 번식돈 경영
- 자돈을 생산하여 판매할 목적으로 모돈을 육성 번식하는 경영 형태
- 비육용 자돈의 생산을 위해 우수한 혈통의 모돈을 구비해야 한다.
③ 비육돈 경영
- 40~80일령(10~20㎏)의 자돈을 구입하여 4~5개월간 비육하여 110~120㎏에 판매
- 다두사육, 조방적 사육이다.
④ 일관 경영
- 모돈 사육 → 자돈 생산 → 비육돈을 판매하는 형태로 대부분 이러한 형태로 운영된다.
- 생산비는 절감되나 종돈의 무계획적인 번식으로 불량 자돈이 생산될 수 있다.

(2) 경영 규모에 의한 분류

① 기업 경영 : 순수익 최대화 목적, 고용노동, 일관경영 형태, 대량구입, 대량판매

② 전업 경영 : 가족경영, 일부 고용 노임, 농후사료 잔반 이용

③ 부업 경영 : 가족노동 보수 최대화, 유휴 노동력 이용, 자돈 구입이 어려움

  ※ 부업경영 500두 미만, 전업 1,000~2,000두, 기업 5,000두 이상

④ 양계 경영 형태

(1) 육계 경영(브로일러 양계 경영)

① 병아리 구입, 1~2개월 사육 판매, 사료효율이 높다.

② 자금회전이 빠르고 단기간에 생산 규모의 축소와 확대가 가능하다.

③ 가격 변동이 커서 위험부담이 있다.

(2) 산란계 경영(채란 양계 경영)

① 계란 생산을 목적으로 육계 생산보다 사육기간이 더 소요된다.

② 사육 기술이 요구되나 비교적 안정적인 형태이다.

(3) 종계 경영

  종계를 사육하여 종란을 판매하거나 종란을 부화하여 병아리 판매를 목적으로 한다.

⑤ 축산경영 규모

(1) 축산경영 규모의 일반적 개념

① 경지면적 규모와 의의

  ● 농업경영에서 가장 중요한 경영 요소이다.

  ● 경지는 지역별 위치에 따라 조사료 생산량과 연관된다.

  ● 방목지, 채초지의 유무에 따라 경영 내용이 달라진다.

② 자본 규모

  ● 토지 면적, 사육두수, 농기계 보유 상황, 축사 시설에 따른 경영 규모 등

  ● 재산의 총액에 따라 경영 규모를 설정한다.

③ 생산 규모 또는 생산비 규모

  ● 연간 생산물 판매가(조수입), 소득액, 연간 경영비나 생산비 총액으로 결정한다.

(2) 축산경영 규모의 개념

① 영세 축산 농가의 가족 경영에서는 가축 사육두수를 의미한다.

② 전업적 · 기업적 축산경영에서는 경영소득(또는 이윤)의 대소이다.

③ 자본규모는 가축, 건물, 농기계, 시설 토지 등을 종합적으로 평가한다.

④ 기업경영은 고용 노임을 지불하고 이윤을 올리는 다두사육 개념이다.

⑤ 일정한 사양관리 기술과 경영관리 수준이 반드시 있어야 한다.

(3) 적정 규모의 개념

① 로빈슨(E.A.G. Robinson) : 모든 비용을 포함한 평균비용의 최저가

② 축산물 생산을 위한 생산 요소(토지, 노동력, 자본재)의 크기

(4) 축산경영 규모의 척도

① 토지 규모 : 경지 면적, 작부 면적

② 노동 규모 : 표준 노동 일수, 생산 노동 단위

③ 자본 규모 : 사육두수, 고정자본 투자액, 총경영 자본액

④ 우리나라는 대부분 가축 사육두수에 의해 경영규모를 표시한다.

(5) 경영 규모의 확대

① 생산 요소의 투입량 증대로 산출량, 이윤 또는 소득의 증대를 추구하는 것이다.

② 생산요소의 결합에 의한 수입과 비용의 차가 최대가 되는 점이다.

③ 적정 규모하에서 경제적 이익이 존재하는 경영 규모가 이루어져야 한다.

④ 기술적 측면의 생산 효율화 향상, 경영 체계의 합리화, 효율화에 의해 달성된다.

⑤ 경영의 집약화는 노동 집약형과 자본 집약형으로 구분한다.

⑥ 농업은 수확체감의 법칙이 작용하므로 적정한 수준 결정이 중요하다.

⑦ 경영 집약도 = (노동비 + 경영자본 + 경영자본 이자)/경영 면적, $I = (A+K+Z) / F$

⑧ 자가 노동력 풍부, 자본 부족 : 노동 집약적 자본 조방적 경영

⑨ 차입자본의 무리한 확대는 부채의 증가를 가져온다.

01 다음 중 축산경영의 의의에 해당되지 않는 것은?

① 경영자원의 합리적 조달

② 경영자원의 합리적 배분

③ 최대의 비용으로 최대의 수익

④ 경영자원의 합리적 결합

■ 경영자가 적정 목표를 달성하기 위해 경영요소(토지, 노동, 자본)를 효율적으로 결합하고 배분하는 합리적인 경영 활동이다.

02 구입사료를 중심으로 한 토지 이탈적 유형에 속하는 것으로 주로 도시근교에 집중되어 있는 낙농경영의 유형은?

① 전업적 낙농경영　　② 복합적 낙농경영

③ 겸업적 낙농경영　　④ 착유 전업적 낙농경영

■ 도시 근교형 낙농과 도시 원교형 낙농(농촌형과 산촌형 낙농)으로 구분한다.

03 브로일러 양계경영의 특성상 단점은?

① 자본회전이 느리다.

② 다른 가축보다 사료 효율이 낮다.

③ 위험부담의 기간이 길다.

④ 가격의 변동이 크다.

■ 양계경영의 특성
① 1~2개월 사육 판매, 사료효율이 높다.
② 자금회전이 빠르고 단기간에 생산 규모의 축소와 확대가 가능하다.
③ 가격 변동이 커서 위험부담이 있다.

04 브로일러 양계경영의 장점과 거리가 먼 것은?

① 자본회전이 빠르다.

② 생산량의 출하 조정이 가장 잘 된다.

③ 사료 효율이 높다.

④ 위험 부담 기간이 짧다.

05 전업축산의 단점이 아닌 것은?

① 질병의 발생률이 높다.

② 생산물 가격 파동에 위험성이 있다.

③ 부산물 처리에 추가적인 비용이 적다.

④ 자연재해에 위험성이 크다.

06 도시 근교형 낙농경영의 특징이라고 볼 수 없는 것은?

① 도시 근교에 입지하여 시유용 원유를 생산·공급하는 데 유리한 경영형태이다.

② 토지 면적이 좁고 구입사료에 의존하므로 사료의 자급률이 낮다.

③ 경영의 집약도가 조방적이다.

④ 대부분 착유전업형 낙농형태를 갖고 있다.

07 농업경영 중에서 고정자본을 가장 많이 필요로 하는 경영은?

① 양계경영

② 양돈경영

③ 낙농경영

④ 번식돈경영

08 도시 근교에서의 농경지가 좁은 상태에서 우유생산을 주로 하는 경영 형태는?

① 전업적 경영

② 초지형 낙농

③ 송아지 생산 경영

④ 착유 전업적 경영

09 축산의 기업경영 목표는 다음의 무엇을 높이는 데 두는가?

① 경영비 　　　　　　　② 순이익

③ 생산비 　　　　　　　④ 조수익

10 낙농경영에 있어 다두화의 장점이 아닌 것은?

① 노동수단의 고도화

② 시설의 근대화

③ 신용도 증가

④ 질병 발생의 최소화

11 자돈을 구입하여 체중을 100~110㎏ 정도 사육하여 판매하는 경영형태를 무엇이라고 하는가?

① 종돈 생산경영

② 비육돈 생산경영

③ 번식돈 생산경영

④ 복합 양돈경영

12 축산경영의 입지조건과 관계가 적은 것은?

① 그 지방 축산의 사정, 교통 및 시장

② 채초지, 방목지 이용가능성

③ 부근 농가의 축산에 대한 관심도

④ 공기가 맑은 산간오지

13 다음 가축 중 투자 자본의 회수기간이 가장 짧은 것은?

① 비육우 　　　　　　　② 돼지

③ 번식우 　　　　　　　④ 육계(브로일러)

09 ② 　10 ④ 　11 ② 　12 ④ 　13 ④

14 경종농업을 하면서 1~4두의 젖소를 사육하는 형식은?

① 겸업적낙농   ② 전업적낙농
③ 부업적낙농   ④ 착유업적낙농

■ 부업 낙농은 경종 농업이 주이며 소득 중 50% 이내를 축산에서 얻는다.

15 축산경영의 복합화가 갖는 장점은?

① 기술의 고도화

② 분업이득의 획득

③ 유통상의 유리

④ 노동배분의 평균화

■ 복합경영의 장점
① 토지 이용의 효율화
② 노동력의 효율적 이용
③ 기계 및 시설의 효율적 배분
④ 위험 분산
⑤ 수입원 다양, 자금회전이 원활
⑥ 비용 절감

16 축산경영 형태 중 계열경영의 효과가 아닌 것은?

① 생산비 절감

② 규모의 경제 실현

③ 생산농가의 소득 불안정

④ 제품 생산의 규격화

17 농가소득의 대부분이 축산에 의해 얻어지는 경영형태는?

① 전업축산

② 부업축산

③ 기업축산

④ 겸업축산

■ 전업축산은 축산업만 전문으로 하는 경영으로 적정 소득 증대가 목적이다.

18 육계경영의 장점이라고 할 수 있는 것은?

① 육계가격의 진폭이 심하다.

② 자본회전율이 빠르다.

③ 사료요구율이 높다.

④ 출하조정이 어렵다.

■ 육계경영은 자본 회전율이 빠르며 사료 효율은 높고 요구율은 낮다.

14 ③   15 ④   16 ③   17 ①   18 ②

19 다음 중 낙농경영에 있어 다두 사육의 장점이 아닌 것은?

① 노동수단의 고도화

② 시설의 현대화

③ 신용도 증가

④ 질병발생의 최소화

■ 다두 사육 시 질병 발생이 많다.

20 축산경영조직의 단일화가 갖는 장점으로 적합한 것은?

① 지력의 유지 및 증진을 기할 수 있다.

② 연중 자금회전을 원활히 할 수 있다.

③ 가족노동을 잘 배분하여 이용할 수 있다.

④ 생산물 판매상이 유리하고 시장경쟁력을 높일 수 있다.

■ ① 기계화, 자동화 용이
② 노동의 숙련도가 향상되고 분업화로 능률적
③ 생산비 저하
④ 가격경쟁력 있음
⑤ 시장 정보의 유리
⑥ 생산성 증대

21 축산경영 부문의 최적선택과 결합계획을 수학적으로 결정하는 경영계획 방법으로서, 개별목장의 제한된 자원 한계 내에서 수익의 최대화나 비용의 최소화를 위해 채택하고 있는 경영계획법은?

① 직접비교법

② 간접비교법

③ 표준비교법

④ 선형계획법

■ 일정의 제약조건에서 목적의 최대치 또는 최소치를 발견하는 방법이다. 선형계획은 제약조건, 목적함수, 비부(非負)의 조건 3요소로서 성립한다.

22 경종농업에서 생산되는 유기물을 가축에 급여함으로써 축산물을 생산한다는 축산경영상의 특징으로 가장 옳은 것은?

① 2차 생산적 성격

② 토지와 간접적 관계

③ 농업의 안정화

④ 생활수단의 자급화

■ 축산경영의 일반적 특성
① 2차 생산의 성격 : 1차 사료작물 생산, 2차 축산물 생산
② 간접적 토지 관계
③ 물량감소와 가치 증대 성격
④ 생산물 저장 증진

19 ④ 20 ④ 21 ④ 22 ①

23 진단대상 농가와 비슷한 경영형태를 가진 그 지역의 우수농가 평균치와 비교하는 진단방법은?

① 표준비교법

② 직접비교법

③ 내부비교법

④ 부문간 비교법

■ 경영조건이 비슷한 경영끼리 비교하게 되는 장점이 있다. 분석지표를 기준으로 평균치를 사용하며 신뢰성이 있다.

24 다음 중 경영조직을 결정하는 경제적 조건에 해당되는 것은?

① 기상조건

② 축산물의 가격조건

③ 경영능력

④ 토지조건

25 양계경영의 종류 중 가장 대표적인 것으로 식란생산을 주목적으로 하는 것은?

① 브로일러 양계경영

② 종계 양계경영

③ 채란 양계경영

④ 육성 양계경영

26 친환경 축산을 위한 합리적인 복합경영의 형태는?

① 양돈경영 + 낙농경영

② 낙농경영 + 한우경영

③ 육계경영 + 채란경영

④ 낙농경영 + 미작경영

■ 축산과 경종농업과의 결합이다. 축산분뇨를 경종농업에 이용하는 자연 순환형 농업이다.

27 복합경영(경종농업 + 축산업)의 장점이 아닌 것은?

① 수입의 집중화

② 노동력 배분의 평준화

③ 위험성의 분산

④ 자금회전의 원활화

■ 복합경영은 수입원 다양, 자금회전이 원활하다.

23 ②　24 ②　25 ③　26 ④　27 ①

28 다음 중 친환경 축산을 위한 합리적인 복합경영의 형태가 될 수 없는 것은?

① 비육우 경영 + 과수 경영

② 양계 경영 + 채소 경영

③ 번식우 경영 + 미작 경영

④ 낙농 경영 + 양돈 경영

■ 축산과 경종농업과의 결합이다.

29 전업적인 축산경영이 갖는 장점은?

① 노동의 숙련도를 높이고 분업의 이익을 얻을 수 있다.

② 노동배분의 평균화를 기할 수 있다.

③ 자금회전을 원활히 할 수 있다.

④ 경제적 위험을 분산시킬 수 있다.

■ ① 발달된 기술의 도입이 용이하다.
② 기계화, 자동화 시설을 효율적으로 이용하여 생산비를 절감
③ 대량 거래로 가격 경쟁력을 갖는다.

30 축산경영의 전문화를 위한 합리적인 경영형태는?

① 단일경영 　　　　② 복합경영

③ 준복합경영 　　　④ 공동경영

■ 한 종류의 생산물(단일 품목)을 생산하는 경영 형태로 전문화, 다두화를 위한 경영이다.

31 일반적으로 축산에서 규모의 척도로 사용되는 것은?

① 토지면적

② 사육마릿수

③ 자본금

④ 건물크기

■ 축산경영 규모의 척도는 토지 규모, 노동 규모, 자본 규모가 있으나 우리나라는 가축 사육두수에 의해 경영규모를 표시한다.

32 양돈 경영형태를 사육목적에 따라 분류한 것으로 틀린 것은?

① 종돈생산 경영

② 번식돈 경영

③ 비육돈 경영

④ 전업적 경영

33 우리나라 전업 양돈경영에서 주로 취하고 있는 경영형태로써 비육돈생산과 자돈생산을 경영 내에서 동시에 생산하는 경영형태는 ?

① 비육경영
② 번식경영
③ 일관경영
④ 단일경영

34 가족적 축산경영의 목표가 아닌 것은?

① 자가 노동보수의 최대화
② 자기 자본이자의 최대화
③ 자기 토지지대의 최소화
④ 생활비를 충족시킬 수 있는 소득의 확보

■ 모돈 사육 → 자돈 생산 → 비육돈을 판매하는 형태로 대부분 이러한 형태로 운영된다.

■ ① 가족 식량 조달, 생활원료 획득
② 자가 노동 보수의 최대화
③ 지대(地代)의 최대화
④ 총자본 이자의 최대화(가족적 소농 경영)

II 경영관리

1 축산경영자원의 특징 및 관리

1 토지

(1) 자연적 특성(기술적 특성, Goltz)

① 부양력(배양력)
  - 식물의 생장, 번식에 필요한 영양분을 공급하는 토지의 성능
  - 토지의 자연적 위치 또는 비옥도와 밀접한 관계가 있다.

② 가경력
  - 식물의 뿌리 지탱, 엽경부 지지, 뿌리에 흡수작용을 하는 물리적 성능
  - 토양의 수분, 공기, 온도 등 토지의 상태에 따라 영향을 준다.

③ 적재력
  - 가축 사육장, 식물 재배 포장, 축사 시설 등의 장소 제공 기능
  - 노동대상의 역할을 한다.

(2) 경제적 특성

① 불가동성(비이동성) : 원형 그대로 이동할 수 없다.
② 불소모성(불가괴성) : 소모되지 않는다. 항구성, 영구적 이용
③ 불가증성(불확장성) : 토지는 불변, 증가나 확장할 수 없다.

(3) 토지의 이용

① 초지(grass land) : 방목지(pasture)와 채초지(meadow)
② 경지 : 논(벼 재배, 볏짚 이용), 밭(곡류나 사료작물 재배), 과수원(과일 재배)
③ 임지 : 농용림, 임산물 채집림, 개간 초지

  - 토지의 내연적 확대 : 심경, 다비, 윤작 등 집약적 이용
  - 토지의 외연적 확대 : 개간, 간척 등에 의한 경작 면적 확대

② 자본재

(1) 농업 자본재의 특징

① 농업경영의 목적을 효과적으로 달성하기 위한 노동의 보조 수단

② 자본재 : 화폐가 아닌 물적 재화의 형태(가축, 사료, 농기계, 축사 등)

③ 자본 : 자본재를 화폐로 환산하여 평가(자본재의 화폐 가치액)

④ 자산 : 농가의 재산이란 개념

⑤ 농업자본은 가계와 경영을 구분하기 어렵다.

⑥ 고정 자본 비율이 낮고 1인당 자본액이 낮다.

(2) 농업 자본재의 분류

① 고정 자본재

- 노동 수단으로써의 고정 자본 : 대농기계, 건물

- 토지 생산성을 위한 고정자본 : 토지 및 토지 개선 시설, 관배수 시설

- 자체가 자본인 생물 : 대가축(번식우, 젖소, 산란계, 종돈), 대식물(초지, 과수)

② 유동 자본재

- 소동물, 재고 농산물(달걀, 우유 등), 재고생산 자재(사료, 비료, 농약 등)

- 한번 사용으로 원형 없어지고 가치가 생산물에 이전되는 것

- 현물 : 원재료로서 구입한 것과 자급한 사료, 생산된 축산물을 말한다.

- 장래 축산경영에 이용하거나 생산물은 판매하거나 가계용으로 사용하는 것

③ 유통자본금 : 현금, 수표, 예적금, 어음

- 단기 영농자금 : 2년 미만의 자금(사료구입비, 농약, 비료, 약품 구입비 등)

- 중기 영농자금 : 2년~8년 영농자금(농기계, 축산시설, 장비 구입비 등)

- 장기 영농자금 : 8년 이상 영농자금(토지 및 기반 투자, 건물 신축 자금)

(4) 자본재의 평가 방법

① 취득 원가법 : 구입가격 + 구입시 소요된 제비용을 합산한 금액

② 시가 평가법 : 평가 시점의 시장 가격으로 평가

③ 추정가 평가법 : 현존하지 않거나 고귀한 물건은 유사한 재화의 가격으로 평가

④ 수익가 평가법 : 매년 얻는 수익금을 기초로 평가

(5) 감가상각의 종류

감가상각비란 고정 자산의 가치하락(가격 감소)를 보상하기 위한 비용이다

① 정액법

● 정액법 감가상각은 내용 연수에 관계없이 매년 균등하게 감가 상각한다.

● 감가상각비 = (구입가격 − 잔존가격) / 내용연수

● 젖소 = $\dfrac{\text{초산우평균거래 가격} - \text{잔존가격}}{\text{전내용연수(全耐用年數)}}$ 또는 $\dfrac{\text{현재평가액} - \text{잔존가격}}{\text{잔여내용연수}}$

● 번식우(역우) = $\dfrac{\text{현재평가액} - \text{잔존가격}}{\text{잔여내용연수}}$

● 우유 1kg당 유우 상각비 = $\dfrac{\text{유우의 당초가격} - \text{폐우가격}}{\text{내용연수}}$ ÷ 연간 생산유량

● 단, 육성 중인 유우는 감가상각하지 않는다.

● 젖소는 초임 만삭우(초임 분만 전) 가격이 가장 높다.

② 급수법

● 취득원가에서 잔존가치를 뺀 금액을 해당 자산의 내용연수의 합계로 나눈 후 남은 내용연수로 곱하여 감가상각비를 산출하는 방식, 기간이 지날수록 감가상각비가 감소하는 것이 특징이다.

● 급수법 감가상각비 = (취득가액 − 잔존가치) × (잔존 내용연수 / 1+2+3+....+내용연수)

③ 정률법

● 감가상각을 하고 남은 금액(장부가액)에 정률을 곱하여 계산한다.

● 장부가액 = 취득원가 − 감가상각누계액

● 정률법 감가상각비 = 장부가액 × 정률

예 취득원가 : 1,000,000   내용연수 : 5년   잔존가액 : 360,000   정률 : 연 20%

1차연도 = 1,000,000 × 0.2 = 200,000

2차년도 = (1,000,000 − 200,000) × 0.2 = 800,000 × 0.2 = 160,000

3차년도 = (800,000 − 160,000) × 0.2 = 128,000

※ 정률법은 타당성 있는 방법으로 매년 감가상각비가 줄어든다.

연구 감가의 원인

물리적 감가(소모), 기능적 감가(구식, 성능 저하), 우발적 감가(화재, 수해 등)

③ 노동력

(1) 축산 노동의 특성

① 계절성 : 사료작물 재배, 사일리지 제조 시를 제외하면 경종노동보다 덜 하다.

② 다양성 : 경종노동보다 종류가 많고 분업화가 곤란하다.

③ 이동성 : 대부분 제한된 축사 내에서 이루어지므로 경종농업보다 이동성이 적다.

④ 감독 곤란성 : 노동 장소의 공간적 확대로 노동 감독이 곤란하다.

⑤ 중노동성 : 타 산업의 노동에 비해 육체적 중노동이다.

⑥ 수확 체감성 : 처음에는 노동 강도가 높지만 갈수록 피로로 인해 능률이 저하

(2) 농업 노동의 종류와 구성

① 노동 투하량 : 가족경영형태는 정신적 노동과 육체적 노동의 혼합된 형태

② 자가 노동 : 경영주 및 그 가족원이 제공하는 노동력을 말한다.

연구 가족 노동력의 특징

- 전 가족이 최선의 노력을 다한다.
- 노동 감독이 필요 없고 창의적이다.
- 노동 생산성이 극대화 된다.
- 노동 시간의 제한이 없다.

③ 고용 노동 : 연고와 임시고로 구별된다.

- 연고 : 1년 이상 고용 목부, 사택, 생활비 지급 또는 무료 숙식
- 계절고(임시고) : 사료작물 파종이나 사일리지 제조 시 1~2개월 고용
- 일고 : 파종, 수확, 제초 작업 등 1일 단위 고용

- 품앗이 : 교환노동을 말하며 친척간, 이웃간에 상부상조적인 협동적 노동관행
- 청부노동 : 일정한 작업량에 대하여 청부를 주고 대가 지불

연구 1인 사양관리 규모 : 자동화 기계화 시설에 따라 다르나 일반적으로 다음과 같다.

젖소	역우	육우	면양	산양	돼지	토끼	닭
7두	15두	30두	50두	20두	30두	70두	1,000수

(3) 축산 노동력의 효율화

① 경제적인 기계화 : 노동력 절감, 작업의 신속화, 중노동성 감소

② 노동 조직의 체계화 : 작업의 간소화, 분업화, 협업화, 적절한 관리인 배치

③ 노동 체계의 환경 조성 : 시설의 합리적 설계, 농로, 경지, 구획정리, 배수시설

노동 수단의 고도화, 작업방법의 표준화, 노동력 분배의 평균화, 노동수단의 기계화

④ 경영 능력(기술)

(1) 축산경영자의 정신적 능력

① 목표 의식과 신념 : 명확한 목표의식과 투철하고 강인한 신념의 소유

② 창조력 : 새로운 아이디어 창출

③ 조직적인 계획과 결단력 : 계획과 실천, 신속한 결단력 요구

④ 기타, 잠재의식, 명석한 두뇌, 사랑과 인격의 소유

연구 경영자 능력의 3요소

판단력, 결단력, 실행력

(2) 축산경영자의 주요 기능

① 목표 설정 : 첫 번째 기능

② 계획 수립 : 구체적, 합리적 계획

③ 경제 관리 : 생산요소의 조달, 조직체계 운영, 생산물 판매 등 실천

④ 통제 감독 : 인적 물적 조직의 통제 감독

⑤ 경영분석 : 진단하고 성과 분석

(3) 축산경영자의 주요 활동

① 경영 기술적인 활동 : 생산 축산물의 결정, 생산요소의 선택, 조합, 기술수준

② 상업적인 활동 : 생산요소의 구매 조달, 판매, 시장 정보 분석

③ 재정적인 활동 : 자본 조달, 이용방법, 장래 소요량 추정

④ 회계적인 활동 : 수입 지출의 장부 정리, 경영성과 분석

(4) 축산경영자의 의사결정 과정

① 문제를 정확히 파악한다.

② 사실, 정보를 수집한다.

③ 문제해결 방법을 분석한다.

④ 가장 최선적인 방법을 선택한다.

⑤ 실행한다.

⑥ 결과분석, 결과에 대한 책임을 진다.

연구 **축산경영의 요소**

- 축산경영의 3요소 : 토지, 노동력, 자본
- 축산경영의 4요소 : 토지, 노동력, 자본, 경영능력(기술)

연구 **축산경영 요소의 특징**

- 농지 : 농업은 어느 산업보다 토지에 많은 영향을 받는 산업
- 농업노동 : 타 산업의 노동과 농업 노동은 질적으로 차이
- 농업자본 : 위험과 불확실성이 높아 자본투자수익률이 낮으며 자본투입이 제한
- 기술 : 농업경영요소를 효율적으로 결합하여 생산성 향상
- 정보 : 기술에 관한 지식과 그 운용 방법 등을 총칭

2 생산의 투입요소 합리적 관리

1 경영자원 관리

(1) 경영 관리의 개념

① 경영주가 경영체계 운영을 계획 → 조직 → 지휘 → 통제하는 과정이다.

② 기업 경영의 기능 : 인사, 재무, 생산, 구매, 회계

③ 경영관리 : 최고 경영자, 중간 관리자, 현장 관리자의 활동

(2) 축산경영의 합리화

① 축산소득 또는 순수익 최대화를 위한 합리적인 계획 수립과 합리적인 실천

② 합리화란 최소의 비용으로 최대의 수익을 올리도록 경영을 조직 운영하는 것

(3) 경영의 합리화 방향

① 합목적화 : 소득을 최대화 하도록 운영한다.

② 과학화 : 기계 기구, 시설의 자동화 등 자연과학과 사회과학을 경영에 적용

③ 안전화 : 생산성과 가격의 안전화 방안 모색, 투기는 금물이다.

④ 다각화 : 위험 분산, 안전도 향상, 노동의 계절성 조절, 부산물의 이용 증대

⑤ 근대화 : 생산력의 증진과 비용의 절약, 동물의 생산력 증진

(4) 합리화의 구체적 방법

① 시설, 기구 등의 과학화 : 축사, 사일로, 구비사, 농기계 자동화로 생산성 향상

② 기술의 개선 : 사료의 생산, 급여, 번식, 위생, 가축 관리, 처리, 가공 등 개선

③ 경영조직의 적정화 : 경영조직의 배합, 선택, 공동체제의 확립

④ 생산비의 절감 : 사료비, 가축비, 사육관리노동비, 기타 비용을 절감한다.

(5) 축산경영관리의 과제

① 축산경영 목표 및 계획성 결여

② 자기 자본 규모에 비해 과다한 경영확대 – 자기 자본의 건실성 부족

③ 시설과 기계 등 고정 자본에 과잉 투자

④ 생산비 분석을 통한 경영관리가 요구

⑤ 규모 확대에 따른 단위당 소득 및 소득률 저하

⑥ 사료비 비중이 높다.

⑦ 가격 변동이 심하다. – 시장 정보의 활용 미흡, 고품질 상품생산 요구

⑧ 정확한 기록 자료 요구

⑨ 목부의 기술, 지식, 관심을 갖게 하는 바람직한 인사관리 요구

⑩ 경영자 자신의 능력이 요구됨

② 투입요소 관리

(1) 생산물 선택

① 생산가능성 : 일정한 자원을 가지고 두 가지 종류의 생산물 또는 그 이상을 생산할 때 각 생산물의 가능한 생산량의 조합을 말한다.

② 생산가능곡선 : 이러한 생산물의 결합관계를 나타내는 곡선이다.

(2) 생산물 결합 관계의 형태

① 결합 생산물

- 한 가지 생산물을 생산할 때 다른 생산물이 일정 비율로 생산되는 경우
- ※ 알곡과 볏짚, 양고기와 양모 등
- 한 가지 생산물을 일정량 생산하면 다른 생산물 상호간은 자동적으로 결정된다.
- 두 생산물을 한 생산물로 취급해서 경제적인 분석을 하면 된다.
- 장기간에 있어서 결합 생산물의 상대가격 변화 및 신품종 육성은 변화를 가져온다.

② 경합 생산물

- 한 생산물의 생산량 증가는 다른 생산물의 생산량 감소를 수반할 때
- 이 경우 두 생산물간의 한계 대체율은 부(負, -)이다.(여름작물인 고추와 담배)

③ 보완 생산물

- 어느 생산부분이 다른 부분의 생산을 돕는 역할을 할 경우
- 어느 생산물의 생산증가가 다른 생산물의 생산증가를 수반할 때
- 한계 대체율은 정(正, +)이다.(유축농업)

④ 보합 생산물

- 다른 생산물의 증가나 감소 없이 한 생산물을 증가시킬 수 있을 때
- 두 생산물을 보합생산물 또는 보충생산물이라 한다.(혼작, 간작, 녹비작물 재배)

3 경영기록관리

1 생산 및 투입요소 기록관리

(1) 경영기록의 목적과 필요성

① 농업경영 기록의 목적

- 경영성과, 경영진단과 설계, 경영개선 등을 수행하기 위한 경영체의 장부작성
- 농장의 사업계획 및 전략을 수립하는 의사결정 과정의 기초자료로 활용

② 농업경영에서 경영기록의 필요성

- 농업경영의 결함을 발견하기 위해서는 농업법인경영의 실태를 파악해야 한다.
- 농가의 경제나 경영의 개선에 부기기장이 가장 중요한 역할을 한다.
- 경영기록은 지난 연도와 비교하거나 타경영체와 비교할 수 있다.
- 경영 기록 자료는 경영성장 요인을 파악하고 지속적인 성장 방안을 강구할 수 있다.

(2) 기술 분석에 관한 기록

① 업무 일지 : 매일 발생하는 농장 내 전반적인 현황 기록
- 가축 현황(생산 및 판매두수, 도태 및 폐사두수, 착유두수, 건유두수 등)
- 개체별 현황 : 우유 생산량, 사료급여량, 발정, 분만, 질병 치료 등
- 작업 현황 : 작업명, 작업자, 사용 농기구, 사용 재료(농약, 소독약, 비료 등)

② 생산 기록부 : 착유, 산란 등 일람표 작성

③ 번식기록부 : 산차, 발정 일자, 수정일자, 분만 예정일, 분만일, 번식 치료 등

④ 초지 및 사료작물 재배 기록부 : 파종일, 비료살포, 관리 작업, 수확, 생산량 등

⑤ 사료수불 및 급여량 : 구입일, 사료명, 총급여량, 개체별 급여량, 잔량

⑥ 개체별 이력카드 작성 : 젖소 이름, 혈통, 생년월일 및 구입일, 분만 사항, 치료사항, 산유량 처분일 등

⑦ 사육 기록부 : 가축사육 현황, 이월두수, 생산두수, 구입두수, 판매두수, 폐사두수, 현재두수 등

2 성과 분석을 위한 기록 관리

(1) 축산 부기의 필요성

① 합리적이고 과학적인 영농계획 수립을 위해 많은 정보를 수집 활용해야 한다.

② 구체적이고 정확한 자료를 제공하기 위해 축산부기가 필요하다.

(2) 축산부기의 뜻과 목적

① 부기 : '장부에 기입한다.'에서 나온 말

② 재산의 증감변화를 일정한 방식으로 기록, 정리, 계산하는 것

③ 축산부기의 목적
- 일정한 기간 동안의 경영성적을 파악하는 것(수입과 비용의 파악)
- 일정한 시점에 있어서 재무상태를 파악하는 것(재산의 증감 파악)
- 증거서류로 보존함으로써 분쟁 발생 시 해결수단으로 삼는다.
- 경영진단과 미래 경영설계와 개선에 필요한 자료를 제공한다.

(3) 부기의 요소

① 재무상태의 파악

- 자본 등식 = 자산(A) − 부채(P) = 자본(K)
- 대차대조표 등식 = 자산(A) = 부채(P) + 자본(K)

② 대차대조표(재무상태표)

- 일정시점에서 경영체의 자산, 자본, 부채의 크기를 표시한 일람표이다.
- 작성 시점에 따라 기초대차대조표와 기말대차대조표가 있다.
- 차변(자산)과 대변(부채와 자본)의 합계는 일치해야 한다.(대차평균의 원리)
- 당기순이익 : 자본금에 포함되어 자본을 증가시키는 요인
- 고정자산 계정은 토지, 건물, 대식물, 대동물, 대농기구 계정 등
- 유동자산 계정은 소식물, 소동물, 소농기구, 미판매현물, 구입현물, 중간생산물 등
- 유통자산 계정은 현금, 당좌예금, 대부금, 외상매출금 등
- 부채 계정은 차입금(단기, 중기, 장기), 외상매입금, 미지급금 등

연구 **단기 부채(유동 부채)**

대차대조표일로부터 1년 이내에 지급되리라 기대되는 부채로 단기부채라고 한다.
당좌차월, 외상매입금, 지급어음, 단기 차임금, 미지급금, 선수금, 예수금, 미지급 비용 등

- 자본 계정은 자본금, 잉여금, 순이익 등

연구 **00목장 대차대조표(예시)**   (2023. 1. 1)

자산(차변)	금액	부채 및 자본(대변)	금액
(고정 자산)		(부채)	
토지	20,000,000	장기 차입금	5,000,000
건물	10,000,000	단기차입금	1,000,000
대농기구	5,000,000	지불어음	500,000
대동물	15,000,000	외상매입금	500,000
육성우	5,000,000	미불금	500,000
(유동자산)		(자본금)	
송아지(판매용)	2,000,000	자본금	41,500,000
구입사료	500,000	잉여금	1,000,000
소농기구	200,000	(당기 순이익)	
(유통자산)			
외상 매출금	500,000		
미수금	300,000		
현금	1,000,000		
출자금, 예금	500,000		
(당기순손실)			
합 계	50,000,000	합 계	50,000,000

※ 당기순수익, 순손실은 기말 대차대조표에서만 해당됨

③ 손익계산서

- 손익이 어떻게 발생하였는가를 명백히 알아보기 위한 일람표이다.

연구 손익계산서 작성 원칙

- 총액주의 원칙
- 발생주의 원칙
- 수익 비용 대응의 원칙
- 구분 계산의 원칙

- 비용항목과 수익항목으로 구성되어 있다.
- 총비용 항목에 당기순이익이 포함되어 있다. (총수익 − 총비용 = 순수익)
- 손익계산서에서도 차변과 대변의 합계가 일치해야 한다.

총비용 + 순수익 = 총수익(또는 총비용 = 총수익 + 순손실)

- 총이익과 총비용을 계산하여 순이익, 순손실의 이유와 원인을 파악할 수 있다.

연구 00목장 손익 계산서 (2023. 1. 1 ~ 2023. 12. 31)

비용	금액	수익	금액
가축비	10,000,000	비육우 판매	7,000,000
사료비	1,000,000	송아지 판매	500,000
조사료구입비	100,000	퇴·구비 판매	500,000
고용노임	200,000	육성우 평가액	8,000,000
차입금이자	100,000	(당기순손실)	
감가상각비	100,000		
(경영비 합계)	(11,500,000)		
가족 노임	3,000,000		
자본이자(용역비)	500,000		
토지자본 용역비	500,000		
(생산비 합계)	(15,500,000)		
당기순이익	500,000		
합 계	2,000,000	합 계	16,000,000

연구 성과 분석을 위한 기록관리

- 현금 출납부 : 매일 현금의 입출금을 기록
- 수입기록부 : 유대, 송아지 판매대, 육성우 판매대, 경산우 판매대, 구비 판매대 등
- 고정자산 기록부 : 건물, 시설, 기구, 유우 등 구입 및 판매 처분
- 비용 기록부 : 사료비, 인건비, 치료비, 지불이자, 종부료, 임차료, 제재료비 등

01 손익계산서 계정에 해당되는 것은?

① 비용계정

② 자산계정

③ 부채계정

④ 자본계정

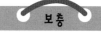

■ 비용과 수익계정으로 이루어진다.

02 초임 만삭우의 구입가격이 300만원이고, 구입가격에 대한 잔존가격의 비율이 60%일 때 매년 감가상각비를 정액법을 채택하여 계산한 값은? (단, 사용년수는 6년으로 한다.)

① 10만원

② 20만원

③ 30만원

④ 40만원

■ (취득가 − 잔존가격) / 내용 연수
취득가 = 300만원
잔존가격 = 300만원 × 60 / 100 = 180만원
감가상각액 = (300만원 − 180만원) / 6 = 20만원

03 다음 중 우유 1kg당 유우 상각비를 바르게 표시한 것은?

① $\dfrac{\text{유우의 당초가격 − 폐우가격}}{\text{내용연수}}$ ÷ 연간 생산유량

② $\dfrac{\text{유우의 당초가격 + 사양비}}{\text{내용연수}}$ ÷ 연간 생산유량

③ $\dfrac{\text{유우의당초가격 − 송아지가격}}{\text{내용연수}}$ ÷ 연간 생산유량

④ $\dfrac{\text{유우의 당초가격 + 사양비}}{\text{내용연수}}$ ÷ 연간 생산유량

04 다음 유동부채에 해당하는 것은?

① 장기차입금　　　　　② 단기차입금
③ 출자금　　　　　　　④ 외상매출금

05 다음 낙농경영에 있어 고정자산에 해당하는 것은?

① 사료비　　　　　　　② 외상매출금
③ 착유우　　　　　　　④ 소농기구

■ 고정자산은 토지, 건물, 대동물, 대식물 등이 있다.

06 감가상각비를 계산하는 데 필요하지 않는 것은?

① 제작회사의 신뢰도　　② 기초가격
③ 잔존가격　　　　　　④ 내용연수

■ (취득가 − 잔존가격) / 내용연수

07 젖소의 가격이 가장 높을 때는?

① 육성우　　　　　　　② 초임 전
③ 첫 분만 전　　　　　④ 3세 이상 착유우

■ 젖소는 초임 만삭우(초임 분만 전) 가격이 가장 높다.

08 고정자본재는 어느 것인가?

① 호미　　　　　　　　② 비료
③ 농기계　　　　　　　④ 사료

■ 고정자본재 : 건물, 시설, 대농기구, 대동물, 대식물, 토지개량 시설

09 손익계산서 작성 시 지켜야 할 원칙이 아닌 것은?

① 총액주의의 원칙
② 발생주의의 원칙
③ 수익 비용 대응의 원칙
④ 이상주의의 원칙

■ 손익계산서 작성 원칙
● 총액주의 원칙
● 발생주의 원칙
● 수익 비용 대응의 원칙
● 구분 계산의 원칙

04 ②　05 ③　06 ①　07 ③　08 ③　09 ④

10 다음 중 축산부기의 목적과 가장 거리가 먼 것은?

① 경영자 자신의 이익적립 수단

② 재무상태와 경영성과의 파악

③ 경영진단 및 개선에 필요한 자료 제공

④ 축산물 생산비의 산출로 축산물 가격정책의 자료 제공

■ ②③④ 이외에 증거서류로 보존함으로써 분쟁 발생 시 해결수단으로 삼는다.

11 다음 중 가족 노동력의 장점에 관한 설명으로 가장 적절한 것은?

① 감독을 필요로 한다.

② 노동연령의 제한을 받는다.

③ 노동시간의 제한이 없다.

④ 노동에 취미와 창의적인 노동을 할 수 없다.

■ 가족 노동력의 특징은 ③ 이외에
● 전가족이 최선의 노력을 다한다.
● 노동 감독이 필요 없고 창의적이다.
● 노동 생산성이 극대화 된다.

12 착유우의 구입가격이 3,000,000원, 착유우의 이용연수가 5년, 착유우의 잔존가가 구입가의 50%일 때 정액법을 이용하여 감가상각비를 산출할 경우 이 착유우의 매년 감가상각비는?

① 200,000원

② 250,000원

③ 300,000원

④ 350,000원

■ 3,000,000 − 1,500,000 / 5 = 300,000원

13 축산의 경영규모가 확대되어 가면서 경영관리의 우열에 따라서 경영성과에 커다란 차이가 나는 등 경영자 능력이 중요시 되고 있다. 경영자 능력의 3가지 요소와 관계가 없는 것은?

① 판단력   ② 노동력

③ 결단력   ④ 실행력

14 자본 등식이 바르게 표기된 것은?

① 자산 + 부채

② 자산 + 자본

③ 부채 × 자산

④ 자산 − 부채

■ 자본 등식
자산(A) − 부채(P) = 자본(K)

15 대차대조표 등식으로 올바른 것은?

① 자산 = 부채 + 자본　　② 자산 = 부채 − 자본

③ 자산 = 수익 − 비용　　④ 자산 − 비용 = 자본

■ 대차대조표 등식
자산(A) = 부채(P) + 자본(K)

16 일반적인 가경력(可耕力)을 가진 토지에 해당하지 않는 것은?

① 암반과 자갈이 많은 토지

② 경토가 깊고 심토가 좋은 토지

③ 보수력이 강한 토지

④ 적당한 공극력이 있는 토지

■ 가경력
● 식물의 뿌리 지탱, 엽경부 지지, 뿌리에 흡수작용을 하는 물리적 성능
● 토양의 수분, 공기, 온도 등 토지의 상태에 따라 영향을 준다.

17 축산경영의 4대 요소로 적합하지 않은 것은?

① 노동력　　　　　　　② 정보

③ 경영능력　　　　　　④ 자본재

■ 축산경영의 3요소
토지, 노동력, 자본
● 축산경영의 4요소
토지, 노동력, 자본, 경영능력(기술)

18 노동능률을 높이기 위한 방법이 아닌 것은?

① 노동수단의 고도화

② 노동수단의 인력화

③ 작업방법의 표준화

④ 노동력 분배의 평균화

■ 노동 수단의 고도화, 작업방법의 표준화, 노동력 분배의 평균화, 노동수단의 기계화

14 ④　15 ①　16 ①　17 ②　18 ②

19 다음 축산경영과 관련된 설명 중 옳은 것은?

① 한우 비육우는 감가상각을 하지 않는다.

② 모든 가축은 감가상각을 해야 한다.

③ 비육돈도 고정자산이기 때문에 감가상각을 해야 한다.

④ 착유우는 감가상각을 하지 않는다.

■ 가치가 증가되므로 감가상각을 하지 않는다.

20 축산경영의 유형이 지역별로 다르게 나타나는 것은 토지의 어떤 특성 때문인가?

① 불확장성

② 비이동성

③ 불소모성

④ 무한성

■ 불가동성(비이동성) : 원형 그대로 이동할 수 없다.
● 불소모성(불가괴성) : 소모되지 않는다.
● 불가증성(불확장성) : 토지는 증가나 확장할 수 없다.

21 축산소득의 내용으로 맞는 것은?

① 자본이자 + 순수익 + 노력비 + 차입금이자 + 이윤

② 순수익 + 노력비 + 고정자본이자 + 유동자본이자 + 차입금이자

③ 자가노력비 + 고정자본이자 + 유동자본이자 + 토지자본이자 + 순수익

④ 고정자본이자 + 순수익 + 토지자본이자 + 차입금이자 + 고용노력비

22 다음 중 경영비에 속하지 않는 것은?

① 고용 노임

② 사료비

③ 차입금 이자

④ 자기 자본용역비

■ 경영비에 속하지 않는 것은 자가 노력비, 자기 자본용역비, 자기 토지용역비 등이다.

23 축산의 경영관리 중 기록관리에서 기술분석에 관한 기록과 관계가 적은 것은?

① 사료수불부

② 착유기록부

③ 번식기록부

④ 비용기록부

■ 비용기록부는 성과분석 기록 자료이다.

24 다음 자본재 중에서 고정자본재가 아닌 것은?

① 사료재

② 토지개량자본재

③ 건물자본재

④ 축산기구자본재

■ 토지 개량 : 관·배수 시설, 진입로, 구획 정리
● 대농기구 : 경운기, 트랙터, 착유기 등
● 건물, 시설 : 축사, 사일로, 창고

25 다음 중 고정자산인 트랙터의 감가 원인이 아닌 것은?

① 사용 소모에 의한 감가

② 자연적 소모에 의한 감가

③ 경제적 효율에 의한 감가

④ 부적응에 의한 감가

■ 물리적 감가(소모), 기능적 감가(구식, 성능 저하), 우발적 감가(화재, 수해 등)

26 축산경영에서 생산요소가 아닌 것은?

① 자본　　　　　② 노동력

③ 조수익　　　　④ 토지

■ 축산경영의 3요소
토지, 노동력, 자본

27 다음 가축 중 유동 자본재인 것은?

① 번식우　　　　② 착유우

③ 번식돈　　　　④ 육계

■ 유동 자본재 : 소동물, 원자재
● 소동물 : 비육우, 비육돈, 육계
● 원자재 : 사료, 종자, 농약, 비료, 약품, 깔짚 등

23 ④　24 ①　25 ③　26 ③　27 ④

28 낙농경영에서 계정식 대차대조표 작성 시 고정자산이 아닌 것은?

① 착유우
② 트랙터
③ 자급사료
④ 축사

29 다음에서 설명하는 토지의 자연적 특성은?

● 식물의 생장, 번식에 필요한 영양분을 공급하는 토지의 성능
● 토지의 자연적 위치 또는 비옥도와 밀접한 관계가 있다.

① 가경력
② 부양력(배양력)
③ 적재력
④ 친화력

30 자본재의 평가 방법에 해당되지 않는 것은?

① 취득 원가법
② 시가평가법
③ 감가상각법
④ 추정가 평가법

31 주어진 자원으로 한 가지 생산물을 더 생산함으로써 다른 생산물의 생산을 일정비율로 포기해야 되는 경우를 무엇이라 하는가?

① 보합 생산물
② 경합 생산물
③ 보완 생산물
④ 결합 생산물

Ⅲ 경영분석 및 평가

1 경영진단 및 분석 방법

1 경영진단의 대상

(1) 경영진단의 의의와 필요성
① 향후의 경영 합리화와 개선책을 강구하는 경영 활동이다.
② 경영실태가 기록되고 분석된 것을 진단 지표에 의해 검토하여 규명한다.
③ 순수익 최대화, 농가소득을 증대하기 위해서는 경영실태의 파악이 필요하다.
④ 경영성과를 분석, 계산, 평가하는 것이 경영분석이다.
⑤ 경영분석으로부터 나온 자료를 지표로 경영설계 또는 경영계획을 수립한다.
⑥ 수익의 증대와 경영안정을 위해 필요하다.

(2) 경영진단자의 자질
① 경영의 이론적 지식이 있어야 한다.
② 축산 현장의 실무 경험이 있어야 한다.
③ 애축심과 축산 발전에 대한 신념과 사명감이 있어야 한다.
④ 성공에 대한 욕망과 열정이 있어야 한다.

2 축산경영 활동의 진단

(1) 경영 목표 및 경영자에 대한 진단
① 구체적이고 계수화된 경영목표가 수립되어 있는가?
② 경영자의 자질과 능력을 구비하고 있는가?

(2) 경영 방침에 대한 진단
① 계획 → 조직 → 지휘 → 통제의 활동 상태 점검
② 계획 : 과학적 조사, 연구에 의거 합리적인 절차에 따라 수립

③ 조직 : 관리인의 적재 적소 배치와 업무 부여 – 책임의 명확성 부여

④ 지휘 : 지휘 권한을 발휘하여 적정한 인사관리가 필요

⑤ 통제 : 관리인의 통제 및 창의력 발휘 분위기 조성

(3) 경영계획에 대한 진단

① 경영계획 수립에 대한 진단

② 시설투자에 대한 진단

③ 이익계획에 대한 진단

④ 구매 및 판매계획에 대한 진단

(4) 경영조직에 대한 진단

① 인적조직에 대한 진단

② 물적조직에 대한 진단

(5) 경영관리에 대한 진단

① 인사관리에 대한 진단

② 가축관리에 대한 진단

③ 시설관리에 대한 진단

(6) 기타

재무관리에 대한 진단, 유통관리에 대한 진단 등

③ 경영진단의 종류

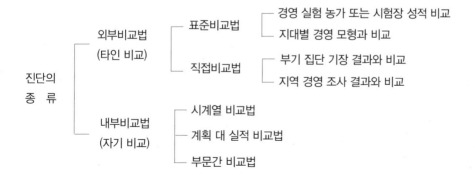

경영진단의 종류

(1) 표준비교법

① 일반적으로 많이 이용하고 있는 표준치와 비교하는 방법이다.

② 어떤 지역에서 가장 합리적인 표준 모델 농장 또는 시험장 성적과 비교

③ 이 방법은 표준 모형을 설정하기가 쉽지 않고 표준적 지표의 설정의 기본 조건을 충분히 이해하고 있어야 한다는 점이 단점이다.

(2) 직접비교법

① 분석지표를 기준으로 평균치를 사용하며 신뢰성이 있다.

② 대상농가의 경영조직과 같은 규모와 형태를 가진 우량농가와 직접 비교

③ 기술적, 경영적 성과 자료를 가지고 있는 농장 선정이 어렵다.

④ 경영조건이 비슷한 경영끼리 비교하게 되는 장점이 있다.

⑤ 동일 규모와 시설의 단지나 작목반의 기장 양식을 통일시키는 것이 좋다.

(3) 시계열 비교법

전년도와 금년의 성적을 비교, 육성 성적, 번식 성적 파악 등

(4) 계획 대 실적 비교법

목표치와 실적치를 비교하여 평가(세밀한 계획이 요구)

(5) 부문간 비교법

복합경영인 경우 상호 경영간 비교(단일경영 제외)

④ 경영진단 방법

(1) 원형 도표식(원형 그래프) 진단법

① 경영진단 지표의 항목과 동일한 자가 농장의 자료를 정리한다.

② 진단 지표를 상, 중, 하로 평가한 후 원형 도표의 등급선상에 점을 찍는다.

③ 평가점을 연결하여 평면의 크기와 모양을 가지고 진단한다.

④ 성적값이 상급 수준 외곽에 접근, 오목 볼록이 작은 것일수록 바람직하다.

⑤ 오목 부위의 문제점 원인을 파악해서 개선점을 강구한다.

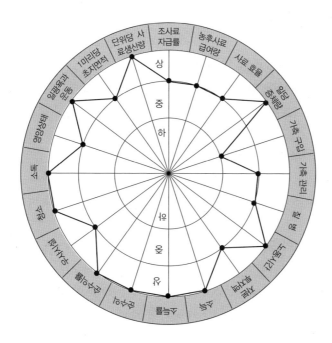

원형 도표식 진단법

(2) 기술 수준 진단법

① 항목별 세목과 표준을 결정하고 비교해서 해당 수준을 파악한다.

② 진단란의 상, 중, 하의 해당 항목에 ○표를 하여 다음 경영계획에 반영한다.

연구 기술진단(예시)

항 목	세 목	표 준	진단			특기사항	개선사항
			상	중	하		
1. 시설	축사규모 (㎡/마리)	상 : 6.6∼9.9 중 : 4.9∼6.6 하 : 4.9 미만				간이축사 1 마리당 5㎡	축사 확대
2. 자급 사료 생산	생초생산 (kg/10a) 자급률(%)	상 : 양호 중 : 보통 하 : 불량 상 : 80 이상 중 : 60∼80 하 : 60 미만					초지 면적 확대

5 경영진단의 순서

(1) 1단계 : 경영실태 파악 및 분석
① 장부에 기록된 진단에 필요한 조사항목을 계수적으로 밝힌다.
② 조사항목(진단지표)을 합리적으로 선택하고 체계화하는 것이 중요하다.

(2) 2단계 : 문제의 발견 및 판단
① 구체적으로 파악된 수치에 대해서 양부(良否), 문제점을 판단한다.
② 시험기관의 표준치, 모범농가의 평균치, 자기 농장의 목표치와 비교한다.

(3) 3단계 : 문제의 요인 분석
① 2단계의 문제점 요인이 무엇이고 어디에 있는지 구체적으로 분석한다.
② 정확한 요인분석을 위해서는 충분한 기술과 경영 지식, 경험을 가져야 한다.
③ 경영현상이나 기술현상에 대한 조사 자료가 사전에 충분히 준비되어야 한다.

(4) 4단계 : 대책 및 처방
① 개선 대책을 검토하여 경영조직을 조정하고 새로운 계획을 수립한다.
② 농가경제 여건과 농가경영 개선목표 등을 고려한 후 결정하도록 한다.

2 경영분석의 종류 및 진단지표

1 기술 진단 분석

(1) 비육우 경영진단 분석
① 비육우 경영의 기본방향
- 한우의 품질 고급화로 한우고기의 차별화를 기한다.
- 생산비 절감기술 개선으로 한우 사육의 경영개선을 이룬다.
- 품질고급화를 위한 고급육형 계통의 조기선발
- 생산비 절감 기술 개발로 한우 사양의 합리화를 기한다.
- 한우 고기의 구조개선과 소비강화
② 비육우 일당 증체량
- 비육우의 증체능력을 나타내는 중요한 지표항목이다.
- 일당 증체량 = 1두당 비육기 증체량 / 1두당 비육일수

③ 사료 요구율과 사료효율
- 비육우의 생산능력을 나타내는 지표로 사료 소모량을 나타낸다.
- 사료 요구율 = 사료 섭취량 / 증체량

쇠고기	양고기	돼지고기	계란	브로일러	물고기
9	8	4.9	4.6	2.4	1.6

- 사료효율 = 증체량 / 섭취량 × 100

연구 비육우 진단지표

항목			지표	자가 성적
수익성	자본 이익률		10% 이상	
	매출액 이익률		15% 이상	
	자본 회전율		150% 이상	
	소 득 률		15% 이상	
안전성	자기 자본 비율		50% 이상	
	고정자본 비율		100% 이상	
	유동 자본 비율		200% 이상	
기술 수준	번식우	초종부 월령	16~20개월	
		수정횟수	1.5회 이하	
		번식률	90% 이상	
		분만 간격	13개월 이하	
		육성률	99% 이상	
		관리 노동 시간	50시간/연 이하	
	비육우	1두당 일당 증체량	1.0kg 이상	
		사료 요구율	8 이하	
		사료효율	1/8 이상	
		두당 지육 생산량	230kg 이상	
		출하 월령	24개월 이상	
		출하 시 체중	550kg 이상	
		1인당 관리두수	200두 이상	
	조사료 생산량	옥수수(청예)	70t/ha 이상	
		호 밀(청예)	40t/ha 이상	

④ 성과 지표
- 소득, 가족노동보수, 자기자본이자, 지대, 이윤

⑤ 요인지표

- 비육경영 : 1두당 사료비, 1두당 노동시간, 일당 증식가액, 출하 체중, 증체량 등
- 번식경영 : 사양규모, 성우의 두수, 1일 두당 노동시간, 사료 요구율 등
- 육성경영 : 1일 1두당 증식가액, 사료비, 체중가량, 노동시간, 사양규모 등

(2) 낙농 경영진단 분석

① 사육규모 적정화

- 이론적 적정규모 : 장기 평균비용이 최저가 되는 규모(착유우 23두)
- 노동력을 기준으로 한 적정규모 : 28두
- 부부 중심 호당 사육가능 두수 : 32두
- 10두 미만 사육농가는 경영규모 확대

② 두당 연간 산유량

- 낙농경영 성과를 판단하는 성과 지표이다.
- 1두당 연간 산유량(305일 기준) = 연간 산유량 / 연 평균 두수
- 1두당 1일 산유량 = 1두당 연간 산유량 / 305일

③ 유지율

- 3.4%를 기준으로 0.1% 증감에 따라 유대가 가감된다.(상한선 3.9, 하한선 2.8%)

④ 분만 간격

- 산유량에 영향을 주며 분만 후 재귀발정은 60~70일, 연 1산이 바람직하다.
- 평균 분만 간격 = 12개월 / 연간 분만 회수

⑤ 경산우 1두당 사료포 면적

- 경산우 1두당 사료포 면적 = 총 사료포 면적 / 경산우 사육 두수

⑥ 유사비

- 구입사료비와 유대의 비율로 45~50%를 차지한다.
- 유사비 = 구입사료비 / 우유 판매금 × 100

⑦ 기술 지표 수준

연구 **낙농 기술 진단 지표**

구분	기술지표
연간 산유량	초산우 : 6,500kg 이상, 2산우 : 7,500kg 이상, 3산 이상 : 8,500kg 이상
유지율	3.8% 이상
평균 종부 회수	2회 이내(1차 수정 70% 이상)
평균 분만 간격	분만 후 13개월 이내
경산우 1두당 사료포 면적	30a
송아지 육성률	95% 이상
후보축 육성률	90% 이상
첫 종부월령	16개월, 체중 350kg 이상
착유일수	85%(305일 이상)
건유일수	60일 이하
분만 후 사고율	10% 이하
유사비	35% 이하

(3) 양돈 경영진단 분석

① 번식돈 경영 기술 지표

연구 **번식돈 기술 진단 지표**

구분			기술지표
	1인당 관리 두수	자돈	1,000두 이상
		번식돈	100두 이상
	1두당 자돈 판매 두수		22두 이상
	포육두수		11두 이상
	육성두수		9두 이상
	포육률(이유두수 / 포유개시 두수 × 100)		90% 이상
	육성률(판매두수 / 포유개시두수 × 100)		90% 이상
	연간 분만 회수(연간분만 복수/상시 사양두수)		2.2회 이상(166일)
번	분만 후 발정 재귀일		5~10일
식	모돈 도태율		33% 이상
돈	모돈 번식이용 월령		8개월 이상, 140kg 이상
	1두당 사료급여량	종빈돈	연간 1,010kg
		종모돈	연간 803kg
	자돈 생시 체중		1.4kg 이상
	이유시 체중		7kg 이상
	90일령 체중		40kg 이상
	수태율		85% 이상
	분만율		90% 이상
	발정률(분만 후 7일 이내) 발정두수 / 총 두수 ×100		

② 비육돈 경영 기술 지표

연구 비육돈 기술 진단 지표

구분		기술 지표
비 육 돈	비육개시 일령 및 체중	90일령, 40kg
	비육종료시 일령 및 체중	190일령, 110kg
	1두당 1일 증체량	650g
	사료 요구율	3.4 이하
	사고 폐사율	2% 이하
	등지방 두께	1.5㎝ 이하

③ 고품질 돼지고기 생산 및 생산비 절감
- 우량계통 종돈 확보, 3원교잡종 생산이용 〈LY(♀) × D(♂)〉
- 일당증체량 : (순종) 720g → (1대 잡종) 770g → (3원 교잡종) 810g
- 자돈생산비 : 26% 절감
- 모돈 회전율 증대 : 2.1회 → 2.3회
- 이유두수 증대 : 8.7두 / 복당 → 9.8
- 성장단계별 적정사료 급여 및 비육기 사료 20% 제한 급여
- all in all out(동시입식, 동시출하) : 사료비 7%, 방역비 57% 절감
- 사료급여 자동화, 관리의 생력화
- 공동분뇨처리를 위한 정화시설 설치
- 거세비용 실시 : 생후 5~7일경 외과적 방법으로 정소 제거
- 출하체중 증대 : 110~120kg
- 출하 30일 전 비육후기 사료급여 : 항생물질 잔류 방지
- 공동출하를 위한 대규모 출하선 확보 및 직판장 운영

(4) 양계 경영진단 분석

① 산란율
- 산란계 경영성과 지표로 가장 큰 영향을 준다.
- 헨데이 산란율 = 기간 중 총 산란수 / 기간 중 총 사육 수수 × 100
- 헨하우스 산란율(산란지수) = 총 산란수 / 성계 편입 시 마릿수
- ※ 산란지수는 산란능력, 생존력, 건강성 등 3가지 요소가 가미되어 있다.

② 육성률
- 폐사, 도태에 의한 감소이며 시설, 사료의 질과 급여상태, 품종에 따라 다르다.
- 육성(출하)률 = 성계(출하)수수 / 입추수수 × 100

③ 난중

- 특란, 대란이 많을수록 단가가 높다.
- 평균 난중(g) = 연중 총 난중 / 연중 총 산란수

④ 일당 증체량

- 브로일러의 산육능력을 나타낸다.
- 일당 증체량(g) = 총 증체량 / 사육일수

⑤ 사료요구율과 사료 효율

- 브로일러의 중요한 기술 지표이다.

⑥ 난사비

- 달걀 1kg당 가격 / 사료 1kg당 가격

⑦ 산란계와 육계의 기술진단 수준

연구 **양계 기술 진단 지표**

산란계	기술지표	육계	기술지표
산란율	85% 이상	일당 증체량	45g 이상
육성률	98% 이상	출하일령	40일 이내
난중	60g 이상	육성률	92% 이상

⑧ 산란계 생산비 절감방안

- 경영규모를 확대(사양수수 증대) 한다.
- 육성률을 높임으로써 육성비를 낮춘다.
- 산란계의 생존율을 증가시킨다.
- 난사비(卵飼比)를 최대한 증가시킨다.
- 산란수를 증대한다.

② 생산성 분석 및 진단지표

연구 **경영진단의 지표 설정**

- 진단 지표는 구체적이고 명확한 수치가 제시될 수 있어야 판단이 용이하다.
- 생산성, 수익성, 안정성 등이 진단 지표의 중요한 기본 자료가 된다.

(1) 경영분석의 의의

① 축산경영에서의 최종 목표는 최대 수익과 확대 재생산이다.

② 경영의 재정 상태, 경영성적을 분석 · 진단하여 합리적으로 운영되는지 검토한다.

③ 경영진단을 하기 위한 앞 단계로서 경영분석이 요구된다.

④ 경영분석은 생산성 분석, 수익성 분석, 안정성 분석으로 나누어진다.

(2) 생산성 분석

① 노동 생산성

- 노동은 적극적이고 능동적인 생산 요소이며, 기본적인 생산 수단이다.

- 노동은 진정한 의미의 생산이며, 노동 생산성이 높아져야 소득 수준이 향상된다.

$$노동생산성 = \frac{총\ 생산액(량)}{노동투입량}$$

[연구] **노동 생산성 향상**

- 사육규모를 크게 할 것
- 가축 두당 노동시간을 줄일 것
- 가축 판매 회전율을 높일 것
- 1두당 판매 이익을 크게 할 것

② 자본 생산성

- 자본은 경영에 투입된 자본재이며 경영목적을 달성하기 위한 보조 수단이다.

- 자본 생산성이란 총 생산액을 자본 투입량으로 나눈 것이다.

$$자본생산성 = \frac{총\ 생산액(량)}{자본투입량}$$

③ 토지 생산성

- 농업 생산의 근원적인 요소는 인적 요소인 노동과 물적 요소인 토지이다.

- 자연물의 생산 장소, 그리고 노동수단을 공급하는 원천이다.

- 토지는 사료작물을 생육하는 지력, 즉 생산력을 가지고 있어야 한다.

- 토지 생산성은 총 생산액을 경지 면적으로 나눈다. 즉, 단위 면적당 생산액이다.

$$토지생산성 = \frac{총\ 생산액(량)}{경지면적}$$

④ 가축 생산성

- 가축 생산력으로 두(수)당 생산량으로 표시한다.

- 가축 생산성 = 총 생산량 / 생산두(수)수

③ 안정성 · 효율성 · 수익성 분석 및 진단지표

(1) 안정성 분석

- 안정성은 자산, 부채, 자본의 재무 균형 분석이다.
- 안정성은 경영의 일정 시점의 재무 비율로서 정태적 분석이다.
- 자금 운영 관리 및 부채 관리 등의 경영 안정성과 계획성도 검토해야 한다.

① 유동 비율

- 유동 부채에 대한 유동 자산의 비율로 산출된다. 20% 이상이면 양호하다.
- 경영의 지불 능력, 즉 유동성을 판정하는 지표가 된다.
- 유동 비율(%) = 유동자산 / 유동 부채 × 100

② 고정 자본 비율

- 고정 자산 중에 자기 자본이 어느 정도 차지하고 있는지를 나타낸다.
- 고정 자산에 대한 자기 자본 비율로 산출된다. 100% 이상이면 이상적이다.
- 고정 자본 비율(%) = 자기자본 / 고정 자산 × 100

③ 자기 자본 비율

- 자기 자본이 자본 총액(타인 자본+자기 자본)에서 차지하는 비율이다.
- 경영진단의 안정성에서 가장 중요한 분석 지표가 된다.
- 자기자본 비율(%) = 자기자본 / 자본 총액 × 100

④ 부채 비율

- 가축 단위당 부채액 ($\dfrac{부채총액}{사육마릿수}$), ($\dfrac{유동부채}{사육마릿수}$), ($\dfrac{고정부채}{사육마릿수}$)

- 부채가 클수록 원금 상환에 쫓기고 수익성이 악화되므로 부채를 감소시켜야 한다.
- 부채 비율(%) = 타인 자본(부채) / 자기 자본 × 100
- 부채 비율이 낮고 자기 자본 비율이 높으면 좋다. 50% 이상이면 양호하다.

(2) 수익성 분석

- 가족 경영에서는 노동 보수, 기업 경영에서는 자본 이익률이 된다.
- 전업화, 기업화 경영에서는 투하 자본에 대한 순수익으로 평가한다.
- 손익계산서, 원가계산서를 분석 자료로 한다.

① 소득

- 소득 : 가축 1두당 또는 생산물 1kg당의 소득을 평가한다.
- 소득은 가족 경영의 경영 목표이다.

- 축산 소득 = 축산 조수입 − 축산경영비
- 농가 소득 = 축산소득 + 농외소득
- 농가경제 잉여 = 농가소득 − (조세공과+가계비)
- 1두당 소득 = 소득 / 사육두수, 축산물 1 kg당 소득 = 소득 / 총생산량(kg)

② 순수익

- 순수익(이윤)은 기업 경영의 목표이자 경영주의 보수이다.

- 순수익(이윤) = 축산조수입 − 생산비(경영비 + 자기자본이자 + 자기토지지대 + 자기노임)

- 축산 조수입 = 주산물 가액 + 부산물 평가액 + 가축 증식액

연구 **축산 주수입과 부수입**

구분	축산 주수입	축산 부수입	기타
낙농	우유 판매금	송아지 판매금, 퇴·구비 판매금	가축 증식액
한. 육우 경영	육우 판매금	송아지 팜매금	가축 증식액
산란계 경영	달걀 판매금	폐계 판매금, 계분 판매금	
양돈 경영	비육돈 판매금	자돈 판매금, 돈분 판매금	

※ 가축 증식액 = 연말 평가액 − 연초 평가액

③ 소득률과 순수익률

- 조수입에서 소득으로 발생되는 비율, 비율이 높을수록 바람직하다.
- 소득률 = 축산 소득 / 축산 조수입 × 100
- 순수익률 = 순수익 / 조수익 × 100

④ 가족노동 보수

- 가족노동의 효율을 1시간 당 또는 1일당(8시간 기준)으로 산출하여 평가한다.
- 해당 지역의 평균 임금 수준 이상이면 양호하다.
- 가족노동 보수 = 소득 − (토지자본 용역비 + 자기자본 이자)
- 1시간당 가족노동 보수 = 가족노동 보수 / 가족노동 시간

⑤ 자본 회전률

- 투하 자본에 대한 매출액(조수입)의 비율을 나타낸다. 짧을수록 높다.
- 투하 자본이 1년 동안에 몇 번이나 이용되고 있는지를 평가한다.
- 자본 회전율(%) = 매출액 / 총자본액 × 100
- 자기 자본 회전율(%) = 매출액 / 자기자본 × 100

⑥ 자본 이익률

- 자본이익률은 경영에서 수익성 판정의 최고 지표이다.

- 자본 이익률 $= \dfrac{\text{순이익}}{\text{자본}} = \dfrac{\text{순이익}}{\text{매출액}}$ (매출액 이익률) $\times \dfrac{\text{매출액}}{\text{자본}}$ (자본 회전율)

- 자본 이익률은 일반 금리 수준보다는 높아야 한다.
- 이를 올리기 위해서는 매출액 이익률을 높이든지 자본 회전율을 높여야 한다.

⑦ 경영주 보수

- 경영주 보수는 타 업종의 경영주 능력과 비교하는 척도로 활용할 수 있다.
- 조수입 – (경영비 + 자기자본용역비 + 자기토지용역비 + 경영주를 제외한 가족 노력비)

3 축산물 경영비 및 생산비

① 축산경영비

경영비는 조수입을 얻기 위하여 투입된 직접비용 즉, 실제 지불된 비용을 말한다.

(1) 물재비

① 가축비 : 가축 구입비(부대비용 포함)

- 육성 비육우 및 큰소 비육우 = 육성우 구입가격 + 구입 제비용
- 자가 생산가축 = 그 지방의 거래금액(시장가격) 또는 가축 생산비

② 사료비

- 농후 사료비 : 구입비(부대비용 포함), 시가 평가 혹은 비용가
- 조사료비 : 볏짚, 건초 등 구입비(제비용 포함)
- 자급 사료의 경우에는 시가 평가 혹은 비용가

③ 진료 위생비 : 수의사 진료비, 의약비, 소독 약품 구입비 등

④ 수도, 광열, 동력비 : 전기료, 수도료, 연료비, 동력비

⑤ 소농구비 : 삽, 괭이, 낫, 호크 등

⑥ 종부료 : 수정료, 자가수정 시 정액구입비와 노력비(그 지방 수정료)

⑦ 수리비 : 건물, 시설, 농기구의 유지 수리, 자가 수리는 재료비 및 노동력비

⑧ 임차료, 차입금 이자 : 토지, 농기구, 시설, 축사 등 임차료 및 차입금 이자

⑨ 감가상각비 : 축사 및 건물, 대농기계, 대가축, 시설(정화조, 사일로 등)

⑩ 제재료비 : 비닐, 방충망, 깔짚, 포장 재료, 못, 청소 용구, 전구 등

⑪ 기타 잡비 : 협회비, 벌과금, 검사료, 교통 통신비 등

(2) 고용 노동비

- 고용 노동비 : 연고, 계절고, 일고의 임금(현물 지급, 식사비 술값 포함)

> 경영비 = 물재비(차입 자본 이자, 차입 토지 임차료 포함) + 고용 노동비

② 생산비

생산비의 개념
가축 1단위를 생산하는 데 소비된 경영비와 자가노동비 + 자기 자본용역비 + 자기 토지용역비
※ 공산품의 원가 : 이윤을 포함한 비용, 농산품의 생산비 : 이윤을 포함하지 않은 비용

생산비의 조건
- 화폐가치로 표시할 수 있을 것
- 축산물 생산에 직접 소비된 것일 것(판촉비, 홍보물 제작비 등 제외)
- 일상적인 생산활동에 소비된 것일 것(풍수해, 화재, 도난에 의한 손실비는 제외)

축산물 생산비의 종류
- 제1차 생산비 : 경영개선을 위한 경영능률의 측정에 중요한 자료가 된다.
  (경영 자본 이자, 토지 자본 이자는 1차 생산비에 포함되지 않는다.)
- 제2차 생산비 : 생산에 관계된 모든 비용의 합계, 축산물의 가격정책 자료로 이용된다.

(1) 자가 노력비

① 지역 고용 노임에 준한 가족노동, 품앗이 평가액
② 자가 노력비 = 노동투입시간 × 그 지역의 연평균임금(현금 + 현물평가액)

(2) 자기자본 용역비

① 고정자본 용역비 : 건물, 대농기구, 시설, 대동물 투자액에 대한 자기자본 이자
② 고정 자본용역비 = 부분 현재가 × 연이자율(10%)

- 부분 현재가 = 신조품 구입가격 − (연 감가상각비 × 사용 년수)

③ 대가축 = $\dfrac{\text{구입가격} + \text{폐기가격}}{2}$ × 연이율 × 가축부담비율

④ 대농기구 및 건물 = $\dfrac{\text{구입가격} + \text{폐기가격}}{2}$ × 연이율

⑤ 유동 자본 용역비 : 이율은 법정이율 적용, 투자기간은 사육기간을 기준으로 산정하나 제비용이 생산기간 중 일시에 투하되지 않고 전 기간에 걸쳐 투자되므로 사육기간의 1/2을 계상한다.

⑥ 유동자본 이자 = (경영비 − 건물, 대농기구, 가축상각비) / 2 × 연이율

(3) 자기토지 용역비

① 인근 유사한 토지의 임차료 또는 토지 평가액×연간 이자율(보통 5%)로 계산한다.
② 임차지대는 실제 지불한 현금 및 현물 평가액으로 계산한다.

- 생산비 = 경영비 + 자가 노동비, 자기자본 이자, 자기토지 용역비
- 단위당 생산비 = (전체 생산비 − 부산물 평가액) / 생산량

③ 생산비 및 경영비 비목 구성

비 목			비 목 해 설
조수입		주산물 평가액	주산물의 판매금 또는 평가액
		부산물 평가액	부산물의 판매금 또는 평가액
조수입 합계			
생산비	경영비	중간재비	가축비
			사료비
			수도·광열비
			방역·치료비
			수 선 비
			소농기구비
			제 재 료 비
			기 타 잡 비
			종 부 료
		상각비	건 물
			대농기구
			가 축
	고 용 노 임		상용 고용인, 일용인에 지급한 현금 또는 현물 평가액
	차입금 이자		실제 지불한 차입금 이자(대출금, 사채 등)
	소 계		경영비(상기 비목의 합계)
자가 노임			자가노동력에 대한 평가액(평균 상용 고용 노임 기준)
고정자본 용역비(이자)			가축(번식우), 대농기구, 건물, 자본 등의 투자액 또는 평가액에 대한 이자
유동 자본 용역비(이자)			유동 자본액에 대한 이자
토지 자본 용역비(이자)			토지 자본액에 대한 이자 또는 그 지방의 임차료(지대)
생산비(비용) 합 계			생산비(경영비 + 자가 노임 + 자본 용역비)

사료비 항목 상세:
- 농후 사료: 배합 사료값 + 구입비용, 자가 생산사료 평가액
- 조사료 구입 조사료 : 볏짚, 건초, 목초, 알팔파, 큐브 등
- 조사료 자급 조사료 : 자가 생산 때 투입된 비료값, 종자비, 노임

- 수도·광열비: 수도료, 전기료, 난방용 연료비(연탄, 유류 등)
- 방역·치료비: 치료 및 소독 약품대, 진료비
- 수 선 비: 축사, 창고, 대농기구 등의 수선비 또는 자급 재료비
- 소농기구비: 삽, 팽이 등의 소농기구 구입비용
- 제 재 료 비: 비닐, 깔짚, 방충망, 수도꼭지 등의 재료비
- 기 타 잡 비: 경영과 관련된 각종 회비, 전화료, 잡지 구독료
- 종 부 료: 번식가축의 인공수정료, 자가수정 시 그 지방 종부료
- 건 물: 축사, 농기구사, 창고, 목부사 등에 대한 감가상각비
- 대농기구: 트랙터, 경운기, 커터 등 대농기구에 대한 감가상각비
- 가 축: 번식우, 착유우, 기타 종축의 감가상각비
- 가축비: 가축 구입비(부대비용 포함) 또는 자가 평가액

4　생산과 비용

① 생산함수

(1) 생산함수(production function)의 개념
① 투입과 산출과의 상관관계를 말한다.
② 생산 요소의 종류 및 수량과 산출된 생산물과의 생산함수 관계이다.
③ 생산요소를 1단위 추가로 투입해서 얻게 되는 생산물을 측정할 수 있다.
④ 비용을 최소화하는 조합을 찾는 데 생산함수가 이용될 수 있다.

(2) 총생산
① 생산요소를 계속적으로 투입할 때 늘어나는 생산량을 총생산이라 한다.
② 생산요소를 투입할 때 생산량이 늘어나지만 어느 시점 이후에는 감소한다.

> **연구** 생산 곡선의 3단계(생산함수의 영역)
>
> ① 1단계 : 수확체증
>   ● 생산요소를 한 단위씩 추가 투입할 때 발생하는 산출량 증가분이 점차 확대되는 형태
> ② 2단계 : 수확불변
>   ● 일정 시점에는 한계생산이 일정하게 고정되는 형태, 한계생산과 평균생산이 0인 상태
> ③ 3단계 : 수확체감
>   ● 한계생산이 점차 감소하는 형태, 즉 가변생산요소의 투입량이 증가할수록 생산량의 증가
>   분이 점차 감소하는 현상(수확체감의 법칙)

(3) 평균생산
　생산물의 총생산량을 자원의 투입량으로 나누어서 계산한다.

(4) 한계생산
① 투입물을 1단위 더 투입함으로써 얻어지는 총생산의 추가분을 말한다.
② 한계 생산물은 증가(+)와 감소(−), 0의 상태가 될 수 있다.
③ 한계 생산은 시점이 문제일 뿐 언젠가는 감소한다.(단 절대적인 것은 아님)

(5) 총생산과 한계생산과의 관계
① 총생산이 증가하고 있을 때 한계생산은 양(+)이다.
② 총생산이 감소할 때 한계생산은 음(−)이다.
③ 총생산이 최고일 때 한계생산은 0이다.

④ 한계생산이 증가(+)하고 있을 때는 총생산은 체증적으로 증가하고

⑤ 한계생산이 감소하고 있을 때는 총생산이 체감적으로 증가한다.

⑥ 한계생산이 0보다 작아지면 총생산은 감소하기 시작한다.

(6) 평균생산과 한계생산의 관계

① 한계생산이 감소하더라도 평균생산보다 클 경우 평균생산보다 위에 위치한다.

② 평균생산이 증가하더라도 한계생산은 감소할 수 있다.

③ 평균생산이 감소할 경우 한계생산은 반드시 감소한다.

④ 한계생산이 평균생산보다 많을 때 평균생산은 증가한다.

⑤ 평균생산이 최고일 때 평균생산은 한계생산과 같다.

연구 **수확체감의 법칙(the law of diminishing returns)**

한 생산요소를 추가적으로 증가시키면 추가 생산량이 증가하다가 어느 시점에서는 생산요소의 추가단위당 추가생산이 감소하게 되는 법칙이다.

(7) 합리적 생산 수준의 선택

① I 영역

- 한계생산과 평균생산이 일치하는 점까지로 수확체증의 영역
- 평균 생산이 증대되기 때문에 생산요소를 추가 투입하여 생산활동 지속

② II 영역

- 총생산은 증가하나 한계생산과 평균생산이 계속 감소(수확체감)
- 합리적인 투입요소를 결정하여 적정하게 유지

③ III 영역

- 수확체감 한계 생산 0, 투입량이 증가할수록 총생산량 감소 – 생산 중지

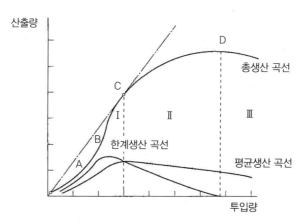

총생산, 평균생산, 한계 생산 곡선

① 총수익과 총비용의 차이가 최대일 때
② 생산요소와 생산물과의 가격비가 한계 생산물과 일치할 때
③ 한계수입과 한계비용이 일치할 때

2 비용함수

(1) 비용의 개념
① 비용은 생산을 하기 위해 들어간 모든 경비, 생산비라고 한다.
② 비용은 가변비용과 고정비용, 단기비용과 장기비용으로 구분한다.
③ 장기적으로는 모든 투입물이 가변물이므로 고정비용은 없고 가변비용만이 있다.

(2) 기회비용
생산자원을 A생산에 투입했을 때 그로 인해 포기되는 최선의 다른 용도에서 얻을 수 있는 보수를 말한다.

(3) 총비용(TC)
① 총가변비용 : 사료비, 인건비, 재료비, 관리비 등 – 투입량 × 가격
② 총고정비용 : 임대비, 건축비, 시설비, 감가상각비 등 – 투입량 × 가격
③ 총비용 : 총가변비용과 총고정비용의 합계이다.

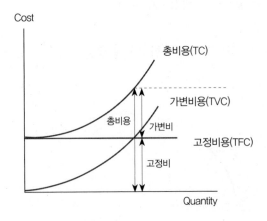

가변비용과 불변비용

(4) 평균비용(AC)

① 일정 기간 동안 상품 1단위당 얼마의 비용이 소요되었는지를 나타낸다.

② 평균고정비용은 총고정비용 / 산출량으로 산출량 증가에 따라 감소한다.

③ 평균가변비용은 총가변비용 / 산출량으로 감소하다가 상승하는 U자 곡선을 나타낸다.

④ 평균가변비용은 총가변비용 / 산출량이다.

⑤ 평균생산물이 최대일 때 평균가변비용은 최저가 된다.

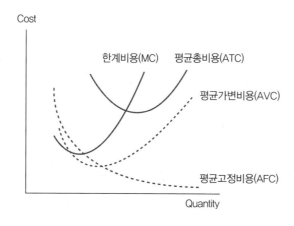

비용의 상호 관계

(5) 한계비용(MC)

- 생산물 한 단위를 추가적으로 생산할 경우 추가적으로 소요되는 비용이다.
- 한계비용 〉 평균비용 : 생산량을 늘리면 평균 비용이 상승한다.
- 한계비용 〈 평균비용 : 생산량을 늘리면 평균 비용이 감소한다.
- 생산량이 늘어도 평균 비용이 상승하지 않는 조건은 기울기가 0인 한계비용 = 평균비용이다.
- 축산물 가격이 P_1일 때 고정비용은 회수할 수 있으나 유동비용은 회수할 수 없다.
- 생산기술이 일정 수준을 넘으면 추가로 생산이 어려워진다. 즉 한계비용이 증가하는 우상향 곡선을 나타낸다.

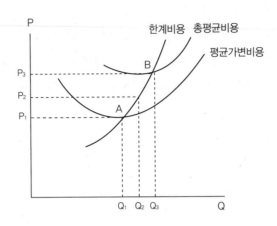

평균비용, 평균가변비용, 한계비용 관계

(6) 비용함수에서의 적정생산수준의 결정

① 순이익(이윤)의 최대화는 총수익과 총비용 차액이 최대가 되는 시점이다.

② 한계비용이 증가하고 있을 때 한계수익과 한계비용이 일치하는 점이다.

(7) 비용 최소화의 기본원리

① 총이익과 총비용의 차액이 최대가 되는 점을 구한다.

② 이윤은 총이익 - 총비용이다.

③ 한계비용이 증가하고 있을 때 한계비용과 한계생산이 같게 되는 점이다.

④ 한계비용이 한계생산보다 높으면 생산을 줄여 비용을 낮춘다.

⑤ 한계생산이 한계비용보다 높으면 생산을 늘려 비용보다 생산을 상승 시킨다.

⑥ 비용 극소화원리는 이윤극대화의 필요조건이다.

⑦ 모든 생산요소들의 투입량을 변화시켜 비용을 극소화 한다.

⑧ 등량 곡선상에서 노동과 자본 투입량과 상대적 가격에 의존한다.

⑨ 노동과 자본 중 어느 생산요소가 상대적으로 저렴한지에 따르는 것이다.

⑩ 비용의 극소화 지점은 등비용곡선과 등량곡선의 접점이다.

⑪ 비용 극소화의 원리를 한계 생산물 균등의 법칙이라고 부른다.

5 소득과 순이익 극대화

1 소득의 극대화

(1) 조수익의 증가
① 가축 사육두수를 증가시킨다.
② 가축 판매두수와 판매 단가를 증가시킨다.
③ 증체율을 향상시켜 가축 증식액을 증가시킨다.
④ 구비 판매수입을 증가시킨다.
⑤ 폐사율, 도태율을 줄인다.
⑥ 출하시기를 줄여 연간 회전율을 높인다.

(2) 생산비 절감
① 구입 사료비를 절감하고 자급 사료를 늘린다.
② 노동비를 절약한다.
③ 감가상각비를 적게 한다.
④ 차입금을 장기 저리로 전환한다.
⑤ 질병을 사전 예방하여 치료비를 절감한다.
⑥ 기타 경비를 절약한다.

2 순수익(이윤)의 극대화

(1) 이윤(순수익) 극대화(profit maximization)
① 최대 이익을 반환할 수 있도록 가격과 생산 수준을 결정하는 과정이다.
② 이윤 = 수입 − 비용 = 재화 가격 × 생산량 − 비용
③ 이윤극대화는 비용극소화의 충분조건이다.

연구 이윤(순수익)의 극대화

- 한계수입과 한계비용이 같을 때
- 생산요소와 생산물과의 가격비가 한계생산과 일치할 때
- 총수입과 총비용의 차가 최대일 때

(2) 이윤의 극대화 방안

① 한계비용이 한계수입보다 더 크면 생산량을 줄이고 반대이면 생산량을 늘인다.

- 한계수입 〉 한계비용(MR 〉 MC) → 생산량 증가
- 한계수입 〈 한계비용(MR 〈 MC) → 생산량 감소

② 평균비용이 평균수입보다 더 크면 생산량을 줄이고 반대이면 생산량을 늘인다.

- 평균수입 〉 평균비용(AR 〉 AC) → 생산량 증가
- 평균수입 〈 평균비용(AR 〈 AC) → 생산량 감소

- 총수입은 수확체감의 법칙에 의해 어느 수준까지 증가하다가 감소한다.
- 한계수입은 1단위를 더 생산할 때 늘어나는 수입의 양이다.
- 생산비는 한계비용이 평균비용과 같을 때에 가장 낮다.

---

③ 균형점(Q_0)에서의 한계비용은 상승해야 한다.

④ 시장 가격(P_0)이 평균비용보다 높아야 한다.

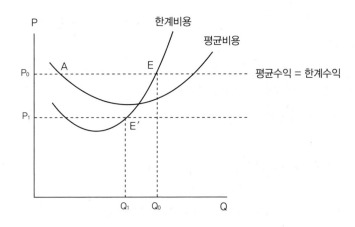

이윤 극대화 조건

보충

01 축산 소득률을 계산하는 공식이 바르게 기술된 것은?

① 축산소득률 = 축산경영비/축산소득 × 100

② 축산소득률 = 축산소득/축산조수익 × 100

③ 축산소득률 = 축산조수익/축산수익 × 100

④ 축산소득률 = 판매량/축산물 총생산량 ×100

■ 소득률은 조수입에서 소득으로 발생되는 비율로 높을수록 바람직하다.

02 다음 중 축산경영에서 순이익이 최대가 되기 위한 조건이 아닌 것은?

① 총수익과 총비용의 차액이 최대일 때

② 생산요소와 생산물의 가격비가 한계생산과 일치할 때

③ 한계수익과 한계비용이 일치할 때

④ 평균생산량이 생산요소와 생산물의 가격비와 일치할 때

■ 순수익 극대화
● 한계수입과 한계비용이 같을 때
● 생산요소와 생산물과의 가격비가 한계생산과 일치할 때
● 총수입과 총비용의 차가 최대일 때

03 낙농경영의 수익에 해당되지 않는 것은 어느 것인가?

① 우유 판매대금   ② 송아지 판매대금

③ 자가 소비 우유   ④ 자가 노동비

■ 주수입 : 우유 판매금
● 부수입 : 송아지 판매금, 퇴·구비 판매금, 기타 자가소비

04 경영진단의 종류 중 외부비교법에 해당하는 것은?

① 시계열 비교법

② 계획대 실적 비교법

③ 부문간 비교법

④ 직접 비교법

■ 외부비교법 : 표준비교법과 직접비교법
● 내부비교법 : 시계열 비교법, 계획대 실적 비교법, 부분간 비교법

01 ②   02 ④   03 ④   04 ④

05 시험장 성적 또는 조사지역에서 가장 합리적인 경영모형을 설정하여 진단하려는 농가의 경영실적과 비교하는 진단방법은?

① 표준비교법
② 직접비교법
③ 시계열비교법
④ 내부비교법

■ 표준비교법은 일반적으로 많이 이용하고 있는 표준치와 비교하는 방법이다.

06 조수익 1,000,000원, 경영비 600,000원, 생산비 500,000원일 때 축산소득과 소득율은 얼마인가?

① 360,000원, 30%
② 400,000원, 40%
③ 500,000원, 50%
④ 500,000원, 60%

■ 축산 소득
= 축산 조수입 − 축산 경영비
= 1,000,000 − 600,000
= 400,000
● 축산소득율
= 400,000/1,000,000 ×100
= 40%

07 전업 낙농가의 연간 우유판매수입 3,800만원, 송아지 판매수입 1,000만원, 구비평가액 200만원, 사료비 3,350만원, 위생비 50만원, 제재료비 50만원, 고용노임 300만원, 융자금 이자 150만원, 토지 임차료 100만원, 가족노동비 350만원, 자기 기본이자 50만원일 때 경영비는 얼마인가?

① 1,000만원
② 2,000만원
③ 3,000만원
④ 4,000만원

■ 조수입 : 3,800만원 + 1,000만원 + 200만원 = 5,000만원
경영비 : 3,350만원 + 50만원 + 50만원 + 300만원 + 150만 + 100만원 = 4,000만원
● 경영비에는 자가노동비, 자기자본 및 자기토지용역비는 포함되지 않음

08 낙농경영의 진단 목표 중 생산성 진단 시의 기술지표와 거리가 먼 것은?

① 원가계산서
② 분만횟수
③ 유사비
④ 착유우 마리당 연간 산유량

■ 원가계산은 수익성 진단에 속한다.

09 낙농경영에서 주산물 수입은?

① 우유 수입
② 송아지 수입
③ 구비 수입
④ 노폐우 수입

■ ②③④는 부수입이다.

10 다음 중 경영진단의 순서가 바르게 된 것은?

> ㉠ 문제의 발견과 파악   ㉡ 문제의 요인 분석
> ㉢ 경영 실태 파악   ㉣ 대책 및 처방

① ㉡ → ㉢ → ㉠ → ㉣   ② ㉠ → ㉡ → ㉣ → ㉢

③ ㉢ → ㉡ → ㉠ → ㉣   ④ ㉢ → ㉠ → ㉡ → ㉣

■ 1단계 : 경영실태 파악 및 분석
● 2단계 : 문제의 발견 및 판단
● 3단계 : 문제의 요인 분석
● 4단계 : 대책 및 처방

11 축산경영진단 순서를 바르게 연결한 것은?

① 경영실태의 파악 → 문제의 분석 → 문제의 발견 → 대책과 처방

② 문제의 발견 → 경영실태의 파악 → 문제의 분석 → 대책과 처방

③ 문제의 발견 → 문제의 분석 → 경영실태의 파악 → 대책과 처방

④ 경영실태의 파악 → 문제의 발견 → 문제의 분석 → 대책과 처방

12 연간 조수익이 5,000만원이고, 경영비 4,000만원, 총 생산비가 4,400만원이 되는 낙농가의 순수익률은?

① 3%   ② 6%

③ 12%   ④ 24%

■ 순수익률
= 순수익 / 조수익 × 100
● 순수익 = 5,000만원 − 4,400만원 = 600만원
● 순수익률 = 600만원 / 5,000만원 × 100 = 12%

13 우유 생산비 중 비용이 가장 많은 것은?

① 노동비

② 감가상각비

③ 사료비

④ 위생비

■ 축산에서 가장 많이 소요되는 물재비용은 사료비이다.

14 다음 양돈경영비 중 가장 높은 비율을 차지하는 것은?

① 진료, 위생비

② 사료비

③ 고용노임

④ 건물 감가상각비

■ 모든 축산경영에서 가장 큰 비용은 사료비이다.

15 일반적으로 낙농 경영 중 사료비는 우유 생산비의 몇 % 정도를 차지하는가?

① 50% 내외

② 70% 내외

③ 80% 내외

④ 90% 내외

■ 우유대의 비율에서 구입사료비는 45~50% 정도를 차지한다.

16 축산물 생산비와 축산경영비의 차이점은 무엇인가?

① 둘은 같은 의미이다.

② 생산비는 주로 경영단위로 산정되고, 경영비는 주로 작목단위(作目單位)로 계산된다.

③ 생산비는 주로 축산물 가격정책의 기초자료로, 경영비는 경영능률 및 수익성 척도의 자료로 이용된다.

④ 생산비에는 자급비가 포함되지 않으나 경영비에는 자급비가 포함된다.

■ 경영비 : 조수입을 얻기 위하여 투입된 직접비용, 실제 지불된 비용

● 생산비 : 가축 1단위를 생산하는 데 소비된 경영비와 자가노력비+자기자본용역비+자기토지용역비

17 다음 중 보수에 대한 설명으로 잘못된 것은?

① 자가 노동보수 = 소득 − (자기자본이자 + 자기토지자본이자)

② 경영자 보수 = 자가노동보수 − 경영자 이외의 가족노동보수

③ 자가 노동의 1일당 보수 = 자가 노동보수 / 365

④ 경영자 이외의 가족노동보수 = 자가노동보수 − 경영자 보수

■ 자가 노동의 1일당 보수
= 자가 노동보수 / 자가 노동 일수

14 ② 15 ① 16 ③ 17 ③

18 기계 이용에는 비용이 든다. 이런 비용은 일정하게 지출되는 고정비와 이용 정도에 따라 증감하는 변동비가 있다. 시간당 비용을 잘못 설명한 것은?

① 이용시간이 적을수록 시간당 비용이 커진다.
② 구입가액이 높을수록 시간당 비용은 커진다.
③ 이용시간이 많을수록 시간당 비용이 커진다.
④ 구입가액이 저렴할수록 시간당 비용은 적어진다.

■ 이용시간이 많을수록 시간당 비용이 적어진다.

19 생산비에 포함되지 않는 항목은?

① 사료비
② 광열 수도료
③ 가족노동에 대한 노임
④ 부산물 가액

■ 부산물 가액은 축산부수입이다.

20 소득률 공식이 바른 것은?

① $\dfrac{소득}{조수익} \times 100$

② $\dfrac{소득}{경영비} \times 100$

③ $\dfrac{조수익}{총자본} \times 100$

④ $\dfrac{소득}{총자본}$

21 축산경영비에 관한 설명 중 틀린 것은?

① 축산경영에 소요된 재화와 용역을 얻기 위해 현물로 그 댓가를 지불하였을 경우에 이의 평가액도 경영비를 구성한다.
② 사료·연료 등 구입현물의 기말재고량이 기초재고량보다 많을 때에는 그 평가액의 차액을 축산경영비에 가산해야 한다.
③ 사료를 외상으로 구입하고 그 대금을 지불하지 않았을 경우에도 그 미불금을 구입사료비에 포함시켜야 한다.
④ 축산경영비는 축산 소득적 실비(失費)라고도 한다.

22 A 양돈농가의 어느 해 비육돈 1두당 조수익이 133,000원, 경영비가 94,000원, 비용합계액이 112,000원이었다. A 양돈농가의 비육돈 1두당 소득은?

① 21,000원   ② 39,000원
③ 115,000원   ④ 15,000원

■ 1두당 소득 = 소득 / 사육두수
● 소득 = 133,000원 − 94,000원
= 39,000원

23 우유의 생산비를 절감하기 위해 적절한 방법은?

① 착유우의 번식간격 확대   ② 착유우의 생산수명 단축
③ 착유우의 두당 산유량 증대   ④ 사료 급여량 증대

24 축산경영에서 조수익을 증대시키는 수단과 관계가 없는 것은 무엇인가?

① 가축단위당 생산성의 증가   ② 경영규모의 확대
③ 토지 생산성의 향상   ④ 감가상각비의 증대

■ 감가상각비는 경영비이므로 적을수록 유리하다.

25 축산물 생산비를 잘못 설명한 것은?

① 제2차 생산비는 목적하는 축산물의 기초 원가이다.
② 경영자본이자와 토지자본이자는 1차 생산비에 포함되지 않는다.
③ 제1차 생산비는 경영개선을 위한 경영능률의 측정에 중요한 자료가 된다.
④ 제2차 생산비는 생산에 관계된 모든 비용의 합계로서 축산물의 가격정책 자료로 널리 이용된다.

■ 제2차 생산비는 목적하는 축산물의 기초 원가가 아니다.

26 안정성 지표에 해당되지 않는 것은?

① 자기자본 구성비율   ② 사료효율
③ 자본회전율   ④ 고정비율

■ 사료효율은 기술성의 진단지표이다.

22 ②   23 ③   24 ④   25 ①   26 ②

27 양돈농가의 작년 소득률이 50%이었다. 이 농가가 양돈 조수익 80,000천원을 얻었을 때 양돈소득은 얼마인가?

① 20,000천원   ② 40,000천원

③ 60,000천원   ④ 80,000천원

■ 소득률
= 축산 소득 / 축산 조수입
50% = 축산 소득 / 80,000천원
축산 소득 = 40,000천원

28 다음 중 비육돈 경영의 노동 생산성 향상 요인이 아닌 것은?

① 사육규모를 적게 할 것

② 육돈 비육 회전율을 높일 것

③ 사육돈 두당 노동시간을 줄일 것

④ 판매육돈의 두당 이익을 크게 할 것

■ 사육규모를 크게 한다.

29 양계경영진단의 종류는 비교분석의 기준에 따라 외부와 내부로 분류하는데, 다음 중 내부비교법에 해당하지 않는 것은?

① 시계열 비교법   ② 표준 비교법

③ 부분 간 비교법   ④ 계획 대 실적 비교법

■ 외부비교법에는 표준비교법, 직접비교법이 있다.

30 다음 중 투하자본에 대한 매출액의 비율을 나타내는 것으로, 투하자본이 1년 동안에 몇 번이나 이용되고 있는지를 평가하는 것은?

① 소득률   ② 자본회전율

③ 자본이익률   ④ 단위당 소득

■ 자본회전율
● 투하 자본에 대한 매출액(조수입)의 비율을 나타낸다. 짧을수록 높다.
● 투하 자본이 1년 동안에 몇 번이나 이용되고 있는지를 평가한다.

31 다음 중 낙농경영 합리화를 위한 손익분기점 최저화 요인과 관계가 없는 것은?

① 자본회전율 저하   ② 사료비 절감

③ 노동효율 향상   ④ 우유 생산량 증대

■ 자본회전율은 높을수록 유리하다.

27 ②   28 ①   29 ②   30 ②   31 ①

32 다음 중 생산비를 산출하기 위한 비용의 자격조건을 설명한 것으로 틀린 것은?

① 생산비는 화폐가치로 나타낼 수 있어야 한다.

② 생산비는 정상적인 생산 활동을 위해 소비된 것이어야 한다.

③ 생산비는 화재, 도난 등 불가항력에 의한 손실도 포함된다.

④ 생산비를 산출하고자 하는 대상물을 생산하는 데 실제로 소비된 것이어야 한다.

■ 생산비의 조건
● 화폐가치로 표시할 수 있을 것
● 축산물 생산에 직접 소비된 것일 것(판촉비, 홍보물 제작비 등 제외)
● 일상적인 생산활동에 소비된 것일 것(풍수해, 화재, 도난에 의한 손실비는 제외)

33 축산물 생산비에 대한 설명으로 틀린 것은?

① 생산비는 화폐가액으로 표시될 수 있어야 한다.

② 생산물을 생산하기 위하여 직접 소비된 것이어야 한다.

③ 농장에서 구입한 모든 것들이 포함되어야 한다.

④ 생산비는 정상적인 생산활동을 위해 소비된 것이어야 한다.

34 양계농가의 재무구조를 조사한 결과 성계 1수당 총자본이 7,000원이었다. 이 중 자기자본이 5,000원이고, 타인자본이 2,000원일 때 성계 1수당 부채비율은 얼마인가?

① 28.5% 　　　　② 40.0%

③ 71.4% 　　　　④ 120.0%

■ 부채 비율(%)
= 타인 자본(부채) / 자기 자본 × 100
2,000원/5,000원 ×100 = 40%

35 어느 낙농농가의 연간 우유판매 수입이 120,000,000원, 송아지 생산수입 등 부산물 수입이 10,000,000원이었으며, 연간 우유 생산량은 200,000kg, 우유생산을 위한 낙농부문 생산비가 90,000,000원이었다고 한다. 이 농가의 우유 1kg당 생산비는 얼마인가?

① 600원 　　　　② 500원

③ 450원 　　　　④ 400원

■ 단위당 생산비
= (전체 생산비 − 부산물 평가액) / 생산량
(90,000,000원 − 10,000,000원) / 200,000kg
= 400원

32 ③ 33 ③ 34 ② 35 ④

36 다음 중 자기경영의 진단 결과를 시각적으로 쉽게 알아볼 수 있도록 도표에 의하여 목표달성의 정도를 상·중·하로 표시하는 방법은?

① 수표법
② 온도계법
③ 원형그래프법
④ 막대그래프법

■ 원형그래프법은 진단 지표를 상, 중, 하로 평가한 후 원형 도표의 등급선상에 점을 찍는다.

37 「축산 조수익 – 축산 경영비」의 공식에 의하여 산출되는 것은?

① 농외 소득
② 축산 소득률
③ 축산 소득
④ 겸업 소득

■ 축산 소득
= 축산 조수입－축산 경영비

38 다음 중 우유의 생산비를 절감하기 위한 방법으로 가장 적절한 것은?

① 착유우의 번식간격 확대
② 착유우의 생산수명 단축
③ 착유우의 두당 산유량 증대
④ 착유우의 감가상각비 증대

■ 번식 간격 축소, 생산수명 연장, 산유량 증대, 감가상각비 절감

39 다음 중 경영의 안정성을 측정하는 지표는?

① 경영주 보수
② 자본 이익률
③ 자본 생산성
④ 부채 비율

■ 안전성 지표에는 유동 비율, 고정자본 비율, 자기자본 비율, 부채 비율 등이 있다.

40 축산경영의 수익성을 측정하는 경영진단 지표는?

① 축산소득
② 자기자본 비율
③ 부채비율
④ 노동생산성

■ 수익성 분석에는 소득, 순수익, 가족노동 보수, 자본 회전율, 자본 이익률, 경영주 보수 등이 있다.

41 축산물 생산비와 축산경영비에 모두 포함되는 것은?

① 자가 노동의 평가액

② 자기 자본의 이자평가액

③ 자기 토지자본에 대한 이자

④ 자기소유 종축에 대한 감가상각비

■ ①②③은 생산비 항목이고, ④는 생산비와 경영비 모두 포함된다.

42 다음 중 낙농경영에서 젖소 가격이 높을 때 수익성을 낮게 만드는 요인은?

① 산유량 증가

② 번식률 향상

③ 이용연한 단축

④ 번식간격 단축

43 축산경영에서 이윤극대화의 원칙으로 옳은 것은?

① 한계수입 = 평균비용일 경우

② 한계비용 = 한계수입일 경우

③ 한계비용 = 평균가격일 경우

④ 한계수입 = 최고비용일 경우

■ 이윤(순수익)의 극대화
● 한계수입과 한계비용이 같을 때
● 생산요소와 생산물과의 가격비가 한계생산과 일치할 때
● 총수입과 총비용의 차가 최대일 때

44 "유우 1두당 산유량", "모돈 1두당 자돈이유두수"는 생산량을 두수로 나눈 것이다. 이러한 것을 생산기술 분석에서 무엇이라고 하는가 ?

① 이용률 · 조업도 · 회전율

② 투입 · 산출비율

③ 노동생산성

④ 가축 생산성

■ 생산성 분석에는 노동 생산성, 자본 생산성, 토지 생산성, 가축 생산성이 있다. 가축 생산성은 총 생산량 / 생산두(수)수로 나타낸다.

41 ④ 42 ③ 43 ② 44 ④

45 쇠고기 값이 10% 올라서 쇠고기의 수요량이 3% 줄었다. 이 때 쇠고기 수요의 탄성치는 얼마인가?

① 0.1   ② 0.3

③ 0.5   ④ 3.0

■ 수요의 가격탄력성은 가격의 변화율에 대응하는 수요량의 변화율이다.
수요량 변화율 / 가격변화율
3 / 10 = 0.3

46 달걀의 가격이 10% 하락했을 때 그 수요량이 5% 증가되었다. 이 때 달걀의 수요 탄력치는?

① 0.5   ② 1.0

③ 1.5   ④ 2.0

47 양돈 번식경영에 있어서 기술지표로 잘못된 것은?

① 1일 증체량   ② 이유 두수

③ 산자수   ④ 새끼 육성률

■ 증체량은 비육돈의 경영지표이다.

48 경영진단에 있어 직접비교법으로 경영계획을 세웠을 때 진단 지표의 기준값이 되는 것은?

① 평균값   ② 표준값

③ 목적값   ④ 최고값

■ 직접비교법은 분석지표를 기준으로 평균치를 사용하며 신뢰성이 있다.

49 축산경영진단에서 각종 시험성적(試驗成績)이나 전문가의 경험 또는 어떤 지역의 가장 이상적인 표준경영을 토대로 하여 진단지표를 작성한 뒤, 개별농가의 경영상태를 이 지표와 비교하여 진단하는 방법은?

① 표준 비교법

② 직접 비교법

③ 선형 계획법

④ 이익 계획법

■ 일반적으로 많이 이용하고 있는 표준치와 비교하는 방법이다.
● 어떤 지역에서 가장 합리적인 표준 모델 농장 또는 시험장 성적과 비교한다.

45 ②   46 ①   47 ①   48 ①   49 ①

50 한우 비육 경영의 생산비 중에서 가장 큰 비중을 차지하는 비목은?

① 밑소비(가축비)　　　　② 농후사료비

③ 가축약품비　　　　　　④ 고용노임비

■ 가축비
가축 구입비(부대비용 포함)

51 축산경영 주요 진단지표의 계산방식이 틀린 것은?

① 축산 순수익 = 축산조수입 − 축산생산비

② 축산 소득 = 축산조수입 − 축산경영비

③ 축산 소득률 = (축산경영비/축산조수입) × 100

④ 부채 비율 = (타인자본/자기자본) × 100

■ 축산 소득률
= 축산 소득 / 축산 조수입 × 100

52 유사비(乳飼比)를 바르게 표현한 것은?

① $\dfrac{\text{우유생산량}}{\text{구입사료량}}$

② $\dfrac{\text{우유생산량}}{\text{농후사료량구입비}}$

③ $\dfrac{\text{구입사료량}}{\text{우유판매수입}}$

④ $\dfrac{\text{구입사료량}}{\text{우유판매수입}}$

■ 유사비는 구입사료비와 유대의 비율로 45~50%를 차지한다.
● 유사비 = 구입사료비 / 우유 판매금 × 100

53 사료효율을 구하는 계산식이 바르게 표현된 것은?

① 사료 급여량 / 축산물 생산량 × 100

② 사료 급여량 / 사료 구입량 × 100

③ 축산물 생산량 / 사료 급여량 × 100

④ 농후사료 급여량 / 조사료 급여량 × 100

■ 사료효율
= 증체량 / 섭취량 × 100
● 사료 요구율
= 사료 섭취량 / 증체량

54 축산농가의 농가소득을 올바르게 나타낸 것은?

① 축산소득 − 농외소득

② 축산소득 + 농외소득

③ 축산소득 + 농외소득 − 가계비

④ 축산소득 + 농외소득 − 가처분소득

55 비육우 농가의 어느 해 비육우 1두당 조수익이 300만원, 생산비(비용합계)가 240만원 이었다. 이 농가의 비육우 1두당 순수익률은?

① 10%

② 20%

③ 30%

④ 40%

■ 순수익률
= 순수익/ 조수익×100
● 순수익
= 300만원 − 240만원 = 60만원
● 60만원 / 300만원 × 100
= 20%

56 경영비의 구성요소가 아닌 것은?

① 재료비

② 임차료

③ 자가 노력비

④ 감가 상각비

■ 경영비 : 물재비 + 고용노임
● 생산비 항목에는 자가노임, 자기(자본, 토지 용역비)가 포함된다.

IV 가축과 축산물의 유통

1 축산물 유통의 기능

1 물적 기능(물리적 기능)

- 역할 : 시간적, 장소적, 형태적 효용 창출 기능
- 종류 : 운송기능, 저장기능, 가공기능

(1) 운송기능

① 축산물의 생산지에서 가공지 및 소비지로 운송 – 장소적 효용을 창출
② 짧은 거리는 자동차, 먼 거리는 기차나 선박의 운송비가 저렴하다.
③ 특수한 운반 시설이 필요(가축 전용차, 육류운반 냉장 및 냉동차 등)
④ 도로조건, 운송거리, 취급규모, 운송비용, 상인의 전통적인 수송 관행 등

(2) 저장기능

① 축산물 공급이 자연적 조건에 의해 계절적인 제약 – 시간적 효용 창출
② 수요는 연간 균등, 생산은 과잉과 부족으로 수급 불일치, 저장 보관이 필요
③ 축산물은 부피가 크고 부패하기 쉬우므로 특별한 저장 시설이 필요
④ 저장 시설과 저장 위치, 저장 기간을 적절히 하여 저장 비용은 최소화 한다.

(3) 가공기능

① 축산물은 부패되기 쉬움, 통조림, 냉동, 건조 등의 가공이 필요 – 형태적 효용 창출
② 부피가 큰 것을 가공하면 운송에 간편하다.
③ 소비자의 기호에 맞게 가공
④ 단순 가공 : 도축, 복합가공 : 햄, 소시지, 통조림, 아이스크림, 버터, 분유 등
⑤ 축산물 공급의 평준화와 장기 저장, 새로운 수요의 창출 또는 시장 개척이 목적

② 교환 기능(경제적 유통)

- 역할 : 소유권 이전 기능
- 종류 : 구매기능, 판매기능(수집, 분산기능)

(1) 구매(수집)

① 축산물을 인도 받고 대금 지불하는 과정
② 구매 동기 : 감정적, 합리적, 애고 동기에 의함
③ 최근 국제무역거래는 선물 거래가 이루어지고 있다.

(2) 판매(분산)

① 예상고객이 상품과 서비스를 구매 · 원조 · 설득하는 과정, 수요 창출, 판매량 확대
② 가공, 저장, 운송 등의 물리적 기능을 이행하는 데 필요한 의사결정기능
③ 산지시장(가축시장), 도매시장, 소비자시장(정육점 · 슈퍼마켓)으로 구분
④ 도매상은 수집시장과 분배시장의 중간에서 운송 및 저장 기능 담당
⑤ 식육도매시장은 대개 도축장을 겸하고 있다.
⑥ 산지시장은 생축, 도매시장은 도축되어 지육, 소매시장은 정육 거래

③ 조성 기능(보조 기능)

- 역할 : 교환기능과 물적 기능의 보조
- 종류 : 표준화 및 등급화 기능, 시장 정보 기능, 농업유통 금융, 위기 부담 등

(1) 표준화(규격화) 기능

① 축산물등급제 : 쇠고기, 돼지고기, 닭고기, 계란, 말고기, 오리고기 등
② 포장유통 의무화 : 닭고기, 오리고기, 계란 등
③ 쇠고기 품질공정 평가제 : 부분육 거래 활성화 및 유통의 지표 제공
④ 닭고기, 계란 품질공정 평가제 도입

(2) 시장정보 기능

① 축산물 등급표시 : 쇠고기(5부위 의무표시 판매), 돼지고기, 닭고기, 계란 등
② 이력제 : 쇠고기, 돼지고기
③ 원산지 표시제 : 쇠고기, 돼지고기, 닭고기, 오리고기, 말고기, 육류 부산물 등
④ 도축장 실명제 실시

축산물 등급화의 이점

① 비용절감 측면
- 판매자 구매자간 상품 질에 대한 시비 감소
- 선물거래, 전산거래, 중간 시장거래 가능
- 대량의 품질이 동일화 – 대량 거래, 혼합 운송 및 보관 가능

② 유통 체계 측면
- 등급에 따른 차등가격으로 양질의 축산물 생산 촉진
- 소비자가 원하는 적정 가격의 부위와 품질을 선택
- 선물거래의 연결 거래가 가능
- 시장 정보의 입수가 용이하다.

(3) 유통금융

유통에 종사하는 상인들에게 신용대부 – 사업규모를 확대시킬 수 있다.

(4) 위험부담

① 실질적 위험 : 품질의 저하 또는 부패, 화재, 도난 등에 의한 손실

② 농업재해보험 : 정부 50%, 지자체 26% 보조, 자부담 24%, 보험금액의 70~85% 보상

(5) 유통 합리화와 위생 강화 기능

① 도축장 구조조정 및 거점 도축장 육성

② 직거래 활성화, 축산물 종합처리장 지원 대책

③ 축산물 즉석가공판매업 신설, 계란 GP센터 건립 확대

④ 축산물 지육 냉장유통 : 소 · 돼지 냉도체 판정, HACCP

축산물 유통의 특수성

① 가축은 성숙 전에도 상품적 가치가 있다.(가축은 성장 중에도 거래가 가능함)
② 가축의 이동 시 감량이 발생하므로 중간 상인이나 구매자가 구매한다.
③ 축산농가가 영세하므로 수집상 등 중간 상인이 개입한다.
④ 가축시장의 경매가격, 도축장의 육류 가격의 평가기준 설정이 어렵다.
⑤ 부패성이 강하여 냉장 운반 · 보관비용이 소요되고 인력이 필요하다.
⑥ 생체로부터 가공까지 가공시설과 가공기술을 필요로 한다.
⑦ 가격변동에 대한 대응이 단시간에 이루어지기 어렵다.
⑧ 소득수준 향상에 따라 다른 농산물에 비하여 소비량이 계속 증가한다.

2 축산물의 유통경로

① 소와 쇠고기의 유통

(1) 소의 출하의 형태
① 농가가 도매시장, 공판장에 직접 개별 출하하는 방법
② 중간상인(수집상)이 도축장에 의뢰하는 임도축하는 방법
③ 농협에 수탁하여 계통출하하는 방법
● 2012년 출하방법은 임도축 56.1%, 경매 43.9%이나 경매 방법이 증가하고 있다.

연구 **소와 쇠고기의 유통단계**

구분	1	2	3	4	5	6	7	8	9
유통단계	생산단계				도매단계		소매단계		
유통형태	생축				지육		정육		
유통주체	농가	개별출하 (경매, 임도축) 우시장 계통출하	가축거래 상인	식육포장 처리업체 식육판매 업체(조합, 정육점 등) 육가공업 체 등	도매시장 공판장 도축장	축산물시장 (중도매인) 식육포장처 리업체	대형마트 백화점 슈퍼마켓	정육점 조합 일반음식점 집단급식소 2차가공 등	소비자

(2) 소의 거래 방법
① 경매 : 송아지 경매가 93%, 육성우와 큰소의 경매는 7%로 미미한 수준이다.
② 일반 거래 : 송아지 거래가 66%, 육성우 5%, 큰소 29%
③ 가축거래 상인은 가축의 거래를 위탁받아 제3자에게 알선, 판매 또는 양도
④ 전국에 소 가축거래상인은 966명 정도, 가축거래 수수료는 소 1두당 5만원이다.

● 축산물종합처리장 : 도축 및 가공하는 대형업체로서 정부 지원으로 설립된 업체
● 축산물 공판장 : 생산자단체(농·축협)에서 개설·운영하는 도매시장
● 축산물도매시장 : 도축 후 육류를 경매·입찰 방법으로 도매하는 업체(중도매인)

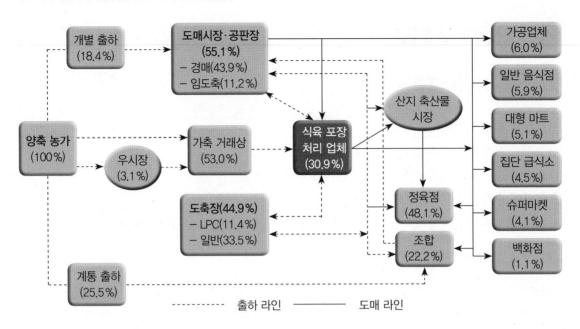

쇠고기 유통 경로

② 돼지와 돼지고기의 유통

(1) 유통 방법

① 돼지는 중간 상인에 의한 문전 거래, 농협의 계통출하, 양축가가 직접 도축장 출하

② 가축시장 거래가 없고 도축장을 반드시 거쳐야 하는 구조로 되어 있다.

(2) 유통단계

연구 **돼지와 돼지고기의 유통 단계**

구분	1	2	3*	4*	5*	6*	7	8
유통 단계	생산단계			도매단계		소매단계		
유통 형태	생축			지육		정육		
유통 주체	양축가	상인	처리 업체 식육 판매 업체 (조합, 정육점) 기타(육가공 업체)	도매시장 공판장 도축장	축산물 시장 식육 포장 처리 업체	식육 판매 업체	일반 음식점 집단 급식소	소비자

③ 닭과 닭고기의 유통

(1) 닭의 유통

① 생계 유통 : 중간 상인이 수집, 도계장에서 수집, 농협의 계약 사육에 의한 수집

② 도계 유통 : 도축장을 반드시 거쳐야 하는 구조로 되어 있다.

(2) 유통 경로

① 닭고기는 짧게는 3단계, 길게는 6단계를 거쳐 유통되고 있다.

② 사육농가 → 수집, 반출상 → 도계장 → 소비자

연구 닭고기 유통 경로

구분	1	2	3*	4*	5*	6	7
유통 단계	생산 단계			도매 단계		소매 단계	
유통 형태	생축			지육		정육(부분육)	
유통 주체	양축가	가축 거래 상인	계열화 업체	도계장	대리점	식육 판매 업체 일반 음식점 집단 급식소	소비자
			식육 포장 처리 업체		식육 포장 처리 업체		

④ 달걀의 유통

(1) 달걀의 유통

① 달걀은 생산농가에서 포장 계란 형태로 유통된다.

② 도매상은 재고품의 상품가치 하락으로 가격 상승의 요인이 된다.

(2) 유통 경로

① 짧게는 1단계, 길게는 5단계를 거쳐 유통되고 있다.

② 식용란 수집 판매 업체간 거래까지 포함할 경우 유통 경로는 더욱 복잡하다.

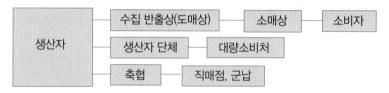

⑤ 우유와 유제품의 유통

① 원유는 민간 유업체, 지역 축협과 낙농업협동조합에 의하여 집유된다.
② 유가공 공장에서 유업체의 우유 대리점, 우유 보급소를 거쳐 소비자에게 공급

낙농가 → 집유 → 가공업체 → 대리점 → 대량 소비처(군납, 학교) → 소비자
↘
제과점, 가정, 소매업체

연구 축산물의 유통 경로

① 직접 유통 : 생산자 → 소비자
② 간접 유통 : 양축가 → 지방 수집상 및 반출상 → 도매상 → 소매상 → 소비자
※ 계통출하 : 양축가 → 축협 도축장 경매 → 소매상 → 소비자
※ 유통 단계가 많고 복잡하며, 주체가 많고 영세, 유통비용 증가

연구 축산물의 기구

① 수집기구 : 수집상, 반출상, 농업협동조합 등
② 중개기구 : 농수산물 도매시장
③ 분산기구 : 도매상, 소매상

3 유통비용과 마진

① 유통비용

(1) 유통비용의 구성
① 생산자로부터 소비자에 이르기까지 발생하는 비용
② 매매, 운송, 보관, 유통업자의 이윤 등이다.
③ 유통비용은 유통마진에서 상업이윤을 제외한 비용을 말한다.
④ 유통비용의 구성
- 직접비 : 작업비, 운송비, 포장재비, 상·하차비, 수수료, 감모비 등
- 간접비 : 점포유지관리비, 인건비, 제세공과금, 감가상각비 등
- 이윤 : 유통업자 이윤, 임대료, 지대, 이자, 감가상각비, 기타 잡비
※ 2015년 쇠고기, 돼지고기, 닭고기, 계란의 평균 유통비 43.4%

(2) 유통비용 절감 방법

① 산지 유통기능 확대, 직거래, 도매시장 거래 방법의 다양화, 전자상거래

② 저장 효율 확대, 보관기술 개발, 수송시설과 기술 혁신

③ 표준화 및 등급화, 위험부담 감소방안 모색, 정보기능 활성화

● 농가 수취율 = 농가판매가격 / 소비자 구입가격 × 100

② 유통마진(marketing margin)

(1) 유통비용의 개념

① 소비자 지불 가격 − 양축가 수취가격, 즉 유통비용 + 중간 상인 이윤

② 유통마진 : 유통과정에서 발생하는 모든 유통비용이 포함된 개념

　　● 유통마진을 이윤으로만 생각하는 일반적인 오해가 있다.

(2) 축산물 유통비용의 특징

① 수송비용, 저장비용, 가공비용이 있다.

② 축산물의 유통마진은 다른 상품에 비해 높다.

③ 부피가 크고 무거우며, 부패, 변질이 쉬워 수송, 저장, 가공 등의 비용이 많이 든다.

④ 소규모 생산과 소규모 소비로 수집과 분산과정이 길고 복잡하다.

⑤ 최근 구매력 증가, 선호 다양, 고급화 추세로 유통마진의 비중이 크다.

⑥ 단계별 비용은 소매단계의 비용이 가장 높다.

연구 **유통경로별 유통비용**(단위 : %)

구분	농가 수취율	유통비용률
양축가 → 도매시장 · 공판장 → 정육점 → 소비자	55.1	44.9
양축가 → 조합(농협 등) → 직매장 → 소비자	71.6	28.4

4 가축(생축)의 반입 및 출하 관리

① 가축의 출하 관리

(1) 가축 출하 전 준수사항

① 소, 돼지 등 가축은 도축장에 출하 전 12시간 이상 절식(물은 제외)

② 닭, 오리 등 가금류는 도축장에 출하 전 3시간 이상 절식(물은 제외)

③ 도축검사 시 절식 여부 조사

　　● 1차 위반 : 시정명령, 2차 위반 : 과태료 부과 등 조치 예정

(2) 출품 송아지 자격

① 혈통 등록우 이상으로 어미소 정보, 이력제, 브루셀라 검사 등 검증된 송아지

② 쇠고기 이력제 등록된 송아지

　　● 출하 월령 5~7개월령(150일~210일 이내), 출하 체중 150~250kg(±10kg 이내)

③ 송아지 출품 결격 사유 : 이모색 및 흑비경, 반점, 복강 내 정소, 프리마틴 암송아지

② 가축 경매

(1) 가축시장의 개장

① 개장일 : 1주간~3주간 간격(지역 축협마다 다름)

② 출품 송아지 신청 : 경매 3~10일 전 지역 축협에 접수(각 지역 축협마다 다름)

③ 접수처 : 각 지역 축산협동조합

④ 개장 시간 08:00~09:00, 가격 사정 09:00~10:00,

　　응찰자 접수 10:00~11:00(동절기 및 지역에 따라 약간 다름)

⑤ 출품송아지 수수료 : 출하자 20,000원(비조합원 40,000원), 낙찰자 20,000원

(2) 출하와 응찰 과정

① 출하자 : 소 상차, 가축시장 운송 → 차량 소독 → 소 하차 후 체중 측정 → 지정 계류장에 보정 → 송아지 접수 및 출하수수료 지불 → 예상 가격 사정 → 낙찰 → 송아지 인계(유찰 시 송아지 반출) → 대금 수령

② 응찰자 : 응찰자 접수 → 입찰 단말기 수령 → 경매 참여 → 낙찰 → 낙찰 수수료 및 매매대금 지불 → 소 인수

(3) 판매 전략

① 최근 생산농가는 도매상 또는 소비자에게 직접 판매 경향이 늘고 있다.

② 생산자가 판매 대책을 갖게 된 배경은 다음과 같다.

　　● 생산자 가격과 소매가격의 가격차, 즉 중간 마진이 크다는 것

　　● 위생적, 안전성, 기능성의 고품질 축산물을 고가에 판매할 수 있다.

　　● 축산물은 가공 또는 제품화하면 부가가치가 높아진다.

- 수입 축산물로 가격이 하락되어 이를 보완하기 위한 대책의 일환이다.
- 최근 생산자나 소매업자의 축산물 가공 판매가 허용되고 있다.

③ 일부 양계장은 유정란, 자연란 등 특수란으로 고가에 택배 판매를 하고 있다.

④ 농협조합을 통한 계통출하로 유통단계를 줄인다.

5 축산물 유통현황

1 시장의 개념과 종류

(1) 시장의 개념

① 어떤 재화나 서비스가 거래되고 가격이 형성되는 기구나 조직, 장소이다.

② 축산물의 수요와 공급 즉, 수집, 중개, 분산 기능이 이루어지는 매개체 역할

③ 시장은 완전 경쟁, 독과점 경쟁, 과점 경쟁, 독점시장으로 구분된다.

(2) 시장의 종류

① 완전경쟁시장 : 다수의 판매자와 구매자가 존재, 진입 탈퇴 자유, 단합이 없다.

② 독과점경쟁시장 : 각 회사별 특징이 있어 상품의 이질성이 있다.

③ 과점경쟁시장 : 소수의 판매자와 구매자 존재, 진입과 탈퇴가 자유롭지 못하다.

④ 독점시장 : 하나의 판매자와 구매자 존재, 진입이 어렵다.

2 축산물 시장의 종류

(1) 가축시장

① 주로 한·육우, 젖소 등이 거래되고 중개거래, 경매거래로 이루어진다.

② 축산법에 의해 가축은 가축시장에서 거래하도록 제한되나 일부는 예외이다.

③ 젖소나 염소 등 중소동물은 문전 거래, 돼지는 생산자가 직접 출하한다.

④ 가축시장은 축산법과 농협조합법에 따라 축산업협동조합이 개설·관리한다.

⑤ 2012년 현재 전국의 75개 조합에서 82개의 가축시장이 개설되어 있다.

(2) 도매시장

① 생축의 도축, 등급사정, 경매, 입찰, 지육 반출 등의 기능을 한다.

② 개설자는 시장 또는 군수이며, 지정하는 기관이나 개인이 운영한다.

③ 주로 지육의 경매방법에 의해 거래가 이루어진다.

④ 기능 : 가격형성, 수급조절, 분산, 유통비 절약기능, 위험전가, 거래상 안전 기능

⑤ 축산물공판장 : 협동조합법에 의해 개설된 시장

(3) 소매시장

① 정육의 형태로 최종 소비자를 대상으로 거래가 이루어지는 곳이다.

② 대형마트, 백화점, 슈퍼마켓 내 정육코너, 정육점, 직영판매장 등이다.

③ 우리나라는 정육점에서 대부분 판매되고(25.1%,), 식육포장처리업체(12.1%), 조합 (18.9%)에서 거래되고 있다.

연구 축산물의 일반적인 유통 경로

생산자(양축가) → 수집상, 가축시장 → 중개시장(도매시장, 공판장) → 분산시장(소매시장)

---

6 축산물 등급체계 및 가격결정구조 등

1 축산물 등급체계

(1) 소 도체 등급기준

① 쇠고기의 등급은 육질 등급과 육량 등급으로 구분하여 판정한다.

② 육질 등급 : 근내 지방도, 육색, 지방색, 조직감, 성숙도로 1^{++}, 1^+, 1, 2, 3등급

③ 도체를 2등분할하여 도체의 마지막 등뼈와 제1허리뼈 사이를 절개한 후 판정

④ 육량 등급 : 도체 중량, 등지방 두께, 등심 단면적으로 A, B, C 등급으로 판정

연구 쇠고기 등급

구 분		육 질					등외(D)
		1^{++} 등급	1^+ 등급	1등급	2등급	3등급	
육 량	A등급	1^{++}A	1^+A	1A	2A	3A	D
	B등급	1^{++}B	1^+B	1B	2B	3B	
	C등급	1^{++}C	1^+C	1C	2C	3C	
	등외(D)						

(2) 돼지고기 등급

① 1차 판정 : 도체중량과 등지방 두께

② 2차 판정 : 외관(비육상태, 삼겹살 상태, 지방부착 상태), 육질(지방 침착도, 육색, 조직감, 지방색, 지방질)

③ 최종 등급 : 1차 판정과 2차 판정결과 낮은 등급으로 최종 등급 부여

④ 종합적으로 고려하여 1⁺등급, 1등급, 2등급, 등외(4개 등급)로 구분

연구 **돼지고기의 등급 판정**

구 분		육 질			등외(D)
		1⁺ 등급	1등급	2등급	
규격	A등급	1⁺A	1A	2A	등외
	B등급		1B	2B	
	C등급			2C	
	등외				

(3) 닭고기 등급

① 닭 도체(통닭) : 외관, 비육상태, 지방부착 상태, 신선도와 깃털, 외상, 이물질유무

② 통닭의 품질은 1⁺, 1, 2등급으로 구분

③ 부분육 : 신선한 부분육을 대상으로 과도한 변색이나 골절, 오염, 이물질이 포함된 원료는 사전에 제거한 후 평가하여 등급판정. 1, 2등급으로 구분

(4) 계란 등급

① 계란의 품질등급 : 세척한 계란의 외관, 투광 및 할란 판정을 거쳐 1⁺, 1, 2 등급으로 구분

② 외관판정 : 전체적인 모양, 난각의 상태, 오염 여부 등 계란 외부의 상태를 평가

③ 투광판정 : 기실의 크기, 난황의 위치와 퍼짐 정도, 이물질 유무 등을 평가

④ 할란판정 : 난백의 높이와 계란의 무게, 이물질의 유무 등을 평가

연구 **계란의 중량 규격**

구분	왕란	특란	대란	중란	소란
무게	68 이상	60~68g 미만	52~60g 미만	44~52g 미만	44g 미만

② 가격 결정 구조

(1) 균형 가격과 균형 수급량

① 축산물 가격도 이론적으로는 수요와 공급의 법칙에 따라 형성된다.

② 균형 가격(P_0)은 수요량과 공급량이 일치되어 정지 상태의 가격이다.

(즉, 수요곡선과 공급곡선이 일치하는 지점)

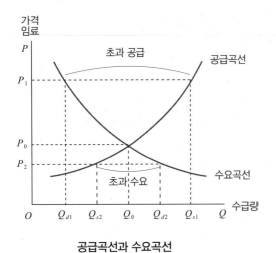

공급곡선과 수요곡선

③ 가격이 P_1으로 오르면 수요량은 Qd_1으로 감소하여 공급량은 Qs_1으로 많아져 $Qs_1 - Qd_1$ 많큼 초과공급이 발생한다.

④ 이 때 가격하락으로 공급량이 감소하고 수요자는 수요량을 증가시켜 균형 가격(P_0)과 균형 수급량(Q_0)에서 안정을 이루게 된다.

④ 가격이 P_2로 낮아지면 수요량은 Qd_2으로 증가하고 공급량은 Qs_2으로 적어져 $Qd_{21} - Qs_{21}$ 만큼 초과 수요가 발생한다.

⑤ 이 때 공급자는 가격을 인상하고 가격 상승은 공급자의 공급량을 증가시키며 수요자는 수요를 감소시켜 결국 균형 가격과 균형 수급량에서 안정을 이룬다.

(2) 거미집 이론(cobweb theorem; Eziekel)

① 수요의 반응에 공급의 반응이 지체되어 거미집과 같은 모양으로 일어나는 현상
② 농축산물은 수요와 공급사이에 시간적 차이로 수요초과와 공급초과가 반복된다.
③ 공급자의 경우, 금기(今期) 공급은 전기(前期) 가격에 의존하기 때문이다.

(3) 축산물의 가격과 수급 조절

① 축산물은 생산기간이 길어(소는 2년) 장차 적정 공급 조절에 어려움이 있다.
② 축산물의 비축과 생산물 처분, 수출 등에 한계가 있다.
③ 수급과 가격변동이 심하고 폭등과 폭락이 생길 수 있다.

> **연구** **축산물 가격 안정화 대책**
>
> ● 가격 안정화 제도 도입 : 과잉 생산 시 수매 비축, 가격 폭등 시 방출
> ● 관측 생산(계획 생산) : 소비량 예측 계획적 생산, 관측 정보 공개
> ● 수입 수출 : 과다한 수입은 기존 축산업 위축
> ● 소비 홍보 강화 : 홍보방법 개선, 직접 홍보
> ● 생산자 부족분 보조 : 과잉 생산 시 생산량 감축분 보상비 지급
> ● 생산 장려금 지급 : 수요량 급등 시 지불, 생산 장려
> ● 제조금 제도 효율적 활용 : 비축금의 융통적 활용

01 축산물유통의 물적 유통기능이 아닌 것은?

① 수송기능
② 저장기능
③ 가공기능
④ 등급화

■ 역할 : 시간적, 장소적, 형태적 효용 창출 기능
● 종류 : 운송기능, 저장기능, 가공기능

02 축산물의 판매기능에 속하는 것은?

① 수요 창조
② 인도 시기나 자본조건의 상담
③ 판매 필요 여부
④ 판매품의 품질 및 수량결정

■ 판매(분산)기능
예상고객이 상품과 서비스를 구매ㆍ원조ㆍ설득하는 과정, 수요 창출, 판매량 확대 등이다.

03 축산물 유통의 물적 기능에 해당되지 않는 것은?

① 축산물의 저장
② 축산물의 수송
③ 축산물의 가공
④ 축산물의 판매

■ 축산물 판매는 교환기능이다.

04 축산물 유통의 조성 기능에 해당되는 것은?

① 축산물의 저장
② 축산물의 표준화 및 등급화
③ 축산물의 구매와 판매
④ 원유의 집유

■ 역할 : 교환기능과 물적기능의 보조
● 종류 : 표준화 및 등급화 기능, 시장 정보 기능, 농업유통 금융, 위기 부담 등

05 축산물의 유통기능 중 교환기능에 해당되는 것은?

① 원유의 집유

② 시장정보의 제공

③ 축산물의 수송

④ 축산물 가공

■ 교환기능은 소유권 이전 기능으로 구매기능, 판매기능(수집, 분산기능) 등이 있다.

06 축산물의 유통기능 중 시간의 효용 창출 기능은?

① 운송기능   ② 교환기능

③ 저장기능   ④ 가공기능

07 소비자의 소득수준과 밀접한 관계가 있는 축산물 유통의 기능은?

① 수송기능   ② 저장기능

③ 가공기능   ④ 경영적기능

■ 운송기능 : 장소적 효용 창출
● 저장 기능 : 시간적 효용 창출
● 가공기능 : 형태적 효용 창출

08 비육한 소의 출하 방식으로 신뢰도가 높고 유리한 방식은?

① 우시장 이용

② 계통출하 이용

③ 산지시장 이용

④ 소매시장 이용

■ 계통출하
양축가 → 축협 도축장 경매 → 소매상 → 소비자

09 소 및 쇠고기의 계통출하 유통경로로 적합한 것은?

① 사육농가 → 축협 → 공판장 → 축협직매장

② 사육농가 → 가축시장 → 수집반출상 → 식육유통센터

③ 사육농가 → 수집상 → 도축장 → 식육도매상 또는 대량수요처

④ 사육농가 → 가축시장 → 축협 → 식육도매상 또는 대량수요처

05 ①   06 ③   07 ③   08 ②   09 ①

10 축산물 가격의 기능이라고 볼 수 없는 것은?

① 양축부분과 비양축부분간의 자원이동을 유발시킨다.

② 농공간의 소득이전을 일으킨다.

③ 축산물 가격의 상대적 상승은 양축농가의 소득효과를 통해서 농촌 저축의 증대를 유도한다.

④ 축산물 가격의 상대적 하락은 생산자와 소비자를 동시에 보호할 수 있다.

11 가축과 축산물의 유통과정에서 가장 중요하다고 생각되는 것은 무엇인가?

① 축산물의 집하조직

② 축산물의 질

③ 축산물의 적정가격

④ 축산물의 규격생산

12 젖소 비육우의 유통기구와 관계되는 것은?

① 집유소

② 보급소

③ 중앙도매시장

④ 사육자

■ ①②④는 우유의 유통기구이다.

13 현재 우리나라 우유의 유통기구와 관계가 없는 것은?

① 유가공 공장

② 집유소

③ 중앙도매시장

④ 보급소

■ 원유는 민간 유업체, 지역 축협과 낙농업협동조합에 의하여 집유된다. 유가공 공장에서 유업체의 우유 대리점, 우유 보급소를 거쳐 소비자에게 공급된다.

14 시장에서 유통되는 육용계의 종류 중 암수를 구분하여 매매하는 닭은?

① 브로일러

② 햇닭

③ 세미브로일러

④ 영계

■ 햇닭은 산란 직전의 닭 또는 산란 초기의 닭으로 햇수탉·햇암닭 등으로 구별한다.

15 축산물 유통에 있어서 비가격경쟁의 수단이라고 볼 수 없는 것은?

① 제품의 차별화   ② 서비스의 차별화

③ 판매촉진 활동   ④ 가격할인

16 생산자와 소비자를 동시에 보호하기 위한 축산물 가격정책은?

① 가격안정정책

② 부족분 지불제도

③ 가격지지정책

④ 소비촉진정책

■ 과잉 생산 시 수매 비축, 가격 폭등 시 방출

17 축산물유통에 있어서 저장 및 보관기능이 수행되는 필요성이라고 볼 수 없는 것은?

① 수급조절   ② 생산물의 성질

③ 투기   ④ 차별가격

■ 수요는 연간 균등, 생산은 과잉과 부족으로 수급 불일치, 저장 보관이 필요하다.

18 축산물에 대한 시장으로 산지시장의 대표적인 것은?

① 소비시장   ② 도매시장

③ 가축시장   ④ 소매시장

■ 가축시장은 주로 한·육우, 젖소 등이 거래되고 중개거래, 경매거래로 이루어진다.

19 다음 중 축산물유통이라고 볼 수 없는 것은?

① 양축가가 생산한 우유를 유업체에 파는 일

② 유업체가 집유한 우유를 가공하는 일

③ 유업체가 가공한 우유를 판매하는 일

④ 양축가가 생산한 우유를 자가 소비하는 일

15 ④   16 ①   17 ④   18 ③   19 ④

20 축산물의 수집분배 및 경매기능을 수행하는 곳은?

① 소매시장

② 도매시장

③ 소비시장

④ 산지시장

21 축산물 등급 제도의 목적으로 볼 수 없는 것은?

① 축산물의 품질향상과 원활한 유통

② 가축개량의 촉진

③ 축산물의 농가수취가격 인하

④ 축산농가의 소득향상과 소비자 편익증대

22 다음 중 축산물 유통의 특수성에 대한 설명으로 틀린 것은?

① 가축의 거래는 가축시장에서만 이루어진다.

② 축산물은 저장 및 보관하는 데 많은 비용이 든다.

③ 축산물의 생산체인 가축은 성숙되기 전일지라도 상품적인 가치가 있다.

④ 축산물의 수요공급은 가격변동에 대한 대응이 단시간에 이루어지기 어렵다.

23 어느 양계농가가 사육한 육계를 1마리당 수집상에게 1,000원에 판매하였는데, 이 육계가 도시에서 소비자에게 닭으로 판매될 때에는 5,000원에 판매되었다. 이 때 농가수취율은?

① 20%

② 30%

③ 40%

④ 50%

24 유통기능의 특성을 설명한 것 중 틀린 것은?

① 유통기능의 수행은 유통비용을 증가시킴과 동시에 상품의 효용가치도 향상시킨다.

② 유통기능은 유통과정에서 어느 시기에 어디에서 누군가에 의하여 수행되어야 한다.

③ 유통기능은 생략할 수 있지만 유통과정에서 중간상인을 배제할 수는 없다.

④ 유통기능의 수행에 따라 증대되는 유통비용을 절감시키기 위해서는 가공·포장·판매 등의 기능을 기계화·대량화·셀프서비스화 할 필요가 있다.

25 축산물 가격의 특성을 설명한 것으로 적당하지 않은 것은?

① 수요와 공급이 균형되어 가격은 안정되어 있다.

② 축산물은 타 농산물과 달리 자가소비 비중이 적어 거의 전량을 도매시장, 상인 등에 판매한다.

③ 복잡한 유통구조와 가격구조를 가지고 있다.

④ 축산물 가격이 주기적으로 변동하는 경향이 있다.

> ■ 축산물은 생산기간이 길어(소는 2년) 장차 적정 공급 조절에 어려움이 있다. 수급과 가격변동이 심하고 폭등과 폭락이 생길 수 있다.

26 축산물 유통근대화의 의의를 설명한 내용 중 틀린 것은?

① 축산물 유통조직기능의 확립

② 축산물 수급의 균형

③ 축산물 거래의 공정성

④ 축산물 가격의 안정성

27 축산물 가격정책의 목적이라고 볼 수 없는 것은?

① 생산농가의 손실방지 　② 생산자재 확보

③ 물가 안정 　④ 가격기능을 통한 생산조절

28 축산물 유통에 있어서 유통비용이란?

① 축산물이 생산자에서 소비자에게 유통되는 과정에서 발생된 일체의 비용과 유통기관의 이윤을 포함한 것이다.

② 축산물의 생산과 유통과정에서 발생된 모든 비용을 포함한 것이다.

③ 축산물의 가공 · 저장기능을 수행하는 데 소요된 비용만을 말한다.

④ 중간상인의 상업적 이윤을 말한다.

■ 유통비용은 생산자로부터 소비자에 이르기까지 발생하는 비용으로 매매, 운송, 보관, 유통업자의 이윤 등이다.

29 축산물 가격정책의 목적으로 볼 수 없는 것은?

① 축산물의 수급안정

② 농가의 소득보장

③ 소비자 보호

④ 공급 원료의 확보

30 육계 1수당 농가수취가격은 1,000원, 수송비는 500원, 소비자 가격은 2,000원이라고 한다. 이 때 육계 1수당 유통마진은 얼마인가?

① 500원 　　　　　② 1,000원

③ 1,500원 　　　　　④ 2,000원

■ 유통마진 = 소비자 지불 가격 − 양축가 수취가격
2,000원 − 1,000원 = 1,000원

31 맥카시(E. J. Macarthy)는 유통관리자가 목표시장의 욕구를 충족시킬 수 있는 수단의 변수들을 4가지로 구분하였는데 여기에 해당되지 않는 것은?

① 제품

② 장소

③ 판매촉진

④ 고용

■ 맥카시의 4P's
제품(product), 가격(price)
장소(place), 판매촉진(promtion)

28 ① 　29 ④ 　30 ② 　31 ④

보충

32 축산물 유통기능 중 물적 기능에 대한 설명이 바르게 된 것은?

① 보조적 기능 – 생산과 소비의 시간차를 메우는 기능
② 수송 기능 – 생산자와 소비자의 위치가 다름으로 발생하는 기능
③ 저장 기능 – 축산물의 형태를 바꾸는 기능
④ 가공 기능 – 유통에 영향을 주는 포장, 계량, 통신, 유통기관의 제도적 기능

32 ②

● 2011~2016년
축산기능사 필기시험
기출·종합문제

IV 필기시험 기출·종합문제

				평가	확인
축산 기능사	시험시간 1시간	**기출 · 종합문제**	출제유형 기본 · 일반 · 심화		

1 난자와 정자가 수정이 이루어지는 부위는?

① 질

② 자궁

③ 난관

④ 난소

2 다음 중 반추동물의 위 모양 중 유문샘부에 해당하는 곳은?

① 1

② 2

③ 3

④ 4

3 칠면조의 품종이 아닌 것은?

① 브론즈종

② 내러갠싯종

③ 백색 홀랜드종

④ 툴루즈종

4 다음 그림 중 소의 신장에 해당되는 것은?

①

②

③

④

5 번식에 관계하는 호르몬 중 자궁을 수축시켜 출산을 촉진시키고 젖 배출을 돕는 호르몬은?

① 에스트로겐 ② 테스토스테론

③ 옥시토신 ④ 프로게스테론

6 돼지 품종 중 미국이 원산이며 털빛이 적갈색으로 도체율이 타 돼지 품종보다 높은 것은?

① 요크셔종

② 랜드레이스종

③ 듀록종

④ 햄프셔종

7 결핍이 되면 암컷에서는 불임이나 유산이 오며 수컷에서는 고환이 퇴화하여 정자 활동이 활발하지 못하므로 불임의 원인이 되는 비타민은?

① 비타민 A

② 비타민 D

③ 비타민 E

④ 비타민 K

8 다음 중 돼지의 기생충과 관계가 먼 것은?

① 위충

② 회충

③ 편충

④ 신충

9 닭에서 강제 털갈이의 효과가 아닌 것은?

① 휴산기간이 짧아진다.

② 알껍질이 두꺼우며 치밀하다.

③ 수정률은 높고 부화율은 낮다.

④ 관리가 용이하고 연중 원하는 시기에 실시할 수 있다.

1 ③ 2 ④ 3 ④ 4 ③ 5 ③ 6 ③ 7 ③ 8 ① 9 ③

10 인공수정 방법 중 한 손을 직장에 넣어 자궁경관부를 잡고 오른손으로는 정액주입기를 자궁경관에 천천히 넣어 경관부를 손으로 확인한 다음 주입하는 인공수정방법은?

① 인공질법

② 질경법

③ 타진주입법

④ 직장질법

11 돼지의 법정 전염병에 해당되지 않는 것은?

① 돼지 단독

② 돼지 위축성비염

③ 돼지 콜레라

④ 돼지 일본뇌염

12 다음 중 치사유전자에 의해 나타나는 돼지의 질병은?

① 거위 걸음   ② 항문폐쇄

③ 헤르니아   ④ 탈모증

13 가축 사양 중 사료의 위생상태가 좋지 못할 때 나타나는 현상이 아닌 것은?

① 사료중독

② 영양실조

③ 사료효율향상

④ 소화장애

14 다음 중 입체 부화기의 입란실 최적온도는 전 부화기간을 통해 몇 ℃를 유지하는 것이 가장 좋은가?

① 32 ~ 33℃

② 37 ~ 38℃

③ 42 ~ 43℃

④ 47 ~ 48℃

15 가축의 몸체를 이루고 있는 조직 중 동물체의 표면이나 내장의 관 또는 체강을 덮고 있는 조직은?

① 상피조직

② 결합조직

③ 근육조직

④ 신경조직

16 싹이 난 감자나 푸른색 감자를 가축에 급여 시 일어나는 식중독 증상의 원인물질은?

① 아질산   ② 고시폴

③ 솔라닌   ④ 아민

17 병아리의 다발성 신경염은 어떤 비타민의 결핍증상으로 나타나는가?

① 비타민 A

② 비타민 D

③ 비타민 E

④ 비타민 B_1

18 초유에는 상유에 없는 특수한 물질이 들어 있어 꼭 새끼에게 먹여야 되는데, 그 이유로 가장 적당한 것은?

① 고단백질의 함유

② 소화가 잘 됨

③ 고지방질의 함유

④ 면역단백질의 함유

19 다음 중 인산칼슘제의 공급목적과 관계가 없는 것은?

① 뼈의 형성

② 알껍질 형성

③ 몸의 색소 형성

④ 치아의 형성

---

10 ④   11 ②   12 ②   13 ③   14 ②   15 ①   16 ③   17 ④   18 ④   19 ③

20 면양 사육에 있어 결핍 시 식모증(食毛症)을 유발하는 영양소는?

① 알칼리염류

② 단백질

③ 지방

④ 조사료

21 호밀에 관한 설명으로 옳은 것은?

① 일반적인 다른 맥류보다 토양을 가리는 성질이 많다.

② 사일리지로만 이용하여 융통성이 없는 작물이다.

③ 생육이 빠르나 추위에 약하다.

④ 뿌리가 잘 발달되어 깊이 뻗어 있다.

22 우리나라에서 건초는 조제방법에 따라 손실량의 차이가 크므로 세심한 주의를 하여 손실을 가능한 한 줄여야 하는데 다음 중 화본과 목초로 건초를 조제할 때 제조과정에서 그 손실이 가장 크게 예상되는 것은?

① 반전, 집초 등의 과정에서 잎의 탈락에 의한 손실

② 퇴적과 건조지연 등에 의한 발효, 일광조사 및 공기접촉에 의한 손실

③ 비 및 이슬 등 강우에 의한 손실

④ 세포가 사멸할 때까지의 호흡에 의한 손실

23 구릉지가 많고 경사가 일반 경작지에 비해 심한 초지에서 산지초지용 트랙터는 안정성과 작업능률이 일반 평지용 트랙터와 다소 차이가 있다. 그러면 산지용 트랙터의 특성과 관계가 먼 것은?

① 같은 크기의 포탈 차축(車軸)을 가져야 한다.

② 4륜구동형(four-wheel drive)으로 4바퀴에 동력이 전달되는 것이 좋다.

③ 차중의 분포 및 작업 시 무게가 앞쪽에 40%, 뒤쪽에 60%가 분포되어야 한다.

④ 양차축에 차동장치(differential locks both axile)가 있어야 한다.

24 다음 중 방목을 실시할 때 계절에 따른 휴목 기간에 대한 설명으로 알맞은 것은?

① 봄이 여름과 가을보다 길어야 한다.

② 여름이 봄과 가을보다 길어야 한다.

③ 가을이 봄과 여름보다 길어야 한다.

④ 계절에 관계없이 같아야 한다.

25 초지조성 및 사료작물 재배 과정에서 진압을 하는 이유는?

① 모세관현상에 의한 수분공급으로 종자나 식물의 뿌리에 수분흡수를 쉽게 하기 위해

② 뿌리를 지면에 단단하게 고정시키기 위해

③ 흙이 바람에 날리는 것을 막기 위해

④ 굵은 흙덩어리를 부수기 위해

26 사일리지 제조 시 발효에 관계없는 세균은?

① 유산균

② 황산균

③ 낙산균

④ 초산균

27 추위에 강해 우리나라에서는 대관령지역이 재배하기에 알맞으며 줄기 기부에 볼록한 비늘줄기를 가지고 있는 목초는?

① 오처드그라스

② 톨페스큐

③ 티머시

④ 이탈리안라이그라스

20 ①   21 ④   22 ③   23 ③   24 ②   25 ①   26 ②   27 ③

28 목초의 분류 중 이용형태에 따른 분류에 해당하는 것은?

① 채초용

② 1년생(한해살이)

③ 방석형

④ 화본과 목초

29 토양을 가리는 성질이 적어 사토에서 사양토까지 가리지 않으며, 산성토양 및 염분이 많은 토양도 가리지 않고 방목 시 고창증의 위험도 없으나 예취 후 재생이 느린 콩과 목초는?

① 알팔파(alfalfa)

② 레드클로버(red clover)

③ 화이트클로버(white clover)

④ 버즈풋트레포일(birds foot trefoil)

30 다음 중 근류균을 이용하는 작물은?

① 톨페스큐

② 켄터키블루그라스

③ 오처드그라스

④ 알팔파

31 사료작물을 형태에 따라 분류하면 볏과(화본과), 콩과(두과), 국화과, 십자화과 및 기타로 나눌 수 있다. 그러면 단백질 함량은 조금 낮지만 섬유소 함량이 높고, 단위면적당 건물생산량이 높기 때문에 사초로서 가장 중요한 위치를 차지하고 있는 사료작물은?

① 화본과(볏과) 사료작물

② 두과(콩과) 사료작물

③ 국화본과 사료작물

④ 십자화과 사료작물

32 사료작물을 청예(靑刈)로 급여할 경우 유리한 점은?

① 이용하는 데 노동력이 덜 든다.

② 이용적기(利用適期)가 빨라진다.

③ 각종 영양소를 풍부하게 공급할 수 있다.

④ 가축의 건강 장애 유발을 막을 수 있다.

33 다음 중 좋은 품질의 사일리지가 아닌 것은?

① 색깔이 가급적 밝은 갈색이다.

② 곰팡이가 없고 악취가 없다.

③ 미끈미끈하고 푸석푸석하다.

④ 입에 넣었을 때 상쾌한 산미를 느끼게 해야 한다.

34 다음 중 파종상의 구비조건으로 옳은 것은?

① 겉흙과 속흙에 물기가 충분히 있어야 한다.

② 매우 고운 가루 흙이 좋다.

③ 씨앗이 자리를 잡는 바로 밑의 흙은 부드러워야 한다.

④ 갈아엎은 위층과 갈리지 않은 아래층의 흙은 수분과 양분의 이동이 있어서는 안된다.

35 다음 작업기 중 목초를 직접 베는 데 이용되는 기계는?

① 테더(tedder)

② 레이크(rake)

③ 로터리(rotary)

④ 모어(mower)

36 연맥의 특징으로 가장 알맞은 것은?

① 다른 맥류보다 추위에 강하다.

② 뿌리가 적어 수확한 다음 갈아엎기가 수월하다.

③ 기호성이 좋으며 건초용으로 알맞다.

④ 출수 후에 줄기가 굳어지는 것이 빠르다.

28 ①　29 ④　30 ④　31 ①　32 ③　33 ③　34 ①　35 ④　36 ③

37 북방형 목초는 일평균 기온이 몇 ℃ 이상일 때 하고현상이 나타나는가?

① 5℃   ② 10℃
③ 15℃   ④ 25℃

38 다음 설명의 (   )에 가장 적합한 초장은?

대체로 청예이용 시 제1회 예취에 알맞은 초장은 40 ～ 50㎝이다. 그러나 방목 시에는 초장이 너무 길 경우에는 제상량(蹄傷量)이 높고, 그 대신 이용률이 저하되기 때문에 방사개시적기를 (～   ) ㎝로 보고 있다.

① 5 ～ 10   ② 20 ～ 25
③ 35 ～ 40   ④ 50 ～ 60

39 산성토양의 산도를 교정하기 위하여 사용하여야 할 성분은?

① 질소
② 인산
③ 칼륨
④ 석회

40 생육초기의 수수 × 수단그라스를 다량 급여하였을 때 발생할 수 있는 중독현상은?

① 엔도파이트 중독
② 고창증
③ 그라스 테타니
④ 청산 중독

41 축산경영에서 이윤 극대화의 원칙으로 옳은 것은?

① 한계수입 = 평균비용일 경우
② 한계비용 = 한계수입일 경우
③ 한계비용 = 평균가격일 경우
④ 한계수입 = 최고비용일 경우

42 다음 중 낙농경영에서 젖소 가격이 높을 때 수익성을 낮게 만드는 요인은?

① 산유량 증가
② 번식률 향상
③ 이용연한 단축
④ 번식간격 단축

43 양돈경영에서 생산비 중 가장 높은 비율을 차지하는 것은?

① 사료값
② 방역비
③ 인공수정료
④ 돼지수송비

44 젖소(초산우)의 취득원가 2,000,000원, 내용년수 6년, 노폐우 판매가격 1,400,000원일 때 감가상각비는 얼마인가?

① 1,000원   ② 10,000원
③ 100,000원   ④ 1,000,000원

45 다음 중 차입금 이자율의 수준을 판단하는데 기준이 되는 것은?

① 고정자본율
② 자기자본율
③ 총자본수익률
④ 자기자본수익률

46 경종농업에서 생산되는 유기물을 가축에 급여함으로써 축산물을 생산한다는 축산경영상의 특징으로 가장 옳은 것은?

① 2차 생산적 성격
② 토지와 간접적 관계
③ 농업의 안정화
④ 생활수단의 자급화

---

37 ④   38 ②   39 ④   40 ④   41 ②   42 ③   43 ①   44 ③   45 ④   46 ①

47 한우와 미작(米作)을 복합적으로 경영했을 때 나타나는 단점에 해당하는 것은?

① 노동과 자재의 상호 이용기회가 적다.
② 노동생산성이 낮아지기 쉽다.
③ 노동배분을 균등화하기 어렵다.
④ 자연적 피해가 집중될 수 있다.

48 노동능률을 높이기 위한 방법이 아닌 것은?

① 노동수단의 고도화
② 노동수단의 인력화
③ 작업방법의 표준화
④ 노동력 분배의 평균화

49 진단대상 농가와 비슷한 경영형태를 가진 그 지역의 우수농가 평균치와 비교하는 진단방법은?

① 표준비교법
② 직접비교법
③ 내부비교법
④ 부문간 비교법

50 다음 중 우유 1㎏당 젖소의 상각비를 바르게 표시한 것은?

① $\left(\dfrac{\text{유우의 당초가격－폐우가격}}{\text{내용년수}} \right)$

　÷ 연간생산유량

② $\left(\dfrac{\text{유우의 당초가격＋사양비}}{\text{내용년수}} \right)$

　÷ 분기별생산유량

③ $\left(\dfrac{\text{유우의 당초가격－송아지가격}}{\text{내용년수}} \right)$

　÷ 연간생산유량

④ $\left(\dfrac{\text{유우의 당초가격＋송아지가격}}{\text{내용년수}} \right)$

　÷ 분기별생산유량

51 자본 등식이 바르게 표기된 것은?

① 자산 ＋ 부채
② 자산 ＋ 자본
③ 부채 × 자산
④ 자산 － 부채

52 축산물 생산비와 축산 경영비에 모두 포함되는 것은?

① 자가노동의 평가액
② 자기자본의 이자평가액
③ 자기토지자본에 대한 이자
④ 자기소유 종축에 대한 감가상각비

53 축산경영의 수익성을 측정하는 경영진단 지표는?

① 축산소득
② 자기자본 비율
③ 부채비율
④ 노동생산성

54 축산물 유통의 조성기능에 해당되는 것은?

① 축산물의 저장
② 축산물의 표준화 및 등급화
③ 축산물의 구매와 판매
④ 원유의 집유

55 다음 중 경영의 안정성을 측정하는 지표는?

① 소득
② 자본이익률
③ 자본생산성
④ 부채비율

---

47 ②　48 ②　49 ②　50 ①　51 ④　52 ④　53 ①　54 ②　55 ④

56 우유의 수요에 영향을 미치는 요인으로 볼 수 없는 것은?

① 우유의 가격
② 콜라나 주스 등과 같은 대체음료의 가격
③ 낙농가의 소득수준
④ 국민들의 식습관

57 축산의 경영규모가 확대되어 가면서 경영관리의 우열에 따라서 경영성과에 커다란 차이가 나는 등 경영자 능력이 중요시 되고 있다. 경영자 능력의 3가지 요소와 관계가 없는 것은?

① 판단력
② 노동력
③ 결단력
④ 실행력

58 자돈을 구입하여 체중을 100~110㎏ 정도 사육하여 판매하는 경영형태를 무엇이라 하는가?

① 종돈 생산경영
② 비육돈 생산경영
③ 번식돈 생산경영
④ 복합 양돈경영

59 달걀의 가격이 10% 하락했을 때 그 수요량이 5% 증가되었다. 이때 달걀의 수요탄력치는?

① 0.5
② 1.0
③ 1.5
④ 2.0

60 "(농업조수익) - (농업경영비)"의 공식에 의하여 산출되는 것은?

① 농외소득
② 농가소득률
③ 농업소득
④ 겸업소득

	평가	확인

축산 기능사 / 시험시간 1시간 / **기출 · 종합문제** / 출제유형 기본 · 일반 · 심화

1 혈액순환계의 폐순환 과정 중 신선한 동맥혈이 흐르는 곳은?

① 우심방 → 우심실

② 우심실 → 폐동맥

③ 폐동맥 → 폐모세혈관

④ 폐정맥 → 좌심방

2 영국이 원산이고, 육용종으로 분류되며 조숙성이며 식욕이 왕성하고 성질이 거칠며 뿔이 없고, 전신 모색이 검은 소의 품종은?

① 리무진

② 헤어포드

③ 애버딘 앵거스

④ 샤롤레

3 가축의 사료에 함유된 탄수화물 성분 중 섬유소의 소화율이 가장 높은 가축은?

① 말   ② 돼지

③ 소   ④ 닭

4 다음 중 인수공통감염병은?

① 유방암

② 소의 유행열

③ 브루셀라

④ 소전염성비기관염

5 다음 중 구제역(foot and mouth disease)의 설명으로 틀린 것은?

① 감염대상 동물은 소, 돼지, 양, 염소, 사슴 등 발굽이 둘로 갈라진 동물에서 발생한다.

② 잠복기는 2~14일 정도이나 농장 내 감염 시는 3~4일이다.

③ 감염된 가축은 발육장애, 운동장애, 비유장애 등의 생산성에 직접적으로 피해를 준다.

④ 국내 제2종 가축전염병으로 바이러스 질병이므로 백신을 사용하여 치료한다.

6 닭에서 부화의 3대 요소가 아닌 것은?

① 온도

② 습도

③ 소독

④ 환기

7 젖소의 초유와 상유의 성분 비교에서 초유에 비하여 상유에 많이 들어 있는 성분은?

① 글로블린, 알부민

② 지방

③ 유당

④ 비타민 A

8 다음 중 황체 호르몬(프로게스테론)의 생리작용이 아닌 것은?

① 자궁유의 분비촉진

② 자궁과 유선의 발육

③ 자궁의 수축 억제

④ 성숙 난포의 배란

9 가축이 섭취하기 이전에 사료에 들어 있는 에너지로 열량계에 넣어 연소시켰을 때 발생하는 열량은?

① 총 에너지(gross energy)

② 가소화 에너지(digestible energy)

③ 대사 에너지(metabolizable energy)

④ 정미 에너지(net energy)

1 ④   2 ③   3 ③   4 ③   5 ④   6 ③   7 ③   8 ④   9 ①

10 가축의 침 속에 들어 있는 소화효소는?

① 아밀라아제

② 렌닌

③ 리파아제

④ 펩신

11 다음 중 소가 방목 중 또는 사료 급여 시 못이나 예리한 금속성 이물을 먹었을 때 생길 수 있는 질병은?

① 급성 소화불량증

② 위궤양

③ 전염성 하리

④ 창상성 제2위염

12 병아리의 세균성 전염병으로 석고 상태의 흰 설사를 한 후 항문이 막혀서 죽게 되는 닭의 질병은?

① 추백리병

② 계두

③ 뉴캐슬병

④ 뇌척수염

13 콜레칼시페롤이 자외선을 받을 때 체내에서 합성되는 대표적인 비타민은?

① 비타민 A

② 비타민 D

③ 비타민 E

④ 비타민 K

14 고기소 품종에 대한 설명이 바른 것은?

① 헤리퍼드종은 미국이 원산지이다.

② 브라만종은 추위에 강한 품종이다.

③ 샤롤레이종은 유육 겸용종이다.

④ 앵거스종은 모색이 흑색이다.

15 다음 중 물리적 소독법에 속하지 않는 것은?

① 약제소독

② 삶는소독

③ 건열소독

④ 증기소독

16 양의 꼬리를 자르는 데 가장 적절한 시기는 언제인가?

① 생후 1~2주

② 생후 5~6주

③ 생후 10~11주

④ 생후 15~16주

17 다음 토끼의 품종 중 모피용종으로 분류되는 것은?

① 친칠라종

② 벨지안종

③ 앙고라종

④ 폴리시종

18 다음 그림(소의 생식기관)에서 자궁각을 표시한 부분은?

① A

② B

③ C

④ D

19 일반적으로 어린 가축은 높은 온도를 좋아하나 생리적으로 별다른 영향을 받지 않는 비육용 돼지의 최적 기온의 범위는?

① -10~24℃

② 7~23℃

③ 9~35℃

④ 12~23℃

10 ①　11 ④　12 ①　13 ②　14 ④　15 ①　16 ①　17 ①　18 ③　19 ④

20 홀스타인(holstein) 암소 품종의 외모심사표준에서 실격조건에 해당되는 것은?

① 엉덩이는 요각보다 좌골이 약간 낮은 상태로 길이가 길며 너비가 넓은 것
② 전구는 앞다리가 곧게 바르고 적절히 넓게 벌어져 있고 직사각형으로 딛고 있어서 앞몸을 잘 지탱할 것
③ 모색은 흑색 또는 백색의 전신 단일 모색인 것
④ 머리는 윤곽이 선명하고 강한 턱과 크게 벌어진 콧구멍 및 넓은 주둥이를 갖출 것

21 건초제조법 중 포장건조법에 관하여 바르게 설명한 것은?

① 인공건조법이라고도 한다.
② 송풍기에 의하여 바람으로 말리는 방법이다.
③ 화력건조법 등이 있다.
④ 천일건조법이라고도 한다.

22 토양에 대한 적응력이 강하여 습한 토양, 건조한 토양에서도 잘 자라며, 특히 분뇨의 흡비력이 강하여 분뇨이용 증대에도 알맞으나 쉽게 굳어지는 특성 때문에 자주 예취하여야 하고 생초로 과도하게 급여할 경우 알칼로이드 문제를 일으키는 목초는?

① 오처드그라스(Orchardgrass)
② 톨페스큐(Tall fescue)
③ 리드카나리그라스(Reed canarygrass)
④ 페레니얼라이그라스(Perennial ryegrass)

23 다음 중 이탈리안라이그라스를 답리작용으로 이용할 때 10a에 필요한 종자의 산파(散播) 파종량은?

① 2kg
② 4kg
③ 6kg
④ 8kg

24 사일리지용 옥수수를 파종한 후 잡초를 방제하기 위해 제초제의 살포시기로 알맞은 것은?

① 파종한 후 3∼4일 이내
② 파종한 후 6∼7일 이내
③ 파종한 후 9∼10일 이내
④ 파종한 후 10일 이후

25 옥수수와 초지에 가장 큰 피해를 주고, 1년에 3∼4회 발생하며 빠른 속도로 이동하면서 피해를 주는 해충은?

① 멸강나방
② 굼벵이
③ 조명나방
④ 거세미

26 사료작물 중 산성토양 및 건조한 조건에서도 잘 자라며 추위에 가장 잘 견디는 작물은?

① 호밀
② 연맥
③ 유채
④ 이탈리안라이그라스

27 방목강도를 증가시키면 초지 이용률과 목초 생산량은 어떻게 변하는가?

① 초지의 이용률은 높아지나 목초의 생산량은 낮아진다.
② 초지의 이용률은 낮아지나 목초의 생산량은 높아진다.
③ 초지의 이용률과 목초의 생산량은 모두 높아진다.
④ 초지의 이용률과 목초의 생산량은 모두 낮아진다.

28 북방형 목초의 경우 기온이 몇 도(℃) 이상인 경우에 하고현상이 발생하는가?

① 18℃

② 21℃

③ 23℃

④ 25℃

29 채초지의 최종 예취적기는 하루 평균기온이 5℃로 내려가는 날부터 며칠 전에 끝내야 하는가? (단, 목초가 겨울을 넘기는 데 필요한 충분한 양의 양분을 축적하여야 한다.)

① 10일　　② 20일

③ 30일　　④ 40일

30 다음 중 화본과 야생초에 해당되는 것은?

① 억새

② 비수리

③ 싸리

④ 쑥

31 경운초지 조성 시 흙덩이를 깨거나 땅 고르기에 주로 사용하는 농기계는 어느 것인가?

① 플라우(plow)

② 드릴러(Driller)

③ 디스크 해로우(Disk harrow)

④ 헤이 레이크(Hay rake)

32 사일로의 종류와 특성은 매우 다양하고 저장효율도 다르며 건축비도 차이가 많기 때문에 농가의 사정에 따라 다양하게 선택할 수 있다. 그러나 양질의 사일리지를 얻기 위해서는 사일리지의 저장원리를 이해하고 기본작업을 철저히 지키는 것이 무엇보다도 중요하다. 그러면 옥수수 사일리지 조제의 기본작업 중 양질 사일리지 발효와 거리가 먼 것은?

① 세절과 철저한 답압에 의한 공기배제

② 수확적기 또는 적절한 수분조절

③ 밀봉과 외부공기 유입방지를 위한 누름

④ 산의 첨가에 의한 사일로 내 산도저하

33 사일리지를 조제하는 가장 간단한 방법으로 재료를 지상 위에 퇴적하여 발효시키는 방법의 사일로는?

① 원통 사일로

② 트렌치 사일로

③ 벙커 사일로

④ 스택 사일로

34 다음 설명하는 사초 이용방법은?

- 낙농 경영 형태가 영세하다.
- 운동장에서 젖소를 기르는 방법이 채용된다.
- 곡류의 값이 비쌀 때 유리하다.

① 풋베기(청예)

② 방목

③ 건초

④ 사일리지

35 단위면적당 생산성이 높고 사초의 품질도 우수하여 "목초의 여왕"이라고 불리기도 하나 산성이 강하고 배수가 나쁜 토양에서는 잘 자라지 못하며 처음 조성 시 붕소와 근류균 접종이 꼭 필요하기 때문에 널리 재배되고 있지 못한 목초는?

① 알팔파(alfalfa)

② 레드클로버(red clover)

③ 화이트클로버(white clover)

④ 벌노랑이(birdsfoot trefoil)

28 ④　29 ④　30 ①　31 ③　32 ④　33 ④　34 ①　35 ①

36 다음 중 콩과작물의 뿌리에 공생하는 근류균의 역할은?

① 공기 중의 질소를 고정하여 작물이 이용하게 한다.
② 토양을 부식시켜 토양 물리성을 개선한다.
③ 해충이 기피하는 물질을 분비하여 뿌리를 보호한다.
④ 화본과 작물의 뿌리의 생육을 억제하여 양분과 수분을 확보한다.

37 초지의 혼파조합을 짜는 데 있어서 기본원칙으로 부적합한 것은?

① 화본과 1종과 콩과 1종만은 최소한 조합되어야 한다.
② 혼파되는 초종은 서로 경합능력이 같은 것이라야 한다.
③ 혼파된 초종은 처음 조합을 만들 때 의도된 목적에 알맞도록 적응성이 있어야 한다.
④ 단순혼파가 중심이 되어야 하며, 4종 이상을 조합하는 것이 유리하다.

38 북방형(한지형) 목초의 생육 적정 온도는?

① 10℃ 내외
② 20℃ 내외
③ 30~35℃
④ 40℃ 내외

39 다음 사료작물의 이용에 따른 분류로 맞지 않는 것은?

① 청예용
② 방목용
③ 사일리지용
④ 수확용

40 콩과 목초 중 다년생 기는 줄기를 내어 퍼지며, 생태형으로 분류할 때 야생형, 보통형, 라디노형으로 나누는 목초는?

① 알팔파
② 화이트클로버
③ 레드클로버
④ 버드풋트레포일

41 다음 중 축산물 유통의 특수성에 대한 설명으로 틀린 것은?

① 가축의 거래는 가축시장에서만 이루어진다.
② 축산물은 저장 및 보관하는 데 많은 비용이 든다.
③ 축산물의 생산체인 가축은 성숙되기 전일지라도 상품적인 가치가 있다.
④ 축산물의 수요공급은 가격변동에 대한 대응이 단시간에 이루어지기 어렵다.

42 다음 중 달걀의 품질에서 내부 품질에 속하는 것은?

① 기실
② 난각질
③ 알의 크기
④ 난각의 청결도

43 다음 중 낙농경영 합리화를 위한 손익분기점 최저화 요인과 관계가 없는 것은?

① 자본회전율 저하
② 사료비 절감
③ 노동효율 향상
④ 우유 생산량 증대

44 다음 중 가족 노동력의 장점에 관한 설명으로 가장 적절한 것은?

① 감독을 필요로 한다.
② 노동연령의 제한을 받는다.
③ 노동시간의 제한이 없다.
④ 노동에 취미와 창의적인 노동을 할 수 없다.

36 ① 37 ④ 38 ② 39 ④ 40 ② 41 ① 42 ① 43 ① 44 ③

45 다음 중 축산부기의 목적과 가장 거리가 먼 것은?

① 경영자 자신의 이익적립 수단
② 재무상태와 경영성과의 파악
③ 경영진단 및 개선에 필요한 자료 제공
④ 축산물 생산비의 산출로 축산물 가격정책의 자료 제공

46 다음 중 투하자본에 대한 매출액의 비율을 나타내는 것으로, 투하자본이 1년 동안에 몇 번이나 이용되고 있는지를 평가하는 것은?

① 소득률
② 자본회전율
③ 자본이익률
④ 단위당소득

47 양계경영 진단의 종류는 비교분석의 기준에 따라 외부와 내부로 분류하는데, 다음 중 내부 비교법에 해당하지 않는 것은?

① 시계열 비교법
② 표준 비교법
③ 부분 간 비교법
④ 계획 대 실적 비교법

48 다음 중 비육돈 경영의 노동생산성 향상 요인이 아닌 것은?

① 사육규모를 적게 할 것
② 육돈 비육 회전율을 높일 것
③ 사육육돈 두당 노동시간을 줄일 것
④ 판매육돈의 두당 이익을 크게 할 것

49 양돈농가의 작년 소득률이 50%이었다. 이 농가가 양돈 조수익 80,000천원을 얻었을 때 양돈소득은 얼마인가?

① 20,000천원

② 40,000천원
③ 60,000천원
④ 80,000천원

50 축산물 유통이라고 볼 수 없는 것은?

① 유업체가 가공한 우유를 판매하는 일
② 유업체가 집유한 우유를 가공하는 일
③ 양축가가 생산한 우유를 유업체에 파는 일
④ 양축가가 생산한 우유를 자가소비 하는 일

51 다음 중 자기경영의 진단 결과를 시각적으로 쉽게 알아볼 수 있도록 도표에 의하여 목표달성의 정도를 상·중·하로 표시하는 방법은?

① 수표법
② 온도계법
③ 원형그래프법
④ 막대그래프법

52 어느 낙농농가의 연간 우유판매 수입이 120,000,000원, 송아지 생산수입 등 부산물 수입이 10,000,000원이었으며, 연간 우유 생산량은 200,000kg, 우유생산을 위한 낙농부문 생산비가 90,000,000원이었다고 한다. 이 농가의 우유 1kg당 생산비는 얼마인가?

① 600원
② 500원
③ 450원
④ 400원

53 다음 중 낙농경영에 있어 다두 사육의 장점이 아닌 것은?

① 노동수단의 고도화
② 시설의 현대화
③ 신용도 증가
④ 질병발생의 최소화

45 ① 46 ② 47 ② 48 ① 49 ② 50 ④ 51 ③ 52 ④ 53 ④

54 관리상 노력을 절약하고, 돼지에 위생적 급수를 목적으로 설치한 자동급수장치는?

① 워터컵
② 체인식 계류
③ 스텐천
④ 니플

55 다음 중 생산비를 산출하기 위한 비용의 자격 조건을 설명한 것으로 틀린 것은?

① 생산비는 화폐가치로 나타낼 수 있어야 한다.
② 생산비는 정상적인 생산 활동을 위해 소비된 것이어야 한다.
③ 생산비는 화재, 도난 등 불가항력에 의한 손실도 포함된다.
④ 생산비를 산출하고자 하는 대상물을 생산하는 데 실제로 소비된 것이어야 한다.

56 양계농가의 재무구조를 조사한 결과 성계 1수당 총자본이 7,000원이었다. 이 중 자기자본이 5,000원이고, 타인자본이 2,000원일 때 성계 1수당 부채비율은 얼마인가?

① 28.5%
② 40.0%
③ 71.4%
④ 120.0%

57 맥카시(E. J. Macarthy)는 유통관리자가 목표시장의 욕구를 충족시킬 수 있는 수단의 변수들을 4가지로 구분하였는데 다음 중 4가지 변수에 해당되지 않는 것은?

① 제품
② 장소
③ 고용
④ 판매촉진

58 다음 중 우유의 생산비를 절감하기 위한 방법으로 가장 적절한 것은?

① 착유우의 번식간격 확대
② 착유우의 생산수명 단축
③ 착유우의 두당 산유량 증대
④ 착유우의 감가상각비 증대

59 경운기의 취득가격이 1,500,000원, 내용년수가 8년일 때 이 경운기의 당해 연도 감가상각비는 얼마인가?(단, 산출방법은 정액법으로 하며, 폐기가격은 취득가격의 10%로 계산한다.)

① 158,000원
② 168,750원
③ 188,750원
④ 208,750원

60 다음 중 축산경영 부문의 최적선택과 결합계획을 수학적으로 결정하는 경영계획 방법으로서, 개별목장의 제한된 지원 한계 내에서 수익의 최대화나 비용의 최소화를 위해 채택하고 있는 경영계획법은?

① 직접비교법
② 간접비교법
③ 표준비교법
④ 선형계획법

1 비육돈 관리에 관한 설명으로 틀린 것은?

① 돼지 1두당 돈사의 면적은 체중이 75kg일 때 0.25~0.35㎡가 적당하다.

② 비육돈은 16~21℃의 온도가 가장 발육에 좋다.

③ 비육돈은 50~60%의 습도가 가장 발육에 좋다.

④ 비육기간 중 발육이 불량하거나 이상이 있는 돼지는 즉시 격리 수용하는 것이 좋다.

2 젖소의 정소에 위치하면서 테스토스테론(testosterone)이라는 웅성호르몬을 분비하는 세포는?

① 세르톨리(sertoli) 세포

② 간질(leydig) 세포

③ 웅성(androgen) 세포

④ 세정관(seminiferous) 세포

3 젖의 분비와 관계 깊은 호르몬은?

① 옥시토신　　　② 황체 호르몬

③ 발정 호르몬　　④ 인슐린

4 닭이 정상적으로 산란하는 데 있어서 가장 적합한 온도는?

① 약 10℃

② 약 20℃

③ 약 25℃

④ 약 30℃

5 단위동물의 위내 위산의 주성분인 염산(HCl)의 기능이 아닌 것은?

① 단백질을 변성시킨다.

② 비타민의 흡수를 돕는다.

③ 십이지장에서 나오는 secretin의 분비를 촉진시킨다.

④ 위내 미생물에 의해 일어나는 발효와 부패를 억제한다.

6 염소는 잡종교배를 이용하면 능력이 향상되는데 다음 중 잡종교배를 이용하는 목적에 해당하지 않는 것은?

① 새로운 유전자 도입

② 새로운 품종 육성

③ 잡종 강세 이용

④ 품종 특유 형질 보존

7 피부의 기본적인 조직과 관련이 없는 것은?

① 상피조직

② 점막조직

③ 근육조직

④ 신경조직

8 면양의 유전력 중 가장 낮은 것은?

① 출생된 새끼양의 수

② 한 살 때의 체중

③ 이유 후 증체율

④ 피부주름

9 바이러스에 의해서 전염되는 소의 전염병으로 환우의 혀 또는 발굽에 궤양이 생기고 침을 흘리는 병은?

① 우역　　　　　② 구제역

③ 우폐역　　　　④ 우결핵

1① 2② 3① 4② 5② 6④ 7② 8① 9②

10 닭 품종 중 난육 겸용종인 품종은?

① 로드 아일랜드 레드종

② 코친종

③ 코니시종

④ 레그혼종

11 비타민에 관한 설명 중 옳은 것은?

① 모든 비타민은 동물체 내에서 합성이 가능하므로 급여할 필요가 없다.

② 비타민은 동물체의 성장에 필요하나 결핍되어도 아무런 이상은 없다.

③ 동물의 체내 대사에 꼭 필요한 성분이므로 사료에 첨가하여 급여해야 한다.

④ 모든 비타민은 물에는 녹지만 지방에는 녹지 않는다.

12 체형 측정 시 요각의 앞쪽으로부터 좌골 끝까지의 직선거리를 무엇이라고 하는가?

① 좌골폭   ② 고장

③ 요각폭   ④ 수평 체장

13 한우 장기비육에 관한 설명 중 옳지 않은 것은?

① 거세우 또는 2살 정도의 수소를 이용하여 3년 이내에 비육을 완료한다.

② 수술, 무혈 거세기 등을 이용하여 거세를 실시하는 것이 좋다.

③ 뿔을 잘라주고, 발굽을 깎아 주는 것은 사양 관리상 필요하다.

④ 운동과 방목은 가급적 피하여 비육 효율을 좋게 할 수 있다.

14 소, 양, 염소 같은 초식 가축에 없는 이는?

① 앞니

② 송곳니

③ 앞어금니

④ 뒤어금니

15 냉동정액을 액체 질소에서 보관할 때의 온도는?

① −79℃

② −196℃

③ 4℃

④ 0℃

16 다음 질병 중 돼지의 질병이 아닌 것은?

① 콜레라

② 파이토플라스마

③ 전염성 위장염

④ 위축성 비염

17 다음 염소 품종 중 모용종에 해당되는 것은?

① 캐시미어종

② 중국염소

③ 누비안종

④ 알파인종

18 토끼에서 가장 큰 피해를 주는 질병으로 이 병에 걸리면 식욕이 없고 빈혈, 설사 등의 증세가 나타나는 질병은?

① 스너플   ② 콕시듐

③ 매독   ④ 고창증

19 난질의 외부품질 결정 조건에 해당되지 않는 것은?

① 알의 크기

② 난형과 난각

③ 난백계수

④ 난각의 건실도

---

10 ① 11 ③ 12 ② 13 ④ 14 ② 15 ② 16 ② 17 ① 18 ② 19 ③

20 다음 중 필수아미노산에 속하지 않는 것은?

① 라이신   ② 메티오닌

③ 히스티딘   ④ 글리신

21 다음 중 재생력이 매우 강하여 연간 3∼4회 수확하여 이용할 수 있는 사료 작물은?

① 호밀   ② 귀리

③ 수단그라스   ④ 옥수수

22 우리나라에서 대표적인 여름철 사료작물인 옥수수와 수단그라스계 잡종에 관한 설명을 가장 바르게 설명한 것은?

① 수단그라스계 잡종은 초기 생육이 좋기 때문에 옥수수보다 파종하기가 쉽다.

② 수단그라스계 잡종의 파종적기는 옥수수보다 다소 늦는 것이 보통이다.

③ 옥수수는 주로 청예용이고 수단그라스계 잡종은 건초용이다.

④ 수단그라스계 잡종은 옥수수보다 일반적으로 토양요구도가 높다.

23 사일리지를 제조할 때 가장 적당한 수확 적기로 틀린 것은?

① 버뮤다그라스 : 1번초는 약 38㎝ 이상일 때

② 알팔파 : 1번초는 꽃봉오리기에서 개화초기까지

③ 호밀(호맥) : 1번 수확은 개화기에서 유숙기까지

④ 옥수수 : 1번 수확은 출수기(出穗期)

24 다음 중 토양 관리용 기계는?

① 로터리

② 하베스터(harvester)

③ 사각베일러

④ 헤이 컨디셔너

25 목초의 생육은 기상요인에 의해 많은 영향을 받는다. 따라서 초지조성을 위한 초종을 선택하기 전에 기상요인들을 먼저 분석하고 이해하는 것이 필요하다. 다음 중 목초와 기상요인과의 관계를 가장 바르게 설명한 것은?

① 목초의 생육적온은 초종과 품종에 관계없이 일정하다.

② 목초의 수분요구량은 작물보다 낮고, 수분효율은 높다.

③ 북방형(한지형) 목초의 기원은 아프리카가 대부분이고 고온다습을 좋아한다.

④ 목초의 생육은 총강우량도 중요하지만 강우량의 계절적 분포가 더욱 중요하다.

26 건초 제조 시 장기간 안전하게 보관하기 위해서는 수분함량이 몇 % 이하가 되어야 하는가?

① 15%   ② 20%

③ 25%   ④ 30%

27 북방형 목초의 여름철 하고현상에 대한 대책 중 틀린 것은?

① 10㎝ 이상 높게 베어 지온 상승을 억제한다.

② 하고기가 되기 전 채초나 방목을 끝낸다.

③ 고온기에는 질소 비료의 시용을 증가시킨다.

④ 장마철에는 방목을 억제하고 건초나 사일리지를 급여한다.

28 사초식물의 꽃차례나 외부형태 및 세포학, 생화학, 생리학 등의 지식을 총동원하여 분류하는 방식은?

① 형태에 의한 분류

② 생존연한에 의한 분류

③ 이용형태에 의한 분류

④ 식물학적 분류

---

20 ④   21 ③   22 ②   23 ④   24 ①   25 ④   26 ①   27 ③   28 ④

29 예취에 비해 방목이 좋은 이유가 아닌 것은?

① 노동력이 절감된다.

② 가축의 건강을 좋게 한다.

③ 비료를 절감할 수 있다.

④ 풀의 생산량이 많아진다.

30 목초의 분류 중 생존 연한에 의한 분류는?

① 방목용

② 다년생(여러해살이)

③ 상번초

④ 두과목초

31 저수분 엔실리지의 수분 함량으로 가장 적합한 것은?

① 20~30%

② 40~60%

③ 70~75%

④ 75~85%

32 다음 중 초기생육이 가장 우수한 화본과 목초는?

① 이탈리안라이그라스

② 티머시

③ 오처드그라스

④ 톨페스큐

33 우리나라에서 양축농가들이 호밀을 재배하는 주된 이유가 아닌 것은?

① 비교적 가을 늦게까지 파종해도 월동이 가능해서

② 이듬해 봄에 일찍 수확을 할 수 있어서

③ 답리작으로 재배가 용이해서

④ 옥수수에 비해서 가소화양분총량(TDN) 함량이 높아서

34 뿌리혹박테리아에 의해 질소고정 작용을 하는 사료 작물은?

① 알팔파

② 오처드그라스

③ 레드톱

④ 티머시

35 남방형 목초에 속하는 것은?

① 오처드그라스

② 수단그라스

③ 티머시

④ 톨페스큐

36 건초를 만들 때 자연건조법에 관한 설명으로 적합한 것은?

① 양분의 손실을 줄일 수 있다.

② 별도의 건조 장비가 필요하다.

③ 경제적인 방법이다.

④ 기상의 영향을 적게 받는다.

37 중부지역에서는 목초의 마지막 예취시기를 언제쯤으로 하는 것이 가장 적합한가?

① 첫서리가 내리기 직전

② 첫서리 내리기 약 35일 전

③ 첫서리가 내린 직후

④ 첫서리가 내린 약 35일 후

38 다음 중 불경운 초지조성이 경운 초지조성에 비하여 좋은 점은?

① 짧은 기간에 초지를 만들 수 있다.

② 초지를 만드는 비용이 적게 든다.

③ 초지 조성 시 땅 표면이 고르기 때문에 목초를 수확할 때 기계작업이 가능하다.

④ 목초 생산량의 증가가 빨라진다.

29 ④　30 ②　31 ②　32 ①　33 ④　34 ①　35 ②　36 ③　37 ②　38 ②

39 목초를 수확한다는 것은 토양으로부터 양분을 탈취하는 것이므로 빼앗은 양분 이상으로 추비(追肥)를 주어야 다음 수량도 높게 유지된다. 그러면 ha당 생초 수량이 50톤(건물 10톤)인 혼파초지의 적정 질소의 추비량은 얼마인가? (단, 생초 중에 들어 있는 질소성분량은 0.5%, 비료 이용률은 50%, 천연질소 공급량은 150kg/ha이다.)

① 100kg/ha
② 200kg/ha
③ 150kg/ha
④ 300kg/ha

40 다음 중 방목으로 가축을 기를 때 유리한 농가는?

① 초지가 먼 거리에 있는 농가
② 충분한 초지와 마릿수를 가진 농가
③ 초지가 여러 곳에 분산되어 있는 농가
④ 소규모 농가

41 축산물의 유통기능 중 교환기능에 해당되는 것은?

① 원유의 집유
② 축산물 가공
③ 축산물의 수송
④ 시장정보의 제공

42 소비자의 월소득이 10% 증가하니까 우유의 소비량이 10% 증가하였다. 이때 우유의 소득탄성치는 얼마인가?

① 0.1
② 0.5
③ 1.0
④ 1.5

43 다음 중 평균생산(AP)과 한계생산(MP)과의 관계를 설명한 것으로 틀린 것은?

① MP 〉 AP 경우 AP 증가
② MP 〈 AP 경우 AP 감소
③ MP = AP 경우 AP 최대
④ 생산을 계속하더라도 AP 〉 0, MP 〉 0

44 다음 중 우리나라 쇠고기 유통의 개선방안으로 볼 수 없는 것은?

① 포장육 유통의 의무화
② 냉장 부분육 유통체계 수립
③ 영세한 소규모 도축장 위주의 유통체계 확립
④ 쇠고기의 원산지별, 등급별 구분 판매 체계 확립

45 다음 경영기록의 기능으로 잘못된 것은?

① 경영진단의 자료로 이용된다.
② 과세의 기초자료가 된다.
③ 경영상 형식적인 절차이다.
④ 원가계산의 자료가 된다.

46 비육우 경영에 있어서 일반적으로 증체량 1kg에 대해 어느 정도의 사료가 소요되는가를 나타내는 진단지표는?

① 유사비
② 지육생산량
③ 일당증체량
④ 사료요구율

47 다음 중 축산물 유통에 있어서 비가격경쟁의 수단이라고 볼 수 없는 것은?

① 가격 할인
② 제품의 차별화
③ 판매촉진 활동
④ 서비스의 차별화

48 다음 중 축산물 가격의 특성을 설명한 것으로 적합하지 않은 것은?

① 수요와 공급이 균형되어 가격은 항상 안정되어 있다.
② 축산물은 타농산물과 달리 자가소비 비중이 적어 거의 전량을 도매시장, 상인 등에 판매한다.
③ 복잡한 유통구조와 가격구조를 가지고 있다.
④ 축산물 가격이 주기적으로 변동하는 경향이 있다.

49 다음 중 손익계산서의 분석을 통하여 과거의 경영활동에 대한 성과 판단 및 장래의 목표 이익을 설정하는 수단으로 주로 이용되는 경영분석 방법은?

① 안정성 분석법
② 손익분기분석법
③ 생산성 분석법
④ 축산물 생산비분석법

50 축산의 경영관리 중 기록관리에서 기술분석에 관한 기록과 관계가 적은 것은?

① 사료수불부
② 착유기록부
③ 번식기록부
④ 비용기록부

51 어느 양돈농가의 비육돈 1두당 연간 조수익이 500,000원, 경영비가 200,000원, 경영비에 자가노력비 200,000원을 포함한 생산비가 400,000원 이라고 할 때, 이 농가의 비육돈 1두당 순수익은 얼마인가?

① 500,000원
② 400,000원
③ 300,000원
④ 100,000원

52 다음 중 낙농경영에서 경영수지 진단자료에 해당되지 않는 것은?

① 유지율
② 분만간격
③ 시설 및 기구
④ 마리당 산유량

53 다음 중 축산경영의 4대 요소로 적합하지 않은 것은?

① 노동력　　　　② 정보
③ 경영능력　　　④ 자본재

54 다음 중 낙농농가의 우유 생산비 절감 방안과 가장 적절하지 않은 것은?

① 산유량 증대
② 고품질 우유 생산
③ 번식률 향상
④ 젖소 이용 연한 연장

55 다음 중 비육한 소의 출하방식으로 가장 신뢰도가 높고 유리한 방식은?

① 우시장 이용
② 계통출하 이용
③ 산지시장 이용
④ 소매시장 이용

56 일정한 노동력과 자금을 가지고 한우고기와 우유를 생산한다고 가정하였을 때, 한우고기를 더 생산하기 위해서는 우유생산을 포기해야 할 경우 두 생산물은 무엇이라 하는가?

① 경합 생산물
② 보완 생산물
③ 보합 생산물
④ 결합 생산물

57 양계농가가 생산한 계란을 1개당 중간상인에게 90원에 판매하였으나, 백화점에서 소비자에게는 120원에 판매되었을 때 농가수취율은 얼마인가?

① 70%
② 75%
③ 80%
④ 85%

58 다음 중 축산물 가격정책의 목적과 가장 거리가 먼 것은?

① 축산물의 수급안정
② 농가의 소득보장
③ 소비자 보호
④ 공업원료의 확보

59 우리나라 전업양돈경영에서 주로 취하고 있는 경영형태로서 최종 상품으로서의 육돈 생산을 목적으로 하나 육돈의 기초축도 경영 내에서 번식하여 번식과 육성비육의 전과정을 경영하는 형태는?

① 일관 경영
② 번식 경영
③ 비육 경영
④ 단일 경영

60 축산물을 생산하기 위해서 소요되는 제반 비용 중 고정비에 속하지 않는 것은?

① 지대
② 감가상각비
③ 치료비
④ 자본에 대한 이자

				평가	확인

축산 기능사 | 시험시간 1시간 | **기출·종합문제** | 출제유형 기본·일반·심화 |

1 젖소의 열사병에 관한 설명 중 'B'에 해당하는 것은?

> 열사병은 돌발적으로 발생한다. 발생한 소는 처음에는 멍청하게 서 있다가 강제로 걷게 하면 비틀거리다가 주저앉는다. 그러면서 불안해하고 입을 벌리고 호흡이 빨라진다. 체온이 상승하는데 직장의 체온을 측정하면 보통 (A)℃ 이상으로 올라간다. 체온이 (B)℃를 넘으면 호흡촉박과 전신적으로 동통이 나타난다. 체온이 더 상승하면 호흡은 얕고 불규칙해지며, 맥은 약하고 빨라지고, 흔히 전신 경련에 이어서 말기에는 혼수에 빠진다.

① 30
② 35
③ 37
④ 41

2 다음 중 수용성 비타민은?

① 비타민 A
② 비타민 D
③ 비타민 B
④ 비타민 K

3 암소의 주 생식샘으로 복강 내에 위치하고 있으며, 난자의 성숙과 배란, 황체의 형성 및 퇴화 등 일련의 현상이 주기적으로 반복되는 곳은?

① 난소
② 난관
③ 자궁
④ 질

4 신생 자돈에 초유를 급여할 때 면역력이 가장 높은 초유 단백질은?

① 면역글로불린 A

② 면역글로불린 B
③ 면역글로불린 G
④ 면역글로불린 E

5 각종 혐기성 병원균이 서식하는 데 필요한 조건이 아닌 것은?

① 유기물
② 온도
③ pH
④ 산소

6 원산지가 아프리카 동북부인 산양 품종은?

① 자아넨종
② 톡겐부르크종
③ 누비안종
④ 알파인종

7 분류학상 종을 달리하는 가축간의 교배법으로 널리 이용되는 노새의 교배법은?

① 암말 × 수당나귀
② 암당나귀 × 수말
③ 암소 × 수말
④ 암말 × 수소

8 부화기 소독법에는 소창법과 과망간산칼륨법이 주로 이용되는데 이 두 소독법에 공통으로 쓰이는 약품은?

① 페놀
② 석회석가루
③ 포르말린
④ 알코올

1 ④ 2 ③ 3 ① 4 ③ 5 ④ 6 ③ 7 ① 8 ③

9 돼지 품종 중 미국 원산으로 어깨에 백색 띠가 있는 것은?

① 버이크셔종

② 요오크셔종

③ 햄프셔종

④ 탐워스종

10 토끼에서 위탁포유는 어느 암컷을 빨리 번식시켜서 다수의 새끼토끼를 얻고자 할 때 또는 분만 후 어미토끼가 죽거나 산자수가 너무 많을 때 주로 이용된다. 다음 중 위탁포유의 특징 설명으로 틀린 것은?

① 출생된 어린 새끼토끼를 전부 위탁포유 시키면 분만 후 바로 번식시킬 수 있다.

② 새끼토끼의 발육을 고르게 할 수 없다.

③ 첫 새끼 때에 그 새끼 수를 제한함으로써 어미토끼의 체구 이완과 발육부진을 미연에 방지할 수 있다.

④ 분만 후 1주일 이내에 어미토끼가 죽어도 그 새끼를 기를 수가 있다.

11 다음은 한우를 비육하고자 한우의 외모를 조사한 것이다. 비육할 소로 적당하지 않은 것은?

① 피부는 여유가 있고 두께는 중등 정도로 유연하며 탄력이 풍부한 소

② 전구가 발달하고 머리가 큰 소

③ 발굽은 크고 질이 좋으며, 걸음걸이는 바르고 발디딤이 안정된 소

④ 위 · 아래 넓적다리는 넓고 두껍고 충실한 소

12 섭취한 사료를 동물 체내에서 소화할 때 관계없는 기관은?

① 구강

② 위

③ 소장

④ 콩팥

13 닭을 사육할 경우 케이지 사육의 장점이 아닌 것은?

① 생산된 계란이 깨끗하다.

② 병에 걸린 닭의 발견이 용이하다.

③ 단위면적당 수용두수가 평사의 1.5~2배가 된다.

④ 시설경비가 싸고 더위와 추위에 대해서 영향을 적게 받는다.

14 입체식 부화기를 이용한 닭의 부화작업 시 부란초기부터 18일까지의 온도와 상대습도가 가장 알맞게 짝지어진 것은?

① 온도 39.8℃, 습도 60%

② 온도 39.5℃, 습도 70%

③ 온도 37.5℃, 습도 80%

④ 온도 37.8℃, 습도 60%

15 다음 모식도는 어떤 교잡법을 나타내고 있는가?

① 2원 교잡

② 퇴교배

③ 3원 교잡

④ 상호역교배

16 다음 설명하는 젖소의 질병은?

분만 직후의 젖소나 비교적 비유 능력이 높은 소에서 많이 발생하는 병으로서 원인은 지방이나 탄수화물의 대사작용이 이루어지지 않아 우체 내에 케톤체가 머물러 발생하는데 증상은 주로 산전, 산후 기립 불능, 식욕감퇴, 설사, 변비, 목을 한편으로 돌리고 한 방향으로 보행, 허리를 비틀거린다. 치료는 고농도의 포도당, 칼슘, Vitamin C 주사 등이다.

① 유열
② 케토시스
③ 파이토플라즈마
④ 장폐쇄

17 치즈를 제조하는 데 있어서 필요한 사항이 아닌 것은?

① 유산균
② 응유효소
③ 살균기
④ 건조기

18 돼지의 질병 중 호흡기 질병인 것은?

① 살모넬라병
② 오제스키병
③ 돼지적리
④ 부종증

19 다음 중 돼지의 생리적 특징 설명으로 틀린 것은?

① 발육이 빨라 잘 자란다.
② 잡식성(雜食性)이다.
③ 다산성(多産性)으로 새끼를 많이 낳는다.
④ 땀샘이 잘 발달되어 더위에 강하다.

20 소의 고열과 호흡기 계통의 급성염증 및 괴사를 특징으로 하는 전염병으로, 병원체는 헤르페스 바이러스(Herpes virus)이며 2차 혼합감염의 위험이 높은 질병은?

① 바이러스성 하리증
② 전염성 비기관염
③ 유행열
④ 유행성 뇌염

21 건초용 화본과(科) 목초의 예취시기는?

① 꽃이 한창 질 때
② 유숙기
③ 이삭 팰 때부터 꽃이 필 때까지
④ 황숙기

22 다음 중 매듭풀은 무엇을 말하는가?

① 오처드그라스
② 레스페데자
③ 클로버
④ 컴프리

23 어릴 때 방목으로 이용하여도 청산 중독의 위험이 없으며 재배하기에 용이한 남방용 사료작물은?

① 수단그라스
② 호밀
③ 연맥(귀리)
④ 피

24 다음 목초의 이용 형태 중 『저장을 하는 형태』가 아닌 것은?

① 건초
② 사일리지
③ 헤일리지
④ 청예

16 ② 17 ④ 18 ② 19 ④ 20 ② 21 ③ 22 ② 23 ④ 24 ④

25 엔실리지용 옥수수에서 잘 발생하는 병해만으로 구성된 것은?

① 검은녹병, 잎썩음병

② 깨씨무늬병, 그을음병

③ 점무늬병, 줄기마름병

④ 잎마름병, 갈색무늬병

26 젖소 10마리를 기르는 농가가 1마리당 하루 20kg의 사일리지를 180일 동안 급여한다면 사일로의 부피로 가장 적합한 것은? (단, 1㎥의 사일리지 무게는 600kg이고, 사일리지의 감량률은 20% 정도이다.)

① 70㎥

② 75㎥

③ 80㎥

④ 85㎥

27 다음 목초종자의 종자등급 중 균일성이나 유전적인 순도면에서 가장 떨어진다고 생각되는 종자의 등급은?

① 기본종자(breeder seed)

② 원종자(foundation seed)

③ 보증종자(certified seed)

④ 등록종자(registered seed)

28 곧은 뿌리를 가지며, 경우에 따라 7~9m까지 땅 속 깊숙하게 뻗으며, 토양산도에 가장 민감한 콩과 초종은?

① 알팔파

② 화이트클로버

③ 레드클로버

④ 버드풋트레포일

29 우리나라와 같이 비가 많이 오는 지역에서는 건초를 만들다가 비가 올 것이 예상되면 바로 곤포사일리지로 만들면 매우 우수한 저수분 사일리지가 된다. 다음 중 저수분 사일리지의 장점이 아닌 것은?

① 삼출액에 의한 건물손실이 적다.

② 운반과 취급이 고수분 사일리지에 비해 용이하다.

③ 비료를 절감할 수 있다.

④ 일반적으로 건물 섭취량이 고수분 사일리지보다 많아진다.

30 가는 줄기를 내어 퍼지는 키가 작은 콩과 목초로 각 마디에서는 잎자루와 뿌리를 내며 잎자루 끝에 3개의 작은 잎을 한 아시아 및 유럽원산으로 우리나라에도 많은 목초는?

① 화이트클로버

② 레드클로버

③ 알사이크클로버

④ 스위트클로버

31 건초를 베는 시기가 늦어질수록 품질과 사료가치에 주는 영향을 설명한 것 중 옳지 않은 것은?

① 잎의 손실 감소

② 단백질량의 감소

③ 소화하기 어려운 물질의 증가

④ 기호성의 저하

32 초지를 만들 때 토양의 산도를 교정하기 위해 사용하는 것은?

① 질소질 거름

② 인산질 거름

③ 칼륨질 거름

④ 석회

25 ②　26 ②　27 ③　28 ①　29 ③　30 ①　31 ①　32 ④

33 북방형 목초는 여름철에 기온이 몇 ℃ 이상일 때 하고(夏故)현상이 나타나는가?

① 5℃ ② 10℃

③ 15℃ ④ 25℃

34 추위에 강하고 고온 건조한 여름철 기후를 싫어하며 우리나라 고랭지에서 재배하기 알맞은 화본과(科) 목초는?

① 알팔파 ② 레드톱

③ 톨페스큐 ④ 티머시

35 다음 중 건초 묶기를 하는 초지용 기계는?

① 보텀 플라우

② 헤이 베일러

③ 롤러

④ 모어

36 다음 중 사일리지를 만드는 데 가장 많이 이용되는 것은 ?

① 레드톱 ② 옥수수

③ 티머시 ④ 알팔파

37 사료작물의 생존연한에 의한 분류는 다년생, 2년생, 월년생, 1년생으로 구분할 수 있다. 다음 중 2년생에 해당하는 것은?

① 레드클로버

② 톨페스큐

③ 수단그라스

④ 화이트클로버

38 이탈리안라이그라스만을 단파(單播)할 경우에는 조파(條播)하게 되면 1㏊당 얼마를 파종해야 하는가?

① 3~5kg

② 13~18kg

③ 22~45kg

④ 60~75kg

39 다음 중 난지형(暖地型, 南方型) 목초에 해당하는 것은?

① 오처드그라스

② 켄터키블루그라스

③ 티머시

④ 버뮤다그라스

40 호맥(호밀)재배 적지와 관련된 설명 중 옳지 않은 것은?

① 사질양토에서 생산가능

② 발아의 최저온도 1~2℃, 최적온도 25℃

③ 산성인 땅과 pH 5.6~6.5일 때 생육에 적합

④ 고온과 습지에서 생육 왕성

41 양돈농가의 번식돈 두당 연간 조수익이 500만원, 경영비가 250만원, 생산비(총사육관리비용)가 400만원이라고 할 때 번식돈 두당 순이익률은?

① 20% ② 30%

③ 40% ④ 50%

42 다음 설명에 해당하는 것은?

> o 복열로 4~12개의 착유상이 설치되어 있다.
> o 유방 간의 거리가 90~120㎝로 짧아서 착유자의 보행 거리가 짧으며, 착유 상태를 관찰하기 쉽다.
> o 젖소를 군별로 취급해서 1조당 착유시간은 가장 늦은 개체에 의하여 결정된다는 결점이 있다.

① 탠덤형 착유실

② 헤링본 착유실

③ 다각형 착유실

④ 통로형 착유실

---

33 ④ 34 ④ 35 ② 36 ② 37 ① 38 ② 39 ④ 40 ④ 41 ① 42 ②

43 도시 근교에서의 농경지가 좁은 상태에서 우유생산을 주로 하는 경영 형태는?

① 전업적 비육 경영
② 집약적 낙농 경영
③ 송아지 생산 경영
④ 초지형 낙농 경영

44 축산물 유통의 조성기능에 해당되는 것은?

① 원유의 집유
② 구매와 판매
③ 저장 및 보관
④ 표준화 및 등급화

45 (조수입 – 생산비)의 공식에 의하여 산출되는 것은?

① 소득   ② 순수익
③ 소득률   ④ 순수익률

46 다음 중 축산물 가격정책의 수단이라고 할 수 없는 것은?

① 보조금 제도
② 수매비축제도
③ 생산 장려제도
④ 시장가격 지지

47 착유기의 구입가격이 50만원이고, 내용연수는 5년, 잔존비율이 10%일 때 매년 감가상각비를 정액법으로 계산한 값은?

① 3만원
② 6만원
③ 9만원
④ 12만원

48 다음 중 축산물 생산비에 관한 설명으로 옳지 않은 것은?

① 고정비와 유동비로 구성된다.
② 이윤을 포함하지 않은 비용의 개념이다.
③ 축산물 생산을 위한 생산 제요소 및 용역비용의 합계액이다.
④ 생산비에는 자가노임이나 자기자본에 대한 이자 등과 같은 내급비가 포함되지 않는다.

49 일반적으로 축산에서 규모의 척도로 사용되는 것은?

① 자본금
② 주요 사육두수
③ 주요 건물면적
④ 전체 경지면적

50 축산물 유통기능의 취약점에 대한 설명으로 옳지 않은 것은?

① 유통기능의 수행을 지나치게 중간 상인에 의존하는 경향이 있다.
② 수송, 저장, 포장, 시장정보 기능이 낙후되어 있고 가공 기능이 미약하다.
③ 등급, 규격화 등 표준화 기능이 미약하여 불합리한 평가와 거래방법이 채택되고 있다.
④ 판로선택의 여지가 많아 거래 방법 및 거래 관행 등의 면에서 비합리적이고 불공정한 점이 많다.

51 생산함수의 설명으로 옳지 않은 것은?

① 생산요소와 생산물 간의 기술적 관계를 나타낸 것이다.
② 단기적 생산함수는 고정재 투입수준을 변화시킬 수 없을 정도의 기간에 적용한다.
③ 중기적 생산함수의 생산요소는 제약조건 없이 산출할 수 있다.
④ 모든 생산요소가 함께 변량으로 나타나는 것을 장기적 생산함수라 한다.

43 ② 44 ④ 45 ② 46 ③ 47 ③ 48 ④ 49 ② 50 ④ 51 ③

52 다음 중 축산물 유통기능 중 시간의 효용창출 기능은?

① 저장기능

② 교환기능

③ 운송기능

④ 가공기능

53 축산경영조직을 결정하는 조건으로 옳지 않은 것은?

① 자연적 조건

② 사회적 조건

③ 비경제적 조건

④ 시장과의 조건

54 축산경영 진단의 순서가 올바른 것은?

① 경영실태 파악 분석 → 문제의 발견 → 요인 분석 → 대책 처방

② 경영실태 파악 분석 → 요인 분석 → 문제의 발견 → 대책 처방

③ 경영실태 파악 분석 → 문제의 발견 → 대책 처방 → 요인 분석

④ 경영실태 파악 분석 → 대책 처방 → 문제의 발견 → 요인 분석

55 다음 중 친환경 축산을 위한 합리적인 복합경영의 형태로 효과가 가장 작은 경우는?

① 양계경영 + 채소경영

② 낙농경영 + 양돈경영

③ 번식우경영 + 미작경영

④ 비육우경영 + 과수경영

56 노동력을 고용하지 않고 가족노동력에 의해서 축산경영을 영위하는 가족경영의 특징이 아닌 것은?

① 가족노동은 소득의 원천이 된다.

② 경영의 목적이 소득의 극대화에 있다.

③ 경영과 가계가 분리되지 않은 경영형태이다.

④ 최대의 이윤을 얻을 수 있는 적정규모에서 경영규모가 결정된다.

57 축산업과 경종농업을 복합적으로 경영했을 때 나타나는 단점에 해당하는 것은?

① 노동생산성이 낮아지기 쉽다.

② 자연적 피해가 집중될 수 있다.

③ 노동배분을 균등화하기 어렵다.

④ 노동과 자재의 상호 이용기회가 적다.

58 연간 축산조수익이 110,000천원, 축산경영비가 50,000천원, 사료비가 20,000천원이라고 할 때 축산소득은 얼마인가?

① 40,000천원

② 50,000천원

③ 60,000천원

④ 90,000천원

59 다음 중 축산물 등급 제도의 목적으로 볼 수 없는 것은?

① 축산물의 유통비용 감소 기대

② 축산물의 질에 관한 분쟁 소지 감소

③ 축산농가의 소득향상과 소비자 편익증대

④ 축산물의 비가격경쟁 증가를 통한 축산농가 경쟁력 강화

60 손익계산서는 비용과 수익의 차액 등의 수치를 분석하여 결과적으로 무엇을 나타내기 위한 것인가?

① 경영성적

② 재정상태

③ 부채

④ 자본

1 유두조의 위치를 바르게 설명한 것은?

① 유선포 사이에 있으며 유관으로 젖을 흘러 보낸다.

② 유선소엽 사이에 있으며 유선조에 젖을 흘러 보낸다.

③ 유선조와 유선소엽 사이에 있으며 유두관으로 젖을 흘러 보낸다.

④ 유선조와 유두관 사이에 있으며 유두관으로 젖을 흘러 보낸다.

2 입란수 1,000개, 무정란수 55개, 병아리 발생수 845수일 때 입란 대 부화율(%, A)과 수정란 대 부화율(%, B)은?

① A : 80.0%, B : 89.4%

② A : 84.5%, B : 89.4%

③ A : 80.0%, B : 94.4%

④ A : 84.5%, B : 94.4%

3 닭의 품종 중 난용종(Egg Type)으로 분류되지 않는 품종은?

① 레그혼종(Leghorn)

② 미놀카종(Minorca)

③ 안코나종(Ancona)

④ 코니쉬종(Cornish)

4 가금에만 존재하는 특수한 기관인 F낭(bursa of fabricius)에 대한 설명으로 옳지 않은 것은?

① 어린 가금의 면역기관으로 면역물질을 생산한다.

② 가금의 꼬리부분의 지선부 아래에 위치한 주름진 주머니모양의 기관이다.

③ 부화 후 약 6주령까지 면역물질을 생산하는 기능을 발휘하다가 서서히 퇴화한다.

④ 이곳에 전염성 낭병바이러스가 침투하여 염증이 생기는 질병을 뉴캐슬병(ND)이라고 한다.

5 다음 중 미국 동북부 지방에서 개량된 저지레드종과의 교잡에서 육종된 육질이 가장 우수한 돼지 품종은?

① 듀록종

② 햄프셔종

③ 대요크셔종

④ 폴란드차이나종

6 다음 중 아미노산의 특성 설명으로 틀린 것은?

① 물에 녹는다.

② 대부분의 아미노산은 탄소 수가 적은 지방산의 유도체이다.

③ 대부분의 아미노산은 NH_3^+기와 COO^-기를 가지고 있다.

④ 자연계에는 l-form으로 존재하는데, 이것이 d-form 보다 흡수 · 이용률이 낮다.

7 다음 중 유독식물이 아닌 것은?

① 고사리

② 아주까리

③ 고구마

④ 감자

8 단태동물(單胎動物)에 있어서 쌍태(雙胎)에 대한 설명으로 옳지 않은 것은?

① 소의 쌍태율은 0.5~4% 이다.

② 이란성 쌍태는 2개의 난자가 수정 및 임신되는 것이다.

③ 일란성 쌍태는 난자 1개에 정자 2개가 수정되어 발생한다.

④ 하나의 수정란이 9일 이후 2개로 분리될 경우 샴 쌍둥이가 발생할 가능성이 높다.

1 ④ 2 ② 3 ④ 4 ④ 5 ① 6 ④ 7 ③ 8 ③

9 소의 상유에 비하여 초유에서 그 함량이 월등히 많아지는 대표적인 성분은?

① 면역글로불린

② 지방질

③ 유당

④ 무기물

10 반추가축의 위는 몇 개로 구분되는가?

① 2개

② 3개

③ 4개

④ 5개

11 다음 중 내부 기생충이 아닌 것은?

① 개선충류

② 흡충류

③ 조충류

④ 선충류

12 돼지의 살코기 생산량을 개량하고자 할 때 이 것 대신에 살코기 생산량과 부의 상관관계를 가지고 있는 등지방두께에 대해 선발하여 살코기 생산량을 개량하는 선발 방법은?

① 우회선발

② 지수선발

③ 가계선발

④ 간접선발

13 병원균이 바이러스인 닭의 질병은?

① 추백리병

② 닭티푸스

③ 닭파라티푸스

④ 마렉병

14 다음 중 근육조직에 가장 많이 존재하며, 전해질 균형과 신경근육의 기능에 관여하고, 칼슘과 인 다음으로 돼지의 체내에 많이 존재하는 광물질은?

① K   ② Fe

③ Mg   ④ Zn

15 다음 중 내분비기관은?

① 심장   ② 폐

③ 간   ④ 뇌하수체

16 다음에서 설명하는 병명은?

– 바이러스에 의한 대표적 급성·전신성·열성전염병으로 주로 돼지에게 발병하는 법정가축 전염병

– 병변이 생기는 장소에 증상으로는 40~42℃의 고열이 지속되고, 뒷다리가 마비되어 비틀거리는 신경증상이 나타나며, 임신돈의 경우 유산이나 사산이 일어남

– 혈관 내피세포 및 조혈조직 손상에 기인한 병변으로 구분

– 효과적인 예방은 바이러스의 침입을 차단하거나 예방접종을 철저히 함

① 돼지단독

② 돈역

③ 돼지 콜레라

④ 오제스키병

17 한배의 산자수가 10두 이상인 새끼돼지는 포유 중 빈혈증상을 보이는 경우가 많은데 이러한 빈혈을 예방하기 위해 사용되는 약품은?

① 강옥도

② 철분주사제

③ 비타민주사제

④ 하라솔

18 돼지에서 분만 후 발정재귀가 가장 많이 나타나는 시기는?

① 분만 후 7일 전후
② 분만 후 4~5일 사이
③ 새끼돼지 이유 후 4~5일 사이
④ 새끼돼지 이유 후 20~25일 사이

19 다음 중 법정 전염병이 아닌 것은?

① 폐렴
② 닭 뉴캐슬병
③ 돼지수포병
④ 추백리

20 다음 중 유용가축의 체형에 관한 설명으로 옳은 것은?

① 체폭과 체심 모두 큰 것이 좋다.
② 체심보다는 체폭이 큰 것이 좋다.
③ 체폭보다 체심이 큰 것이 좋다.
④ 체폭이나 체심과는 관계가 없다.

21 화본과(벼과) 사료작물의 형태적 특성으로 옳은 것은?

① 복엽이 있다.
② 질소를 고정한다.
③ 주로 직근을 가지고 있다.
④ 본엽은 엽초(잎집), 엽신(잎몸) 및 엽설(잎혀)로 구성되어 있다.

22 일반적인 건초의 적정 수분함량으로 가장 적합한 것은?

① 5%
② 15%
③ 25%
④ 35%

23 우리나라의 경우 남부지방에서 답리작으로 적합하며, 주로 청예로 이용되는 작물은?

① 옥수수
② 수단그라스
③ 페레니얼라이그라스
④ 이탈리안라이그라스

24 다음 초종 중 다년생 목초에 해당하는 것은?

① 크림슨클로버
② 레드클로버
③ 스위트클로버
④ 화이트클로버

25 질이 좋은 건초를 송아지에게 급여할 때 잘 발달되는 부위는?

① 제1위
② 제4위
③ 십이지장
④ 맹장

26 다음 중 콩과 목초에 해당하는 것은?

① 자운영
② 오처드그라스
③ 톨페스큐
④ 티머시

27 알팔파나 톨페스큐 초지를 조성할 경우 땅을 갈아엎는 가장 알맞은 깊이는?

① 5㎝ 이하
② 10㎝
③ 15㎝
④ 20㎝ 이상

28 다음 중 가축의 방목(放牧)에 유의할 점으로 틀린 것은?

① 과방목 금지

② 철저한 목책 관리

③ 우분처리 및 청소베기

④ 예취보다 질소시비량 증가

29 양호한 사일리지 조제를 위해 재료의 자르기(절단)에 대한 설명으로 옳은 것은?

① 수분함량이 높은 것은 짧게 자른다.

② 줄기의 속이 빈 것은 짧게 자른다.

③ 잎이 많고 부드러울 때에는 짧게 자른다.

④ 거칠고 여물 때에는 길게 자른다.

30 토양의 물리적 성질이라고 볼 수 없는 것은?

① 토성

② 토양구조

③ 토양산도

④ 토양수분

31 건초의 품질 평가 항목이 아닌 것은?

① 녹색도

② 유기산함량

③ 수분함량

④ 잎의 비율

32 어떤 목초종자 50개의 발아상태를 조사하였더니 다음과 같았다. 이 목초의 발아율은?

정온기에 놓아 둔 날수	1	2	3	4	5	6	7
싹이 난 종자수	0	4	5	25	5	4	0

① 43% ② 76%

③ 82% ④ 86%

33 재질이 철제 원통으로 내부를 유리나 합성물질로 싸서 부식이 방지되며, 낮은 수분을 가진 재료의 저장이 가능하므로 윗 부분이 썩는 일이 없는 것은?

① 트랜치 사일로

② 벙커 사일로

③ 스택 사일로

④ 진공(기밀) 사일로

34 우리나라에서 목초의 파종을 가을에 하는 이유는?

① 농한기이기 때문이다.

② 잡초와의 경합이 적기 때문이다.

③ 여름철 하고현상을 피하기 위해서이다.

④ 동계 사료작물과 함께 파종하기 위해서이다.

35 목초의 서릿발 피해 및 동해방지를 위해 취할 수 있는 가장 효과적인 방법은?

① 밟아준다.

② 짚을 덮어준다.

③ 약제를 살포한다.

④ 고랑을 만든다.

36 목초 씨앗 뿌리기에 좋은 때는?

① 더운 날 오후

② 추운 날 오후

③ 바람이 부는 날 오전

④ 바람이 없는 날 오전

37 다음 중 벼과목초에 비하여 콩과목초에 비교적 많이 함유되어 있는 조성분은?

① 조단백질

② 조섬유

③ 조지방

④ 조회분

38 다음 중 방석형 목초에 해당되는 것은?

① 티머시
② 오처드그라스
③ 켄터키블루그라스
④ 페레니얼라이그라스

39 다음 [보기]에서 설명하는 중독 증상을 일으키는 식물은?

[보기]
- 과량 섭취했을 때 나타나는 질병으로 소에서 가장 많이 발생하며 그 다음이 말이고, 돼지에서는 발생이 없다.
- 소의 경우 체온이 상승하여 보통 40℃까지 오르며 소화기 및 호흡기 장해를 보여 준다.
- 소는 혈변, 혈뇨 또는 빈혈 및 호흡곤란 증세를 보이며, 혈액 중 헤라핀 수의 증가로 혈액응고가 잘 되지 않는다.

① 부추
② 쇠뜨기
③ 고사리
④ 솔잎

40 경운 초지 조성 시 농기계를 이용하여 갈아엎을 수 있는 경사도는 몇 도 미만인가?

① 5°
② 10°
③ 15°
④ 20°

41 우리나라 축산업이 시급히 해결하여야 할 당면과제가 아닌 것은?

① 축산물 생산의 비차별화
② 국내 축산물의 브랜드화
③ 안전한 축산물의 생산·공급
④ 근대적인 유통구조의 개선

42 한우번식경영의 생산비목 중에서 가장 큰 비율를 차지하는 비목은?

① 사료비   ② 수도광열비
③ 방역치료비   ④ 감가상각비

43 축산소득 산출에 대한 설명 중 틀린 것은?

① 축산조수익에서 축산경영비를 차감한 것이다.
② 축산경영비에는 자기소유 생산요소에 대한 경제적 가치가 포함되지 않기 때문에 이들의 기회비용이 모두 축산소득을 구성하게 된다.
③ 축산소득은 축산경영 성과를 파악하는 중요한 지표의 하나이다.
④ 축산소득은 자가노임에 대한 보수를 포함하지 않는다.

44 농업경영의 분석 시 금전적인 재무제표 분석으로는 한계가 있다. 이때 금전적인 수익성이나 비용을 「원인」이 되는 무엇을 검토할 필요가 있는가?

① 원가분석
② 매출액분석
③ 생산과정에서의 효율
④ 손익발생과 재산의 증감

45 다음 중 우리나라 축산 경영에서 개체관리의 내용으로 옳지 않은 것은?

① 개체의 식별을 위한 이표, 개체코드 등 개체기록
② 개체별 작업의 작업분담과 작업시간 등의 기록
③ 개체의 생리적 상황파악을 위한 종부, 수태, 분만 등의 기록
④ 개체능력 평가를 위한 체중측정, 검정, 도태, 갱신 등의 기록

46 비육용 기초돈을 생산하여 판매하는 양돈경
영 형태는?

① 비육경영
② 번식경영
③ 일괄경영
④ 복합경영

47 축산에서 조수익을 구성하는 내용으로 옳은
것은?

① 주산물 수입
② 주산물 수입 + 부산물 수입
③ 가축의 매각대 + 가축의 가치증가액
④ 축산물의 판매수입 + 축산물의 자가소비액

48 축산농가의 농가소득은?

① 축산소득(농업소득) + 농외소득
② 축산소득(농업소득) + 농외소득 - 조세공과
금
③ 축산소득(농업소득) + 농외소득 - 조세공과
금 및 가계비
④ 축산소득(농업소득) - 농외소득

49 다음 중 축산경영의 수익성 지표 묶음으로 옳
은 것은?

① 노동생산성, 소득
② 자본생산성, 자본회전율
③ 순수익, 소득
④ 자본장비율, 자본이익률

50 번식돈경영에서 총생산이 100단위에서 500
단위로 증가함에 따라, 총비용이 100,000원에
서 200,000원으로 증가하였다면 한계비용은
얼마인가?

① 150원　　　　② 200원
③ 250원　　　　④ 300원

51 경종에 축산이 포함되는 유축농업의 경우 유
리성에 해당되는 것은?

① 토지생산성의 감퇴
② 노동의 평준화
③ 농가소득의 감소
④ 지력의 감퇴

52 경영형태가 동일한 농장 중 경영성과가 모범
적인 경우와 자가 농장을 비교한 후 경영계획을
수립하는 방법은?

① 표준 비교법
② 시계열 비교법
③ 직접 비교법
④ 부문간 비교법

53 한우 비육경영에서 시설을 개선할 경우 우선
적으로 고려할 사항이 아닌 것은?

① 자금
② 사육규모
③ 밑소의 선택기술
④ 장래의 경영목표

54 낙농 경영입지 조건 중 우리나라에서 가장 적
합하지 않은 유형은?

① 도시원교 낙농
② 초지형 낙농
③ 사료작물형 낙농
④ 복합경영형 낙농

55 다음 축산 경영에 대한 설명 중 적절하지 않은 것은?

① 순수익 = 생산비 – 조수입 – 경영비

② 경영비 = 사료비 + 재료비(소농구 등) + 노임(고용) + 각종비용(수리비 등) + 일반관리비(공제료 등)

③ 생산비 = 경영비 + 자가 노동비 + 자기자본 이자 + 토지자본 이자

④ 조수입 = 현금수입(총매출액) + 현금 평가액(퇴비 등)

56 대규모 경영에서 생산성의 유리성을 설명한 것으로 옳지 않은 것은?

① 단위당 고정자산액이 감소한다.

② 분업 및 협업에 의한 노동조직의 합리화가 가능하지 못하다.

③ 경영이 전문화되며, 품질, 규격의 통일화가 용이하다.

④ 대외적 신용이 커져 자금 조달면에서 유리하다.

57 부업경영의 장점으로 옳지 않은 것은?

① 지력증진 가능

② 시설의 효율적인 이용

③ 농산물 중 부산물과 생산물의 자급활용 가능

④ 가축질병에 대비한 방역 용이

58 다음 중 번식우 경영에 관한 설명 중 옳지 않은 것은?

① 숫송아지를 구입하여 사육한다.

② 송아지를 생산하여 판매한다.

③ 번식률을 향상시킨다.

④ 인공수정 기술이 필요하다.

59 축산경영계획을 수립할 때 고려할 사항으로 적당하지 않은 것은?

① 고객관리

② 축산경영의 합리화와 목표설정

③ 목표소득(이익)계획

④ 생산계획

60 축산 경영 자료를 보고 소득을 산출하면?

사료비 100,000원, 토지용역비 10,000원, 건물 감가상각비 20,000원, 고용노임 10,000원, 가축 판매 대금 300,000원, 구비 평가액 10,000원, 자가노임 10,000원, 차입금 이자 10,000

① 170,000원

② 150,000원

③ 310,000원

④ 160,000원

축산 기능사	시험시간 1시간	기출 · 종합문제	출제유형 기본 · 일반 · 심화	평가	확인

1 비육대상우를 선정할 때 고려해야 할 사항 중 가장 부적합한 것은?

① 목이 짧으며 배가 너무 늘어져 있지 않은 소

② 몸의 길이가 충분하고 가슴이 넓은 살이 잘 찔 수 있는 소

③ 피부가 두터우며 탄력이 있고, 피모가 굵으며 거친 소

④ 머리가 작고 중구의 길이가 적당하며 비경이 넓은 소

2 비타민 D 성분의 부족과 관계가 깊은 질병은?

① 야맹증

② 구루병

③ 각기병

④ 괴혈병

3 병아리 육추의 성공 여부는 온도와 습도 및 환기를 알맞게 조절해 주어야 하는데 평면육추실 온도측정은 어디를 기준으로 하는가?

① 병아리 어깨높이

② 지면 1.5m

③ 병아리 무릎높이

④ 급열기 높이

4 솔라닌(solanin) 등을 함유하여 식욕상실, 발열, 신경쇠약, 신경증상을 일으키는 식물은?

① 고구마

② 감자

③ 고사리

④ 아주까리

5 결핍 시 닭에서 다발성 신경염을 일으키는 비타민은?

① 비타민 B_{12}

② 비타민 B_6

③ 비타민 B_2

④ 비타민 B_1

6 산란계 사육에서 명암주기의 길고 짧음에 따라 가장 크게 반응하는 것은?

① 증체율

② 육추율

③ 산란율

④ 발정주기

7 미국의 동부지방이 원산지로, 모색이 갈색 또는 적색이며 3원교잡종을 생산하기 위해 수퇘지로 가장 많이 쓰이는 돼지의 품종은?

① 랜드레이스종

② 요크셔종

③ 버크셔종

④ 듀록종

8 가축을 개량하는 데 있어 이형접합체인 F_1끼리 교배시켰을 때 F_2(잡종2세대) 이후부터 우성과 열성형질이 분리되는 현상은?

① 우열의 법칙

② 분리의 법칙

③ 독립의 법칙

④ 멘델의 법칙

1 ③　2 ②　3 ①　4 ②　5 ④　6 ③　7 ④　8 ②

9 법정전염병에 해당하지 않는 것은?

① 우폐역

② 돼지 수포병

③ 닭 뉴캐슬병

④ 유행성 뇌염

10 다음 중 수컷의 생식기관에서 정자가 생성되는 곳은?

① 정소(고환)

② 정소상체(부고환)

③ 정관팽대부

④ 정낭샘

11 심장을 중심으로 혈액순환 경로를 바르게 표시한 것은?

① 체조직 – 우심방 – 우심실 – 폐 – 좌심방 – 좌심실 – 체조직

② 체조직 – 우심실 – 우심방 – 폐 – 좌심실 – 좌심방 – 체조직

③ 체조직 – 좌심방 – 좌심실 – 폐 – 우심방 – 우심실 – 체조직

④ 체조직 – 좌심실 – 좌심방 – 폐 – 우심실 – 우심방 – 체조직

12 다음 설명하는 닭의 전염병은?

– 접촉 또는 공기로 감염된다.

– 우리나라에서 많이 발병되고, 급성은 브로일러 생산에 큰 피해를 주는 Herpes virus인 MDV에 의하여 일어난다.

– 종양과 신경침해로 인해 담즙이 과다분비 되기 때문에 녹색변을 보이는 경우가 많다.

① 뉴캐슬병

② 콕시듐병

③ 마레크병

④ 추백리병

13 바이러스 감염성인 법정 돼지 전염병으로 변비와 설사를 번갈아 하며 피부에 붉은 반점이 특징인 질병은?

① 돈열(Hog colera)

② 돼지뇌염

③ 전염성 위염

④ 돈단독

14 다음 중 젖소의 착유 시 유의사항으로 옳지 않은 것은?

① 착유작업은 하루 중 아무 때나 불규칙하게 시간이 남는 때를 이용해서 실시한다.

② 착유작업은 항상 위생적이고 정성스럽게 실시되어야 한다.

③ 착유가 끝난 기구는 항상 철저히 소독, 건조시켜야 한다.

④ 착유 전에는 전착유를 실시하여야 한다.

15 식물성에 주로 β–Carotene 형태로 존재하며, 대부분의 포유동물에서 Carotenoid가 전환되는 비타민은?

① 비타민 A

② 비타민 D

③ 비타민 E

④ 비타민 K

16 결핍 시 삼출성 소질(滲出性 素質), 지방 조직염, 췌장의 섬유화 등을 나타나는 무기물은?

① 셀라늄

② 망간

③ 요오드

④ 아연

17 동식물에 필요한 위생적이고 안정된 급수원이 될 수 있는 구비 조건으로 틀린 것은?

① 수량이 풍부해야 한다.

② 무색투명하고 냄새가 없으며 맛이 좋아야 한다.

③ 중성이거나 알칼리성 물이어야 한다.

④ 적절하게 광물질(납 0.1ppm, 불소 1.5ppm, 카드뮴 0.05ppm 이상)을 함유해야 한다.

18 돼지 수정란 이식을 위한 난관대 난자의 채취는 교배 후 며칠 이내에 해야 하는가?

① 2일　　　　② 4일

③ 6일　　　　④ 8일

19 백색 경지방(硬脂肪)을 생산하는 사료는?

① 옥수수

② 보리

③ 쌀겨

④ 어분

20 비 임신 암컷동물에서 자궁체의 길이가 가장 긴 동물은?

① 소

② 말

③ 돼지

④ 면양

21 혼파조합의 기본원칙으로 틀린 것은?

① 서로 경합능력이 같은 것이어야 한다.

② 기호성이 너무 다른 초종을 함께 넣어서는 안 된다.

③ 6종 이상을 조합하는 것이 유리하다.

④ 의도된 목적에 알맞도록 적응성이 있어야 한다.

22 여뀌과에 속하는 1년생 식물이며, 칼슘함량은 낮고 riboflavin과 niacin의 함량이 많은 것은?

① 귀리

② 보리

③ 메밀

④ 호밀

23 다음 중 불경운초지 개량의 유리한 점으로 틀린 것은?

① 밭에 나는 1년생 잡초가 침입할 수 있는 기회를 줄여 준다.

② 발아가 잘 된다.

③ 기계사용이 불가능한 지대라도 개발이 가능하다.

④ 자본투자가 적다.

24 생육 특성상 겨울형에 속하는 사료작물로만 짝지어진 것은?

① 수수, 수단그라스

② 밀, 보리

③ 티머시, 옥수수

④ 순무, 콩

25 옥수수 사일리지 조제 시 수확 적기는?

① 유숙기

② 호숙기

③ 황숙기

④ 완숙기

26 다음 중 추위에 견디는 힘이 가장 강하고 산성토양에서도 잘 자라며 사일리지 및 청예작물로 많이 재배하는 것은?

① 피　　　　② 귀리

③ 호밀　　　④ 땅콩

27 세포벽 구성성분으로 석회 시용에 의해 공급되는 식물 영양 성분은?

① 칼슘　　　　　　② 인산
③ 질소　　　　　　④ 셀레늄

28 작부체계를 결정할 때 고려해야 할 사항과 거리가 먼 것은?

① 농가 노동배분의 합리화
② 토양비옥도의 지속적 유지
③ 위험분산
④ 축산물 가격

29 다음 목초 중 제상에 견디는 힘이 가장 강한 것은?

① 티머시　　　　　② 섬바디
③ 오차드그라스　　④ 라디노클로버

30 수수 사료의 특징으로 틀린 것은?

① tannin 함량이 다른 곡류에 비해 낮다.
② 옥수수보다 단백질 함량이 높다.
③ 칼슘 및 비타민 D 함량이 낮다.
④ 색깔이 노란 수수일지라도 carotene 함량은 적다.

31 사일리지용 옥수수의 양분생산량에 관한 설명으로 가장 옳은 것은?

① 사일리지 양분 생산량은 4/5가 암이삭, 나머지 1/5이 줄기와 잎으로 구성된다.
② 사일리지 양분 생산량은 1/5이 암이삭, 나머지 4/5가 줄기와 잎으로 구성된다.
③ 사일리지 양분 생산량은 2/3가 암이삭, 나머지 1/3이 줄기와 잎으로 구성된다.
④ 사일리지 양분 생산량은 1/3이 암이삭, 나머지 2/3가 줄기와 잎으로 구성된다.

32 방목지를 몇 개의 소목구로 나누어 각 소목구에 순차적으로 방목하는 방법은?

① 고정방목　　　　② 윤환방목
③ 연속방목　　　　④ 계목

33 부피가 작고 조섬유의 함량은 낮으나, 단백질, 가용무질소물 등의 함량이 높은 사료는?

① 조사료　　　　　② 농후사료
③ 보충사료　　　　④ 섬유질사료

34 질이 좋은 목건초분말에다 당밀을 섞어서 단단한 장방형으로 가온, 고압하에서 성형시킨 것은?

① 큐브사료　　　　② 가루사료
③ 크럼블사료　　　④ 알곡사료

35 콩과 목초와 화본과 목초를 섞어서 뿌린 새로 만든 초지(草地)는 첫 해에 몇 번 베어주는 것이 알맞은가?

① 다음해부터 베어준다.
② 1회
③ 3~4회　　　　　④ 7~8회

36 유지사료에 대한 설명으로 틀린 것은?

① 사료의 에너지함량을 높여 준다.
② 필수지방산을 공급한다.
③ 사료의 기호성은 다소 억제한다.
④ 지용성 비타민을 공급한다.

37 진공사일로라고도 하며 양면에 유리섬유를 입힌 강철판으로 만들어져 있고, 벽면이 매끄러워 사일리지가 자체중량만으로도 내려 눌리도록 되어 있는 것은?

① 기밀사일로　　　② 벙커사일로
③ 트렌치사일로　　④ 원통형사일로

27 ①　28 ④　29 ④　30 ①　31 ③　32 ②　33 ②　34 ①　35 ③　36 ③　37 ①

38 다음 중 내건성이 가장 강한 사료작물은?

① 티머시
② 레드클로버
③ 알팔파
④ 켄터키블루그라스

39 다음 중 일반산지에서 조성 초기 콩과(두과) 목초에 가장 시용효과가 높은 비료는?

① 철
② 인산
③ 칼슘
④ 황

40 화본과 목초에 속하는 것은?

① 알팔파
② 화이트클로버
③ 레드클로버
④ 레드톱

41 연간 조수입이 5,000만원이 되고 경영비가 4,000만원, 총 생산비가 4,400만원일 경우 낙농가의 소득률은?

① 10%
② 20%
③ 30%
④ 40%

42 소 및 쇠고기의 계통출하 유통경로로 적합한 것은?

① 사육농가 → 축협 → 공판장 → 축협직매장
② 사육농가 → 가축시장 → 수집반출상 → 식육유통센터
③ 사육농가 → 수집상 → 도축장 → 식육도매상 또는 대량수요처
④ 사육농가 → 가축시장 → 축협 → 식육도매상 또는 대량수요처

43 비육우 경영에 있어서 사료효율을 계산하는 식이 바르게 표현된 것은?

① 사료섭취량 / 증체량
② 사료섭취량 / 사료구입량
③ 사료유실량 / 사료구입량
④ 증체량 / 사료섭취량

44 축산경영의 대차대조표 작성 시 부채항목에 해당되지 않는 것은?

① 퇴직급여담보금
② 미불어음
③ 단기차입금
④ 미수금

45 유축농업의 유리성이 아닌 것은?

① 토지생산성의 증진
② 노동의 평균화
③ 축산물의 생산
④ 농가소득의 감소

46 생산함수에서 총생산량을 생산요소 투입량으로 나눈 것을 무엇이라 하는가?

① 평균생산량
② 한계생산량
③ 총생산량
④ 순생산량

47 우리나라 농업노동의 특수성이 아닌 것은?

① 농업노동의 이동성
② 농업노동의 다양성
③ 농업노동의 계절성
④ 농업노동 과정의 연속성

48 생산비 산출의 필요성에 대한 틀린 내용은?

① 양축농가의 대외적 신용자료로 활용
② 생산계획 및 축산경영규모 설정
③ 수매 및 구매가격 결정의 기준
④ 양축농가의 경영성과 진단

49 축산물 경영비의 비용항목에 해당되지 않는 것은?

① 가축비
② 사료비
③ 감가상각비
④ 토지자본이자

50 가족경영의 수익성 분석지표로 가장 적당하지 않은 것은?

① 소득
② 자본 이익률
③ 소득률
④ 가축 1두(수)당 소득

---

38 ③　39 ②　40 ④　41 ②　42 ①　43 ④　44 ④　45 ④　46 ①　47 ④　48 ①　49 ④　50 ②

51 다음 중 계란생산비를 절감시키는 방법이 아닌 것은?

① 경영규모 확대　　② 육성 경영비 증대
③ 사료효율 향상　　④ 산란계 육성비 절감

52 가족적 축산경영(부업 또는 전업)과 기업적 축산경영의 차이를 부적절하게 설명한 것은?

① 자본가적 기업축산에 있어서는 경영자의 가계와 경영이 분리되어 있으나, 가족경영에서는 혼합되어 있다.
② 자본가적 기업축산의 최고목표는 이윤추구에 있으나, 가족경영에서는 소득의 극대화에 있다.
③ 자본가적 기업축산의 노동은 고용노동이지만, 가족경영의 경우에는 가족노동이 중심이 된다.
④ 자본가적 기업축산에 있어서 가족노동은 소득의 원천이 되지만, 가족경영에서는 지출이 된다.

53 다음과 같은 조건하에서 정액법을 이용할 경우 연간 감가상각액은?

원가 : 100,000원, 잔존가격 : 10,000원
내용연수 : 5년

① 20,000원　　② 19,000원
③ 18,000원　　④ 2,000원

54 축산경영에 있어서 고용노동 대신 자가노동 일수가 늘어나면 이에 따라 증가하는 것은?

① 경영비　　② 농업소득
③ 농업순수익　　④ 겸업소득

55 다음 중 축산 경영상의 문제점이라고 볼 수 없는 것은?

① 가축질병과 폐사
② 사료가격의 상승
③ 축산물 소비량의 증가
④ 축산물 가격하락

56 축산소득의 산출 공식으로 옳은 것은?

① 축산조수입 – 축산생산비
② 축산조수입 – 축산경영비
③ 축산조수입 – 직접생산비
④ 축산조수입 – 축산경영비 + 농외소득

57 다음 중 축산경영의 기본요소에 해당되지 않은 것은?

① 이용 가능한 농용지
② 가축(생축)의 거래
③ 경영 규모와 자본
④ 사양관리에 필요한 노동력

58 우유 ㎏당 가격과 생산비가 각각 600원일 때 다음 설명 중 틀린 것은?

① 순수익이 발생하지 않기 때문에 우유생산을 바로 중단해야 한다.
② 순수익은 발생하지 않지만 계속 우유를 생산할 수 있다.
③ 자가노력 보수 및 자기자본에 대한 이자가 발생하기 때문에 계속 우유를 생산할 수 있다.
④ 우유가격이 생산비 이하로 하락할 경우 우유생산을 중단하는 것이 유리하다.

59 다음 중 쇠고기 수요에 영향을 미치는 요인으로 가장 거리가 먼 것은?

① 쇠고기의 가격　　② 사료가격
③ 돼지고기의 가격　　④ 국민소득

60 낙농경영의 수익성 산출 시 조수입을 구성하는 요소가 아닌 것은?

① 우유 판매수입
② 송아지 생산수입
③ 육성우 가치증식 평가액
④ 성우 구입비용

51 ②　52 ④　53 ③　54 ④　55 ③　56 ②　57 ②　58 ①　59 ②　60 ④

안 제 국

건국대학교 농과대학 및 동 대학원에서
축산학(농학사)과 농업교육학(석사)을 공부하고
네덜란드 IPC Livestock Barneveld를 수료하였다.

37년간 충북 농업계 고교에서 축산교사로 재직하다
2014년 청주농업고등학교 교감으로 퇴직하였다.

축산기사(1995), 축산기술사(2011)
중등 1급 정교사(축산), 1급 전문상담교사

한국산업인력공단 축산기사 출제위원 역임
전라북도, 충청남도 축산직 공무원 출제위원 역임
2014 NCS 개발위원 및 NCS 학습모듈집필위원(축산)
2015 NCS 기반 고교교육과정 연구위원 및 컨설팅 위원
사단법인 한국농업인력개발포럼 대표

저서
축산기능사, 부민문화사, 2023.
축산기사/산업기사, 부민문화사, 2023.
애완동물사육, 부민문화사, 2005.
양어기술, 우리기획, 2007.
동물매개치료, 학지사, 2007.
동물실험핸드북, 선진, 2008.
동물자원, 지학사, 2007, 2010.
가축관리실무, 부민문화사, 2011.
대가축관리, 교육과학부, 2012.
돼지사육, 한국직업능력개발원, 2015. 등 다수

NCS 기반 국가기술자격검정, 축산직공무원 시험 대비

축산 기능사 / 축산직 9급

2025년 4월 20일 개정2판 발행

지은이 : (사) 한국농업인력개발포럼 안제국(축산기술사)

만든이 : 정민영

펴낸곳 : 부민문화사

[0][4][3][0][4] 서울시 용산구 청파로73길 89(서계동 33-33)

전화: 714-0521~3 FAX: 715-0521

등록 1955년 1월 12일 제1955-000001호

http://www.bumin33.co.kr

E-mail: bumin1@bumin33.co.kr

정가 24,000원

공급 한국출판협동조합

ISBN 978 - 89 - 385 - 0412 - 8   93520

축산기능사 실기 – "가축관리실무" 인정교과서

이 교과서는 축산 현장의 실무자, 농업계열 고등학교 축산과 학생들의 실무능력 향상을 위한 내용으로 편성되어 제1장 소의 사육, 제2장 돼지의 사육, 제3장 닭의 사육, 제4장 가축 사료·초지, 제5장 가축 번식·인공수정으로 집필되었다.

1. 한국산업인력공단의 축산기능사 출제 기준과 인공수정사 자격 취득을 위한 실무적인 내용을 빠짐없이 수록하였다.
2. 학생들의 지식과 이해를 돕기 위하여 관련 지식을 상세히 기술하였다.
3. 실험 실습에 역점을 두고 그림, 삽화, 도표를 응용하여 이해를 증진시키고 자기 주도적 실습과 자기 수행 평가를 할 수 있도록 기술되었다.
4. 개정된 축산 관계 법령에 따른 새로운 내용과 최근 문제되고 있는 신종 전염병의 방역과 예방에 대한 지식과 기술을 엄선하여 편성하였다.

- 축산인 기술교육
- 축산 현장의 실무자
- 전문계 고등학교 축산과
- 축산기능사, 가축인공수정사 실기 대비

충청북도교육청
인정교과서
4·6배판(올컬러)
272쪽 / 9,500원

● 구성